高等学校“十三五”规划教材

材料合成与制备技术

朱继平 主编 李家茂 罗派峰 副主编

化学工业出版社
·北京·

《材料合成与制备技术》一书为高等学校“十三五”规划教材。书中从材料合成与制备的科学基础出发，对功能材料合成的主要技术、方法、应用及前沿领域进行了较为详尽的论述，介绍了材料合成与制备的基本知识。内容包括经典合成方法、软化学合成方法、特殊合成方法、薄膜材料与制备技术、晶体材料的制备、非晶态材料的制备、新能源材料的制备及应用等。书中添加了新能源材料的制备等内容，反映了当前功能材料合成的主要研究动态及技术水平。

本书可作为高等院校材料科学与工程类专业本科生教材及研究生参考书，也可供从事相关学科领域研究的技术人员参考。

图书在版编目（CIP）数据

材料合成与制备技术/朱继平主编. —北京：化学工业出版社，2018.7（2022.1重印）
高等学校“十三五”规划教材
ISBN 978-7-122-32226-5

Ⅰ.①材… Ⅱ.①朱… Ⅲ.①合成材料-材料制备-高等学校-教材 Ⅳ.①TB324

中国版本图书馆CIP数据核字（2018）第112879号

责任编辑：陶艳玲　　文字编辑：王　琪
责任校对：宋　夏　　装帧设计：张　辉

出版发行：化学工业出版社（北京市东城区青年湖南街13号　邮政编码100011）
印　　刷：三河市航远印刷有限公司
装　　订：三河市宇新装订厂
787mm×1092mm　1/16　印张15　字数368千字　2022年1月北京第1版第6次印刷

购书咨询：010-64518888　　售后服务：010-64518899
网　　址：http://www.cip.com.cn
凡购买本书，如有缺损质量问题，本社销售中心负责调换。

定　价：45.00元

前 言

回顾已经过去的20世纪，可以发现新材料从来没有像今天这样广泛而深刻地影响着我们的社会、生活、观念，而且这种影响仍在继续深化。材料合成与制备主要从材料科学的角度看问题，把材料研究中有关合成与制备的内容集中起来加以分析、综合以及提升，是研究功能材料制备、组成、结构、性质和应用的科学。

本书分为经典合成方法、软化学合成方法、特殊合成方法、薄膜材料与制备技术、晶体材料的制备、非晶态材料的制备、新能源材料的制备及应用7章。其中，第1章内容包括材料的高温合成、低温合成和分离、高压合成；第2章内容包括先驱物法、溶胶-凝胶法、低热固相反应法、水热与溶剂热合成法、化学气相沉积法、插层反应与支撑和接枝工艺法；第3章内容包括电解合成、光化学合成、微波合成、自蔓延高温合成；第4章内容包括薄膜的形成与生长、薄膜的物理制备方法、薄膜的化学制备方法、薄膜的表征、典型薄膜材料简介；第5章内容包括晶体生长基础、晶体生长的方法和技术；第6章内容包括非晶态材料的结构、非晶态合金的形成理论、非晶态合金的形成规律、非晶态材料的制备技术、非晶态合金的性能及应用；第7章内容包括锂离子电池材料、太阳能电池材料、燃料电池材料、超极电容器材料。

本书特点如下。

① 选择组织内容的时候，尽量反映前沿领域的新知识、新成果、新应用。

② 在呈现内容的时候，关注科学思路以及方法的介绍，注意兼顾科学性和可读性。

③ 综合考虑了无机材料的制备、结构、性质和应用的关系。体现了实用为主、够用为度的原则，特别适合材料科学与工程专业少学时教学的特点。

本书第1章、第5章、第6章由安徽工业大学李家茂编写，第2章、第7章由合肥工业大学朱继平编写，第3章由安徽理工大学王庆平编写，第4章由合肥工业大学罗派峰编写。

限于作者时间和视野所限，本书难免存在一些不妥之处，诚恳地希望读者予以指正。

编　者

2018年3月

目 录

第1章 经典合成方法

1.1 高温合成

高温合成不是一个崭新的领域，古代的人们很早就已了解燃烧现象，称其为一种合成技术则是随着科学技术的发展而逐渐形成的概念。高温合成是指能够在大的容积空间里长时间保持高达数千摄氏度的温度，以及能够通过各种脉冲技术（如激光脉冲、冲击波、爆炸和放电）产生短时间的极高温度（可高达10^6K）。现今高温合成已经发展成为无机固体材料合成所特有的合成方法，在现代生产和科技领域中占有重要地位。例如，传统无机材料、高熔点金属粉末材料、超高硬度和强度的钻头和刀具材料、耐高温和耐冲击材料及先进陶瓷材料等都是通过高温手段合成的，因此高温合成技术是材料合成与制备中必须掌握的一项技术。不过，所谓的高温并没有明确的定义和界限，只是相对的一个概念，一般实验室的高温是指1000℃以上的温度。

1.1.1 高温的获得和测量

高温技术是材料合成的一个重要手段，许多和材料合成有关的化学反应往往都是在高温下进行的，特别是在合成一些新型无机高温材料时，要求达到的温度越来越高。例如，高熔点金属粉末的烧结、难熔化合物的熔化和再结晶、陶瓷材料的烧结等都需要很高的温度。为了进行无机材料的高温合成，就需要一些符合不同要求的产生高温的设备和手段。

实验室中，大家熟知的加热设备是煤气灯、酒精灯、酒精喷灯，它们是通过煤气和酒精的燃烧来产生高温。此外，还常用电炉、半球形的电热套作为加热设备，它们利用电阻丝通电来获得高温。但上述几种设备，通常只能获得几百摄氏度的高温。例如，用煤气灯可以把较小的坩埚加热到700～800℃，难以满足无机材料合成中对温度的更高要求。表1-1列出了其他一些获得高温的方法和所能达到的温度。目前人类制造的最高温度为5.1亿摄氏度，是由美国新泽西州普林斯顿粒子物理实验室利用氘和氚等离子混合体在托克马克核聚变反应堆中创造的。我国的“人造太阳”核聚变实验装置创下了5500万摄氏度的国内最高纪录。

表 1-1 获得高温的方法和所能达到的温度

获得高温的方法	温度/K	获得高温的方法	温度/K
各种高温电阻炉	1273～3273	激光	10^5～10^6
聚焦炉	4000～6000	原子核的分离和聚变	10^6～10^9
闪光放电	＞4273	高温粒子	10^{10}～10^{14}
等离子电弧	20000		

上面这些获得高温的手段中，最常用的是高温电炉。

1.1.1.1 高温电炉

高温电炉按用途不同可分为工业炉和实验炉。工业炉又分为冶金用炉、硅酸盐窑炉等。高温电炉的炉体是由各种耐火材料砌成的，能源可采用固体、气体、液体、电能。现代工业生产多采用火焰窑炉，但电炉与火焰窑炉相比有许多优点，如清洁环保、热效率高、炉温调控精确、便于实验工艺的控制等，所以实验室常用的加热炉基本都是电炉。根据加热方式的不同，电炉有电阻炉、感应炉、电弧炉、电子束炉等。

(1) 电阻炉　当电流流过导体时，因为导体存在电阻，于是产生焦耳热，就成为电阻炉的热源。一般电阻发热材料的电阻值比较稳定，因此在稳定电源作用下，并且具备稳定的散热条件，则电阻炉的温度比较容易控制。电阻炉设备简单，使用方便，温度性能好，故在实验室和工业中最为常用。另外，电阻发热材料不同，电阻炉所能达到的高温限度也会有所不同。

(2) 感应炉　在线圈中放一导体，当线圈中通以交流电时，在导体中便感应出电流，借助于导体的电阻而发热。此感应电流称为涡流。由于导体的电阻小，涡流很大；又由于交流的线圈产生的磁力线不断改变方向，感应涡流也会不断改变方向，新感应的涡流受到反向涡流的阻滞，就导致电能转化为热能，使被加热物体很快发热并达到高温。感应加热时无电极接触，便于被加热体系密封和气氛控制。另外，感应炉操作起来也很方便，并且十分清洁。感应炉按其工作电源频率的不同有中频和高频之分，前者多用于工业熔炼，后者多用于实验室。目前感应加热主要用于粉末热压烧结和金、银、铜、铁、铝等金属的真空熔炼等。

(3) 电弧炉和等离子炉　电弧炉是利用电弧弧光为热源加热物质的，广泛应用于工业熔炼炉，可熔炼金属，如钛、锆等，也可用于制备高熔点化合物，如碳化物、硼化物以及低价氧化物等。在实验室中，为了熔化高熔点金属，常使用小型电弧炉。等离子炉是利用气体分子在电弧区高温（5000K）作用下，离解为阳离子和自由电子而达到极高的温度（10000K）。

(4) 电子束炉　电子束炉是利用高速电子轰击炉料时产生的热能来进行熔炼的一种电炉，可产生3500℃以上的高温，用来熔炼在熔化时蒸气压低的金属材料或蒸气压低而高温时能够导电的非金属材料。主要用来熔炼钨、钼、钽、铌、锆、铪等难熔金属。在直流高压下，电子冲击会产生X射线辐射，对人体有害，故一般不希望采用过高的电子加速电压。电子束炉比电弧炉的温度容易控制，但它仅适用于局部加热和在真空条件下使用。

图1-1～图1-4为各种电炉的实物图和结构示意图。

总体来说，应用于材料合成的高温电炉应当具备以下特点：能够达到足够高的温度，并且有合适的温度分布；炉温易于测量和控制；炉体结构简单灵活，便于制造；炉膛易于密封与气氛调整。

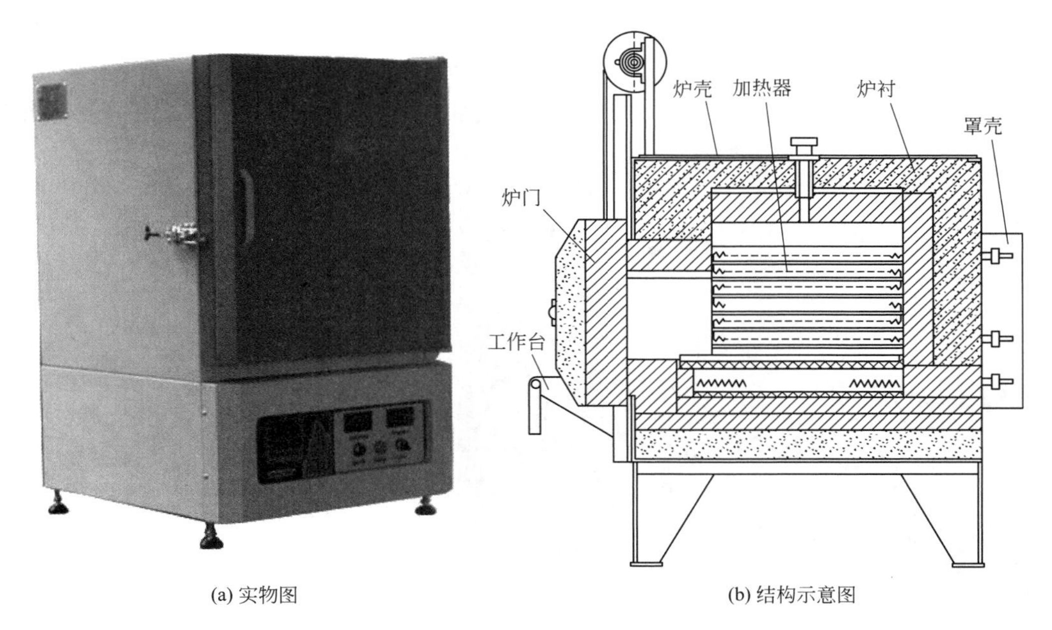

(a) 实物图　　(b) 结构示意图

图 1-1　箱式电阻炉

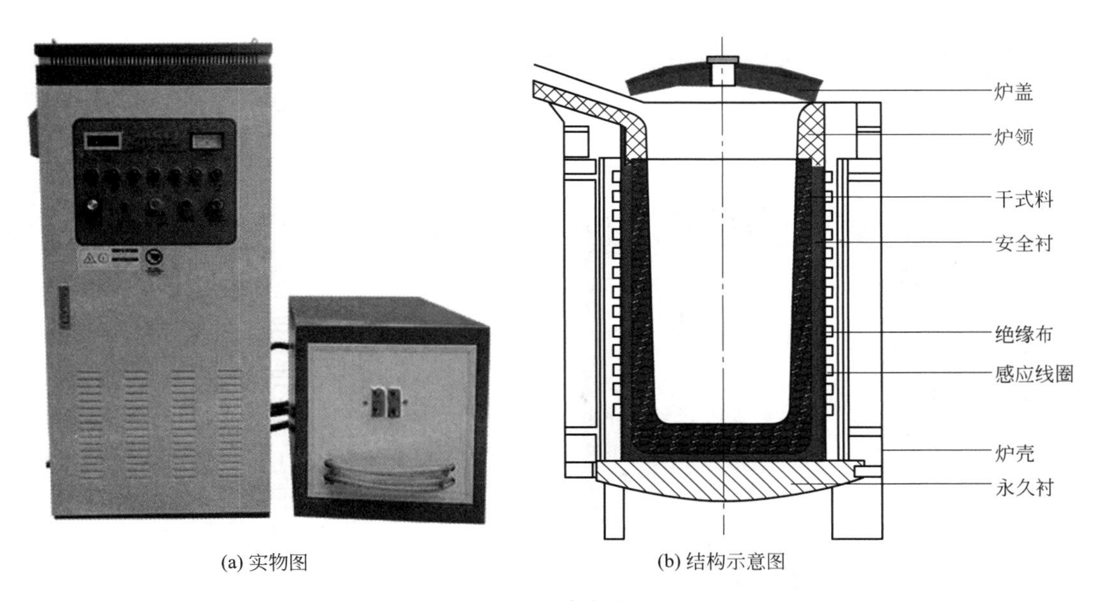

(a) 实物图　　(b) 结构示意图

图 1-2　感应炉

1.1.1.2　电阻发热材料

制造电阻炉加热元件用的发热材料有金属和非金属两大类，应用不同的电阻发热材料可以使电阻炉得到不同的高温限度。现将不同电阻发热材料的最高工作温度列于表 1-2 中。应该注意的是，一般使用温度应低于电阻发热材料最高工作温度，这样就可延长电阻发热材料的使用寿命。

(1) Ni-Cr 和 Fe-Cr-Ni 合金发热体　是在空气中 1000～1050℃ 高温范围内使用最多的发热元件。它们具有抗氧化、价格便宜、易加工、电阻大和电阻温度系数小的特点。Ni-Cr 和 Fe-Cr-Ni 合金有较好的抗氧化性，在高温下由于空气的氧化能生成 CrO、$NiCrO_4$ 致密的氧化膜，能阻止空气对合金的进一步氧化。为了不使保护膜破坏，此类发热体不能在还原气氛下使用。此外，还应尽量避免与碳、硫酸盐、水玻璃、石棉以及有色金属及其氧化物接触。发热体也不能急剧地升降温，以防致密的氧化膜产生裂纹或脱落，起不到保护的作用。

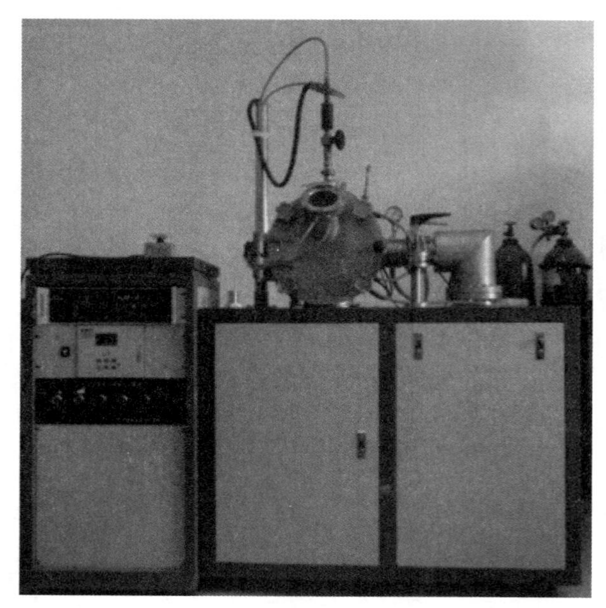

(a) 实物图

(b) 结构示意图

图 1-3　真空电弧炉

(a) 实物图

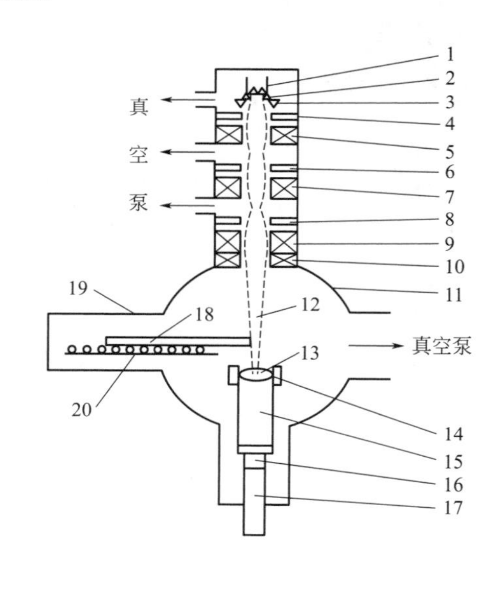

(b) 结构示意图

图 1-4　电子束熔炼炉

1—钨丝阴极；2—阴极；3—聚束极；4—加速阳极；5——次磁聚焦透镜；6，8—栏孔板；7，9—二次磁聚焦透镜；10—磁偏转扫描透镜；11—炉体；12—电子束流；13—熔池；14—水冷铜坩埚（结晶器）；15—凝固的金属锭；16—锭座；17—拖锭杆；18—原料棒；19—给料箱；20—给料装置

表 1-2　电阻发热材料的最高工作温度

电阻材料	最高工作温度/℃	备注	电阻材料	最高工作温度/℃	备注
镍铬丝(80%Ni,20%Cr)	1060		钼丝	1650	真空
镍铬铁丝(60%Ni,16%Cr,24%Fe)	950		硅化钼棒	1700	
			钨丝	1700	真空
坝塔尔(25%Cr,6.2%Al,19%Co,其余Fe)	1250～1300		钽丝	2000	真空
			ThO_2 85%,CeO_2 15%	1850	
10号合金(37%Cr,7.5%Al,55.5%Fe)	1250～1300		ThO_2 85%,La_2O_3 15%	1950	
			ZrO_2	2400	
硅碳棒	1400		石墨棒	2500	真空
铂丝	1400		钨管	3000	真空
铂90%/铑10%合金丝	1500		碳管	2500	

实验室用的Ni-Cr或Fe-Cr-Ni合金发热体，大部分制成直径为0.5～3mm的丝状，并且绕在耐火炉管外侧，也有的绕在特制炉膛的沟槽中。

（2）Mo、W、Ta发热体　在高真空和还原气氛下，金属发热材料如Mo、W、Ta等已被证明是适用于产生高温的。W在常温下很稳定，但在空气中加热会氧化成WO_3。通常采用钨丝或钨棒作为加热元件，可获得2000℃以上的高温。与钨相比，钼的密度小，价格便宜，加工性能好，广泛用于获得1600～1700℃高温的发热元件。钼有较高的蒸气压，故在高温下长时间使用，会因基体挥发而缩短发热元件的寿命。同时钼在高温下极易氧化生成MoO_3而挥发，因此气氛中的氧气应尽量去除。实验室中的钼丝炉，一般都是将钼丝直接绕在刚玉炉管上，因此钼丝炉能达到的最高温度会受到炉管的限制。钼丝炉一般要求有足够缓慢的升降温速率，以防刚玉炉管炸裂。钽不能在氢气中使用，因为它会吸氢而使性能变坏。钽比钼熔点高，比钨加工性能好，在真空或惰性气氛中稳定，但价格较贵。

（3）碳化硅发热体　是由SiC粉加黏结剂成形后烧结而成的。其在空气中可使用到1600℃，一般使用到1450℃左右，是一种比较理想的高温电热材料。碳化硅发热体通常制成棒状和管状，称为硅碳棒和硅碳管。硅碳棒有不同规格，可以灵活地布置在炉膛内需要的位置。缺点是炉内温度分布不够均匀，并且各支硅碳棒电阻匹配困难。相比之下，使用硅碳管发热体，炉膛的温度分布更均匀。

（4）二硅化钼发热体　在高温下具有良好的抗氧化性，空气中可安全使用到1700℃，在氮气和惰性气氛中，最高使用温度将下降，不能在氢气或真空中使用。另外，二硅化钼发热体不宜在低于1000℃下长时间使用，以防产生"$MoSi_2$疫"。二硅化钼发热体通常制成棒状或U形两种，大多在垂直状态下使用。若水平使用，必须用耐火材料支撑发热体，但最高使用温度不能超过1500℃。二硅化钼在常温下很脆，安装时应特别小心，以免折断，并且要留有一定的伸缩余地。

（5）石墨发热体　用石墨作为电阻发热材料，在真空下可以达到相当高的温度，但须注意使用的条件，如在氧化或还原气氛下，则很难去除石墨上吸附的气体，而使真空度不易提高，并且石墨常能与周围的气体形成挥发性的物质，使需要加热的物体受到污染，而石墨本身在使用过程中逐渐损耗。

（6）氧化物发热体　在氧化气氛中，氧化物发热体是最为理想的加热材料。ZrO_2、ThO_2等氧化物作为发热体在空气中能使用到1800℃以上。ZrO_2、ThO_2具有负的电阻温度系数，它们在常温下具有很大的电阻值，以致无法直接通电加热。实际上，在氧化物通电之前，先采用其他发热体把它加热到 1000℃以上，使其电阻大为下降，此时才能对氧化物通电加热升温。因此，使用氧化物发热体的高温电炉需要配备两套供电系统。铬酸镧是以 $LaCrO_3$ 为主要成分的高温电炉发热体，是利用 $LaCrO_3$ 的电子导电性的氧化物发热体。其特点是：热效率高，单位面积发热量大；发热体表面温度可长时间保持在 1900℃左右，炉内有效温度可达 1850℃；在大气、氧化气氛中可以稳定使用；使用方法简单，电极安全可靠；较容易得到较宽的均热带，易于实现高精度的温度控制。通常 $LaCrO_3$ 发热体是棒状的，适于制作管式炉。

1.1.1.3 高温的测量

测温仪表分为接触式和非接触式两大类。接触式可以直接测量被测对象的真实温度，非接触式只能获得被测对象的表观温度，一般非接触式测温精度低于接触式。测温仪表的主要类型见表 1-3。实验室中最常用的是热电偶。

表 1-3 测温仪表的主要类型

方式	名称		可用温度/℃	常用温度/℃	精度/℃	费用
接触式	热膨胀温度计	水银温度计	−65～650	−60～300	±0.1～±2	
		双金属片温度计	−50～500	−40～400	±0.5～±5	低
		液体压力温度计	−40～500	−30～400	±0.5～±5	低
		蒸气压力温度计	−20～500	40～180	±1～±10	低
	热电阻温度计	铂电阻温度计	−260～1000	−260～630	±0.01～±5	高
		热敏电阻温度计	−50～350	−50～350	±0.3～±5	一般
	热电偶	铂铑 10%-铂热电偶	0～1600	800～1300	±1～±4.5	高
		镍铬-镍硅热电偶	−200～1200	400～1000	<400 时±4， >400 时±10%t[①]	一般
		镍铬-康铜热电偶	−200～900		±3～±5	一般
		铁-康铜热电偶	−40～750		3～10	一般
		铜-康铜热电偶	−200～350	−100～200	±2～±5	一般
非接触式	光学高温计		700～3000		3～10	一般
	辐射温度计		200～3000		1～10	高
	比色高温计		180～3500		5～20	高

① t 为实测温度。

（1）热电偶　是以热电偶作为测温元件，以测得与温度相对应的热电动势，再通过仪表显示温度。它是由热电偶、测量仪表及补偿导线构成的。具有如下特点。

① 体积小，重量轻，结构简单，易于装配维护，使用方便。

② 主要作用点是由两根线连成的很小的热接点，两根线较细，所以热惰性很小，有良好的热感度。

③ 能直接与被测物体相接触，不受环境介质如烟雾、尘埃、水蒸气等影响而引起误差，具有较高的准确度，可保证在预期的误差以内。

④ 测温范围较广，一般可在室温至 2000℃之间应用，某些情况可达 3000℃。

⑤ 测量信号可远距离传送，并且由仪表迅速显示或自动记录，便于集中管理。

但是热电偶在使用中，还须注意避免受到污染、侵蚀和电磁的干扰，同时要求有一个不影响其热稳定性的环境。例如，有些热电偶不宜于氧化气氛，但有些又应避免还原气氛。在不合适的气氛环境中，应以耐热材料套管如刚玉管将其密封，并且用惰性气体加以保护，但这样多少会影响它的灵敏度。

热电偶材料有纯金属、合金和非金属半导体等。纯金属的均质性、稳定性和加工性一般较好，但热电动势并不太大；用作热电偶的某些特殊合金热电动势较大，适用于特定温度范围的测量，但均质性、稳定性通常都次于纯金属。非金属半导体一般热电动势都大得多，但制成材料较为困难，因而用途有限。纯金属和合金的高温热电偶一般可用于室温至 2000℃ 的高温，某些合金的应用范围可高达 3000℃。常用的高温热电偶材料有 Pt、Rh、Ir、W 等纯金属和含 Rh 较高的 Pt-Rh 合金、Ir-Rh 合金和 W-Re 合金。热电偶的种类及使用温度见表 1-4。

表 1-4　热电偶的种类及使用温度

热电偶种类	连续工作的温度范围/℃	短时工作的最高温度/℃	热电动势(冷接头 0℃)
铜与康铜	−190～350	600	100℃,4.28mV
镍铬与康铜	0～900	1100	100℃,6.3mV
铁与康铜	−40～750	400(在空气中),800(在还原气氛中)	100℃,5.28mV
镍铬与镍铝	0～1100	1350	100℃,4.10mV
铂与铂铑(13%Rh)	0～1450	1700	1000℃,10.50mV
钨与钼	1000～2500	2500	1000℃,0.8mV

(2) 光学高温计　是利用受热物体的单波辐射强度（即物体的单色亮度）随温度升高而增加的原理来进行高温测量的。使用热电偶测量温度虽然简便可靠，但也存在一些限制。如热电偶必须与测量的物体接触，热电偶的热电性质和保护管的耐热程度等使热电偶不能长时间地用于很高温度的测量，在这方面光学高温计具有显著的优势。

① 不需要同被测物体接触，同时也不影响被测物体的温度场。

② 测量温度极高，范围较大，可测量 700～6000℃。

③ 精确度较高，在正确使用的前提下，误差可小到±10℃，且使用简便，测量迅速。

1.1.2　高温合成反应类型

很多材料的合成反应需要在高温条件下进行。主要的合成反应类型如下。

(1) 高温下的固相合成反应，也称制陶反应。如各种陶瓷材料、金属陶瓷、金属氧化物以及多种类型的复合氧化物等均是通过高温下固相反应来合成的。

(2) 高温下的化学转移反应。

(3) 高温下的固-气合成反应。如金属化合物通过 H_2、CO 甚至碱金属蒸气在高温下的还原反应和金属或非金属的高温氧化、氯化反应等合成。

(4) 高温熔炼和合金制备。

(5) 高温下的相变合成。

(6) 高温熔盐电解。

(7) 等离子体、激光、聚焦等作用下的超高温合成。

(8) 高温下的单晶生长和区域熔融提纯。

限于篇幅，本章主要介绍高温固相反应和高温下的化学转移反应。

1.1.3 高温固相反应

高温固相反应，又称陶瓷法，是指在高温（1000～1500℃）下，固体界面间经过接触、反应、成核、晶体生长反应而合成材料的方法。它是一类很重要的高温合成反应，是制备无机固体材料的高温过程中一个普遍的物理化学现象，是一系列合金、传统无机材料以及各种新型无机材料生产所涉及的基本过程之一。由于不需要使用溶剂，具有高选择性、高产率、工艺过程简单等优点，高温固相反应已成为人们制备新型固体材料的主要手段之一，一大批具有特种性能的功能材料和化合物，如为数众多的各类复合氧化物、含氧酸类、二元或多元的金属陶瓷（碳、硼、硅、磷、硫族等化合物）等，都是通过高温下固相间的直接反应合成而得到的，因此这类反应具有重要的实际应用背景。如今，高温固相反应已成为材料制备过程中的基础反应，直接影响这些材料的生产过程、产品质量及材料的使用寿命。

1.1.3.1 基本原理

高温固相反应具有本身明显的特点，下面通过一个具体的实例来比较详细地说明此类反应的机理和特点：

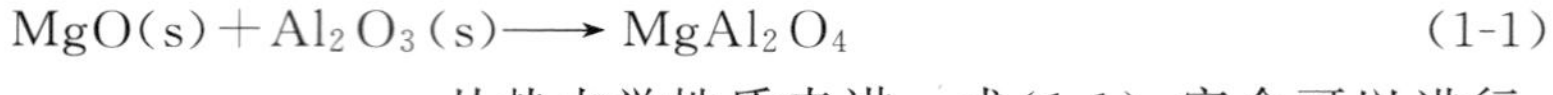

$$MgO(s)+Al_2O_3(s) \longrightarrow MgAl_2O_4 \tag{1-1}$$

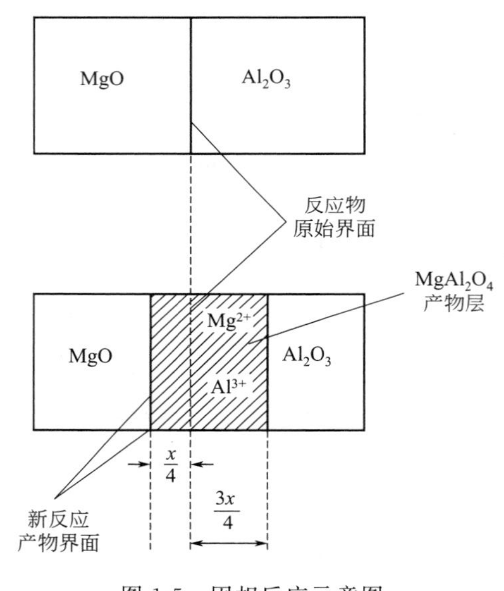

图 1-5 固相反应示意图

从热力学性质来讲，式(1-1) 完全可以进行，这可从上述反应的 Gibbs 自由能计算公式获知。但是，实际上在 1200℃以下几乎观察不到该反应的进行，即使在 1500℃的高温下，反应也要数天才能完成。可见，这类反应需要很高的反应温度。这是为什么呢？为何对温度的要求如此之高呢？这可从图 1-5 的简单图示中得到初步说明。

在一定的温度条件下，MgO 和 Al_2O_3 的晶粒界面间将发生反应而生成产物 $MgAl_2O_4$ 层。这种反应的第一阶段是在晶粒界面上或界面临近的反应物晶格中生成 $MgAl_2O_4$ 晶核，实现这一步是相当困难的，因为生成的晶核结构与反应物的结构不同。因此，成核反应需要通过反应物界面结构的重排来完成，其中包括结构中化学键的断裂和重新结合，MgO 和 Al_2O_3 晶格中 Mg^{2+} 和 Al^{3+} 的脱出、扩散和进入空位。高温下有利于这些过程的进行和晶核的生成。同样，进一步实现在晶核上的晶体生长也有相当的困难，因为对原料中的 Mg^{2+} 和 Al^{3+} 来说，则需要经过两个界面的扩散才可能在晶核上发生晶体生长反应，并且使原料间的产物层加厚。因此可明显地看出，决定此反应的控制步骤应该是晶格中 Mg^{2+} 和 Al^{3+} 的扩散，而升高温度有利于晶格中离子的扩散，因而明显有利于促进合成反应的进行。另外，随着产物层厚度的增加，离子扩散路程越来越长，反应速率越来越慢。在简化条件下，反应速率服从菲克定律（Fick's law）：

$$\frac{dx}{dt}=kx^{-1} \tag{1-2}$$

式中，x 是反应量（t 时生成物层的厚度）；k 是速率常数。

在此反应中，一般认为离子被束缚在它们合适的晶格位点上，很难运动到毗邻位点。只有在非常高的温度下，离子才有足够高的能量在晶格中迁移。作为一个经验规律(Tamman's rule)，当反应温度达到某组分熔点的2/3时，就可以足够活化该组分进行扩散反应，从而保证固相反应进行。

曾经有人详细研究过另一种尖晶石型 $NiAl_2O_4$ 的高温固相反应。图1-6为不同温度下 $NiAl_2O_4$ 的反应动力学关系，即 x^2 与 t 的线性关系图，该结果证明 $NiAl_2O_4$ 的生成反应的确符合菲克定律。同样，从实验结果看，$MgAl_2O_4$ 的生长速率（x）与时间（t）的关系也符合上述规律。根据上述分析和实验的验证，$MgAl_2O_4$ 生成反应的机理可由式(1-3)和式(1-4)示出：

$MgO/MgAl_2O_4$ 界面 $$2Al^{3+}+4MgO \longrightarrow MgAl_2O_4+3Mg^{2+} \quad (1\text{-}3)$$

$MgAl_2O_4/Al_2O_3$ 界面 $$3Mg^{2+}+4Al_2O_3 \longrightarrow 3MgAl_2O_4+2Al^{3+} \quad (1\text{-}4)$$

总反应 $$4MgO+4Al_2O_3 \longrightarrow 4MgAl_2O_4 \quad (1\text{-}5)$$

从以上界面反应可以看出，由反应(1-3)生成的产物将是由反应（1-4）生成的3倍。这即如图1-5所表明的那样，产物层右方界面的生长速率将为左面的3倍，关于这点已为实验结果所证实。

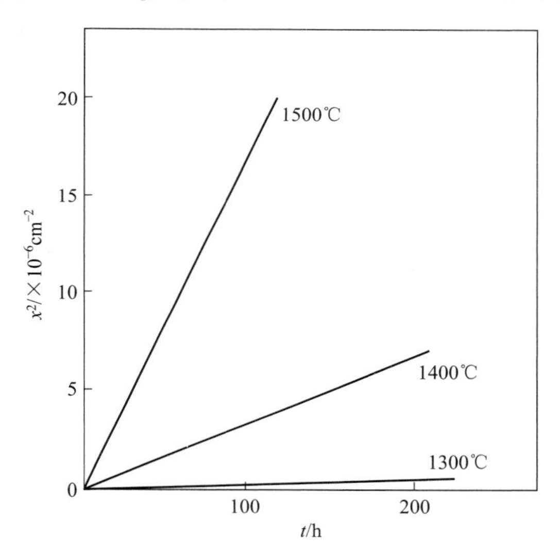

图1-6 不同温度下 $NiAl_2O_4$ 的反应动力学关系

综上所述，反应一开始是反应物颗粒之间的混合接触，并且在表面发生化学反应形成细薄且含大量结构缺陷的新相，随后发生产物新相的结构调整和晶体生长。当在两反应颗粒间所形成的产物层达到一定厚度后，进一步的反应将依赖于一种或几种反应物通过产物层的扩散而得以进行，这种物质的输运过程可能通过晶体晶格内部、表面、晶界、位错或晶体裂缝进行。也即固相反应是固体直接参与化学作用并起化学变化，同时至少在固体内部或外部的某一过程起着控制作用的反应。此时控制反应速率的不仅限于化学反应本身，反应新相晶格缺陷调整速率、晶粒生长速率以及反应体系中物质和能量的输送速率都将影响反应速率。

1.1.3.2 影响固相反应的因素

由于固相反应过程涉及相界面的化学反应和相内部或外部的物质输送等若干环节，因此，像均相反应一样，除反应物的化学组成、特性和结构状态以及温度、压力等因素外，凡是能活化晶格、促进物质的内外传输作用的因素均会对反应起影响作用。

（1）反应物化学组成与结构的影响　反应物化学组成与结构是影响固相反应的内因，是决定反应方向和反应速率的重要因素。从热力学角度看，在一定温度、压力条件下，反应可能进行的方向是自由能减少（$\Delta G<0$）的方向，而且负值越大，反应的热力学推动力也越大。从结构的观点看，反应物的结构状态、质点间的化学键性质以及各种缺陷的多寡都将对反应速率产生影响。事实表明，同一组成反应物，其结晶状态、晶型由于热历史的不同，易出现很大的差别，从而影响到这种物质的反应活性。例如，用氧化铝和氧化钴生成钴铝尖晶

石（$Al_2O_3+CoO \longrightarrow CoAl_2O_4$）的反应中若分别采用轻烧 Al_2O_3 和在较高温度下死烧 Al_2O_3 作原料，其反应速率可相差近 10 倍。研究表明，轻烧 Al_2O_3 是由于反应过程中晶型转变，而大大提高了 Al_2O_3 的反应活性。即物质在相转变温度附近，质点可动性显著增大。晶格松解，结构内部缺陷增多，故而反应能力和扩散能力增加。因此，在生产实践中往往可以利用多晶转变、热分解和脱水反应等过程引起的晶格活化效应来选择反应原料和设计反应工艺条件，以达到高的生产效率。

另外，在同一反应系统中，固相反应速率还与各反应物间的比例有关，如果颗粒尺寸相同的 A 和 B 反应形成产物 AB，若改变 A 与 B 的比例，就会影响到反应物表面积和反应截面积的大小，从而改变产物层的厚度和影响反应速率。例如，增加反应混合物中“遮盖”物的含量，则反应物接触机会和反应截面就会增加，产物层变薄，相应的反应速率就会增加。

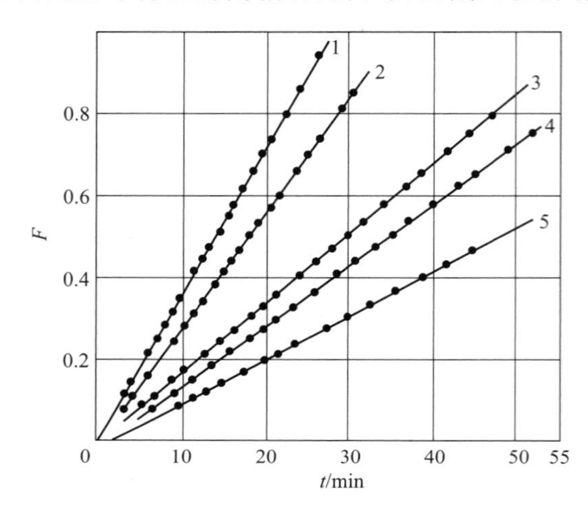

图 1-7　碳酸钙与氧化钼反应的动力学
（$r_{CaCO_3}<0.030$mm，
$CaCO_3:MoO_3=15:1$，$T=600$℃）
1—MoO_3 颗粒尺寸 0.052mm；
2—MoO_3 颗粒尺寸 0.064mm；
3—MoO_3 颗粒尺寸 0.119mm；
4—MoO_3 颗粒尺寸 0.13mm；
5—MoO_3 颗粒尺寸 0.153mm

（2）反应物颗粒尺寸及分布的影响　在其他条件不变的情况下，反应速率受到颗粒尺寸大小的强烈影响。图 1-7 表示出不同颗粒尺寸对 $CaCO_3$ 和 MoO_3 在 600℃ 反应生成 $CaMoO_4$ 的影响，比较曲线 1 和 2 可以看出，颗粒尺寸的微小差别对反应速率有明显的影响。

颗粒尺寸大小对反应速率影响的另一方面是通过改变反应截面和扩散截面以及改变颗粒表面结构等效应来完成的，颗粒尺寸越小，反应体系比表面积越大，反应截面和扩散截面也相应增加，因此反应速率增大，键强分布曲线变平，弱键比例增加，故而使反应能力和扩散能力增强。

值得指出的还有，同一反应体系由于物料颗粒尺寸不同，其反应机理也可能会发生变化，而属于不同动力学范围控制。例如，前面提及的 $CaCO_3$ 和 MoO_3 反应，当取等摩尔比并在较高温度（600℃）下反应时，$CaCO_3$ 颗粒大于 MoO_3，则反应由扩散控制，反应速率随 $CaCO_3$ 粒度减小而加速，倘若 $CaCO_3$ 颗粒尺寸减小到小于 MoO_3，并且体系中存在过量的 $CaCO_3$ 时，则由于产物层变薄，扩散阻力减小，反应由 MoO_3 的升华过程所控制，并且随 MoO_3 粒径减小而加强。

最后应该指出，在实际生产中往往不可能控制均等的物料粒径。这时反应物料粒径的分布对反应速率的影响同样是重要的。理论分析表明，由于物料颗粒大小以平方关系影响着反应速率，颗粒尺寸分布越是集中，对反应速率越是有利。因此缩小颗粒尺寸分布范围，以避免少量较大尺寸的颗粒存在，而显著延缓反应进程，是生产过程中在减小颗粒尺寸的同时应注意到的另一问题。

（3）反应温度、压力与气氛的影响　温度是影响固相反应速率的重要外部条件之一。一般可以认为，温度升高均有利于反应进行。这是由于温度升高，固体结构中质点热振动动能增大、反应能力和扩散能力均得到增强的原因所致。对于化学反应，其速率常数 $K=A\exp\left(-\frac{\Delta G_R}{RT}\right)$，式中，$\Delta G_R$ 为化学反应活化能，A 为指前因子，是概率因子 P 和反应物质点碰撞数目 Z_0 的乘积（$A=PZ_0$）。对于扩散，其扩散系数 $D=D_0\exp\left(-\frac{Q}{RT}\right)$。因此无论是扩散控制还是化学反应控制的固相反应，温度的升高都将提高扩散系数或反应速率常数。而且由于扩散活化能 Q 通常比反应活化能 ΔG_R 小，而使温度的变化对化学反应的影响远大于对扩散的影响。

压力是影响固相反应的另一外部因素。对于纯固相反应，压力的提高可显著地改善粉料颗粒之间的接触状态，如缩短颗粒之间距离，增加接触面积，而提高固相反应速率。但对于有液相、气相参与的固相反应，扩散过程主要不是通过固相粒子直接接触进行的。因此提高压力有时并不表现出积极作用，甚至会适得其反。例如，黏土矿物脱水反应和伴有气相产物的热分解反应以及某些由升华控制的固相反应等，增加压力会使反应速率下降。由表 1-5 所列数据可见，随着水蒸气压力的增高，高岭土的脱水温度和活化能明显提高，脱水速率降低。

表 1-5 不同水蒸气压力下高岭土的脱水活化能

水蒸气压力 p_{H_2O}/Pa	温度 T/℃	活化能 ΔG_R/(kJ/mol)
<0.10	390～450	214
613	435～475	352
1867	450～480	377
6265	470～495	469

此外，气氛对固相反应也有重要影响。它可以通过改变固体吸附特性而影响表面反应活性。对于一系列能形成非化学计量的化合物 ZnO、CuO 等，气氛可直接影响晶体表面缺陷的浓度和扩散机制与速率。

（4）矿化剂及其他影响因素　在固相反应体系中加入少量非反应物质，或由于某些可能存在于原料中的杂质，则常会对反应产生特殊的作用（这些物质常被称为矿化剂，它们在反应过程中不与反应物或反应产物起化学反应，但它们以不同的方式和程度影响着反应的某些环节）。实验表明，矿化剂可以产生如下作用：影响晶核的生成速率；影响结晶速率及晶格结构；降低体系共熔点，改善液相性质等。例如，在 Na_2CO_3 和 Fe_2O_3 反应体系中加入 NaCl，可使反应转化率提高 50%～60%之多。而且当颗粒尺寸越大，这种矿化效果越明显。又例如，在硅砖中加入 1%～3%的 Fe_2O_3 和 $Ca(OH)_2$ 作为矿化剂，能使其大部分 α-石英不断溶解，同时不断析出 α-鳞石英，从而促使 α-石英向鳞石英转化。关于矿化剂的一般矿化机理则是复杂多样的，可因反应体系的不同而完全不同，但可以认为矿化剂总是以某种方式参与到固相反应过程中的。

以上从物理化学角度对影响固相反应速率的诸因素进行了分析和讨论，但必须提出，实际生产和科研中遇到的各种影响因素可能会更多，也更复杂。对于工业性的固相反应，除了有物理化学因素外，还有工程方面的因素。例如，水泥工业中的碳酸钙分解速率一方面受到物理化学基本规律的影响，另一方面与工程上的换热传质效率有关。在相同温度下，普通旋窑中的分解速率要低于窑外分解炉中的。这是因为在分解炉中处于悬浮状态的碳酸钙颗粒在传质换热条件上比普通旋窑中好得多。因此从反应工程的角度考虑传质传热效率对固相反应的影响是具有同样重要性的。尤其是由于硅酸盐材料生产通常都要求高温条件，此时传热速率对反应进行的影响极为显著。例如，把石英砂压成直径为50mm的球，约以8℃/min的速率进行加热，使之进行β→α相变，约需75min完成。而在同样加热速率下，用相同直径的石英单晶球做实验，则相变所需时间仅为13min。产生这种差异的原因除两者的传热系数不同外［单晶体约为5.23W/(m^2·K)，而石英砂球约为0.58W/(m^2·K)］，还由于石英单晶是透辐射的，其传热方式不同于石英砂球。即不是由传导机构连续传热，而可以直接进行透射传热。因此相变反应不是在依序向球中心推进的界面上进行，而是在具有一定厚度范围乃至在整个体积内同时进行，从而大大加速了相变反应的速率。

1.1.3.3 高温固相反应在材料合成中的应用

由固相反应的影响因素可知，原始粉料的尺寸、分布和形状、所含杂质的种类和数量、热历史等都对固相反应的动力学产生显著的影响，因此固相反应的实验研究具有一定的难度，要获得固相反应过程中的各种信息，常常需要使用多种研究手段。下面以几个固相反应的研究实例来说明固相反应常用的某些研究方法。

(1) 陶瓷材料的高温固相合成　利用高温固相合成反应可以合成各类陶瓷。对于功能陶瓷，起始原料一般要经过提纯或选用高纯度的化学试剂，常用的原料有氧化物、氯化物、硫酸盐、硝酸盐、氢氧化物、草酸盐和醇盐等。首先将原料处理成符合要求（化学组成、相组成、纯度、细度等）的粉料，再将调整好的粉料进行高温烧结，冷却后便得到陶瓷产品。在整个制备过程中，由于烧结是在固相之间或固相与液相之间进行，其过程十分复杂，各种参数同时变化，并且相互影响，因此成为陶瓷制备的关键步骤。有关陶瓷及陶瓷粉体高温合成的文献报道很多。现举例来说明陶瓷材料的高温合成过程。

$CaTiO_3$陶瓷是一种性能优良的微波介质陶瓷，其制备大都采用高温固相反应。起始原料采用纯度在99%以上的$CaCO_3$和TiO_2，合成$CaTiO_3$的反应式为：

$$CaCO_3 + TiO_2 \longrightarrow CaTiO_3 + CO_2$$

预合成温度为1300℃，保温3h，升温速率为300℃/h。预烧后球磨，加黏合剂（PVA）造粒后，采用干压成形方式压制成直径14mm、厚7mm左右的圆柱体，在1300℃下烧结3h，随炉冷却，便可得到正交钙钛矿结构的$CaTiO_3$微波陶瓷。

另外一个例子是利用高温固相反应法合成$LaNbO_4$粉末。将一定量的La_2O_3和Nb_2O_5粉末（纯度大于99.9%）按摩尔比1∶1配好，以乙醇为介质，以刚玉球为磨子，在球磨机上球磨后烘干、碾碎、过筛。然后将混合粉末置于高温箱式电阻炉中煅烧2h，煅烧温度为1000℃，使发生以下反应：

$$La_2O_3 + Nb_2O_5 \longrightarrow 2LaNbO_4$$

对所得$LaNbO_4$粉末进行XRD相分析，表明其残留有少量未反应完全的La_2O_3。

Beruto等研究了外加剂Li_2CO_3对CaO粉料与CO_2气体发生固相反应的影响。CaO和CO_2发生反应，在CaO的表面形成$CaCO_3$产物层，当产物层厚度达到一定厚度时，CO_2气体通过该层的扩散变得过于缓慢而阻止了反应的进一步进行。在添加Li_2CO_3后，改变了这一特征，使固相反应速率增大。数据表明，在反应温度低于或接近于Li_2CO_3-$CaCO_3$低共熔温度935K时，掺入Li_2CO_3的反应系统的反应速率均高于不掺Li_2CO_3的反应系统的反应速率，尤其当反应温度接近于Li_2CO_3-$CaCO_3$低共熔温度时，前者的反应速率大大高于后者。这是因为当Li_2CO_3-$CaCO_3$低共熔相形成时，在CaO表面的$CaCO_3$产物层在低共熔相中溶解并重新淀析，因此反应被大大加速。在低于Li_2CO_3-$CaCO_3$低共熔温度时，掺杂物Li_2CO_3使得所形成的多晶$CaCO_3$产物层的粒子尺寸减小、边界数量增多，为CO_2气体提供了众多的扩散进入 CaO 的界面扩散通道，因而使反应速率增大。

（2）纳米粉体的高温合成　用传统的高温固相反应合成纳米粒子（如氧化物和氧化物的固相反应）是相当困难的，因为在高温下，颗粒容易发生烧结或发生表面吸附反应，产生团聚。利用高温固相反应合成金属氧化物纳米粒子多采用热分解的方法，选择的前驱体通常是碳酸盐、硝酸盐、氢氧化物、草酸盐等。例如，以七水硫酸锌和无水草酸钠为原料，用室温固相化学反应首先合成出前驱体草酸锌，草酸锌在 400℃分解 3h，可得到平均粒径为 28nm 的纳米氧化锌。又如，以乙酸铅和碳酸钠为原料，在室温下先合成出前驱体碳酸铅，碳酸铅在 620℃分解 4h，可得到 5～30nm 的纳米 PbO 粉体。再如，热分解稀土柠檬酸盐或酒石酸盐，可以制备出一系列稀土纳米氧化物颗粒。

其他无机化合物纳米粒子一般不直接采用高温固相反应合成，通常是在低温下先合成出纳米粉体前驱体，然后再高温晶化。利用溶胶-凝胶法制备的纳米粒子总是需要高温热处理。例如，电子陶瓷材料 $BaAl_2O_4$ 溶胶-凝胶法制备过程，就是先在室温下形成溶胶，然后在 400～800℃煅烧制备的。

从以上所列举的几个固相反应的研究实例可以知道，由于固相反应的复杂性和多样性，所选用的研究方法与手段也相应地具有复杂性和多样性，必须适应于所研究的固相反应系统。

1.1.4 化学转移反应

把所需要的沉积物质作为反应源物质，用适当的气体介质与之反应，形成一种气态化合物，这种气态化合物借助载气输运到与源区温度不同的沉积区，再发生逆反应，使反应源物质重新沉积出来，这样的反应过程称为化学转移反应。反应过程可用下述方程表示：

$$A(s,l)+B(g)\underset{T_1}{\overset{T_2}{\rightleftharpoons}}AB(g)$$

源区温度为 T_2，沉积区温度为 T_1。

例如，金属镍粉（粗）在 80℃时与 CO 反应，生成气态的四羰基镍；在 200℃时，四羰基镍又分解为镍与 CO。经过化学转移反应得到的镍，其纯度可达 99.99%以上。

$$Ni(s)+4CO\underset{200℃}{\overset{80℃}{\rightleftharpoons}}Ni(CO)_4$$

这里，气体 CO 称为转移介质或转移试剂，它在反应过程中没有消耗，只是对镍起反复转移作用，这是化学转移反应与化学气相沉积不同的地方。

1.1.4.1 化学转移反应类型

化学转移反应类型很多，举例如下。

（1）用卤素转移试剂的转移反应　利用碘化物热分解法制备高纯难熔金属 Ti、Zr 是人们最早应用的化学转移反应，如下所示：

$$Ti+2I_2\underset{1400℃}{\overset{200℃}{\rightleftharpoons}}TiI_4(g)$$

（2）用氯化氢或挥发性氯化物的金属或硅转移反应　利用氯化氢进行的金属转移反应有：

$$Fe+2HCl\underset{800℃}{\overset{1000℃}{\rightleftharpoons}}FeCl_2(g)+H_2$$

利用挥发性氯化物进行的硅转移反应有：

$$Si + AlCl_3(g) \rightleftharpoons SiCl_2(g) + AlCl(g)$$

（3）通过形成中间态化合物的化学转移反应　如下所示：

$$Al + \frac{1}{2}AlX_3 \underset{600℃}{\overset{1000℃}{\rightleftharpoons}} \frac{3}{2}AlX(g) \qquad X = F, Cl, Br, I$$

（4）其他化学转移反应　如下所示：

$$Fe_2O_3 + 6HCl \underset{750℃}{\overset{1000℃}{\rightleftharpoons}} 2FeCl_3 + 3H_2O$$

该方法不仅可以用来提纯物质，还可以生长大的晶体，并且有时还使一些合成反应更方便。例如，以气体 HCl 为转移试剂，可以通过下述反应制得钨酸铁晶体：

$$FeO + WO_3 \rightleftharpoons FeWO_4$$

如果没有 HCl 存在，该反应不会发生，因为 FeO 和 WO_3 都不具备挥发性；当 HCl 存在时，由于生成了 $FeCl_2$、$WOCl_4$、水蒸气，就可以通过相转移反应制得完美的钨酸铁晶体。

在化学转移反应中，转移试剂具有非常重要的作用，它的使用和选择是化学转移反应能否进行的关键。

1.1.4.2　化学转移反应条件的选择

选择一个合适的化学转移反应并确定反应温度、浓度、压力等条件是非常重要的。对于一个可逆的多相反应：

$$A(s,l) + B(g) \underset{T_1}{\overset{T_2}{\rightleftharpoons}} AB(g)$$

上述可逆化学反应的平衡常数表达式为：

$$K_p = \frac{p_{AB}}{p_B}$$

式中，p_{AB} 和 p_B 分别表示气体 AB 和 B 的分压。

我们希望在源区反应自左向右进行，在沉积区反应自右向左进行。为了使可逆反应易于随温度的不同而改向（即所需的 ΔT 不太大，$\Delta T = T_2 - T_1$），平衡常数 K 值最好是接近于 1。根据 van't Hoff（范特霍夫）方程：

$$\frac{d\ln K_p}{dT} = \frac{\Delta H}{RT^2}$$

对上式积分得：

$$\ln K_{T_1} - \ln K_{T_2} = \frac{\Delta_r H_m^{\ominus}}{R}\left(\frac{1}{T_2} - \frac{1}{T_1}\right)$$

当温度变化范围不太大时，反应热 $\Delta_r H_m^{\ominus}$ 可视为常数。

由范特霍夫方程可以看出：如果反应是吸热反应，$\Delta_r H_m^{\ominus}$ 可为正，当 $T_2 > T_1$ 时，温度越高，平衡常数越大，即从左向右反应的平衡常数增大，反应容易进行，物质由热端向冷端转移，即源区温度（T_2）应高于沉积区温度（T_1），物质由源区向沉积区转移；如果反应是放热反应，$\Delta_r H_m^{\ominus}$ 为负，则应控制源区温度（T_2）低于沉积区温度（T_1），这样才能实现物质由源区向沉积区转移。如果 $\Delta_r H_m^{\ominus}$ 近似为 0，则不能用改变温度的方法来进行化学转移。

$\Delta_r H_m^{\ominus}$ 的绝对值决定了 K 值随温度变化的速率，也就决定了为取得适宜沉积速率和晶体质量所需要的源区和沉积区之间温差。$\Delta_r H_m^{\ominus}$ 的绝对值较小时，温差大才可以获得可观的转移；$\Delta_r H_m^\ominus$ 的绝对值较大时，即使 $\ln K$ 不改变符号，也可以获得较高的沉积速率。但如果 $\Delta_r H_m^\ominus$ 的绝对值太大，为了使气相过饱和度维持在较低程度以防止过多成核，则温差必须足够小。这说明体系的 $\Delta_r H_m^\ominus$ 值必须适当。

1.1.4.3　化学转移反应的应用实例

近几十年来的统计表明，化学转移反应应用广泛，发展速度快，这不仅由于它们能大大改善某些晶体或晶体薄膜的质量和性能，而且更由于它们能用来制备许多其他方法不易制备的晶体，加上设备简单、操作方便、适应性强，因而广泛用于合成新晶体。下面简单举例说明。

（1）铌酸钙 $CaNb_2O_6$ 单晶的生长　先用摩尔比为 1∶1 的 $CaCO_3$ 和 Nb_2O_5 混合后在 1300℃铂坩埚中合成 $CaNb_2O_6$ 多晶，然后取 1g $CaNb_2O_6$ 放在一根石英管的一端。石英管长 110mm，直径 17mm，抽真空后再充入 10^5Pa 的 Cl_2 并熔封起来。将石英管水平放在一个双温区电炉中，有 $CaNb_2O_6$ 多晶的一端保持在 1020℃左右，另一端保持在 980℃左右。经过两个星期的化学转移反应，在低温端生长出大小为 1mm×0.5mm×0.2mm 的单晶。$CaNb_2O_6$ 单晶的制备装置如图 1-8 所示。反应过程可用下述反应式表示：

$$CaNb_2O_6(s)+8HCl(g) \underset{T_1}{\overset{T_2}{\rightleftharpoons}} 2NbOCl_3(g)+CaCl_2(g)+4H_2O(g)$$

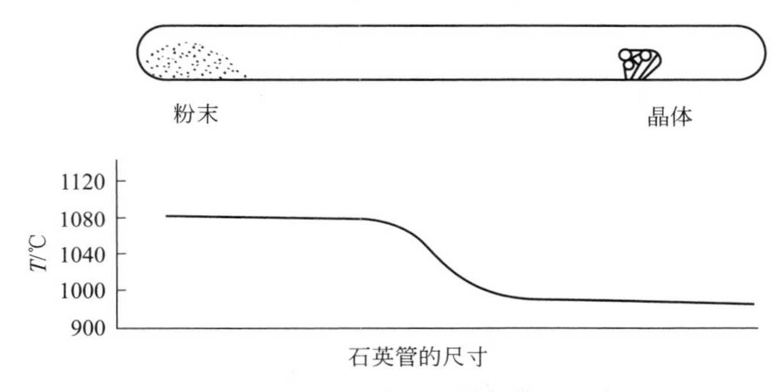

图 1-8　$CaNb_2O_6$ 单晶的制备装置示意图

（2）GaAs 单晶薄膜的外延生长　GaAs 由于具有元素半导体所没有的优良性能（如较高的载流子迁移率、较短的载流子寿命以及较好的电性能稳定性等），使其广泛应用于研制高频、高速微波器件和高功率、低噪声的光电器件等方面。

利用化学转移反应，在砷化镓衬底表面生长 GaAs 单晶薄膜的反应装置如图 1-9 所示。

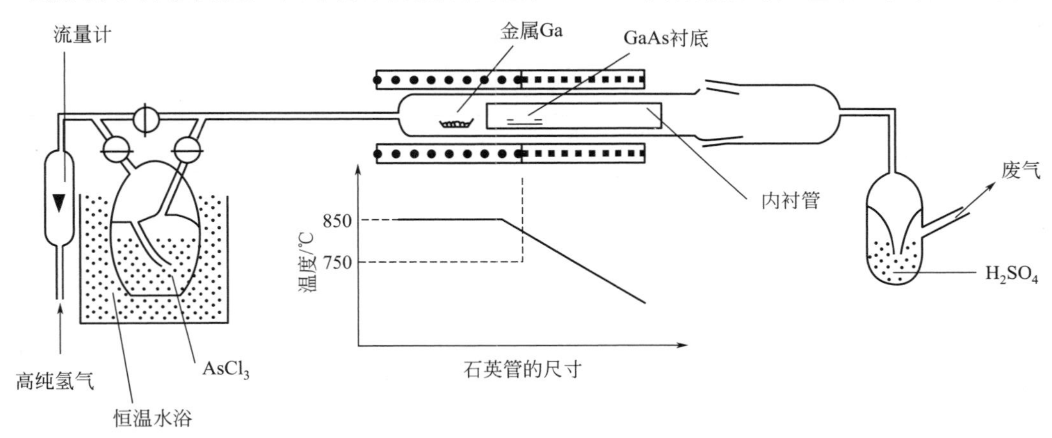

图 1-9　GaAs 单晶薄膜的反应装置示意图

气相转移过程的各步化学反应的反应式表示如下：

$$2AsCl_3 + 3H_2 \rightleftharpoons \frac{1}{2}As_4 + 6HCl$$

$$\frac{1}{2}As_4 + 2Ga \rightleftharpoons 2GaAs$$

$$2GaAs + 2HCl \rightleftharpoons 2GaCl + \frac{1}{2}As_4 + H_2$$

$$2GaCl + \frac{1}{2}As_4 + H_2 \rightleftharpoons 2GaAs + 2HCl$$

1.2 低温合成和分离

在常温下、几十摄氏度、几百摄氏度乃至上千摄氏度以上的温度下，合成材料的实例有很多，举不胜举。而在低温，特别是在超低温条件下，合成无机化合物和无机材料却不多见。这是因为在低温下，物质不仅发生物理性质变化，还会发生性能的奇妙变化。物质的超导性和完全抗磁性就是很好的例证。近些年来，低温合成技术发展十分迅速，已被广泛应用于微电子学、原子能、能源、生物工程等领域，同时也为新化合物和新材料的合成开辟了新的途径。本节将介绍低温的获得、低温的测量和控制以及低温技术在无机材料合成方面的应用。

1.2.1 低温的获得、测量和控制

1.2.1.1 低温的获得

在低温物理学中，低温被定义为－150℃（即123K）以下的温度。将局部空间的温度降低到低于环境温度的操作，称为制冷。降低到123K称为普冷，从123K到4.2K称为深冷，降低到4.2K以下称为极冷。

（1）获得低温的方法　目前获得低温的方法很多，可分为物理方法和化学方法等，而绝大多数的制冷方法属于物理方法。其中常用的有气体绝热膨胀制冷和相变制冷。另外，还有涡流制冷、绝热放气制冷、温差热电制冷、顺磁盐或绝热退磁制冷、^{3}He和^{4}He稀释制冷、^{3}He绝热压缩制冷、吸附制冷等。这些方法的制冷原理在这里不做介绍，可参考有关材料，仅在表1-6列出了一些主要的制冷方法及能够达到的温度。

表1-6　获得低温的主要方法

方法名称	可达温度/K	方法名称	可达温度/K
一般半导体制冷	约150	气体部分绝热膨胀二级沙尔凡制冷机	12
三级级联半导体制冷	77	气体部分绝热膨胀三级G-M制冷机	6.5
气体节流	约4.2	气体部分绝热膨胀西蒙氦液化器	约4.2
一般气体做外功的绝热膨胀	约10	液体减压蒸发逐级冷冻	约63
带氦两相膨胀机	约4.2	液体减压蒸发(^{3}He)	0.7～4.2
做外功的绝热膨胀		液体减压蒸发(^{4}He)	0.3～3.2
二级菲利浦制冷机	12	氦涡流制冷	0.6～1.3
三级菲利浦制冷机	7.8	^{3}He绝热压缩相变制冷	0.002
气体部分绝热膨胀的三级脉管制冷机	80	^{3}He-^{4}He稀释制冷	0.001～1
气体部分绝热膨胀的六级脉管制冷机	20	绝热退磁	10^{-6}～1

(2) 低温浴

① 冰盐浴　将冰和盐尽量磨细并充分混合，可以达到比较低的温度，冰和盐的比例不同，能够达到的温度也不一样，具体数据见表1-7。

表1-7　冰盐浴

盐	含盐量(质量分数)/%	低共熔点/℃	盐	含盐量(质量分数)/%	低共熔点/℃
NH_4Cl	18.6	−15.8	$CaCl_2$	29.8	−55
NaCl	23.3	−21.1	$ZnCl_2$	51	−62
$MgCl_2$	21.6	−33.6			

② 非水冷冻浴　主要包括液氨、干冰和液氮。其中干冰是经常用的一种低温浴，它的升华温度为−78.3℃，用时常加一些惰性溶剂，如丙酮、醇、氯仿等，以使它的导热性能更好一些。N_2 液化的温度是−195.8℃，它是在合成反应与物化性能实验中经常用到的一种低温浴，当用于冷浴时，使用温度可达−205℃（减压过冷液氮浴）。非气冷冻浴能达到的温度见表1-8。

表1-8　非水冷冻浴

体系	临界点	温度/℃	体系	临界点	温度/℃
液氨	沸点	−33.4	无水乙醇-液氮		−125～−115
无水乙醇-干冰	低共熔点	−72	液氮	沸点	−196
氯仿-干冰	低共熔点	−77			

③ 相变冷浴　这种低温浴可以恒定温度。例如，CS_2 可达−111.6℃，这个温度是1atm[1]下 CS_2 的固液平衡点。经常用的低温浴的相变温度见表1-9。

表1-9　一些常用低温浴的相变温度

低温浴	温度/℃	低温浴	温度/℃
冰+水	0	CS_2	−111.6
CCl_4	−22.8	甲基环己烷	−126.3
液氨	−45～−33	液氮	−195.8
氯苯	−45.2	液氦	−268.95
氯仿	−63.5	正戊烷	−130
干冰	−78.3	异戊烷	−160.5
乙酸乙酯	−83.6	液氧	−183
甲苯	−95		

1.2.1.2　低温的测量和控制

(1) 低温的测量　低温的温度测量有其特殊测量方法，不仅所选用的温度计与测量常温时的有所不同，而且在不同低温区也有相对应的测温温度计。低温温度计的测温原理是利用物质的物理参量与温度之间的定量关系，通过测定物质的物理参量就可以转换成对应的温度值。常用的低温温度计有低温热电偶、电阻温度计和蒸气压温度计等。实验室中，最常用的是蒸气压温度计。

① 低温热电偶　低温热电偶是用来测量低温的常用传感器，测温范围为2～300K。表1-10列出了各种热电偶的测温范围。

[1] 1atm=101325Pa。

表 1-10　热电偶的测温范围

种类	测温范围/K
铜-康铜(60%Cu+40%Ni)	75～300
镍铬-康铜	20～300
镍铬(9∶10)-金铁(金+0.03%或0.07%铁)	2～300
镍铬-铜铁(铜+0.02%或0.05%铁)	2～300

低温热电偶与高温热电偶除了在选材方面不相同外，在使用时还应考虑选择直径更细的线材，以满足低温下漏热少的要求。另外，热电偶接点的焊接方法也不相同，低温热电偶要求接点能承受低温而不易脱离。例如，铜-康铜热电偶可采用电弧碰焊，镍铬-金铁热电偶可采用铟焊。

② 电阻温度计　电阻温度计是利用感温元件的电阻与温度之间存在着一定的关系而制成的。其关系如下：

$$R_t = R_0(1+\alpha t+\beta t^2+\gamma t^3)$$

式中，R_t、R_0 分别为感温元件在温度 t 及 0℃时的电阻值；α、β、γ 分别为常数。

制作电阻温度计时，应选用电阻比较大、性能稳定、物理及金属复制性能好的材料，最好选用电阻与温度之间具有线性关系的材料。常用的有铂电阻温度计、锗电阻温度计、碳电阻温度计、铑铁电阻温度计等。

用低温热电偶与电阻温度计测量的主要要求是精度、可靠性、重复性和实际温度标定。温度标定使用的热力学温标是 1989 国际温标。同时还要考虑到布线和读出设备等的费用，最好是用某种温度计测量它本身的最佳适用温度。由于几乎所有的温度计都必须提供一个恒定的电流，这就需要考虑寄生热负载的影响（如沿着导线的热传递和在读出期间的焦耳热）。充分考虑这些影响后选择的温度计，就应是很好的低温温度计。表 1-11 列出了一些低温温度计的特性。

表 1-11　一些低温温度计的特性

温度计类型	测温范围/K	精度/K	稳定性/K	热循环/K	磁场的影响
E 型热电偶	30～300	1.0～3.0	<0.5	<1.0	—
铂电阻	20～30	0.2～0.5	<0.1	<0.4	—
CLTS	2.4～270	1.0～3.0	<0.1	<0.5	—
碳玻璃电阻	1.5～300	<0.02	<1.0	<5	小
碳电阻	1.5～30	<0.05	<1.0	大	小
锗电阻	4～100	<0.01	<0.5	<1.0	大

③ 蒸气压温度计　液体的蒸气压随温度的变化而变化。因此，通过测量蒸气压可以知道其温度。

理论上液体的蒸气压可以从克拉珀龙-克劳修斯（Clapeyron-Clausius）方程积分得出：

$$\frac{\mathrm{d}p}{\mathrm{d}T}=\frac{\Delta S}{\Delta V}=\frac{H}{T\Delta V} \tag{1-6}$$

此处 V 是蒸发时体积的变化，H 为气化热，一般可视为常数，因为是气液平衡，液体的体积 V_1 和气体的体积 V_g 相比，可以忽略不计，再假定蒸气是理想气体，则式(1-6) 可进一步简化：

$$\frac{\mathrm{d}p}{\mathrm{d}T}=\frac{H}{T(V_g-V_1)}=\frac{H}{TV}=\frac{H}{T\dfrac{RT}{p}}=\frac{H}{RT^2}p$$

移项得：

$$\frac{\mathrm{d}\ln p}{\mathrm{d}T}=\frac{H}{RT^2};\int \mathrm{d}\ln p=\int \frac{H}{RT^2}\mathrm{d}T$$

积分：

$$\ln p=-\frac{H}{RT}+c'$$

或写作：

$$\ln p=-\frac{H}{2.303RT}+c \tag{1-7}$$

式(1-7) 最初是经验公式，现已得到了理论证明。这个方程与蒸气压的实验数据很接近。目前比较方便的做法是将 p 和 T 列成对照表，用这种表可以从蒸气压的测量值直接得出 T。

(2) 低温的控制　低温的控制简单来说有两种：一种是恒温冷浴；另一种是低温恒温器。

① 恒温冷浴　恒温冷浴可用纯物质液体和固体的平衡混合物（泥浴）实现，也可用沸腾的纯液体来实现。

除了冰水浴外，其他泥浴的制备都是在通风橱里慢慢地加液氮到杜瓦瓶里。杜瓦瓶中预先放上装有调制泥浴的某种液体的容器并搅拌，当加液氮到形成类似牛奶状的物质时，就表明已制成液固平衡物。注意不要加过量的液氮，否则就会形成难以溶化的固体。液氮也不能加得太快，开始如果加得太快，被冷却的大量物质就会从杜瓦瓶中飞溅出来。

干冰浴也是经常使用的恒温冷浴，但它不是一个泥浴。干冰浴可以通过缓慢地加一些干冰和一种液体（如纯度为95%的乙醇）到杜瓦瓶中得到。如果干冰加得太快或里面的液体太多，由于 CO_2 剧烈地释放，液体有可能从杜瓦瓶中冲出来。制好的冰浴应是由大量的干冰块和漫过干冰 1～2cm 的液体所组成。当这样一个干冰浴准备好之后，再在里面放一个反应管是很困难的。最好是在制浴之前就在杜瓦瓶里放上仪器。随着干冰的升华，干冰块将渐渐减少，新的干冰块不断地加到顶部以维持这个浴。液体仅是用作热的传导介质。一些低沸点的液体（如丙酮、异丙醇）和溶纤剂像乙醇一样，也可以用。在一个真正好的浴中，温度是与所用的热传导液体无关的。由仔细磨细的干冰制成的浴，它的温度常常低于 CO_2 固体与 1atm 下 CO_2 气体平衡的温度。对一个过冷浴来说，最简单的补救办法就是等到温度升高到平衡值。一个平衡的干冰浴可用 CO_2 的鼓泡来鉴定，因为 CO_2 不断地释放。

液氧是非常危险的，因为很多物质，如有机物、磨细的金属，同它发生爆炸性的反应。还原剂与液氧的混合物遇电火花、摩擦、震动也能引起爆炸。

② 低温恒温器　低温恒温器通常是指这样的实验装置，它利用低温液体或其他方法，使试样处在恒定的或按所需方式变化的低温温度下，并且能对试样进行某种化学反应或某种物理量的测量。

大多数低温实验工作是在盛有低温液体的实验杜瓦容器中进行的。低温恒温器是实验杜瓦容器和容器内部装置的总称。

低温恒温器大体上可以分为两类：第一类是所需温度范围可用浸泡试样或使实验装置在低温液体中的方法来实现，改变液体上方蒸气的压力即可以改变温度，如减压降温恒温器；第二类是所需温度包括液体正常沸点以上的温度范围，如 4.2～77K、77～300K 等，一般称为中间温度。中间温度可以用两种方法获得：一种是使试样或装置与液池完全绝热或部分绝热，然后用电加热来升高温度；另一种是用冷气流、制冷机或其他制冷方法（如活性炭吸附等）控制供冷速率，以得到所需的温度。

实验工作中，经常要使试样或装置在所要求的温度上稳定一定的时间，进行工作后再改变到另一温度。在减压降温恒温器中，要用恒压的方法稳定温度；在连续流恒温器中，则要用调节冷剂的流量来稳定温度。最简单的一种液体浴低温恒温器如图 1-10 所示。

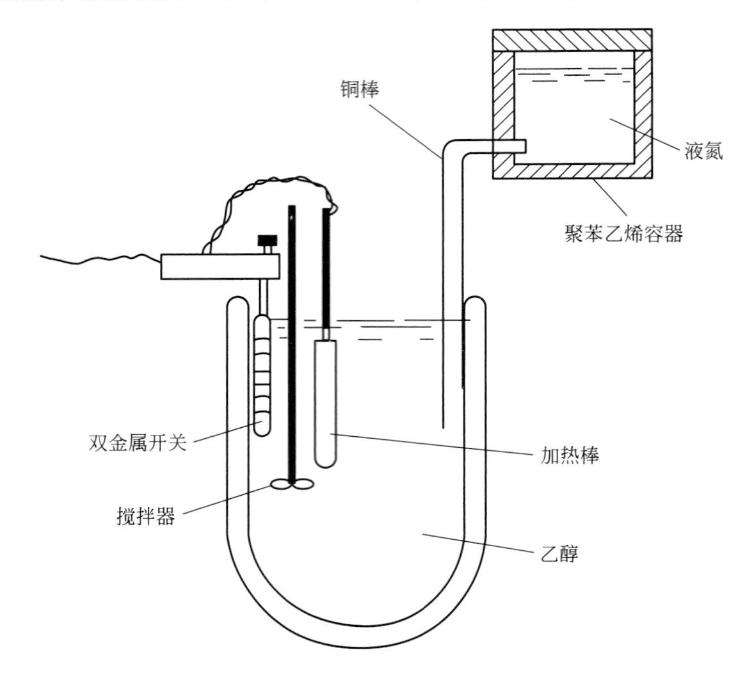

图 1-10　低温恒温器示意图

它可以用于保持－70℃以下的温度。它的制冷是通过一根铜棒来实现的。铜棒作为冷源，它的一端同液氮接触，可通过铜棒浸入液氮的深度来调节温度，目的是使冷浴温度比所要求的温度低 5℃左右。另外，有一个控制加热器的开关，经冷热调节可使温度保持恒定（±0.1℃）。

1.2.2　低温分离

非金属化合物的反应因存在化学平衡而不可能反应完全，加之副反应较多，所以所得的产物往往是混合物。它们的分离主要根据沸点不同，在低温下进行。低温分离的方法主要有四种：低温下的分级冷凝；低温下的分级真空蒸发；低温吸附分离；低温化学分离。

1.2.2.1　低温下的分级冷凝

所谓低温下的分级冷凝是让一个气体混合物通过不同低温的冷阱，由于气体的沸点不同，就分别冷凝在不同低温的冷阱内，从而达到其分离目的。

分级冷凝的关键是：如何判断在什么情况下能够冷凝，在什么情况下不能冷凝，是否冷凝彻底。一般来说，当有一种气体通过冷阱后，其蒸气压小于 1.3Pa 时，就认为是定量地捕集在冷阱中，是冷凝彻底了；而蒸气压大于 133.3Pa 的气体穿过冷阱，就认为不能冷凝。当然这是个很粗略的判断标准。

关于压力在 1.3Pa 左右的温度-蒸气压数据，往往对一些重要的化合物来说是没有的，或者不能很快地被计算出来，而给我们选择冷阱造成困难，但是对要分离的两种化合物来说，我们可以根据它们的沸点或 0.1MPa 下的升华点来选择一个合适的低温冷阱进行分离。

例如，假设我们想分离乙醚（沸点 34.6℃）和锑化氢（沸点 −18.4℃），就可找一个冷阱使乙醚定量冷凝，而让锑化氢通过。选择什么样的冷阱才能达到这个目的呢？利用图 1-11 就可以选择进行分离乙醚和锑化氢的冷阱。我们可以首先从图的横坐标上找到乙醚的沸点 34.6℃，再沿着这点向上找到曲线 3 上（因为乙醚和锑化氢的沸点之差为 53℃），发现冷凝乙醚的冷阱接近 −100℃。从前面表 1-9 中可以看出，甲苯冷浴（−95℃）非常合适。如果选用 CS_2 浴，有可能会冷凝一些锑化氢。因此，只有在蒸馏进行得很慢时，才可以使用。

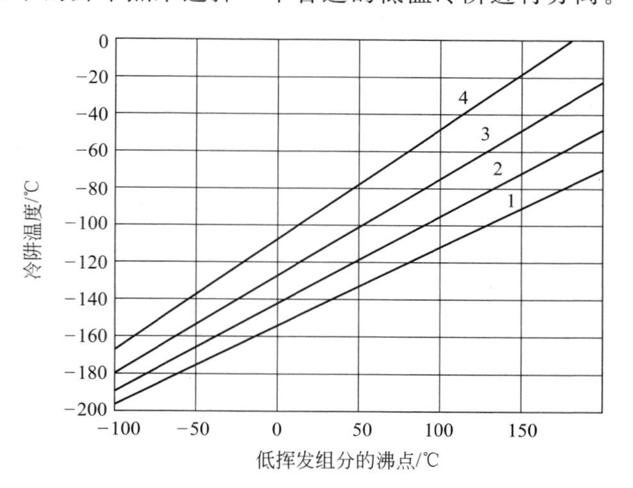

图 1-11　分离挥发性多元混合物时建议的冷阱

1—当沸点之差大于 120℃时能很好地冷却捕集；

2—当沸点之差大于 90℃时能较好地冷却捕集；

3—当沸点之差大于 60℃时基本冷却捕集；

4—当沸点之差大于 40℃时冷却不好，捕集较差

有一点要注意，就是混合气体通过冷阱时的速率不能太快，不然分离效率要受影响，这是因为低挥发性组分在冷阱里不可能彻底冷凝下来，有可能被高挥发性组分带走。因此，高挥发性组分中就含有一部分低挥发性组分。再者，由于系统中的压力相当高，高挥发性组分可能部分地被冷凝到冷阱中。因此，低挥发性组分中可能含有高挥发性组分。

当然混合物也不能通过得太慢，如果太慢的话，冷阱中部分低挥发性组分的冷凝物要蒸发（即使在这种低温下，低挥发性组分也具有一定的蒸气压）。因此，易挥发性组分中可能含有低挥发性组分。

究竟混合气体以什么样的速率通过冷阱才算合适呢？一般来说，当混合气体以 1mmol/min 通过时分离效果最好。再一点就是，一个混合物当其组分沸点之差小于 40℃时，通过分级冷凝达不到定量的分离。但是可以通过重复的分级冷凝来实现分离。一般来说，这样做的回收率较低。

下面举一应用实例对低温下的分级冷凝原理进行进一步阐释，以加深理解。

在标准状况下，将 83.3mL $B_3N_3H_6$ 和 23.8mL BCl_3 混合并在室温下反应 116h，可以得到一种 $B_3N_3H_4Cl_2$、$B_3N_3H_5Cl$、$B_3N_3H_6$、B_2H_6、H_2 的混合物。其反应式如下：

$$\underset{\text{(反应物和产物的混合物)}}{B_3N_3H_6+BCl_3}\xrightarrow[116h]{\text{室温}}\begin{cases}B_3N_3H_4Cl_2\ \text{(沸点 151.9℃)}\\B_3N_3H_5Cl\ \text{(沸点 109.5℃)}\\B_3N_3H_6\ \text{(沸点 50.6℃)}\\B_2H_6\ \text{(沸点−86℃)}\\H_2\ \text{(沸点−253℃)}\end{cases}$$

显然得到的是反应物和产物的混合物，如何分离这一混合物呢？我们可以用图 1-12 来说明。

首先选择合适的冷阱，第一个冷阱可选氯苯，第二个选干冰，第三个选二硫化碳，第四个选液氮。当混合物通过第一个冷阱时，$B_3N_3H_4Cl_2$ 冷却下来，它的蒸气压和温度的关系如下：

$$\lg p_1 = \frac{-1994}{T} + 7.572$$

当 $T = -45.2$℃（即 227.8K）代入之后得 $p_1 = 8.8$Pa，该值接近 1.3Pa，由此可见 $B_3N_3H_4Cl_2$ 基本上冷凝下来了。而 $B_3N_3H_5Cl$ 的蒸气压与温度的关系为：

$$\lg p_2 = \frac{-1846}{T} + 7.703$$

将 $T = 227.8$K 代入之后得 $p_2 = 53$Pa，说明 $B_3N_3H_5Cl$ 基本上跑掉了。由此可将 $B_3N_3H_5Cl$ 同其他混合物分离开。这样依次类推，最后可以达到全部分离。

1.2.2.2　低温下的分级真空蒸发

这种分离方法是分离两种挥发性物质最简单的方法。这个方法是建立在当用泵把最容易挥发的物质抽走之后，混合物中难挥发的物质基本上不蒸发这样一个假设上，从而可以达到分离的目的。这种方法的有效范围是要分离的两种物质的沸点之差大于 80℃。一般用干冰作制冷浴，也可用液氮。

图 1-13 中就是这一方法的装置。将欲分离的混合物装在下面的玻璃泡中，这个浸泡在液氮中，然后让冷的氮气流平稳地通过真空夹套之间的空间，氮气流的速率要仔细地调整，使真空夹套之间的温度保持在－130℃左右。让混合物升温并回流，然后小心地减少冷氮气流，使夹套之间的温度升高，直到最容易挥发的组分被泵抽走。随着不断升高夹套的温度，其他一些组分也可以收集到。从而达到分离的目的。

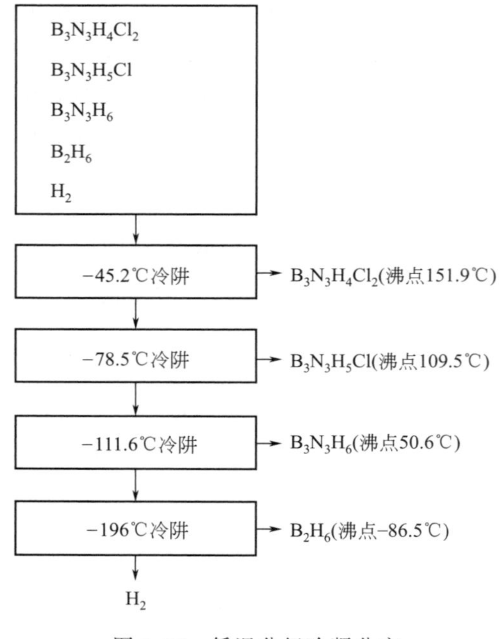

图 1-12　低温分级冷凝分离

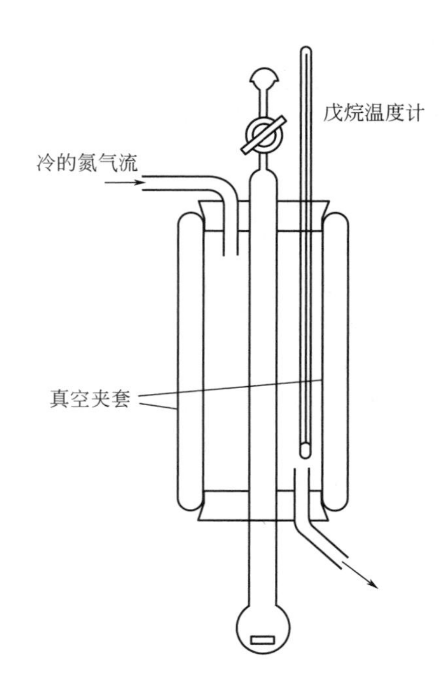

图 1-13　低压分馏柱

1.2.2.3　低温吸附分离

在物理吸附过程中，吸附是放热的。因此，吸附量随温度的升高而降低，这是热力学的必然结果。但当气体吸附质分子（如 N_2、Ar、CO 等）的大小与吸附剂的孔径接近时，温度对吸附量的影响就会出现特殊的情况，如图 1-14 所示。这是 O_2、N_2、Ar、CO 等气体在 4A 型沸石上的吸附等压线，其中对于 O_2，吸附量随温度的下降而增加，在 0℃时只有微量的吸附，而在 −196℃时吸附量可达 130mL/g（18.6%），对于 N_2、Ar、CO 等气体，在 −80～0℃之间的吸附量随温度的降低而增加，而在 −196～−80℃范围内的吸附量随温度的降低而减小。也就是说，吸附量在 −80℃左右有一个极大值。这是由于 N_2、Ar、CO 等气体分子和 4A 型沸石的孔径很接近，在很低的温度下，它们的活化能很低，而且沸石的孔径发生收缩，从而增加了这些分子在晶孔中扩散的困难。因此，温度降低反而使吸附量下降。由此我们可以选择一个较低的温度使 O_2 同其他气体分离。

再如在低温下分离氖和氦，这两种气体在 5A 型和 13X 型分子筛上的吸附等温线见图 1-15。如果选用 13X 型分子筛作吸附剂，当吸附温度为 −196℃时，其分离系数 α 为 5.3，而且氖的等温线呈线性。在适当压力下进行吸附分离可以得到纯度为 99.5%的氖，回收率大于 98%。

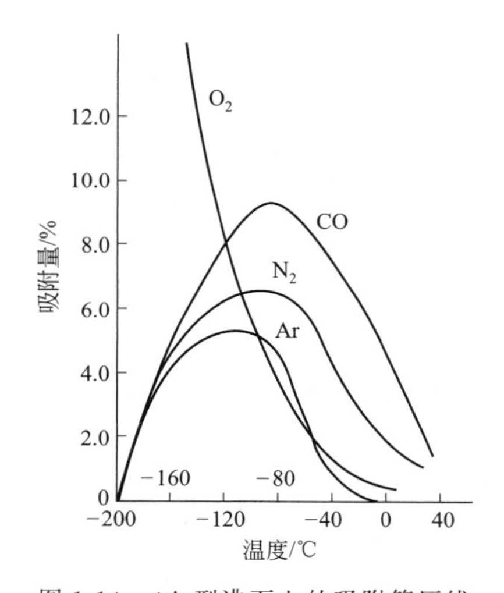

图 1-14　4A 型沸石上的吸附等压线

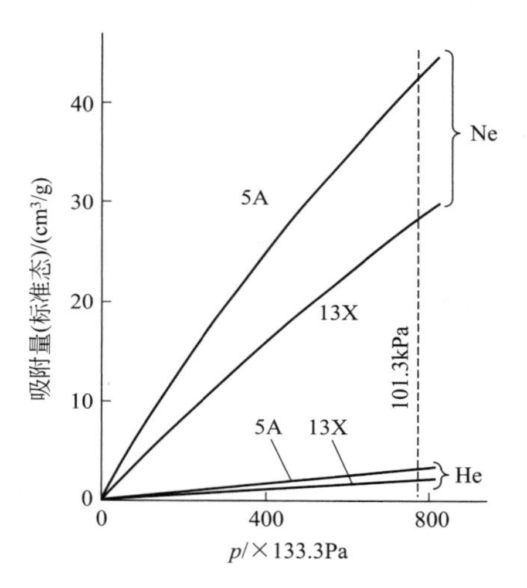

图 1-15　氖和氦在 5A 型和 13X 型分子筛上的吸附等温线

1.2.2.4　低温化学分离

有时候两种化合物通过它们的挥发性的差别进行分离是不太容易的，这时可以加上过量的第三种化合物，它能同其中一种形成不挥发性的化合物，这样把挥发性的组分除去之后，再向不挥发性这一产物中加入过量的第四种化合物。这第四种化合物可以从不挥发性化合物中把原来的组分置换出来，同加上去的第三种化合物形成不挥发性的化合物，最终达到分离的目的，现举例说明并参考图 1-16。

由图 1-16 中可知，四氟化硫中含有杂质 SF_6、SOF_2，向其中加入过量的第三种化合物 BF_3，则 BF_3 只与 SF_4 形成低挥发性的络合物 $SF_4 \cdot BF_3$，这时将整个体系降温至-78℃并用泵抽，易挥发性组分 BF_3、SF_6、SOF_2 都被泵抽掉，只剩下不易挥发的络合物 $SF_4 \cdot BF_3$。再向这个络合物加入第四种过量的化合物 Et_2O，由于 Et_2O 与 BF_3 的络合能力大于 SF_4 与 BF_3 的络合能力，因此就形成了 $Et_2O \cdot BF_3$，它具有低的挥发性，在 −112℃进行泵抽时只把 SF_4 抽走，剩下的是 $Et_2O \cdot BF_3$。

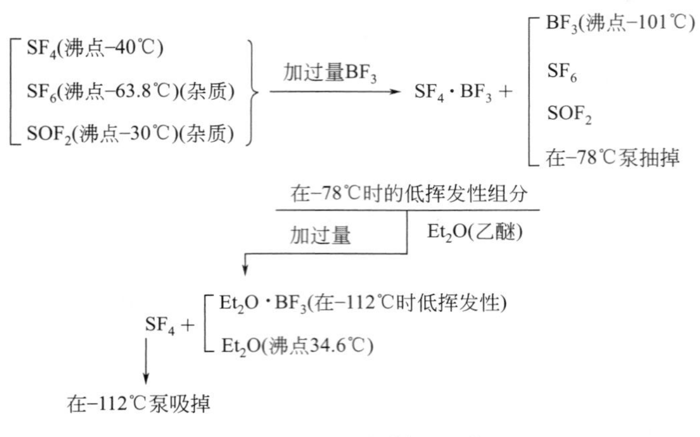

图 1-16　SF_4 的低温纯化

1.2.3　冷冻干燥法合成氧化物粉体

材料合成方法按反应物的存在状态可分为固相法、气相法和液相法。对于无机材料的制备，固相法具有简单易行、成本低等优点，但因存在着产品粒径大、粒度及组成不均匀、易混入杂质等缺点，达不到对产品质量的要求；气相法与之正相反，其产品具有粒径小、粒度和组成均匀、纯度高等优点，但因该法需要设备庞大、复杂，难以操作，而且成本高，因而使一些生产厂家望而却步；液相法在产品质量的某些方面虽不及气相法，但它具有设备简单、易于操作、成本低等优点，目前仍受到人们的青睐。进一步开展液相法的研究工作，仍是化学和材料工作者的一项重要任务。

从水溶液中制备无机材料，最早是用沉淀法。由于该法需添加沉淀剂，有时不可避免地会混入杂质。于是，近年来又开发了冷冻干燥法、醇盐水解法、喷雾干燥法、喷雾分解法、蒸发法等新方法。本节主要介绍冷冻干燥法的原理、操作过程、特点及其应用。

冷冻干燥法属于低温合成，是合成金属氧化物、复合氧化物等精细陶瓷粉末的有效方法之一。通常，是把要制备化合物的起始原料可溶性盐调制成所要求浓度的水溶液。把该水溶液经过喷嘴喷雾冷冻成微小液滴，被冷冻的液滴经过加热使冰升华，得松散的无水盐。最后煅烧，即得所要制的化合物陶瓷粉末。

冷冻干燥法最初是由 Landsberg 和 Campbell 开发的，用于制备金属微粉末。后来由美国比尔研究所的 Schnettller 用来合成氧化物微粉末。

1.2.3.1　冷冻干燥法的原理

冷冻干燥法的原理可用盐水溶液的温度-压力状态图说明，如图 1-17 所示。点①是在室温、大气压下调制的盐水溶液，盐水溶液的蒸气压等于水的蒸气压。将盐水溶液急速冷冻，由点①变成点②的状态。体系是水和盐的固体混合物。保持冷冻状态，减压到四相点以下，变成点③的状态之后慢慢升温，在点④的位置升华干燥冰-盐混合物中的冰，即得无水盐。

1.2.3.2　冷冻干燥操作

首先要配制成所要求浓度的盐水溶液（点①所示状态）。用玻璃制喷嘴把配好的盐水溶液喷射到被制冷剂冷却的冷浴中急速冷冻（点②所示状态）。喷射液滴的方法有单流体喷嘴或双流体喷嘴法、旋转体离心喷雾法、超声波振动法。图 1-18 是日本架谷昌信制造氧化钴微粉末的液滴冷冻装置。冷冻过程中要注意不能使冰盐分离。把冷冻物放入预先冷却的烧瓶中，迅速接入真空系统。边冷冻，边减压排气（点③所示状态），随即加热，使水升华。加热与排气是同时进行的，当真空度达一定时，干燥也就结束（点④所示状态）。

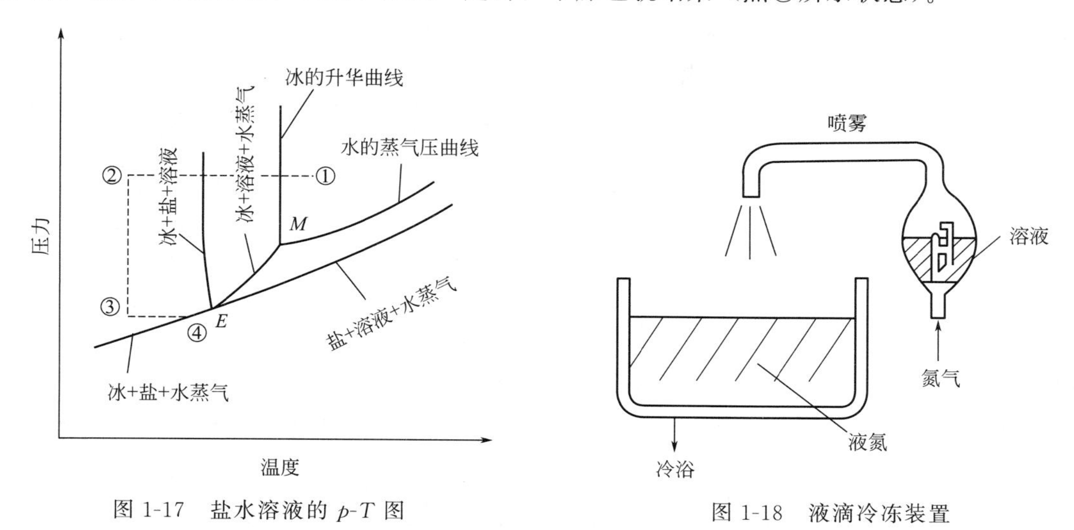

图 1-17　盐水溶液的 p-T 图　　　　图 1-18　液滴冷冻装置

干燥过程必须做到不使冷冻的液滴融化，而使冰升华。而且要在四相点以下进行。将得到的冷冻干燥物在一定温度下进行煅烧热分解，即得到所要求的化合物粉末。

1.2.3.3　实验条件的选择

(1) 喷嘴直径和喷射压力的选择　用冷冻干燥法制备微粉末，粒径的大小取决于液滴直径的大小，而液滴直径又取决于喷嘴直径和喷嘴压力。液滴直径一般要求在 0.1～0.5mm 之间，所以喷嘴直径和喷嘴压力要与之相匹配。

(2) 溶液浓度的选择　溶液的浓度对有效冷冻干燥是非常重要的。通常浓度不能太大，如果浓度太大，溶液的冰点就很低，这样会延长干燥时间，降低干燥效果。此外，浓度太大也会使溶液在冷却时变成玻璃体，从而发生盐的分离和粒子凝聚。一旦变成玻璃体，通过真空干燥除去其中的水分就要比结晶态时困难得多。但是溶液浓度也不能太低，否则就会降低设备的处理能力。溶液的浓度应根据实际情况适当选择，一般小于 0.1mol//L。

(3) 冷媒的选择　在冷冻过程中，必须保证不使冰盐分离。为此，通常是制冷剂的制冷温度越低，效果越好。常用的冷媒有被干冰-丙酮冷却的己烷和液氮。使用前者时液滴的热接触优于后者，因为液氮中液滴周围的气体层会妨碍热传导。

(4) 真空度的选择　在冷冻物的干燥过程中，真空度太高，也会妨碍热传导，从而影响干燥速率，一般要求真空度为 0.1Torr (13.33Pa)。

1.2.3.4　冷冻干燥法的特点

(1) 盐的水溶液易配制，与共沉淀法相比，由于不添加沉淀剂，可避免杂质的混入。

(2) 因为冷冻的液滴中仍保存着溶液中的离子混合状态，所以组成不发生分离，可实现原子级的完全混合。

(3) 用冷冻干燥法制备无水盐工艺简单，此无水盐的热分解温度与其他方法制备的无水盐相比要低得多，还可避免水合盐溶化的问题。

(4) 用冷冻干燥法能得到多孔质粉体，热分解时气体放出容易，利用流动床煅烧时，气体透过性好。

(5) 用该法得到微粒子的大小为 0.1～0.5μm。

表 1-12 列出了采用冷冻干燥法制备的微粒子的特性。表 1-13 为采用三种不同方法制备 $LaMnO_3$ 系列催化剂的特性。冷冻干燥法与喷雾干燥法和共沉淀法相比，制备的微粒子比表面积大，催化活性高，热分解温度低，是一种很有发展前途的催化剂制造方法。

表 1-12　采用冷冻干燥法制备的微粒子的特性

生成物	原料盐	粒径
W	铵盐	38～60Å
W-25%Re	铵盐	300Å
Al_2O_3	硫酸盐	700～2200Å
$LiFe_3O_8$	草酸盐	10μm
$LaMnO_3$(添加 Sr、Pb、Co 等)	硝酸盐	比表面积 13～32m²/g
MgO	硫酸盐	0.1μm
Cu-1.5% Al_2O_3	硫酸盐	20～50μm
Mn-Co-Ni 氧化物	硫酸盐	12μm
$LiFe_{2.7}Mn_{0.3}O_8$	柠檬酸盐	20μm

注：1Å=0.1nm。

表 1-13　$LaMnO_3$ 系列催化剂的特性

组成	冷冻干燥法			喷雾干燥法			共沉淀法		
	处理温度/℃	比表面积/(m²/g)	载持量/%	处理温度/℃	比表面积/(m²/g)	载持量/%	处理温度/℃	比表面积/(m²/g)	载持量/%
$La_{0.5}Sr_{0.5}MnO_3$	700	31.5	1.79	850	16.0		800	8.0	1.59
$La_{0.5}Pb_{0.5}MnO_3$	700	17.5	1.26	700	15.2	1.46	800	7.5	1.49
$La_{0.75}K_{0.25}MnO_3$	700	18.7	1.06	700	17.0	1.04			
$La_{0.5}Ce_{0.5}MnO_3$							900	2.4	1.17
$LaNi_{0.5}Mn_{0.5}O_3$	700	24.0	1.42	800	11.5	1.23	900	10.9	1.21
$LaMg_{0.33}Mn_{0.67}O_3$	700	22.5	1.19				900	10.6	1.06
$LaLi_{0.25}Mn_{0.75}O_3$	700	13.6	1.34	800	9.3	1.41			
$LaCo_{0.5}Mn_{0.5}O_3$	700	25.5	1.33	800	12.3	1.29	900	4.7	0.99

1.2.3.5　冷冻干燥法应用实例

(1) $MgAl_2O_4$ 粉体的制备　日本的横田俊幸以可溶性的 $MgSO_4$ 和 $Al_2(SO_4)_3$ 为原料，用冷冻干燥法合成了 $MgAl_2O_4$ 粉体。制作过程及条件如下：用 0.2mol/L 的 $MgSO_4$ 溶液（熔点−1.3℃）和 0.5mol/L 的 $Al_2(SO_4)_3$ 溶液（熔点−6.2℃）配制阳离子比为 1∶2 的混合溶液，冷浴为用干冰-丙酮冷却的己烷（−30℃、−70℃），把配好的混合溶液用单流体喷嘴喷射到冷浴中，喷出的液滴直径为 20～30μm。将冷冻的液滴迅速从冷浴中取出，移入干燥器中。减压 0.1Pa，加热干燥，升华的水分用冷阱收集。得到的冷冻干燥粒子的横截面为带空隙的树枝状组织，X 射线分析结果表明，该粒子不是两种盐的混合物，而是它们的非晶态复盐，吸湿性很强，如果放在空气中，就会变成结晶的 $MgAl_2(SO_4)_4 \cdot H_2O$。根据 TG-DTA 曲线可确定冷冻干燥粒子的热分解温度为 1100℃。

(2) Mn-Co-Ni 氧化物超微粉体的制备　$Mn_{1.5}CoNi_{0.5}O_4$ 复合氧化物是负温度系数热敏电阻材料，由日本的鸟饲直亲等用冷冻干燥法合成得到。以 $MnSO_4 \cdot (4\sim6)H_2O$、$CoSO_4 \cdot 7H_2O$ 及 $NiSO_4 \cdot 7H_2O$ 为原料，配制成阳离子比为 Mn∶Co∶Ni=3∶2∶1 的混合溶液。硫酸盐的浓度为 2.6%～23.9%。用塑料喷雾器（0.5dm³）把混合溶液喷到液氮表面，使之瞬间冷冻。随后把冷冻物移入预先冷却的烧瓶（0.2dm³）中，接入真空系统。用干冰-丙酮冷浴保持冻结状态，不使冻结盐在排气中融化。当瓶中压力达 1.3×10^{-2}Pa 时，去掉冷浴，使水分升华，升华的水分用干冰-丙酮冷却到－80℃的冷阱捕集。当真空度恢复到0.13Pa时，干燥结束，得复盐$Mn_3Co_2Ni(SO_4)_6 \cdot (15\sim16)H_2O$，此冷冻干燥物为非晶质多孔球状粒子。溶液浓度的大小影响多孔质结构。在1000℃加热分解变成$Mn_{1.5}CoNi_{0.5}O_4$复合氧化物。产品粒径为1～2μm。在空气中于1000～1400℃煅烧10min，得到易烧结的致密烧结粒子。

（3）羟基磷灰石多孔支架的制备　采用美国Alfa Aesar Co公司生产的商用羟基磷灰石粉体［$Ca_{10}(PO_4)_6(OH)_2$，HA］为原料，粒径为0.5～1.0μm，并且将其在900℃煅烧3h进行预处理。以水为溶剂，采用冷冻干燥法制备出了具有不同孔结构的多孔HA支架，观察了支架的孔形貌，研究了HA浆料固含量与孔隙率、冷冻速率与孔径尺寸的关系，对组织工程学中生物陶瓷支架材料的孔结构控制具有重要的应用价值。

样品制备过程如下：在去离子水中溶入2%的黏合剂，加入不同体积（10%、20%、30%、40%和50%）的HA粉体，用控温磁力搅拌器搅拌30min制成HA浆料，并且真空脱气24h。将配好的浆料注入ϕ10mm×20mm的圆柱形铜模具中（模具侧壁和顶端采用保温材料包裹），然后将其在不同冷冻速率下预冻。完全冻结的样品脱模后在低温下（－10～－5℃）升华干燥，随后在1250℃下烧结样品，保温时间为3h，得到HA多孔支架。

结果表明，通过调整工艺参数可以使制备出的多孔支架的孔隙率和平均孔径尺寸分别在45%～85%、100～800μm之间变化，孔的连通性较好。支架孔隙率随着浆料固含量的降低而升高，孔隙率最高可达到85%。孔径尺寸随着冷冻速率的升高而减小，减小的速率不断降低。当冷冻速率在1.3～3℃/min之间变化时，孔径尺寸为300～800μm；当冷冻速率分别为9℃/min和11℃/min时，得到支架的孔径尺寸却相差不大，在90～110μm之间。

（4）直通型多孔Si_3N_4的制备　多孔陶瓷在冶金、化工等领域有着广泛的应用。不同用途对多孔陶瓷的材质、孔隙率大小、孔隙形状、孔径的大小和分布等的要求也不同。不久前，有研究报道了制造多孔陶瓷的新方法——冷冻干燥法。

在Si_3N_4粉（其中，α相含量大于95%，平均粒径0.55μm，比表面积6.6m^2/g）中加入5%的Y_2O_3和2%的Al_2O_3，以尼龙球和蒸馏水球磨20h。加少量分散剂，配成固含量为20%～30%（体积分数）的泥浆。经真空脱气后放入底为金属、壁为氟碳聚合物的圆筒形容器中，将其底部浸入－80～－50℃的乙醇中进行冷冻，当泥料全部结冰后，连容器一起放入真空容器内进行冷冻干燥。将试样置于石墨坩埚中，以BN覆盖，在0.8MPa的N_2气氛中于1700～1850℃烧成2h，升温速率为10℃/min。

结果表明，烧成后的多孔Si_3N_4的气孔率高达50%以上，其气孔率主要受固含量的影响，受烧成温度的影响较小，几乎不受冷冻温度的影响。试样的孔隙结构独特，为扁平的圆形通道状，独立而均匀地分布在Si_3N_4基质中，孔隙的方向与冷冻时冰柱的生长方向一致。孔隙内壁上生长出许多纤维状的Si_3N_4晶粒，这是由于SiO_2-Y_2O_3-Al_2O_3液相中的SiO_2呈SiO挥发后凝固在Si_3N_4颗粒处所形成的。研究者认为，由于这种多孔陶瓷具有独特的孔隙结构，在诸如分离用过滤器、催化剂或吸收剂用载体等领域都可能具有广泛的用途。尤其是这种制造方法因对环境的亲和性以及对各种材料的适应性，是一种很有用的方法。

1.3　高压合成

高温高压作为一种特殊的研究手段，在物理、化学及材料合成方面具有特殊的重要性。

这是因为高压作为一种典型的极端物理条件能够有效地改变物质的原子间距和原子壳层状态，因而经常被用作一种原子间距调制、信息探针和其他特殊的应用手段，几乎渗透到绝大多数的前沿课题的研究中。利用高压手段不仅可以帮助人们从更深的层次去了解常压条件下的物理现象和性质，而且可以发现常规条件下难以产生而只在高压环境才能出现的新现象、新规律、新物质、新性能、新材料。

高压合成，就是利用外加的高压力，使物质产生多型相转变或发生不同物质间的化合，而得到新相、新化合物或新材料。众所周知，由于施加在物质上的高压卸掉以后，大多数物质的结构和行为产生可逆的变化，失去高压状态的结构和性质。因此，通常的高压合成都采用高压和高温两种条件交加的高压高温合成法，目的是寻求经卸压降温以后的高压高温合成产物能够在常压常温下保持其高压高温状态的特殊结构和性能的新材料。

Bridgman 以毕生的精力发展了高压技术，开创了高压下物质的相变和物理性质的研究领域。1946 年，当他获得诺贝尔奖以后，引起了人们对高压合成新物质、新材料的关注。然而直到 1955 年，Bundy 等首次利用高压手段人工地合成出只有地球内部条件下才能形成的、具有重大应用价值的金刚石以后，新物质的高压合成工作才发展成研究热潮。之后，Wentorf 借助高压方法又合成出自然界中未曾发现的、与碳具有等电子结构的、硬度仅次于金刚石的立方氮化硼。高压合成从此引起了人们的格外重视。如今，在高科技领域中得到广泛应用的很多无机材料如立方氮化硼、强磁性材料 CrO_2、铁氧体和铁电体的合成都离不开高压技术，并且不断推动着高压技术的发展。

通常，需要高压手段进行合成的有以下几种情况：在大气压（0.1MPa）条件下不能生长出令人满意的晶体；要求有特殊的晶型结构；晶体生长需要有高的蒸气压；生长或合成的物质在大气压下或在熔点以下会发生分解；在常压条件下不能发生化学反应而只有在高压条件下才能发生化学反应；要求有某些高压条件下才能出现的高价态（或低价态）以及其他特殊的电子态；要求某些高压条件下才能出现的特殊性能等情况。针对不同的情况，可以采用不同的压力范围进行合成。目前通常所采用的高压固态反应合成范围一般是从 1～10MPa 的压力合成到几十吉帕的压力合成。本书所指的高压合成为 1GPa 以上的合成。

本节着重介绍在高温高压下一些无机材料的合成原理、高压合成中有关的科学和工程问题及有关材料的具体高压合成技术。

1.3.1 高压高温的产生和测量

1.3.1.1 高压的产生

(1) 静态高压　利用外界机械加载方式，通过缓慢逐渐施加负荷挤压所研究的物体或试样，当其体积缩小时，就在物体或试样内部产生高压强。由于外界施加载荷的速率缓慢（通常不会伴随着物体的升温），所产生的高压力称为静态高压。

常见的静态高压产生装置有两类。一类是利用油压机作为动力，推动高压装置中的高压构件，挤压试样，产生高压。这类高压装置，最常见的有六面顶（高压构件由六个顶锤组成）高压装置和年轮式两面顶（高压构件由一对顶锤和一个压缸组成）高压装置。六面顶高压装置如图 1-19 所示，其操作简便，压力传递快，效率高，再加上其吨位低，投入少，因而应用相对容易。缺点是被挤压时高压腔形变不规则，温度场不稳定，且压机吨位产生的高压腔当量体积小。年轮式两面顶高压构件如图 1-20 所示。其特点是高压冲程适中，对中性好，温度场与压力场稳定并相互匹配，特别是高压腔体积大，适合需要长时间生长的大单

(a) 实体图

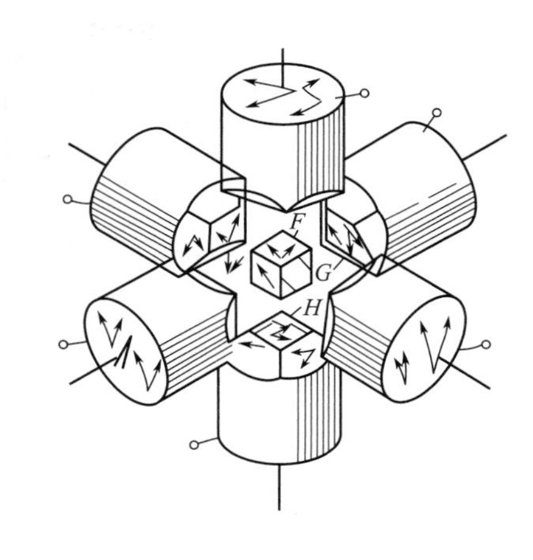

(b) 腔体示意图

图 1-19　六面顶高压装置

晶，尤其适合生长杂质含量低的高档锯片级金刚石、形状规则的片状 PCD 和拉丝模等聚晶产品。目前，这种高压设备被欧美各国及日本的金刚石厂家广泛采用。

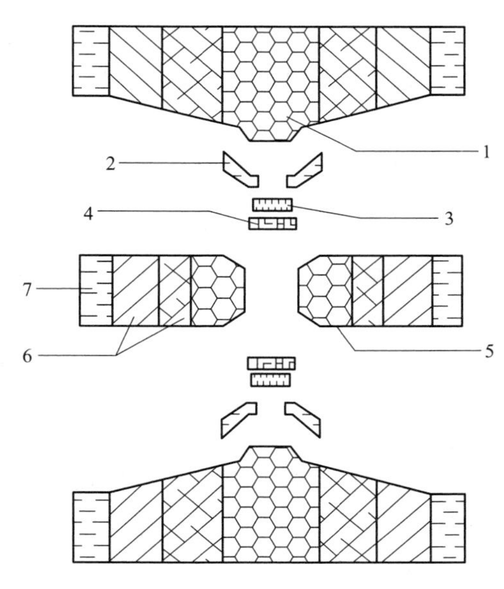

图 1-20　年轮式两面顶高压构件

1—顶锤；2—叶蜡石密封垫；3—铜柱塞；4—导电圈；5—压缸；6—箍环；7—安全环

另一类是利用天然金刚石作顶锤（压砧），制成的微型金刚石对顶砧高压装置如图 1-21 所示。这种装置可以产生几十吉帕到三百多吉帕的高压，还可以与同步辐射光源、X 射线衍射、Raman 散射等测试设备联用，开展高压条件下的物质相变、高压合成的原位测试。但是若以合成材料作为研究目的，微型金刚石对顶砧的腔体太小（约 $10^{-3}\,mm^3$），难以取出试样来进行产物的各种表征及做其他性能的测定。

（2）动态高压　利用爆炸（核爆炸、火药爆炸等）、强放电等产生的冲击波，在微秒至皮秒的瞬间以很高的速率作用到物体上，可使物体内部压力达到几十吉帕以上，甚至上千吉帕，同时伴随着骤然升温。这种高压力，就称为动态高压。它也可用来开展新材料的合成研究，但因受条件的限制，动态高压材料合成的研究工作开展得还不多。

动态高压和静态高压各有特点，且有本质区别。动态法产生的压强远比静态法的高，前者可达几百万个大气压乃至上千万个大气压，而后者由于受到高压容器和机械装置的材料及一些条件的限制，一般只能达到十几万个大气压。动态高压存在的时间远比静态高压的短，一般只有几微秒，而静态高压原则上可以人工控制，可达几十小时至上百小时。动态高压是压力和温度同时存在并同时作用到物体上，而静态高压的压力和温度是独立的，由两个系统分别控制。动态高压一般不需要昂贵的硬质合金和复杂的机械装置，并且测量压强较准确。

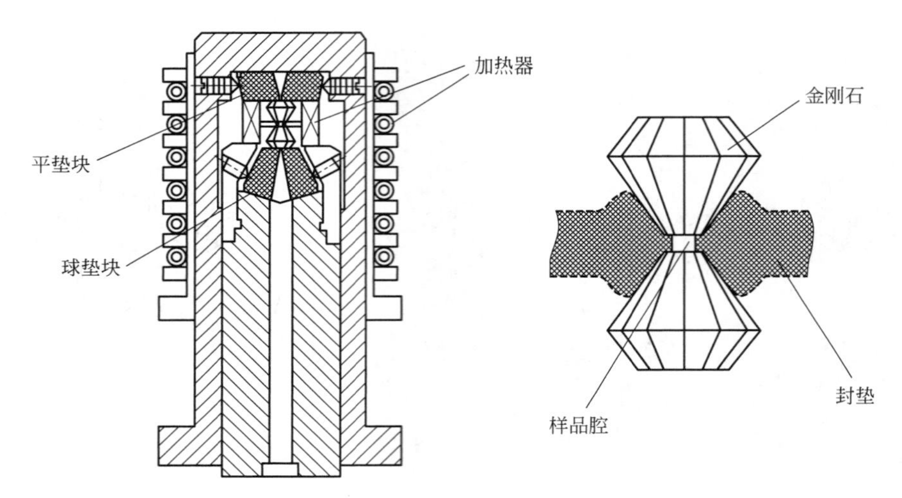

图 1-21　微型金刚石对顶砧高压装置

1.3.1.2　高温的产生

(1) 直接加热　利用大电流直接通过试样，可以在试样中产生高达 2000K 的高温。若利用激光直接加热试样，可产生 2000～5000K 的高温。冲击波的作用可在产生高压的同时产生高温。

(2) 间接加热　通常可在高压腔内的试样室外放置一个加热管（石墨管、耐高温金属管，如 Pt 管、Ta 管、Mo 管等），使外加的大电流通过加热管，产生焦耳热，使试样升温，一般可达 2000K。这种加热法，称为内加热法。还可以采用在高压腔外部进行加热的外加热法。根据情况需要，有时还可内、外加热法兼用。

1.3.1.3　高压和高温的测量

(1) 高压的测量　高压合成要测量的物理量首先是作用在试样单位面积上的压力，也就是压强。在高压研究的文献中，一般都习惯地把压强称为压力，它不等于外加的负载。在实验室和工业生产中，经常采用物质相变点定标测压法。利用国际公认的某些物质的相变压力作为定标点，把一些定标点和与之对应的外加负荷联系起来，给出压力定标曲线，就可以对高压腔内试样所受到的压力进行定标。现在通用的是利用纯金属 Bi（Ⅰ→Ⅱ）(2.5GPa)、Tl（Ⅰ→Ⅱ）(3.67GPa)、Cs（Ⅱ→Ⅲ）(4.2GPa)、Ba（Ⅰ→Ⅱ）(5.3GPa)、Bi（Ⅲ→Ⅳ）(7.4GPa) 等相变时电阻发生跃变时的压力极大值或极小值作为定标点。有时也使用一维有机金属络合物 $Pt(DMG)_2$(6.9GPa)（崔硕景等）和聚苯胺有机高分子 $Pan\text{-}H^+$ (3.5GPa) 材料的电阻发生跃变时的压力极小值作为定标点（许大鹏、王佛松等），效果也不错。

对于微型金刚石对顶砧高压装置，常采用红宝石的荧光 R 线随压力红移的效应进行定标测压，也有利用 NaCl 的晶格常数随压力变化来定标的。

有关动态高压的测量，可参见有关专著，这里不做介绍。

(2) 高温的测量　在静态高压装置高压腔内试样温度的测量中，最常用的方法是热电偶直接测量法。因为是在高压作用下的热电偶高温测量，技术上有较大的难度，如果积累一定的经验，可以获得较高的测试成功率和精确度。常用的热电偶有 Pt30%Rh-Pt6%Rh、Pt-Pt10%Rh 以及镍铬-镍铝热电偶。其中双铂铑热电偶的热稳定性和化学稳定性很好，对周围有很强的抗污染能力，其热电动势对压力的修正值很小，可适用于 2000K 范围内的高压下的高温测量。

对于六面顶压机合成腔体内温度的高压条件下的测量，对材料的合成具有重要意义。但是在高压合成实验过程中，不可能每次均对合成腔内温度进行原位监测，而只能用间接的办法进行温度的控制。当合成腔体内样品的组装方式固定后，使用热电偶，根据指定热电偶的热电动势与温度的关系，间接地测量合成腔体内温度。最后根据加热电功率与腔体内温度分布之间比较稳定的线性关系，通过加热电功率校正和标定腔体中的温度。

对于动态高压加载过程中的高压和高温测量，情况比较复杂，很难采取直接测量法，需用一些特殊的专门测算方法，这里不做介绍。

1.3.2 高压高温合成方法

从高压高温合成产物的状态变化看，合成产物有两类：一类是某种物质经过高压高温作用后，其产物的组成（成分）保持不变，但发生了晶体结构的多型相转变，形成新相物质；另一类是某种物质体系经过高压高温作用后，发生了不同物质间的化合，形成新化合物、新物质。人们可以利用多种高压高温合成方法来获得新相物质、新化合物和新物质。高压高温合成根据高压高温的不同产生方式和使用的设备而划分成许多合成方法。

（1）静态高压高温合成法　实验室和工业生产中常用的静态高压高温合成是利用具有较大尺寸的高压腔体及试样的两面顶和六面顶高压设备来进行的。按照合成路线和合成组装的不同，这类方法还可细分成许多种。如静态高压高温直接转变合成法，在合成中，除了所需的合成起始材料外，不加其他催化剂，而让起始材料在高压高温作用下直接转变（或化合）成新物质。静态高压高温催化剂合成法，在起始材料中加入催化剂，这样，由于催化剂的作用，可以大大降低合成的压力、温度和缩短合成时间。非晶晶化合成法，以非晶态材料为起始材料，在高压高温作用下，使之晶化成结晶良好的新材料。与此相反，也可将结晶良好的起始材料，经高压高温作用，压致转变成为非晶态材料。先驱物高压转变合成法，对一些不易转变或不适于转变的用于合成的物质，可以通过其他方法，将起始材料预先制成先驱物，然后进行高压高温合成，这种方法十分有效。与此类似，经常看到，先将起始材料进行预处理，如常压高温处理，再进行其他的极端条件处理，包括高压条件，然后进行高压高温合成的混合型合成法。高压熔态淬火方法，将起始材料施加高压，然后加高温，直至全部熔化，保温保压，最后在固定压力下，实行淬火，迅速冻结高压高温状态的结构。这种方法可以获得准晶、非晶、纳米晶，特别是可以截获各种中间亚稳相，是研究和获取中间亚稳相的行之有效的方法。

为了实际应用，有时经常需把粉末状物质压制成具有一定机械强度和不同形状的大尺寸块状材料，这时也利用高压高温手段，进行粉末材料的高压高温成形制备。

在静态高压高温实验中，合理地选择传压介质和密封材料是非常重要的，以使固体材料样品受到的压力尽可能地接近静水压力。传压介质主要有叶蜡石、滑石、白云石、氯化钠、立方氮化硼等。密封材料主要有叶蜡石，而其中叶蜡石兼具良好的传压性、密封性、电绝缘性、隔热耐热性以及加工成形性能。由于叶蜡石综合性能良好，因此被广泛用作试料的容器。但是叶蜡石有时会对试样造成污染。

（2）动态高压高温合成法　是利用爆炸等方法产生的冲击波，在物质中引起瞬间的高压高温来合成新材料的动态高压合成法，也称冲击波合成法或爆炸合成法。至今，利用这种方法已合成出人造金刚石和闪锌矿氮化硼（c-BN）以及纤锌矿氮化硼（w-BN）微粉，还有一些其他的新相、新化合物。

20 世纪 50 年代，人们对陨石中存在金刚石的形成机理进行了各种预测，利用模拟陨石中金刚石的形成条件采用动态法合成金刚石。1961 年，Decarli 已经很成功地用动态爆炸法把石墨转化为少量的金刚石，所用的爆炸压强估计为 30GPa。Decarli 用不同密度的石墨粉压缩样品，采用定向爆炸合成装置、圆柱体结构、球形装置等不同形式的合成装置合成了金刚石。Dupont 尝试在石墨中加入一定比例的 Fe、Cu、Al 金属粉末来合成金刚石。一般来说，采用金属和石墨混合压缩样品用动态法高压高温合成金刚石，其转化率比单独采用纯石墨压缩样品约大 1 个数量级。

20 世纪 70 年代初，我国各单位也进行了动态爆炸法合成金刚石的研究工作。中科院力学所、中科院物理所等都相继用动态爆炸法成功地合成了金刚石。

也有人以六方 BN 为原料，采用动态高压高温法合成纤锌矿和闪锌矿的混合 BN。合成得到不同结构的 BN 是由于动态合成工艺或所用原料的结晶状态不同所致。20 世纪 70 年代以后，各国竞相研究用动态法合成纤锌矿结构的 BN。

至今，利用这种方法已经合成了人造金刚石、闪锌矿 BN 和纤锌矿 BN 微粉、立方 B-C-N 等，当然还有一些其他的新相、新化合物。

1.3.3 高压在合成中的作用

今天，人们熟知的许多有关固体材料的物理化学知识都是从常温常压下进行的实验中得到的。但是地球上 90%以上的单质和化合物都是存在于压力大于 10GPa 的超高压状态中，所以研究单质和化合物在高温高压状态中的性质，就显得尤为重要。

压力作为一个热力学参量，对物质有着巨大的影响。随着高压技术的不断进步，高压已不仅仅是一种实验手段和极端条件，而是独立于温度、化学组分之外的第三个物理学参量。在高温高压条件下，出现了一系列新颖的物理、化学现象。即使是最简单的物质，例如氢气和水，在高压下也产生了一系列出乎意料的新奇变化。现在人们普遍认为，在 100 万个大气压下，平均每种物质存在五种不同的相。换言之，在加上“压力”这个物理学参量之后，将获得数倍于现有数量的新物质。这些物质中包括具有超导、巨磁阻、超硬等性质的新型功能材料，对人类社会具有重要的应用价值。但是大部分化合物的高压相都处于亚稳态。要想应用这些化合物在高压下所表现出来的新的物理、化学性质，就必须设法在常压下使这些材料的亚稳相仍能够稳定地存在。这对从事高压材料科学研究的科研工作者来说是挑战，同时也是机遇。

高压的作用一般表现为缩短物质的原子间距，改变原子间相互作用、原子壳层结构和组态等。例如，在常压下金属钙是六方密堆积结构，但当压力达到 20GPa 以上时将转变为体心结构，并且密度降低。导致这种现象的原因是在高压下钙单质的 4s 和 3d 电子发生杂化，使得钙呈现出类似过渡金属的性质；碱金属钾在常压下是不与过渡金属发生反应的，但在压力的作用下却会形成 K-Ni、K-Ag 等化合物以及其他的一些固溶体材料。另外，在适当的温度和压力条件下，浓缩的气体分子会展现出一些新的类似固体材料的化学性质。例如，在高温高压状态中氮氧化合物（NO_2、N_2O）会转变为具有方解石或文石结构的氮氧离子固体；浓缩的 CO_2 分子在高压下会聚合形成以 $[CO_4]^{4-}$ 为结构基元的三维网状结构。这是因为在常压下 CO_2 分子中的 C 原子是 sp（O ═C ═O）杂化，但是在高压下会转变为 sp^3 杂化，这样每个 C 原子都要与其他的 O 原子配位，从而形成 CO_4 四面体。

在不同的情况下，高压表现出许多具体的特殊作用。在化学反应过程中，高压具有抑制原子的扩散，加快反应速率，提高转化效率，降低合成温度，增加物质致密度、配位数和对称性，缩短键长，提高物质冷凝速率，截获各种亚稳相，以及提高产物的单相性和结晶程度等作用。在非平衡相变中，高压可以使非晶体发生晶化，也可以使晶体转变为非晶，导致许多压致结构相变。晶体的能带结构在高压条件下也要改变。特别是具有窄能带结构的晶体，对于压力表现得尤为敏感。另外，高压对物质的表面、界面结构和状态也有重要的影响。总之，高压是具有独特作用的一种极端手段，结合凝聚态物理学的问题，可以深化对常规条件下出现的凝聚态物理新现象、新规律的认识。

除了研究物质在高温高压条件下的性质、相变以及新材料的合成之外，建立准确的“压力-温度-组成”（p-T-X）相图也是一项高温高压研究的基本任务。相图可以为人们设计可控高温高压实验提供一些必需的数据，包括高温高压催化合成和晶体生长过程的一些有用的信息。高温高压催化合成方法是现代工业生产中合成超硬材料的主要手段，像金刚石和立方氮化硼等这些材料的工业化生产所用的都是这种方法。同样，高温高压催化合成方法也可以应用于其他的许多新的高温高压材料的工业生产。到目前为止，科研工作者们已经建立了几乎所有单质和一些简单化合物的高温高压相图，特别是对于硅酸盐及其一些涉及地球科学的矿物的数据更加全面。但是，即使是粗略地对相图的数据进行研究，也可以发现我们对高温高压下的无机合成的了解还有很多盲区。直到今天，对一些我们熟知的系列化合物如氮化物、磷化物、卤化物和硅化物等的高温高压研究还是很少，而对于 B_2O_3、Al_2S_3 和 $SrGeO_3$ 等化合物的研究就更加稀少了。现在许多已有的高温高压相图，实际上是化合物的“合成”相图，并不能表现平衡态的高温高压关系。我们还必须想办法将这些相图与温度和压力的平衡关系相联系，以期确定化合物的稳定态和亚稳态之间的关系，为已有的材料寻找更合理的合成路线，同时也可以设计一些具有工业价值的合成路线。总之，完善标准的高温高压相图的数据会对人们发现和合成新材料提供巨大的帮助。

1.3.4 高压下功能材料的合成

目前，在功能材料方面，人们在高压合成领域关注的主要有以下三个大的研究方向：新型超硬材料、具有高转变温度（T_c）的超导材料、具有特殊结构和性质的新化合物。

1.3.4.1 高压下新型超硬材料的合成

从古代的石器、青铜器、铁器到现代的钢、合金和陶瓷，材料技术的每一次革命都极大地推进了人类物质文明和社会的进步。而材料技术进步的最重要指标就是硬度。目前人们已经知道的硬度较大的材料有很多种，如图1-22所示。其中大部分是在高温高压条件下合成的，因此这里简单介绍一下高温高压条件下超硬材料的合成。

超硬材料的合成及性质是现代凝聚态物理和材料科学研究的重点之一。自然界存在的材料中最硬的是金刚石。它在切割、研磨和石油开采等领域有着广泛的应用。但是天然金刚石的产量较低、价格昂贵，无法满足工业生产中日益增加的需求，因此20世纪初人们开始尝试人工合成金刚石。

原则上讲，人造金刚石的合成有直接法和间接法两种。前者是在高温高压下使碳素材料直接转变成金刚石。后者是用碳素材料和合金作原料，在高温高压下合成金刚石。工业上人造金刚石的合成均是采用间接法。1954年美国通用电气公司的研究人员采用高温高压方法合成了金刚石，促进了切削加工及先进制造技术的飞速发展。1962年，人们将具有六角晶体结构的质地柔软的层状石墨作起始材料，不加催化剂，在约12.5GPa、3000K的高压高温

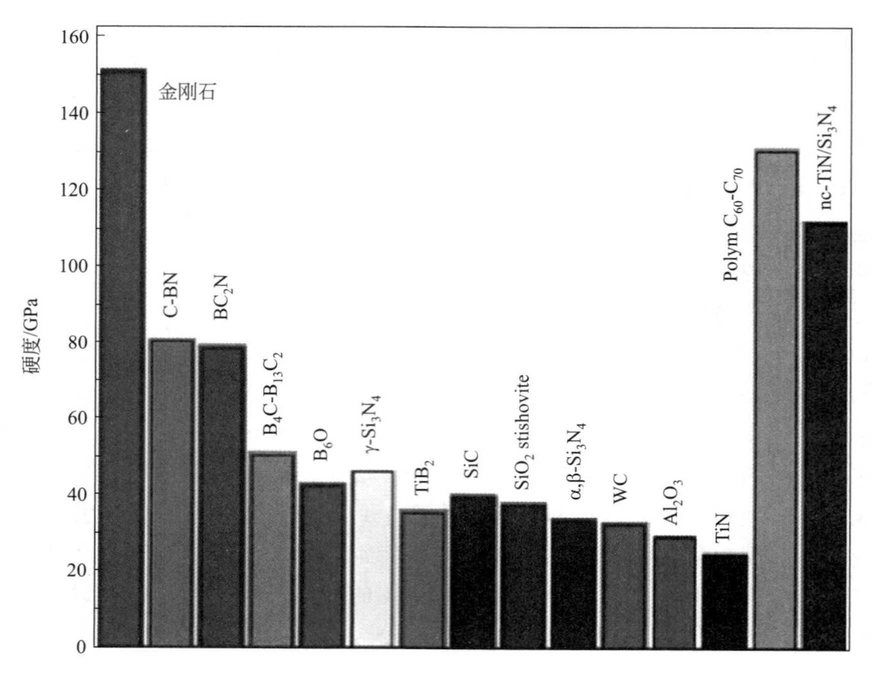

图 1-22　各种高硬度材料

条件下，使石墨直接转变成具有立方结构的金刚石。如果起始石墨材料添加金属催化剂，则在较低的压力 5～6GPa 和温度 1300～2000K 条件下，就可以实现由石墨到金刚石的转变。这是静态高压高温催化剂合成法成功的一个典型例子。

但是金刚石的热稳定性较差，在空气中加热到 600℃时就发生氧化，而且容易与铁族金属发生反应，因而在钢铁材料的加工中受到极大的限制。

立方氮化硼（c-BN）的出现正好满足了人们在高温领域对超硬材料的需求。c-BN 是一种在机械、热学、光学、化学和电子学等方面具有优良性能的纯人工合成的多功能材料。它不仅具有仅次于金刚石的硬度，是一种典型的在机械加工领域应用广泛的超硬材料，满足了人们在高温领域对超硬材料的需求，而且 c-BN 晶体还是典型的Ⅲ-Ⅳ族化合物，其电阻率为 10Ω·cm，热导率为 13W/(cm·K)，可以耐受 1200℃的高温，并且具有最宽 6.4eV 的直接带隙，既可 n 型掺杂，又可 p 型掺杂，是一种十分重要的优异的半导体材料，在高温高功率宽带器件微电子学领域有着广泛的应用前景。c-BN 在红外到紫外区具有较高的光谱透过率，可以作为良好的保护涂层、光学窗口及紫外发光二极管（波长 215nm）；c-BN 具有表面负电子亲和势，是极好的场发射材料；c-BN 具有二阶非线性光学效应，可以用来制作光的高次谐波发生器、电光调制器、紫外-可见光转化器、光学整流器、光参量放大器等。c-BN 与金刚石一样，还具有很强的抗辐射能力，可制备抗辐射器件。因此，c-BN 材料的制备研究对国民经济各领域，特别是航空航天、战争等严酷条件下应用器件的性能，具有重要的现实意义。

c-BN 不是自然存在的物质，是继人造金刚石之后，于 1957 年由美国通用电气公司的 Wentorf 首次合成。1962 年，Bundy 和 Wentorf 在没有催化剂参与的情况下，使用改进的两面顶高压装置在短时间内使 h-BN 转化为 c-BN。1974 年，Sawaoka 等采用动态高压法（爆炸法）成功合成了 c-BN，转化率达到了 90%。

静态高压催化剂法是以液压装置产生高压，以交流或直流电通过装试料的石墨发热体间接加热产生高温，在催化剂材料的参与下合成c-BN晶体的方法。高压催化剂法能有效地降低h-BN向c-BN相转变的压力，已成为工业生产c-BN的最主要方法。到目前为止，高压合成c-BN所用催化剂已有50多种，其中应用最广泛的是碱金属、碱土金属及其氮化物、硼化物和氮硼化物。另外，Si、Fe-Al合金、Ag-Cd合金、水、尿素和硼酸也是高压合成的有效催化剂。不同催化剂合成的c-BN在晶体颜色、形状、大小和力学性能上都会存在差异。

尽管静态高压催化剂法较直接转变法在压力和温度上有大幅度降低，但c-BN晶体仍是在高温高压的极端条件下合成的，压力越高，对生产设备的要求也就越高，危险性越大，成本的控制也越困难。多年来，人们一直在努力寻找更有效的c-BN合成催化剂，以期达到降低c-BN合成的压力和温度，提升c-BN晶体质量的目的。

虽然c-BN的热稳定性和化学惰性都较好，在很多高温领域也得到了广泛的应用，但其硬度却远不如金刚石。所以人们又开始寻找新的物理、化学性质更好的超硬材料。

寻找新的超硬材料的工作主要是在B-C-O-N体系中展开。由于C和BN是等电子体，而且它们在化学和结构方面有很多的相似性，所以人们的目光首先集中到了BCN三元化合物的研究上。1981年，Basziman首次以h-BCN为原料，在14GPa、3600K的条件下合成了BCN固溶体。此后，关于BCN材料的制备及特性研究受到了越来越多人的关注。1998年，Komatsu等使用冲击波的方法在50GPa、3000～10000℃的条件下合成了具有金刚石结构的$BC_{2.5}N$化合物。同年，Bando等利用金刚石对顶砧技术（通过激光加热的方法）合成了具有相似组分的富勒烯型结构的化合物。

除了BN和BCN之外，B_2O也是C的等电子体。所以人们认为，如果以BBO取代金刚石结构中的CCC，应该能够形成具有类金刚石结构的化合物。1987年，Endo等成功地合成了具有金刚石结构的B_2O化合物。但进一步的研究发现，在所有的B-O化合物中，只有富硼化合物B_6O_{1-x}是稳定结构。1998年，Hubert等以B和B_2O_3为原料在4～5GPa、1200～1800℃的条件下合成了近乎完美的B_6O大单晶（最大的晶体颗粒在40μm左右）。

1.3.4.2　高压下超导材料的合成

在合成具有高T_c超导材料的研究中，高压是不可或缺的有效手段。其应用大致分为两方面。

（1）压力效应　即在不同的压力下“原位”测量超导样品T_c的变化以及其他物理性质（如电阻、比热容、磁化率等）。

（2）高温高压合成　由于高压有利于高密度、高配位数相的形成，压力对阴离子和阳离子半径的影响不同有利于掺杂，压力抑制合成温度下反应物和生成物的挥发和分解，提高熔点，高压环境有提供还原气氛或氧化气氛等独特优点，因而在高温超导材料发展的后期，在合成一系列新超导材料中起着其他常规方法不可替代的关键作用。利用高温高压方法可以合成一些在常压条件下得不到的新超导材料。

原位测量技术在超导材料的设计和合成等方面有着非常重要的作用。例如，在LaBaCuO材料发现后不久，朱经武等即在高压下将其T_c提高到52K。巨大的压力效应使得他们认识到压力在提高超导体的T_c上所起到的巨大作用。于是他们开始尝试用化学压力替代物理压力，来提高超导体的T_c。他们用离子半径小的Y替代离子半径较大的La，以使化合物的内部产生内压，获得了T_c高于液氮温度的YBaCuO超导材料。另外，原位测量的方法不仅可以为新材料的合成提供线索，而且可以帮助人们了解超导产生的机制。例如，压力可以使 p 型超导体的 T_c 有较大的提高，而对于没有 Cu-O 面“顶点氧”n 型超导体的 T_c 则几乎没有什么影响，揭示了“顶点氧”对超导电性的重要作用。另外，梯形（spin ladder）$Ca_{1.36}Sr_{0.4}Cu_{24}O_{41}$ 化合物（其 Cu_2O_3 面存在梯形对称性）没有一般铜氧超导材料的铜氧面。这种化合物在常压下并无超导性，但在 3～4GPa 的压力下却转变为 T_c＝12K 的超导体，因而该化合物所特有的晶体结构和超导电性也就成为人们关注的焦点。

高温超导材料的类钙钛矿密堆结构，使得高温高压合成方法在高温超导研究中的作用得天独厚。近些年来，几乎所有的新的超导铜氧化物材料都是在高温高压下合成的。从无限层、铜系、卤素系列，一直到 Ba-Ca-Cu-O 体系，已经有数十个系列。目前常用的提高 Cu 的氧化物超导体 T_c 的方法是在合成过程中用高氧压（通常在几百个大气压到几千个大气压）办法来控制氧的含量，同时也可以抑制杂相的产生。1997 年，Moriwaki 等提出一个在高压条件下以组分氧化物为原料合成超导材料的合成路线。同年，Lokshin 等在高压（2～4GPa）下合成了系列 Hg-1234 和 Hg-1223（$HgBa_2Ca_3Cu_4O_{10+\delta}$）超导材料。在仔细研究了样品的纯度与合成温度、压力和起始反应物中各成分的比例之间的关系之后，发现产物中 Hg-1234 相的比例与起始反应物中的氧的含量有关。另外，他们还发现产物的 T_c 与其晶胞参数 a 有很紧密的关系。例如，Hg-1223 相的 T_c 在其晶胞参数 $a=3.825$Å（1Å＝0.1nm）时达到最大值 135K。Attifield 等在 1998 年研究了 A_2CuO_4（A＝La，Nd，Ca，Sr，Ba）系列化合物，发现当 A 原子的平均半径为 1.22Å 时，超导转变温度 T_c 达到最大值 39K。这两个研究表明，超导转变温度 T_c 对晶格张力的变化很敏感。Locquet 等根据这个现象曾把生长在 $SrLaAlO_4$ 基底上的 $La_{0.9}Sr_{0.1}CuO_4$ 薄膜材料的超导转变温度 T_c 提高了 1 倍（从 25K 提高到 49K）。给人们提供了一种很好的方法来调节薄膜超导材料的性质。

另外一类比较令人感兴趣的高压合成超导材料，是那些含有稀土元素，特别是含有 Pr^{3+} 的超导材料。但是这些含有 Pr^{3+} 的超导材料的母体化合物 $PrBaCuO_2$ 本身并不是超导材料。导致这种现象的原因到目前还没有弄清楚。1997 年，Chen 及其合作者们在研究化合物 $(R_{1-x}Pr_x)_2Ba_4Cu_7O_{14-\delta}$（R＝Nd，Sm，Eu，Gd，Ho，Tm）的超导性质时，发现化合物中 Pr^{3+} 含量的增加会抑制化合物的超导性。另外，Yao 等在高氧压（以 $KClO_4$ 为氧源）下获得了近乎单相的正交相 Ca 掺杂的 Pr-123 相，并且发现其超导转变温度 T_c 为 52K。改变实验条件又获得了高纯的四方相材料，其 T_c 更高达 97K。高压还可以用来合成一系列陶瓷超导材料。例如，Iyo 等在 1997 年合成了 $(M, C)(Ba, Sr)_2CaCu_3O_9$ 超导材料，并且发现部分地用 C^{4+} 取代 Al^{3+} 和 Ga^{3+} 可以提高化合物的 T_c 值。

探索更高 T_c 的、性能更好的高温超导材料是超导研究的活力所在，高温高压合成方法正在这一领域发挥着重要作用。在利用高氧压方法合成超导材料的同时，人们还得到了虽然不是超导材料，但是却具有很好其他性质的材料。例如，1998 年 Karpinski 等利用高氧压（0.2GPa）的方法合成了自旋阶梯式化合物 $Sr_{0.73}CuO_2$。Kopnin 等在高氩气压下制备了 $CaCuO_2$、$Sr_{0.53}Ca_{0.47}CuO_2$ 和 $Ca_{1-x}La_xCuO_2$（$x<0.016$）的单晶体。这些材料虽然都不是超导材料，但是它们都具有很好的磁学性质。

1.3.4.3　高压下有机材料的合成

在高压条件下利用超临界流体的方法可以合成很多新的有机材料，特别是那些含有不稳定配体的有机材料。例如，Lee 等用超临界 CO_2 为溶剂，以 C_2H_4 和 H_2 为配体，合成了一系列环戊二烯化合物。目前在高压有机化学这个发展迅速的领域中，人们已经合成了很多以前很难合成或很难稳定下来的化合物。随着高压下的有机合成的发展，人们有理由相信高压下的有机合成会走得更远。

1.3.4.4　高温高压条件下其他固体材料的合成

当然高压方法并不只是用来合成我们前面提到的三类材料。例如，Wunden 和 Marler 在 2GPa、650℃下合成了具有黄宝石结构的锗酸铝材料，分子式为 $Al_2GeO_4(OH)_2$。Park 和 Parise 在4.5GPa、1200℃合成了具有钙钛矿结构的 $ScCrO_3$。Troyanchuk 等利用高压制备了一系列固溶体材料 $La_{1-x}Pb_xMnO_3$ 和具有混合价态 Mn 离子（Mn^{3+}、Mn^{4+}）的 $La_{0.56}Pb_{0.44}MnO_{2.56}F_{0.44}$。这些具有钙钛矿结构的材料都具有巨磁阻效应。Kanke 在 5.5GPa、1200～2000℃的条件下以氧化物为原料第一次合成了具有 V^{3+}-V^{4+} 混合价态的氧化物 KV_6O_{11} 和 BaV_6O_{11}。

压致无定形研究也是近年来人们比较关注的课题。现在人们已经知道，即使是在不能发生晶态到非晶态转变的低温下，仍然可以采用介稳压缩的办法获得玻璃体材料。这种方法可应用于那些难以得到玻璃体的体系中来获得玻璃体相。例如，虽然采用熔融后淬火的办法难以得到 ZrW_2O_8 的玻璃体材料，但在常温高压下进行处理却可以获得其玻璃体相。

相对于其他系列材料，对硫族化合物的高压研究相对来说是很少的。Poulsen 等在高压下合成了（Ba，K)VS_3 系列固溶体材料。这种材料的结构是基于 $BaNiO_3$ 的，因其具有低维磁学和电学性质而受到人们的关注。就像硫族元素化合物一样，对磷族化合物（包括 P、As、Sb）和 Si、Ge、Sm 的化合物在高压下的研究相对于元素周期表中的第一行元素（O、N 和 C 的化合物）的研究也是很少的。Shirotani 等在高压下（约 4GPa）合成了超导转变温度约为 10K 的超导材料 $ZrNi_4P_2$ 和 MRu_4P_2（M＝Zr，Hf）。Evers 等在高压下第一次合成了 Li 元素的硅化物。这个领域还有很多的工作要做。

1.3.5　功能材料高压合成的研究方向及展望

多年来，利用高压合成技术合成出的高压高温新物质有 90 多种。迄今为止，人们已合成出千余种高压高温新物质。然而，和已有各类人工合成物质相比，犹如沧海一粟。现有通用的 1.0～8.0GPa、2000K 的高压合成设备的潜力，远没有充分发挥。今后的高压高温合成研究有很多工作等待去做。

（1）充分发挥 1.0～8.0GPa、2000K 的温压段的合成潜力，积极发展大腔体（小于大压机腔体，而大于微型金刚石对顶砧高压装置的腔体，合成产物易于取出来进行表征测试）的高压高温合成技术，把合成压力、温度推向 30GPa、2600K 范围。注意开展金刚石对顶砧装置和激光直接加热的超高压高温合成研究及有关高压高温合成的原位（in situ）测试研究。

（2）开展高压高温无机化合物的反应和化合机制的研究，总结合成规律，合成出有助于加深新现象、新规律认识和有重要应用前景的化合物。

（3）进行各种先驱物、纳米原料和合成产物（如层状结构等）的原子或分子水平设计，开展高压高温合成。重视稀土变价化合物和具有硼笼结构的高硼化合物的高压高温合成研究。

（4）注意开展纳米固体的纳米界面区中的化学反应和难合成化合物的高压高温合成研究。

（5）积极进行高压高温单晶体的合成和机制研究。

（6）重视亚稳中间物质的截获，开展动力学理论研究，控制条件，寻找具有新结构、新性能、新应用的中间准稳物质。

（7）已有高压高温合成物质的应用可能性的研究。

（8）积极开展新化合物、新物质（包括生物物质）的结构、行为的高压飞秒观测研究。

参 考 文 献

[1] 张克立，孙聚堂，袁良杰，等. 无机合成化学. 武汉：武汉大学出版社，2006.

[2] 崔春翔. 材料合成与制备. 上海：华东理工大学出版社，2010.

[3] 乔英杰. 材料合成与制备. 北京：国防工业出版社，2010.

[4] 宋晓岚，黄学辉. 无机材料科学基础. 北京：化学工业出版社，2014.

[5] 徐如人，庞文琴，霍启升. 无机合成与制备化学. 北京：高等教育出版社，2009.

[6] West A R. Basic Solid State Chemistry. Second Edition. New York：John Wiley & Sons，2000.

[7] 刘海涛，杨郦，张树军，等. 无机材料合成. 北京：化学工业出版社，2003.

[8] 王巍. $CaTiO_3$ 基微波介质陶瓷的研究. 北京：清华大学硕士学位论文，2006.

[9] 张志力，翟洪祥，金宗哲，等. 正铌酸镧（$LaNbO_4$）及其掺杂粉体的发光特性. 中国稀土学报，2003，21（S1）：8-12.

[10] 张克立. 固体无机化学. 武汉：武汉大学出版社，2005.

[11] 宁桂玲，仲剑初. 高等无机合成. 上海：华东理工大学出版社，2007.

[12] 马广成，丁世文. 冷冻干燥法——水溶液合成无机物新法之一. 现代化工，1989，9（5）：44-47.

[13] 赵康，魏俊琪，罗德福，等. 冷冻干燥法制备羟基磷灰石多孔支架. 硅酸盐学报，2009，37（3）：432-435.

[14] 黄卫国. 冷冻干燥法生产直通型多孔 Si_3N_4. 耐火材料，2002，6：338.

[15] 苏文辉，刘宏建，李莉萍，等. 高温高压极端条件下的稀土固体物理学研究，吉林大学自然科学学报，1992，特刊：188-201.

[16] 苏文辉，刘宏建，李莉萍，等. 凝聚态物理学中若干前沿问题的高压研究. 吉林大学自然科学学报，1992，特刊：170-187.

[17] 焦虎军. 新型热电材料的高温高压合成. 长春：吉林大学硕士学位论文，2005.

[18] Grumbach M P，Sankey O F，McMillan P F. Phys Rev B，1995，52：15807.

[19] Endo T，Sato T，Shimida M. J Mat Sci Lett，1987，6：683.

[20] Hubert H，Garvie L A J，Devouard B，et al. Chem Mater，1998，10：1530-1537.

[21] 王超. 具有特殊结构的硅酸盐的高温高压合成与表征. 长春：吉林大学博士学位论文，2006.

[22] 杨大鹏. 立方氮化硼-六方硼碳氮化合物的高压合成及应用研究. 长春：吉林大学博士学位论文，2008.

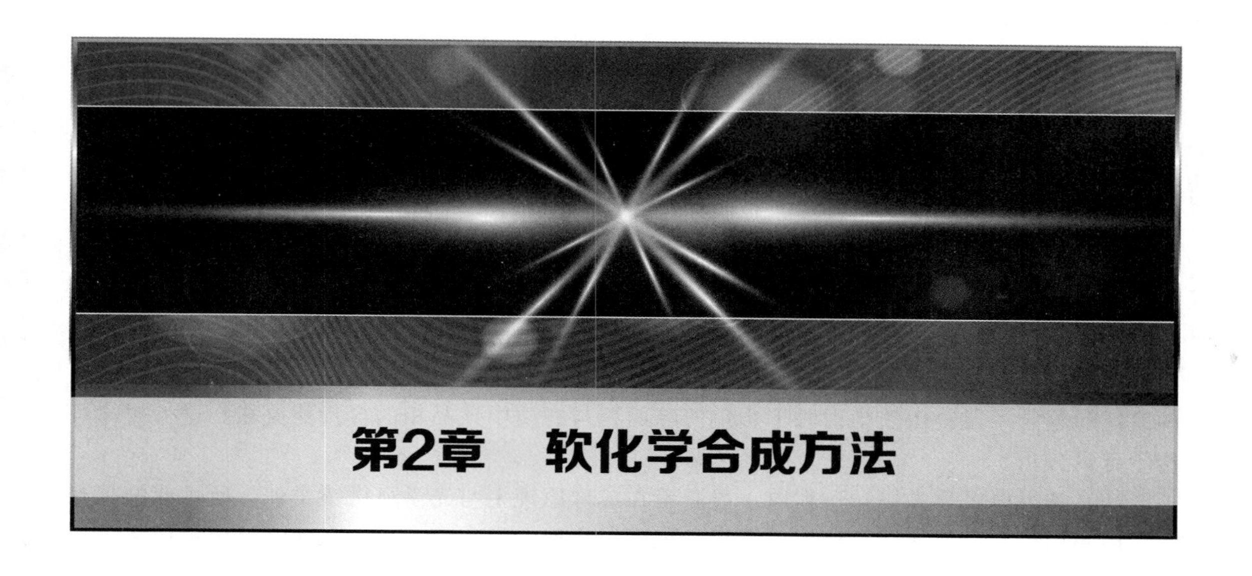

第2章　软化学合成方法

2.1　概述

无机材料的性质和功能与其最初的合成或制备过程密切相关，不同的合成方法和合成路线，对材料的组成、结构、价态、凝聚态、缺陷等方面均有影响，从而决定了材料的性质和功能。虽然苛刻或极端条件下的合成可生成特定结构和性能的材料，但是由于其苛刻条件对实验设备的依赖与技术上的不易控制性以及化学上的不易操作性而减弱了材料合成的定向程度。温和条件下的化学合成，即“软化学合成”，则正是具有对实验设备要求简单及化学上的易控制性和可操作性的特点，因而在无机材料的合成化学领域中显得越来越重要。

2.1.1　软化学合成方法的基本原理

软化学合成方法的原理是在温度相对较低的条件下通过化学反应使“硬”结构拼块与“软”溶剂或有机分子连接起来，该过程产生由“硬”的单元与“软”的大分子组成的前驱体产物，一些“硬”的拼块溶解在“软”的溶剂中，形成具有“软”特性的流体。该流体中含有作为硬核的多核阳离子的复合物，这种复合物是通过在适当的溶剂中溶解前驱体并控制反应参数来聚集纳米级的结构拼块制得的。因此，软化学合成方法是相对于传统的高温固相的“硬化学”而言的，它是通过化学反应克服固相反应过程中的反应势垒，在温和的反应条件下和缓慢的反应进程中，以可控制的步骤逐步地进行化学反应，实现制备新材料的方法。用此方法可以合成组成特殊、形貌各异、性能优异的材料，这些性质是传统的高温固相反应难以达到的。

2.1.2　软化学合成方法的分类

软化学合成方法的种类较多，主要包括溶胶-凝胶法、先驱物法、水热与溶剂热合成法、化学气相沉积法、插层反应与支撑和接枝工艺法、微乳液法、微波辐射法、超声波法、淬火法、自组装法、电化学法等。

2.1.3　软化学合成体系及产物的表征技术

在软化学合成方法制备材料过程中，无论是从事科学研究还是实际生产，都需要随时对产物或中间产物进行表征和分析，以确保最终获得合格的目标产品。实际上，这些表征方法采用的都是常规的物理、化学手段，只是观察对象为软化学合成产物。

（1）X射线衍射分析　固体材料可以描述为晶体型和非晶型两种结构，其中95%属于晶体型结构。所谓晶体型是指原子规则地排列成点阵结构，而非晶型是指原子呈随机排列，与液相中原子的排列情况相似。当X射线照射到晶体表面并发生相互作用时，就能产生衍射花样。每一种晶相都有各自的衍射花样，相同的晶相结构具有相似的衍射花样；对于混合晶相，每个晶相都独自地产生各自的衍射花样，即每个晶相的衍射花样互不干扰。某一纯晶相物质的X射线衍射花样是独一无二的。因此，粉末X射线衍射是多晶物质的简单而理想的表征和鉴定手段。由于衍射峰下覆盖的峰面积与物质中该晶相的含量相关联，这一规律可用于定量分析。

（2）透射电子显微镜　透射电子显微镜在成像原理上与光学显微镜类似，所不同的是光学显微镜以可见光作光源，透射电子显微镜则以高速电子束为光源。在光学显微镜中将可见光聚焦成像的是玻璃透镜，在电子显微镜中相应的部件是电磁透镜。电子波长极短，同时与物质作用满足布拉格方程，产生衍射现象，使透射电镜在具有高分辨成像的情况下具有结构分析的功能。

（3）扫描电子显微镜　在扫描电镜中，成像信号主要来自二次电子、背散射电子和吸收电子，用得最多的是二次电子（SE）衬度像，而成分分析的信号主要来自X射线和俄歇电子。二次电子是样品中原子的核外电子在入射电子的激发下离开该原子而形成的，其信号主要来自样品表面5～10μm深度范围，能量较低，一般小于50eV，因而在样品中的平均自由程也短，只有在近表面（约10nm量级），二次电子才能逸出表面被接收器接收并用于成像。背散射电子像的质量主要取决于原子序数和表面的凹凸度。背散射电子路径为直线形，所以其电子像有明显的阴影，比二次电子像更富于立体感，但有时阴影太暗会影响清晰度。

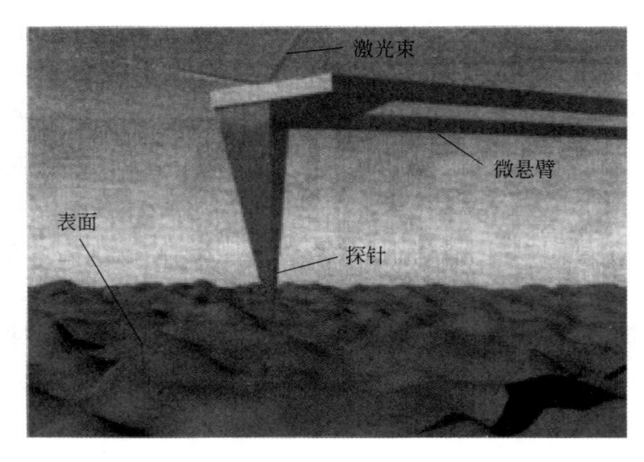

图 2-1　原子力显微镜工作示意图

（4）原子力显微镜　原子力显微镜是利用一个对力极为敏感的探测针尖与样品之间的相互作用力来实现表面成像的。如图2-1所示，将针尖安装在一个对微弱力极敏感的V字形的微悬臂上，微悬臂的另一端固定，使针尖趋近样品表面并与表面轻轻接触，由于针尖尖端原子与样品表面原子之间存在着微弱的排斥力，当针尖进行扫描时，可通过反馈系统控制压电陶瓷管伸缩来保持原子间的作用力恒定，带有针尖的微悬臂将随着样品表面的起伏而颤动，将微悬臂弯曲的形变信号转换成光电信号并加以放大，就可以得到原子之间微弱变化的信号。由此可见，原子力显微镜的工作原理是利用微悬臂间接地感受和放大原子之间的作用力，从而达到检测的目的，通过扫描，能得到十分直观的图像。

（5）X射线光电子能谱　X射线光电子能谱的基本原理是基于光的电离作用。当一束光子辐射到样品表面时，样品中某一元素的原子轨道上的电子吸收了光子的能量，使得该电子脱离原子的束缚，以一定的动能从原子内部发射出来，成为自由电子，而原子本身则变成处于激发态的离子。而射出电子的结合能主要由元素的种类和激发轨道所决定。

2.2 先驱物法

2.2.1 概述

软化学合成方法中最简单的一类是所谓的先驱物法（或称前驱体法、初产物法等）。先驱物法是为解决高温固相反应法中产物的组成均匀性和反应物的传质扩散所发展起来的节能的合成方法。其基本思路是：首先通过准确的分子设计，合成出具有预期组分、结构和化学性质的先驱物，再在软环境下对先驱物进行处理，进而得到预期的材料。其关键在于先驱物的分子设计与制备。

在这种方法中，人们选择一些化合物如硝酸盐、碳酸盐、草酸盐、氢氧化物、含氰配合物以及有机化合物如柠檬酸等和所需的金属阳离子制成先驱物。在这些先驱物中，反应物以所需要的化学计量存在着，这种方法克服了高温固相反应法中反应物间均匀混合的问题，达到了原子或分子尺度的混合。一般高温固相反应法是直接用固体原料在高温下反应，而先驱物法则是用原料通过化学反应制成先驱物，然后焙烧即得产物。

复合金属配合物是一类重要的先驱物。其合成过程通常在溶液中进行，以对其组分和结构做很好的控制。这些化合物一般可在400℃分解，形成相应的氧化物，这就为制备高质量的复合氧化物材料提供了一个途径。例如，利用镧-铁、镧-钴复合羧酸盐热分解，可以制备出化学组分高度均匀的钙铁矿型氧化物半导体；利用钛的配合物的钡盐，可以制备高质量的铁电体微粉。利用相似的方法，在真空中加热分解某些特殊的配合物，则可得到一些非氧化物体系（如纳米尺寸的镉硒半导体簇）。

另一类比较有用的先驱物是金属碳酸盐。它可用于制备化学组分高度均匀的氧化物固溶体系。因为很多金属碳酸盐都是同构的，如钙、镁、锰、铁、钴、锌、镉等均具有方解石结构，故可利用重结晶法先制备出一定组分的金属碳酸盐，再经过较低温度的热处理，最后得到组分均匀的金属氧化物固溶体。像锂离子电池的正极材料 $LiCoO_2$、$LiCo_{1-x}Ni_xO_2$ 等都可用碳酸盐先驱物制备。

此外，一些金属氢氧化物或硝酸盐的固溶体也可被用作先驱物。例如，利用金属硝酸盐先驱物制备出了高纯度的 $YBa_2Cu_3O_7$ 超导体。

2.2.2 先驱物法在无机合成中的应用

（1）尖晶石 $ZnFe_2O_4$ 的合成　利用锌和铁的水溶性盐配成 Fe∶Zn＝2∶1（摩尔比）的混合溶液，与草酸溶液作用，得铁和锌的草酸盐共沉淀，生成的共沉淀是一种固溶体，它所包含的阳离子已在原子尺度上混合在一起。将得到的草酸盐先驱物加热焙烧即得 $ZnFe_2O_4$。由于混合物的均一化程度高，反应所需温度可大大降低（例如生成 $ZnFe_2O_4$ 的反应温度为－700℃）。反应式可以写成：

$$Zn^{2+} + 2Fe^{3+} + 4C_2O_4^{2-} \longrightarrow ZnFe_2(C_2O_4)_4 \downarrow$$

$$ZnFe_2(C_2O_4)_4 \longrightarrow ZnFe_2O_4 + 4CO + 4CO_2$$

尖晶石 $NiFe_2O_4$ 的制备是通过一个镍和铁的碱式双乙酸吡啶化合物作为先驱物，其化

学组成为 $Ni_3Fe_6(CH_3COO)_{17}O_3OH \cdot 12C_5H_6N$，其中 Ni∶Fe 的摩尔比精确为 1∶2，并且用重结晶的方法从吡啶中可进一步提纯。首先将该先驱物缓慢加热到 200～300℃，以除去有机物质，然后于空气中在 1000℃下加热 2～3d 即得 $NiFe_2O_4$。

（2）尖晶石 MCo_2O_4 的合成　尖晶石 MCo_2O_4（M＝Zn，Ni，Mg，Mn，Cu，Cd）的合成是通过将钴（Ⅱ）和相应 M 的盐在水溶液中与草酸发生反应，生成草酸盐先驱物，该先驱物为一种固溶体。按钴∶M＝2∶1（摩尔比），将草酸盐先驱物在空气中加热到 400℃左右，即得 MCo_2O_4 尖晶石。在先驱物热分解过程中，钴（Ⅱ）被空气中的氧气氧化为钴（Ⅲ）。

$$M^{2+} + 2Co^{2+} + 3C_2O_4^{2-} + 6H_2O \longrightarrow MCo_2(C_2O_4)_3 \cdot 6H_2O$$

$$MCo_2(C_2O_4)_3 \cdot 6H_2O \longrightarrow MCo_2(C_2O_4)_3 + 6H_2O$$

$$MCo_2(C_2O_4)_3 \longrightarrow MCo_2O_4 + 4CO + 2CO_2$$

对于 MCo_2O_4 尖晶石化合物来说，这是一个非常方便有效的合成方法。因为 MCo_2O_4 尖晶石化合物在高于 600℃的温度下会发生相变而分解为一种富含 Co 的尖晶石相，从而不能用高温固相反应的方法得到它。

（3）亚铬酸盐的合成　亚铬酸盐尖晶石化合物 MCr_2O_4 的合成也用类似的方法，此处 M＝Mg，Zn，Mn，Fe，Co，Ni。亚铬酸锰 $MnCr_2O_4$ 是从已沉淀的 $MnCr_2O_7 \cdot 4C_6H_5N$ 逐渐加热到 1100℃制备的。加热期间，重铬酸盐中的六价铬被还原为三价，混合物最后在富氢气氛中于 1100℃下焙烧，以保证所有的锰处于二价状态。常用来合成亚铬酸盐尖晶石化合物的先驱物见表 2-1。只要仔细控制实验条件，此类先驱物法均能制备出确定化学比的物相。这种合成方法简单有效且很重要，因为许多亚铬酸盐和铁氧体都是具有重大应用价值的磁性材料，它们的性质对于其纯度及化学计量关系非常敏感。

表 2-1　主要用于合成亚铬酸盐尖晶石化合物的先驱物

先驱物	焙烧温度/℃	亚铬酸盐
$(NH_4)_2Mg(CrO_4)_2 \cdot 6H_2O$	1100～1200	$MgCr_2O_4$
$(NH_4)_2Ni(CrO_4)_2 \cdot 6H_2O$	1100	$NiCr_2O_4$
$MnCr_2O_7 \cdot 4C_5H_5N$	1100	$MnCr_2O_4$
$CoCr_2O_7 \cdot 4C_5H_5N$	1200	$CoCr_2O_4$
$(NH_4)_2Cu(CrO_4)_2 \cdot 2NH_3$	700～800	$CuCr_2O_4$
$(NH_4)_2Zn(CrO_4)_2 \cdot 2NH_3$	1400	$ZnCr_2O_4$
$NH_4Fe(CrO_4)_2$	1150	$FeCr_2O_4$

2.2.3　先驱物法的特点和局限性

从以上例子可以看出，先驱物法有以下特点：混合的均一化程度高；阳离子的摩尔比准确；反应温度低。

原则上讲，先驱物法可应用于多种固态反应中。但由于每种合成法均要求其本身的特殊条件和先驱物，为此不可能制定出一套通用的条件以适应所有这些合成反应。对有些反应来说，难以找到适宜的先驱物。因而此法受到一定的限制。如该法就不适用于以下情况：两种反应物在水中溶解度相差很大；生成物不是以相同的速率产生结晶；常生成过饱和溶液。

2.3　溶胶-凝胶法

2.3.1　概述

溶胶-凝胶法在软化学合成方法中具有特殊的地位。溶胶-凝胶技术是一种由金属有机化合物、金属无机化合物或上述两者混合物经水解缩聚过程，逐渐胶化并进行相应的后处理，最终获得氧化物或其他化合物的新工艺。20 世纪 80 年代后，这一方法被引入各种无机纳米晶材料（铁电材料、超导材料、粉末冶金材料、陶瓷材料、薄膜材料等）的化学制备中，并且不断被赋予新的内涵，如今它已成为研究得最多、应用最广泛的制备纳米材料的化学方法之一。

2.3.2　溶胶-凝胶法的特点

溶胶-凝胶法制备粉体最突出的创新之处就在于其能同时控制粉体的尺寸、形貌和表面结构，因此溶胶-凝胶法可以用来制备单分散的、无缺陷的粉体。尽管如此，在溶胶-凝胶法制备过程中晶粒长大的问题是不可忽视的。溶胶-凝胶法制备纳米结构材料是无粉加工路线，这是溶胶-凝胶法的核心。在该加工途径中，作为前驱体的纳米单元以连续的方式相互连接成很大的网状结构，从而可以不经过粉体阶段，直接形成纳米结构的氧化物骨架。由于此时不再有离散的粉体颗粒，因此可以避免晶粒长大。实际上，氧化物骨架是一个无限大的分子，其反应时所在的模形状决定了分子的形状。这种连续的连接要取得成功，获得预期的骨架结构，在很大程度上取决于所选择的前驱体和合成方法。前驱体一般用醇盐、可溶盐和胶体溶液，而醇盐一般是制备 SiO_2、Al_2O_3、ZrO_2 等氧化物的前驱体，为了诱发反应并控制 pH 值，还需要加入催化剂。

2.3.3　溶胶-凝胶法过程中的反应机理

这些超细固体颗粒称为胶粒，它们的结构和形态因胶粒间的相互作用而随时可能处在变化之中。从热力学的角度看，溶胶属于亚稳体系，因此胶粒有发生凝聚或聚合的趋向。稳定溶胶中粒子的粒径很小，通常为 1～10nm，其比表面积很大。凝胶的形成是由于溶胶中胶体颗粒或高聚物分子相互交联，空间网络状结构不断发展，最终溶胶液失去其流动性，粒子呈网状结构，这种充满液体的非流动半固态的分散体系称为凝胶。经过干燥，凝胶变成干凝胶或气凝胶，呈现一种充满孔隙的结构。

简单地说，溶胶-凝胶法的过程是：用制备所需的各液体化学品（或将固体化学品溶于溶剂）为原料，在液相下将这些原料均匀混合，经过水解、缩合（缩聚）的化学反应，形成稳定的透明溶胶液体系，溶胶经过陈化，胶粒间逐渐聚合，形成凝胶。凝胶再经过低温干燥，脱去其溶剂而成为具有多孔空间结构的干凝胶或气凝胶。最后，经过烧结、固化，制备出致密的氧化物材料。

溶胶是否能向凝胶发展取决于胶粒间的相互作用是否能克服凝聚时的势垒。因此，增加胶粒的电荷量，利用位阻效应和溶剂化效应等都可以使溶胶更稳定，凝胶更困难；反之，则容易产生凝胶。

溶胶-凝胶法制备过程可以分为以下 5 个阶段：经过源物质分子的聚合、缩合、团簇、胶粒长大形成溶胶；伴随着前驱体的聚合和缩聚作用，逐步形成具有网状结构的凝胶，在此过程中可形成双聚、链状聚合、准二维状聚合、三维空间的网状聚合等多种聚合物结构；凝胶的老化，在此过程中缩聚反应继续进行直至形成坚实的立体网状结构；凝胶的干燥，同时伴随着水和不稳定物质的挥发过程，由于凝胶结构的变化使这一过程非常复杂，凝胶的干燥过程又可以分为4个明显的阶段，即凝胶起始稳定阶段、临界点、凝胶结构开始塌陷阶段和后续塌陷阶段（形成干凝胶或气凝胶）；热分解阶段，在此过程中，凝胶的网状结构彻底塌陷，有机物前驱体分解、完全挥发，同时提高目标产物的结晶度。经过以上5个阶段，即可以制得具有指定组成、结构和物理性质的纳米微粒、薄膜、纤维、致密或多孔玻璃、致密或多孔陶瓷、复合材料等。

在溶胶-凝胶过程中，溶液的pH值对产物的形貌有明显的影响。这是由于在凝胶的形成过程中，溶液的酸碱性影响凝胶网状结构的形成。因此，可以根据需要，通过调节溶液的pH值来催化金属醇盐水解，从而对所形成的凝胶的网状结构进行裁剪，形成富有交联键或分枝的聚合物链，或者形成具有最少连接键的不连续的球状颗粒。纳米材料的合成，通常采用碱性催化水解。所有的实验结果表明，对产物尺寸和形貌的控制，溶液的pH值至少和前驱体的结构一样重要。

无论是采用加热蒸发还是采用超临界的溶剂热法，从凝胶到形成干凝胶阶段，凝胶的结构都发生了明显的变化。凝胶的表面张力所产生的压力使胶粒周围的粒子数增加，诱使胶体网状结构的塌陷。然而，随着胶粒周围粒子数的进一步增加，反而会产生额外的连接键，从而增强了网状结构的稳定性，以抵抗进一步的塌陷，最终形成刚性的多孔结构。

随着网状结构的塌陷及有机物的挥发，凝胶的烧结过程是决定溶胶-凝胶反应产物尺寸和形貌的关键阶段。

2.3.4 溶胶-凝胶法在无机合成中的应用

20世纪80年代，国际上掀起溶胶-凝胶制备玻璃态和陶瓷等无机材料的热潮，以代替传统的高温合成路线。溶胶-凝胶法制备无机材料具有均匀性高、合成温度低等特点，同时又可以合成其他方法无法合成的玻璃、陶瓷等，在溶胶-凝胶法被大量应用于无机材料制备的同时，目前国际上一方面发展溶胶-凝胶过程理论，同时进一步开拓扩展溶胶-凝胶制备新材料的应用，以有效控制溶胶-凝胶过程，制备高质量材料。主要在下列方面得到进一步发展。

（1）复合材料的制备　特别是纳米复合材料的制备，例如不同组分之间的纳米复合材料、不同结构之间的纳米复合材料、由组成和结构均不同的组分所制备的纳米复合材料、凝胶与其中沉积相组成的纳米复合材料、干凝胶与金属相之间的纳米复合材料、无机-有机纳米杂化复合材料等，均有了很大进展，且有一个非常重要的研究领域。

（2）薄膜材料的制备　例如保护增强膜（如在金属表面制备一层对金属表面有良好保护作用的SiO_2膜或SiO_2-Al_2O_3复合薄膜）、分离过渡膜（如Galan M. 等研制成功的SiO_2、$SiO_2 \cdot TiO_2$、SiO_2-Al_2O_3和TiO_2系统的分离膜，采用这些无机膜可以从CO_2、N_2和O_2的混合气体中分离出CO_2等）、光学效应膜（如有色膜、减反射膜、高反射膜、电致变色膜）、功能膜（如铁电、压电膜，导电与超导膜，信息存储介质材料膜，气体、湿度敏感膜等），都获得了很好的成果，且显示出众多优点，然而还需要做大量基础研究和规律的探索工作。

(3) 陶瓷材料的制备　20 世纪 80 年代，溶胶-凝胶技术在新型功能陶瓷、结构陶瓷及陶瓷基复合材料的制备科学中的应用备受重视，且得到长足进步。例如应用粉体的制备、陶瓷薄膜与纤维的制备、陶瓷材料的凝胶注模成形技术（gelcasting）等。

2.4　低热固相反应法

2.4.1　概述

固相反应能否进行，取决于固体反应物的结构和热力学函数。所有固相的化学反应和溶液中的化学反应一样，必须遵守热力学的规则，即整个反应的吉布斯函数改变小于零。在满足热力学条件下，固体反应物的结构成为固相反应进行的速率的决定性因素。

事实上，由于固相反应的特殊性，人们为了使之在尽量低的温度下发生，已经做了大量的工作。例如，在反应前尽量研磨混匀反应物以改善反应物的接触状况及增加有利于反应的缺陷浓度；用微波或各种波长的光等预处理反应物以活化反应物等，从而发展了各种降低固相反应温度的方法。

我们根据固相反应发生的温度将固相反应分为三类，即反应温度低于 100℃的低热固相反应、反应温度介于 100～600℃之间的中热固相反应以及反应温度高于 600℃的高热固相反应。虽然这仅是一种人为的划分，但每一类固相反应的特征各有差别，不可替代，充分发挥各自的优势。

高温固相反应已经在材料合成领域中建立了主导地位。虽然还没能实现完全按照人们的愿望进行目标合成，在预测反应产物的结构方面还处于经验胜过科学的状况，但人们一直致力于它的研究，积累了丰富的实践经验。相信随着研究的不断深入，一定会在合成化学中再创辉煌。中热固相反应虽然起步较晚，但由于可以提供重要的机理信息，并且可通过动力学控制，生成只能在较低温度下稳定存在而在高温下分解的介稳化合物，甚至在中热固相反应中可使产物保留反应物的结构特征。由此而发展起来的前驱体合成法、水热合成法的研究特别活跃，对指导人们按照所需设计来实现反应意义重大。

2.4.2　低热固相反应机理

与液相反应一样，固相反应的发生起始于两个反应物分子的扩散接触，接着发生化学作用，生成产物分子。此时生成的产物分子分散在母体反应物中，只能当作一种杂质或缺陷的分散存在，只有当产物分子聚积到一定大小，才能出现产物的晶核，从而完成成核过程。随着晶核的长大，达到一定的大小后出现产物的独立晶相。可见，固相反应经历了扩散—反应—成核—生长的过程。但由于各阶段进行的速率在不同的反应体系或同一反应体系不同的反应条件下不尽相同，使得各个阶段的特征并非清晰可辨，总反应特征只表现为反应的决速步的特征。

2.4.3　低热固相反应的规律

固相反应与液相反应一样，种类繁多，按照参加反应的物种数可将固相反应体系分为单组分固相反应和多组分固相反应。到目前为止，已经研究的多组分固相反应体系有如下十五大类：中和反应；氧化还原反应；配位反应；分解反应；离子交换反应；成簇反应；嵌入反应；催化反应；取代反应；加成反应；异构化反应；有机重排反应；偶联反应；缩合与聚合反应；主客体包合反应。从上述各类反应的研究中，可以发现低热固相化学与液相化学有许多不同，遵循其独有的规律。

（1）潜伏期　多组分固相反应开始于两相的接触部分，反应产物层一旦生成，为了反应继续进行，反应物通过扩散方式与生成物进行物质输运，而这种扩散对大多数固体是较慢的。同时，反应物只有集中到一定大小时才能成核，而成核需要一定温度，低于一定温度 T_n，反应则不能发生，只有高于 T_n 时反应才能进行。这种固体反应物间的扩散及产物成核过程便构成了固相反应特有的潜伏期。这种过程受温度的影响显著，温度越高，扩散越快，产物成核越快，反应的潜伏期就越短；反之，则潜伏期就越长。当低于成核温度 T_n 时，固相反应就不能发生。

（2）无化学平衡　根据热力学知识，若以上反应发生微小变化 $d\xi$：

$$\sum_{B}^{N} v_B B = 0$$

则引起反应体系吉布斯函数改变为：

$$dG = -SdT + Vdp + \left(\sum_{B}^{N} v_B u_B\right) d\xi$$

若反应是在等温等压下进行的，$dG = \sum_{B}^{N} v_B u_B$ 。从而得到反应的摩尔吉布斯函数改变为：

$$\Delta_r G_m = \left(\frac{\partial G}{\partial \xi}\right)_{T,p} = \sum_{B}^{N} v_B u_B$$

它是反应进行的推动力的源泉。

（3）拓扑化学控制原理　我们知道，溶液中反应物分子处于溶剂的包围中，分子碰撞机会各向均等，因而反应主要由反应物的分子结构决定。但在固相反应中，各固体反应物的晶格是高度有序排列的，因而晶格分子的移动较困难，只有合适取向的晶面上的分子足够地靠近，才能提供合适的反应中心，使固相反应得以进行。这就是固相反应特有的拓扑化学控制原理。它赋予了固相反应以其他方法的反应无法比拟的优越性，提供了合成新化合物的独特途径。

（4）分步反应　溶液中配位化合物存在逐级平衡，各种配位比的化合物平衡共存。如金属离子 M 与配体 L 有下列平衡（略去可能有的电荷）：

$$M + L \longleftrightarrow ML \xleftrightarrow{L} ML_2 \xleftrightarrow{L} ML_3 \xleftrightarrow{L} ML_4 \xleftrightarrow{L} \cdots$$

各种产物的浓度与配体浓度、溶液 pH 值等有关。由于固相反应一般不存在化学平衡，因此可以通过精确控制反应物的配比等条件，实现分步反应，得到所需的目标化合物。

（5）嵌入反应　具有层状或夹层状结构的固体，如石墨、MoS_2、TiS 等都可以发生嵌入反应，生成嵌入化合物。这是因为层与层之间具有足以让其他原子或分子嵌入的距离，容易形成嵌入化合物。固体的层状结构只有在固体存在时才拥有，一旦固体溶解在溶剂中，层状结构不复存在，因而液相化学反应中不存在嵌入反应。

2.4.4　固相反应与液相反应的差别

固相反应与液相反应相比，尽管绝大多数得到相同的产物，但也有很多例外。即使使用同样摩尔比的反应物，但产物却不同，其原因当然是两种情况下反应的微环境的差异造成的。具体地，可将原因归纳为以下几点。

（1）反应物溶解度的影响　若反应物在溶液中不溶解，则在溶液中不能发生化学反应，如 4-甲基苯胺与 $CoCl_2 \cdot 6H_2O$ 在水溶液中不发生反应，原因就是 4-甲基苯胺不溶于水中，而在乙醇或乙醚中两者便可发生反应。Cu_2S 与 $(NH_4)_2MoS_4$、n-Bu_4NBr 在 CH_2Cl_2 中反应产物是 $(n\text{-}Bu_4N)_4MoS_4$，而得不到固相中合成的 $(n\text{-}Bu_4N)_4[Mo_8Cu_{12}S_{32}]$，原因是 Cu_2S 在 CH_2Cl_2 中不溶解。

（2）产物溶解度的影响　$NiCl_2$ 与 $(CH_3)_4NCl_3$ 在溶液中反应，生成难溶的长链取代产物 $[(CH_3)_4N]NiCl_3$，而以固相反应，则可以控制摩尔比生成一取代的 $[(CH_3)_4N]NiCl_3$ 和二取代的 $[(CH_3)_4N]_2NiCl_3$ 分子化合物。

（3）热力学状态函数的差别　$K_3[Fe(CN)_6]$ 与 KI 在溶液中不发生反应，但固相中反应可以生成 $KI[Fe(CN)_6]$ 和 I_2，原因是各物质尤其是 I_2 处于固态和溶液中的热力学函数不同，加上固态 I_2 的易升华挥发性，从而导致反应方向上的截然不同。

（4）控制反应的因素不同　液相反应受热力学控制，而低热固相反应往往受动力学和拓扑化学原理控制，因此，固相反应很容易得到动力学控制的中间态化合物；利用固相反应的拓扑化学控制原理，通过与光学活性的主体化合物形成包结物控制反应物分子构型，实现对映选择性的固态不对称合成。

（5）液相反应体系受到化学平衡的制约　固相反应中在不生成固熔体的情形下，反应完全进行，因此固相反应的产率往往都很高。

2.4.5　低热固相反应的应用

低热固相反应由于其独有的特点，在合成化学中已经得到许多成功的应用，获得了许多新化合物，有的已经或即将步入工业化的行列，显示出它应有的生机和活力。随着人们的不断深入研究，低热固相反应作为合成化学领域中的重要分支之一，成为绿色生产的首选方法已是人们的共识和企盼。

（1）合成原子簇化合物　原子簇化合物是无机化学的边缘领域，它在理论和应用方面都处于化学学科的前沿。原子簇化合物由于其结构的多样性以及具有良好的催化性能、生物活性和非线性光学性能等重要应用前景而格外引人注目。传统的 Mo(W，V)-Cu(Ag)-S(Se) 簇合物的合成都是在液相中进行的。低热固相反应合成方法利用较高温度有利于原子簇化合物的生成，而低沸点溶剂（如 CH_2Cl_2）有利于晶体生长的特点，开辟了合成原子簇化合物的新途径。已有 200 多个簇合物直接或间接用此方法合成出来，其中 70 多个确定了晶体结构，发现了一些由液相合成方法较易得到的新型结构簇合物，如二十核笼状结构的 $(n\text{-}Bu_4N)_4[Mo_8Cu_{12}S_{32}]$、鸟巢状结构的 $[MoOS_3Cu_3(py)_5X](X=Br，I)$、双鸟巢状结构的 $(Et_4N)_2[Mo_2Cu_6S_6O_2Br_2I_4]$，同时含有 Ph_3P 和吡啶配体的蝶形结构的 $MoOS_3Cu_2(PPh_3)_2(py)_2$ 以及半开口的立方烷结构的 $(Et_4N)_3[MoOS_3Cu_3Br_3(\mu\text{-}Br)_2 \cdot 2H_2O]$ 等。

该法典型的合成路线如下：将四硫代钼酸铵（或四硫代钨酸铵等）与其他化学试剂（如 CuCl、AgCl、n-Bu_4NBr 或 PPh_3 等）以一定的摩尔比混合研细。移入反应管中油浴加热（一般控制温度低于 100℃），在 N_2 保护下反应数小时，然后以适当的溶剂萃取固相产物，过滤，在滤液中加入适当的扩散剂，放置数日，即得到簇合物的晶体，这是直接的低热固相反应合成原子簇化合物。还有一种间接的低热固相反应合成法，即将上述固相反应生成的一种簇合物，再与另一配体进行取代反应，获得一种新的簇合物。

到目前为止，已合成并解析晶体结构的 Mo(W,V)-Cu(Ag)-S(Se) 簇合物有 190 余个，分居 23 种骨架类型，其中液相合成的有 120 余个，分居 20 种骨架结构；通过固相合成的有 70 余个，从中发现了 3 种新的骨架结构。

(2) 合成新的配合物　应用低热固相反应方法可以方便地合成单核配合物和多核配合物。

(3) 合成固配化合物　有些低热固相配位化学反应中生成的配合物只能稳定地存在于固相中，遇到溶剂后不能稳定存在而转变为其他产物，无法得到它们的晶体，因此表征这些物质的存在主要依据学术手段推测，这也是这类化合物迄今未被化学家接受的主要原因。我们将这一类化合物称为固配化合物。

例如，$CuCl_2 \cdot 2H_2O$ 与 AP 在溶液中反应只能得到摩尔比为 1∶1 的产物 $Cu(AP)Cl_2$。利用固相反应可以得到 1∶2 的反应产物 $Cu(AP)_2Cl_2$。分析测试表明，$Cu(AP)_2Cl_2$ 不是 $Cu(AP)Cl_2$ 与 AP 的简单混合物，而是一种稳定的新固相化合物，它对于溶剂的洗涤均是不稳定的。类似地，$CuCl_2 \cdot 2H_2O$ 与 8-羟基喹啉（HQ）在溶液中反应只能得到 1∶2 的产物 $Cu(HQ)_2Cl_2$，而固相反应则还可以得到液相反应中无法得到的新化合物 $Cu(HQ)Cl_2$。

某些有机配体（例如醛），它们的配位能力很弱，并且容易在金属离子的催化下发生转化。已知醛的配合物主要是一些重过渡金属与螯合配体（如水杨醛及其衍生物）的配合物，而过渡金属卤化物与简单醛的配合物数目很少，且制备均是在严格的无水条件下利用液相反应进行的。用低热固相反应的方法可以方便地合成 $CoCl_2$、$NiCl_2$、$CuCl_2$、$MnCl_2$ 等过渡金属卤化物与芳香醛的配合物，如对二甲氨基苯甲醛（*p*-DMABA）和 $CoCl_2 \cdot 6H_2O$ 通过固相反应可以得到暗红色配合物 $Co(p\text{-DMABA})_2Cl_2 \cdot 2H_2O$。测试表明，配体是以醛的羰基与金属配位的，这个化合物对溶剂不稳定，用水或有机溶剂都会使其分解为原来的原料。

具有层状结构的固体参加固相反应时，可以得到溶液中无法生成的嵌入化合物。如 $Mn(OAc)_2 \cdot 4H_2O$ 的晶体为层状结构，层间距为 9.7Å。当 $Mn(OAc)_2 \cdot 4H_2O$ 与 $H_2C_2O_4$ 以 2∶1 摩尔比发生固相反应时，$H_2C_2O_4$ 先进入 $Mn(OAc)_2 \cdot 4H_2O$ 的层间，取代部分 H_2O 分子而形成层状嵌入化合物，在温度不高时，它具有一定的稳定性。XRD 谱显示它有层状结构特征，新层间距为 11.4Å，红外谱表明该化合物中既存在 OAc^- 又存在 $H_2C_2O_4$。但当用乙醇、乙醚等溶剂洗涤后，XRD 谱和红外谱都发生明显变化，层间距又缩小到 9.7Å，表明嵌入 $Mn(OAc)_2 \cdot 4H_2O$ 层间的 $H_2C_2O_4$ 已被洗脱出去。由于 $Mn(OAc)_2 \cdot 4H_2O$ 的层状结构只存在于固态中，因此，同样摩尔比的液相反应无法得到嵌入化合物。

利用低热固相反应分步进行和无化学平衡的特点，可以通过控制固相反应发生的条件而进行目标合成或实现分子组装，这是化学家梦寐以求的目标，也是低热固相化学的魅力所在。例如，$CuCl_2 \cdot 2H_2O$ 与 8-羟基喹啉以 1∶1 摩尔比固相反应，可得到稳定的中间产物 $Cu(HQ)Cl_2$，以 1∶2 摩尔比固相反应则得到液相中以任意摩尔比反应所得的稳定产物 $Cu(HQ)_2Cl_2$；$AgNO_3$ 与 2,2-联吡啶（bpy）以 1∶1 摩尔比于 60℃ 固相反应，可得到浅棕色的中间态配合物 $Ag(bpy)NO_3$，它可以与 bpy 进一步固相反应，生成黄色产物 $Ag(bpy)_2NO_3$。

利用低热固相配位反应中所得到的中间产物作为前驱体，使之在第二或第三配体的环境下继续发生固相反应，从而合成所需的混配化合物，成功实现分子组装。例如，将 $Co(bpy)Cl_2$ 和 $phen \cdot H_2O$ 以 1∶1 或 1∶2 摩尔比混合研磨后，分别获得了 $Co(bpy)(phen)Cl_2$ 和

$Co(bpy)(phen)_2Cl_2$；将 $Co(bpy)(phen)Cl_2$ 和 bpy 按 1∶2 摩尔比反应，得到 $Co(bpy)_2(phen)Cl_2$。

总之，低热固相反应可以获得高温固相反应及液相反应无法合成的固配化合物，但这类新颖的配合物的纯化、表征及其性质、应用研究均需要更多化学家的重视和投入。

(4) 合成功能材料　其中包括非线性光学材料的制备、纳米材料的制备等。

2.5 水热与溶剂热合成法

2.5.1 水热与溶剂热合成基础

水热与溶剂热合成化学与技术的诞生是由于工业生产的要求，随着水热与溶剂热合成化学与技术自身的发展，又促进了其他学科和工业技术的进步。水热与溶剂热合成化学与液相化学不同，它是研究物质在高温和密闭或高压条件下溶液中的化学行为与规律的化学分支。因为合成反应在高温和高压下进行，所以产生对水热与溶剂热合成化学反应体系的特殊技术要求，如耐高温高压与化学腐蚀的反应釜等。水热与溶剂热合成是指在一定温度（100～1000℃）和压强（1～100MPa）条件下利用溶液中物质化学反应所进行的合成。水热合成化学侧重于研究水热合成条件下物质的反应性、合成规律以及合成产物的结构与性质。

水热与溶剂热合成与固相合成研究的差别在于“反应性”不同。这种“反应性”不同主要反映在反应机理上，固相反应的机理主要以界面扩散为其特点，而水热与溶剂热反应主要以液相反应为其特点。显然，不同的反应机理首先可能导致不同结构的生成。此外，即使生成相同的结构，也有可能由于最初的生成机理的差异而为合成材料引入不同的“基团”，如液相条件生成完美晶体等。我们已经知道材料的微观结构和性能与材料的来源有关，因此不同的合成体系和方法可能为最终材料引入不同的“基团”。水热与溶剂热化学侧重于溶剂热条件下特殊化合物与材料的制备、合成和组装。重要的是，通过水热与溶剂热反应可以制得固相反应无法制得的物相或物种，或者使反应在相对温和的溶剂热条件下进行。

2.5.2 功能材料的水热与溶剂热合成

2.5.2.1 介稳材料的合成

沸石分子筛是一类典型的介稳微孔晶体材料，这类材料具有分子尺寸、周期性排布的孔道结构，其孔道大小、形状、走向、维数及孔壁性质等多种因素为它们提供了各种可能的功能。沸石分子筛微孔晶体的应用从催化、吸附以及离子交换等领域，逐渐向量子电子学、非线性光学、化学选择传感、信息存储与处理、能量存储与转换、环境保护及生命科学等领域扩展。水热合成是沸石分子筛经典和适宜的方法之一。

常规的沸石分子筛合成方法为水热晶化法，即将原料按照适当比例均匀混合成反应凝胶，密封于水热反应釜中，恒温热处理一段时间，晶化出分子筛产品。反应凝胶多为四元组分体系，可表示为 R_2O-Al_2O_3-SiO_2-H_2O，其中 R_2O 可以是 NaOH、KOH 或有机胺等，作用是提供分子筛晶化必要的碱性环境或者结构导向的模板剂，硅和铝元素的提供可选择多种多样的硅源和铝源，例如硅溶胶、硅酸钠、正硅酸乙酯、硫酸铝和铝酸钠等。反应凝胶的配比、硅源、铝源和 R_2O 的种类以及晶化温度等对沸石分子筛产物的结晶类型、结晶度和硅铝比都有重要的影响。沸石分子筛的晶化过程十分复杂，目前还未有完善的理论来解释，粗略地可以描述分子筛的晶化过程为：当各种原料混合后，硅酸根和铝酸根可发生一定程度的聚合反应，形成硅铝酸盐初始凝胶。在一定的温度下，初始凝胶发生解聚和重排，形成特定的结构单元，并且进一步围绕着模板分子（可以是水合阳离子或有机胺离子等）构成多面体，聚集形成晶核，并且逐渐成长为分子筛晶体。

2.5.2.2 人工水晶的合成

石英（水晶）有许多重要性质，它广泛地应用于国防、电子、通信、冶金、化学等部门。石英有正、逆压电效应。压电石英大量用来制造各种谐振器、滤波器、超声波发生器等。石英谐振器是无线电子设备中非常关键的一个元件，它具有高度的稳定性（即受温度、时间和其他外界因素的影响极小）、敏锐的选择性（即从许多信号与干扰中把有用的信号选出来的能力很强）、较高的灵敏性（即对微弱信号响应能力强）、相当宽的频率范围（从几百赫兹到几兆赫兹）。人造地球卫星、导弹、飞机、电子计算机等均需石英谐振器才能正常工作。石英滤波器相比一般电感电容做的滤波器，具有体积小、成本低、质量好等特点。在有线电通信中用石英滤波器安装各种载波装置，在载波多路通信装置（载波电话、载波电视等）的一根导线上可以同时使用几对，或几百对，甚至几千对，电话互不干扰。利用石英透过红外线、紫外线和具有旋光性等特点，在化学仪器上可用作各种光学镜头、光谱仪棱镜等。除石英外，许多工业上重要的晶体都可通过水热法生长，见表 2-2。

表 2-2 水热法生长的几种单晶

材料	温度/℃	压强/GPa	矿化剂
Al_2O_3	450	0.2	Na_2CO_3
Al_2O_3	500	0.4	K_2CO_3
ZrO_2	600～650	0.17	KF
TiO_2	600	0.2	NH_4F
GeO_2	500	0.4	
CdS	500	0.13	

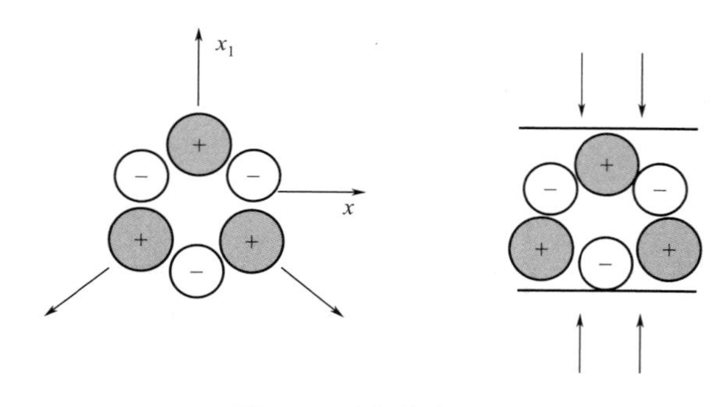

图 2-2 压电效应示意图

（1）石英晶体结构和压电性质 石英的化学成分为 SiO_2，属于六方晶系，空间群 P_2^4—$P3_1\ \ 2_1$。在 α-石英的结构中，$[SiO_4]^{4-}$ 四面体在 *c* 轴方向上作螺旋形排列，好似围绕螺旋轴旋转，Si—O—Si 键角为 144°，Si—O 键长为 1.597Å 和 1.617Å，O—O 键长为 2.640Å 和 2.640Å。$[SiO_4]^{4-}$ 四面体彼此以顶角相连。沿螺旋轴 3_2 或 3_1 作顺时针或逆时针旋转而分为左形和右形。

石英的一个重要特点是具有压电效应，如图 2-2 所示。所谓压电效应就是当某些电介质晶体在外力作用下发生形变时，它的某些表面上会出现电荷积累。

（2）石英的生长机制 高温高压下，石英的生长过程为培养基石英的溶解以及溶解的 SiO_2 向籽晶上生长两个过程。石英的溶解与温度关系密切，符合 Arrhenius 方程：

$$\lg S=-\frac{\Delta H}{2.303RT}$$

式中，S 为溶解度；ΔH 为溶解热；T 为热力学温度；R 为摩尔气体常数，负号表示过程为吸热反应。由于石英的溶解，溶液的电导率下降很大，表明溶液中 OH^- 和 Na^+ 参与了石英溶解反应。有人认为，石英在 NaOH 溶液中化学反应生成物以 $Si_3O_7^{2-}$ 为主要形式，而在 Na_2CO_3 溶液中则以 SiO_3^{2-} 为主要形式。它是氢氧离子和碱金属与石英表面没有补偿电荷的硅离子和氧离子起化学反应的结果。石英在 NaOH 溶液中溶解反应可用下式表示：

$$SiO_2(\text{石英})+(2x-4)NaOH \longrightarrow Na_{2x-4}SiO_x+(x-2)H_2O$$

式中，$x \geqslant 2$。在接近培育石英的条件下，测得的 x 值在 7/3～5/2，这意味着反应产物应当是 $Na_2Si_2O_5$、$NaSi_3O_7$，以及它们的电离和水解产物。$Na_2Si_2O_5$ 和 $NaSi_3O_7$ 经电离和水解，在溶液中产生大量的 $Na_2Si_2O_5^-$ 和 $NaSi_3O_7^-$。因此，石英的人工合成包括下述两个过程。

① 溶质离子的活化，反应式如下：

$$NaSi_3O_7^- + H_2O \longrightarrow Si_3O_6^- + Na^+ + 2OH^-$$

$$Na_2Si_2O_5^- + H_2O \longrightarrow Si_2O_4^- + 2Na^+ + 2OH^-$$

② 活化了的离子受生长体表面活性中心的吸引（静电引力、化学引力和范德华力），穿过生长表面的扩散层而沉降到石英体表面。

关于水晶晶面的活化，有不同的观点，有人认为是由于晶面的羟基所致，所以产生如下反应，形成新的晶胞层：

$$\underset{\text{羟基化的石英表面}}{Si{-}OH+(Si{-}O)^-} \longrightarrow \underset{\text{石英表面的化学吸附}}{Si{-}O{-}Si+OH^-}$$

放入溶液中，有人认为 OH^- 及 Na^+ 参与了晶面的活化作用，还有人认为 Si—ONa 起了作用。

2.5.2.3 特殊结构、凝聚态与聚集态的制备

在水热与溶剂热条件下的合成比较容易控制反应的化学环境和实施化学操作。又由于水热与溶剂热条件下中间态、介稳态以及特殊物相易于生成，因此能合成与开发特种介稳结构、特种凝聚态和聚集态的新合成产物，如特殊价态化合物、金刚石和纳米晶等。

中国科技大学钱逸泰院士及其研究集体在非水合成研究方面获得了重要的研究成果。他们成功地在非水介质中合成出氮化镓、金刚石以及系列硫属化合物纳米晶。这类特殊结构、凝聚态与聚集态的水热与溶剂热制备工作是目前的前沿研究领域，大量的基础和技术研究已经开展起来。

此外，通过水热与溶剂热方法还可合成复合氧化物与复合氟化物、低维化合物以及有机-无机杂化材料。

2.5.3 水热与溶剂热合成技术

高压容器是进行高温高压水热实验的基本设备。研究的内容和水平在很大程度上取决于高压设备的性能和效果。在高压容器的材料选择上，要求机械强度大、耐高温、耐腐蚀和易加工。在高压容器的设计上，要求结构简单、便于清洗、密封严密、安全可靠。

2.5.3.1 反应釜

高压容器的分类至今仍不统一，由于分类标准不同，故一种容器可能有几种不同的名称。下面介绍几种分类情况。

(1) 按密封方式分类　分为自紧式高压釜、外紧式高压釜。

(2) 按密封的机械结构分类　分为法兰盘式、内螺塞式、大螺帽式、杠杆压机式。

(3) 按压强产生分类　分为内压釜、外压釜。内压釜靠釜内介质加温形成压强，根据介质填充计算压强。外压釜的压强由釜外加入并控制。

(4) 按设计人名分类　分为 Morcy 釜（弹）、Lmith 釜、Tumle 釜（也称冷封试管高压釜）、Barnes 摇动反应器等。

(5) 按加热条件分类　分为外热高压釜、内热高压釜。外热高压釜在釜体外部加热。内热高压釜在釜体内部安装加热电炉。

(6) 按实验体系分类　分为高压釜、流动反应器和扩散反应器。高压釜用于封闭系统的实验。流动反应器和扩散反应器用于开放系统的实验。能在高温高压下，使溶液缓慢地连续通过反应器。可随时提取反应液。

2.5.3.2　反应控制系统

水热或溶剂热反应控制系统对安全实验特别重要，因而应引起高度重视。通常有三个方面的控制系统，即温度控制、压力控制和封闭系统控制。因此，水热或溶剂热合成又是一类特殊的合成技术，只有掌握这项技术，才能获得令人满意的实验结果。

2.5.3.3　水热与溶剂热合成程序

水热与溶剂热合成技术是在不断发展的。中温中压（100～240℃、1～20MPa）水热合成化学中最为成功的实例是沸石分子筛以及相关微孔和中孔晶体的合成。高温高压（＞240℃、＞20MPa）水热合成研究早期主要集中在模拟地质条件下的矿物合成、石英晶体生长和湿法冶金。近年来，水热合成已扩展到功能氧化物或复合氧化物陶瓷、电子和离子导体材料以及特殊无机配合物和原子簇化合物等无机合成领域。

(1) 装满度　装满度（FC）是指反应混合物占密闭反应釜空间的体积分数。它之所以在水热与溶剂热合成实验中极为重要，是由于直接涉及实验安全以及合成实验的成败。实验中我们既要保持反应物处于液相传质的反应状态，又要防止由于过大的装满度而导致的过高压力。实验上为安全起见，装满度一般控制在 60%～80%，80%以上的装满度，在 240℃下压力有突变。

压力的作用是通过增加分子间碰撞的机会而加快反应。正如气相、固相高压反应一样，高压在热力学状态关系中起改变反应平衡方向的作用。如高压对原子外层电子具有离解作用，因此固相高压合成促进体系的氧化。类似的现象是微波合成中液相极性分子间的规则取向问题，与压力对液相的作用是相似的。在水热反应中，压力在晶相转变中的作用是众所周知的。压力怎样影响一个具体产物晶核的形成，目前仍有待研究。在 ABO_3（如 $BaTiO_3$）的立方相与四方相转变中，我们看到高温低压和高压低温有利于四方相的生成（水热条件）。从上述例子中看到压力会影响产物的形成。

(2) 压力在实验中的技术要求　在高温高压反应中，提高压力往往是由外界提供的。内压是指反应试管（如金、银、石英质）内的压力。封管技术为冰冻法，即在装有溶液的一端用冰浴，同时在管的上端快速点封，防止由于溶液蒸发至管口使得不易封管。内压可由溶液的 $pV=-nRT$ 关系估算；外压则根据内压通过反应系统人为设置。实际上对水溶液体系外压的设置往往参考 FC-p-C 图。反应过程中，随温度升高，要随时调节外压，使之与该温度下的内压相近，特别是在恒温期间，更应精细调节外压，否则造成内外压力差别过大而使反应试管破裂。

（3）合成程序　一个好的水热或溶剂热合成实验程序是在对反应机制的了解和化学经验的积累的基础上建立的。水热和溶剂热合成实验的程序取决于研究目的，如下是指一般的水热合成实验程序。

① 选择反应物料。

② 确定合成物料的配方。

③ 配料序摸索，混料搅拌。

④ 装釜，封釜。

⑤ 确定反应温度、时间、状态（静止与动态晶化）。

⑥ 取釜，冷却（空气冷、水冷）。

⑦ 开釜取样。

⑧ 过滤，干燥。

⑨ 光学显微镜观察晶貌与粒度分布。

⑩ 粉末 X 射线衍射物相分析。

（4）合成与现场表征技术　传统的水热或溶剂热反应的表征方法是在快速终止反应后，应用光学和 X 射线等物理手段测试体系或产物的变化和结构。如在超临界体系中用高压液相色谱法、气相色谱法等。虽然该法应用非常普遍，但它有一个不容忽视的缺点，即反应的中间过程只能推测不能观察。而更直接的方法是使用光谱。最早应用的是紫外-可见光谱，振动光谱对于确定主要的中间产物类型、最终产物和反应速率有重要意义。由于要进行实时在线观测，视窗材料必须耐腐蚀，能透过入射光。单晶蓝宝石视窗用于中红外区域；Ⅱ型金刚石则用于拉曼区域与红外区域。由于腐蚀与临界点附近密度波动大的影响，产生的临界乳白光会削弱散射光测量的灵敏度。为解决此问题，于是使用傅里叶变换拉曼光谱。目前，已经应用激光光谱观察亚纳秒范围内超临界水反应，也有应用组合技术开发新的合成与现场表征联合技术。

2.6　化学气相沉积法

化学气相沉积（CVD）是把含有构成薄膜元素的化合物或单质气体通入反应室内，利用气相物质在工件表面的化学反应形成固态薄膜的工艺方法。它是一种适应性强、用途广泛的技术，可以制备几乎所有固体材料的涂层、粉末、纤维和成形元器件。

2.6.1　化学气相沉积的分类

按激发方式分，有热 CVD、等离子体 CVD、光激发 CVD、激光（诱导）CVD 等；按反应室压力分，有常压 CVD、低压 CVD 等；按反应温度分，有高温 CVD、中温 CVD、低温 CVD 等；按源物质类型分，有金属有机化合物 CVD、氯化物 CVD、氢化物 CVD 等；按主要特征分，有热激发 CVD、低压 CVD、等离子体 CVD、激光（诱导）CVD、金属有机化合物 CVD 等。也有将常压 CVD 称为“常规 CVD”，把低压 CVD、等离子体 CVD、激光 CVD 等归入“非常规 CVD”的分类方法。

2.6.2　化学气相沉积机理概述

2.6.2.1　化学气相沉积的过程

化学气相沉积包括反应气体到达基材表面，反应气体分子被基材表面吸附，在基材表面发生化学反应、形核，生成物从基材表面脱离，生成物在基材表面扩散等过程。

2.6.2.2 化学气相沉积的基本条件

（1）反应物的蒸气压　在沉积温度下，反应物必须有足够高的蒸气压。

（2）反应生成物的状态　除了需要得到的固态沉积物外，化学反应的生成物都必须是气态。

（3）沉积物的蒸气压　沉积物本身的饱和蒸气压应足够低，以保证它在整个反应、沉积过程中都一直保持在加热的基体上。

2.6.2.3 化学反应的类型

（1）热分解反应　利用沉积元素的氢化物、卤化物、有机化合物加热分解，在工件表面沉积成膜。例如：

氢化物　$SiH_4 \longrightarrow Si + 2H_2$

卤化物　$SiI_4 \longrightarrow Si + 2I_2$

有机化合物　$W(CO)_6 \longrightarrow W + 6CO$

（2）还原反应　利用金属或非金属元素的还原反应，在工件表面沉积成膜。例如：

氢气还原　$SiCl_4 + 2H_2 \longrightarrow Si + 4HCl$

单质金属还原　$BeCl_2 + Zn \longrightarrow Be + ZnCl_2$

基材还原　$2WF_6 + 3Si \longrightarrow 2W + 3SiF_4$

（3）化学输送反应　在高温区被置换的物质构成卤化物，或者与卤素反应形成低价卤化物，然后被输送到低温区，通过非平衡反应在基材上形成薄膜。例如：

高温区　$Si + I_2 \longrightarrow SiI_2$

低温区　$SiI_2 \longrightarrow \frac{1}{2}Si + \frac{1}{2}SiI_4$

总反应　$2SiI_2 \xrightarrow{低温/高温} Si + SiI_4$

（4）氧化反应　利用沉积元素的氧化反应，在工件表面制备氧化物薄膜。例如：

$$SiH_4 + O_2 \longrightarrow SiO_2 + 2H_2$$

（5）加水分解反应　利用某些金属卤化物在常温下能与水完全发生反应的性质，将其和 H_2O 的混合气体输送至基材表面成膜。例如：

$$2AlCl_3 + 3H_2O \longrightarrow Al_2O_3 + 6HCl$$

其中，H_2O 是由 $CO_2 + H_2 \longrightarrow H_2O + CO$ 反应得到的。

（6）与氨反应　利用氨与化合物反应在基材上成膜。例如：

$$3SiH_2Cl_2 + 4NH_3 \longrightarrow Si_3N_4 + 6HCl + 6H_2$$

（7）合成反应　几种气体物质在沉积区内反应，在工件表面形成所需物质的薄膜。例如：$SiCl_4$ 和 CCl_4 在 1200～1500℃温度下形成 SiC 薄膜。

（8）等离子体激发反应　用等离子体放电使反应气体活化，可在低温下成膜。

（9）光激发反应　如在 SiH-O_2 反应体系中使用汞蒸气作为感光性物质，用波长为 253.7nm 的紫外线照射，并且被汞蒸气吸收，此激发反应中可在 100℃左右制备硅氧化物。

（10）激光激发反应　某些金属有机化合物在激光激发下成膜。例如：

$$W(CO)_6 \longrightarrow W + 6CO$$

化学气相沉积的源物质可以是气态、液态和固态。制备装置一般由反应室、气体输送和控制系统、蒸发器、排气处理系统等构成。采用合适的方式加热基材，使其保持一定的温度，并且要高于环境气体温度。

2.6.3　化学气相沉积

（1）热化学气相沉积（TCVD）　TCVD 是利用高温激活化学反应气相生长的方法。按其化学反应的形式分，又包括化学输运法、热分解法和合成反应法三类。化学输运法主要用于块状晶体生长，热分解法通常用于制取薄膜，合成反应法则两种情况都用。TCVD 可应用于半导体等材料。

（2）低压化学气相沉积（LPCVD）　LPCVD 的压力范围一般为（1～4）$\times 10^4$Pa。低压下因气体分子平均自由程提高，气体分子向基体的输送速率加快，易于到达基体的各个表面，扩散系数增大，薄膜均匀性得到了显著的改善。这对于形成大面积均匀薄膜（如大规模硅器件工艺中的介质膜外延生长）和复杂几何外形工件的薄膜（如模具的硬质耐磨薄膜）等是十分有利的。在有些情况下，LPCVD 是必须采用的手段，如在化学反应对压力敏感、常压下不易进行时，在低压下则变得容易进行。但与常压化学气相沉积（NPCVD）相比，LPCVD 需增加真空系统，进行精确的压力控制，加大了设备投资。

（3）等离子体化学气相沉积（PCVD）　PCVD 是将低气压气体放电等离子体应用于化学气相沉积中的技术，也可称为等离子体增强化学气相沉积（PECVD）。在常规的 CVD 中，是以热能作为提供化学反应的能量，故沉积温度一般较高，其应用受到了不同程度的制约。而 PCVD 是在反应室内设置高压电场，除对基材加热外，还借助反应气体在外加电场作用下的放电，使其成为等离子体状态，成为非常活泼的激发态分子、原子、离子和原子团等，降低了反应的激活能，促进了化学反应，在基材表面形成薄膜。因此，PCVD 可以显著降低基材温度，沉积过程不易损伤基材；还能使根据热力学规律难以发生的反应得以顺利进行，从而能开发出用常规手段不能制备出的新材料。PCVD 具有成膜温度低、致密性好、结合强度高等优点，可用于非晶态薄膜和有机聚合物薄膜的制备。

按等离子体形成方式的不同，PCVD 方法主要包括直流法、射频法和微波法等。

（4）金属有机化合物化学气相沉积（MOCVD）　MOCVD 是利用金属有机化合物热分解反应进行气相外延生长的方法，即把含有外延材料组分的金属有机化合物，通过前驱气体输运到反应室，在一定的温度下进行外延生长。所用的金属有机化合物是具有易合成及提纯、在室温下为液态并有适当的蒸气压、较低的热分解温度、对沉积薄膜污染小和毒性小等特点的碳-金属键的物质。

除了需要输送前驱气体外，MOCVD 和普通 CVD 的反应热力学和动力学原理没有任何差别。MOCVD 的特点是沉积温度低，可以在不同的基材表面沉积单晶、多晶、非晶的多层和超薄层、原子层薄膜，改变 MOCVD 源的种类和数量可以得到不同化学组成和结构的薄膜，工艺的适用性强，成本较低，可以大规模制备半导体化合物薄膜及复杂组分的薄膜。但其沉积速率较慢，仅适宜于沉积微米级薄膜，而且原料的毒性较大，安全防护要求高。

（5）激光（诱导）化学气相沉积（LCVD）　LCVD 是利用激光束的光子能量激发和促进化学反应，实现薄膜沉积的化学气相沉积技术。使用的设备是在常规的 CVD 基础上，添加激光器、光路系统及激光功率测量装置。与常规 CVD 相比，LCVD 可以大大降低基材的温度，可在不能承受高温的基材上合成薄膜。例如，使用 LCVD，在 350～480℃的温度下可制取 SiO_2、Si_3N_4 和 AlN 等薄膜；而用 TCVD 制备同样的材料，要将基材加热到 800～1000℃才行。与 PCVD 相比，LCVD 可以避免高能粒子辐照对薄膜的损伤，更好地控制薄膜结构，提高薄膜的纯度。

2.6.4 影响化学气相沉积制备材料质量的因素

影响化学气相沉积制备材料质量的因素有以下几方面。

（1）反应混合物的供应 毫无疑问，对于任何沉积体系，反应混合物的供应是决定材料层质量的最重要因素之一。在材料研制过程中，总要通过实验选择最佳反应物分压及其相对比例。

（2）沉积温度 沉积温度是最主要的工艺条件之一。由于沉积机制的不同，它对沉积物质量影响的程度也不同。同一反应体系在不同温度下，沉积物可以是单晶、多晶、无定形物，甚至根本不发生沉积。

（3）衬底材料 化学气相沉积法制备无机薄膜材料，都是在一种固态基体表面（衬底）上进行的。对沉积层质量来说，基体材料是一个十分关键的影响因素。

（4）系统内总压和气体总流速 这一因素在封管系统中往往起着重要作用。它直接影响输运速率，因此波及生长层的质量。开管系统一般在常压下进行，很少考虑总压力的影响，但也有少数情况下是在加压或减压下进行的。在真空（1Pa 至几百帕）沉积作用日益增多的情况下，它往往会改善沉积层的均匀性和附着性等。

（5）反应系统装置因素 反应系统的密封性、反应管和气体管道的材料以及反应管的结构形式对产品质量也有不可忽视的影响。

（6）原材料的纯度 大量事实表明，器件质量不合格往往是由于材料问题，而材料质量又往往与原材料（包括载气）纯度有关。

2.6.5 化学气相沉积制备材料的应用

化学气相沉积技术可以方便地控制薄膜的化学组成，合成新薄膜。利用 CVD 法，可以在金属、半导体、陶瓷、玻璃等各种基材上制备半导体外延膜，例如 SiO_2、Si_3N_4、TiC、TiN、Ti(C,N)、Cr_7C_3、Al_2O_3 等绝缘薄膜和耐蚀防护膜、修饰膜、耐磨硬质膜等各种功能薄膜。这些薄膜广泛用于国防、航空航天、机械制造、电子电气、计算机等领域。

2.7 插层反应与支撑和接枝工艺法

2.7.1 插层反应

插层反应是一种主体化合物和几种客体化合物通过插层复合而形成的一类新特色性物质。由于主体层状材料具有二维的可膨胀的层间空间，插层则意味着客体物质可以可逆地进入层状的主体材料中，但却保持主体材料的结构特点。插层化合物作为一种特色物质，通过插层反应使其具有选择性吸附、离子交换和光催化等功能，具有重要研究与应用价值。许多具有独特插层结构和功能性材料的主-客体系统已被研究和报道。插层化合物最重要的特点之一是层间的可膨胀能力。因而可通过选择和设计主体和客体或通过共吸附来裁剪微观结构。插层复合的机理如图 2-3 所示。

各种层状材料如石墨、黏土矿物、层状的双氢氧化合物、金属磷酸盐以及过渡金属氧化物等，均可作为插层化合物的主体材料。研究较多的是石墨和黏土。它们通常有两种键合构

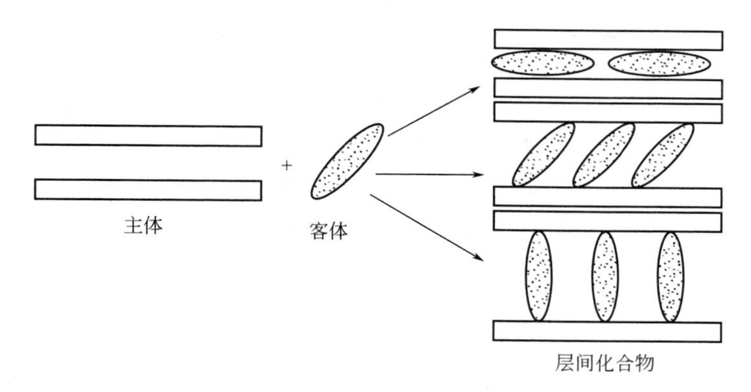

图 2-3　插层复合的机理

型。例如，石墨结构在六边形的石墨层内有共价键（金刚石结合键 σ），同时在层之间是范德华键（π）。在两共价连接的碳原子之间的距离仅为 0.149nm，在自然界中是最短的，而沿 c 轴的层间距离是 0.34nm。在黏土结构中氧和硅原子形成一个共价键合的、具有额外负电荷的四面体层，在 Si—O 四面体层之间阳离子被吸引。这些二维结构通过离子互换反应进行调整。如果一些外来的分子被插入两层之间的空间，这个工艺称为插层反应，所形成的化合物称为插层化合物。插层反应通常是可逆的，因此在逆反应过程中外来的分子从两层之间的空间被除去，该反应称为去插层反应。插层化合物处于亚稳态，并且去插层反应可以具有不同的速率。石墨的层状结构及演变如图 2-4 所示，石墨晶体具有互联六边形层。在石墨三维配位的 sp^2 电子构型中，3 个四价电子被分配到 3 个方向的 sp^2 杂化轨道上，形成强大的层间 σ 键，第四个电子位于垂直于键合平面的 pπ 轨道上。这使石墨在其表面上容易吸收其他分子。p 电子能将自己给予受主，例如 NO_3^-、CrO_3、Br_2、$FeCl_3$ 或 AsF_5，石墨层能贡献电子给插层分子或离子，产生局部充满的键带，因此，插层石墨的导电性增加，其中一些化合物的导电性和铝一样高。

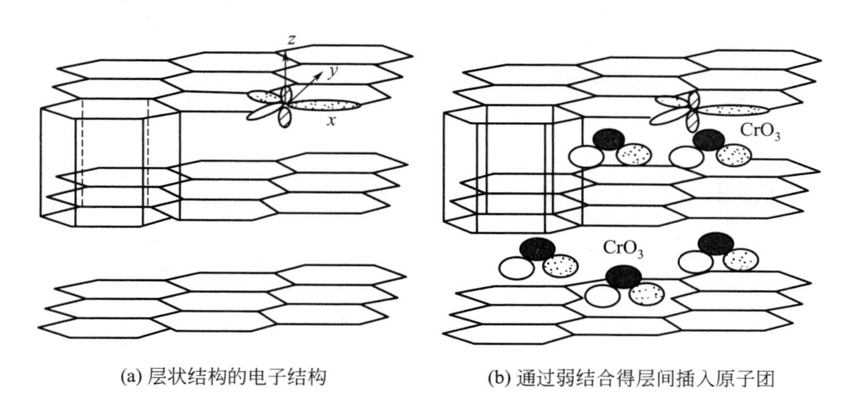

(a) 层状结构的电子结构　　(b) 通过弱结合得层间插入原子团

图 2-4　石墨的层状结构及演变

插层化合物可以用在能量储藏和电子装置中。插层和去插层过程在电池材料方面是充电和放电过程，在充电过程中 Li^+ 阳离子被储藏在两石墨层之间，而当电池放电时它们被释放出来。

2.7.2　支撑和接枝工艺

在主、客体材料的改性与优化中，还有一种特殊的对层状结构化合物进行改进的工艺方法，这就是支撑和接枝工艺。

在二维层状结构中，其他分子或离子团采用离子互换反应可插入两层之间，这使该结构沿 c 轴膨胀。如果插入的分子或离子团有硬核，金属阳离子由氧或 OH^- 配位基进行配位，热处理能烧毁软的部分（如有机原子团或水合物原子团），然后这些核或原子团能被插入层状结构的层之间，以便用柱支撑层状结构，形成纳米级多孔材料，这种工艺称为支撑。如果插入的有机功能分子与层的交互面形成结合，就能获得一种新的、能够互换阴离子的层状晶体，该晶体能形成有机衍生物，这种工艺称为接枝。

图 2-5 所示为蒙脱石结构。在该结构中 SiO_4 四面体在同一面中共用 3 个角，并且第 4 个角位于共角面的一侧，可在面的上侧或是下侧。SiO_4 层将有额外负电荷位于不共有角的位置。SiO_4 层不共角的上下两层通过带正电荷的阳离子吸引在一起形成中性层。阳离子通常是 Al^{3+} 或 Fe^{3+}，如果 Al^{3+} 被 Mg^{2+} 代替，层片将带一些负电荷。正电荷必须被吸入在两层之间形成蒙脱石结构。被吸入的通常是阳离子 M^+ 或 H_2O，它们很容易互换。如果水解前身合成物溶胶含有前身合成物的多核金属羟基阳离子，例如 $[Al_2O_4(OH)_{24}]^{2+}$ 或 $[Ti_8O_8(OH)_{12}(H_2O)_x]^{4+}$ 通过离子互换反应可替换两层之间的阳离子，就能获得支撑蒙脱石结构。后续的热处理把支撑蒙脱石转变成一种氧化物支撑黏土（图 2-6）。支撑氧化物可以结晶为固体颗粒或微细非晶球，也可能是被细小原子团覆盖的非晶球。

使用有机分子作为柱支撑的层状结构的最终配位体可以接枝到层的交互面上，形成有机物衍生的氧化物。一般接枝有机功能原子团到这样的表面上是很困难的。已经发现层结构的磷酸锆和碱性乙酸铜，有可能接枝这些功能原子配位体到这些层状结构的交互表面上。

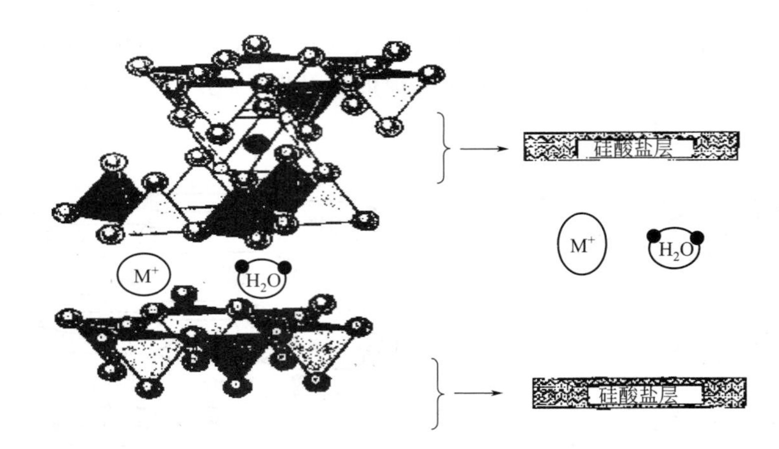

(a) 取向相反的两个 SiO_4 四面体形成的一个阳离子八面体层(由虚线表示)，该层可看成一个新层(被称为硅酸盐层)，其他电荷取决于被引进的两个 SiO_4 四面体形成层间的阳离子

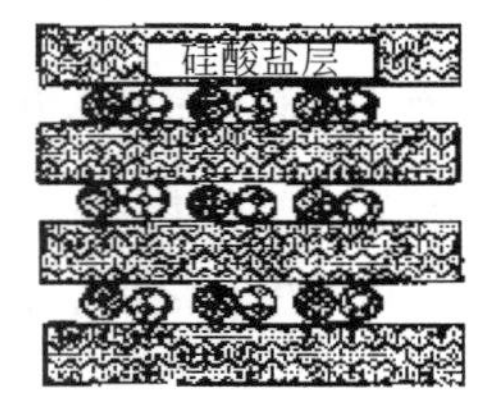

(b) 吸收电荷、水和一些阳离子层，形成一个多层材料

图 2-5　蒙脱石结构

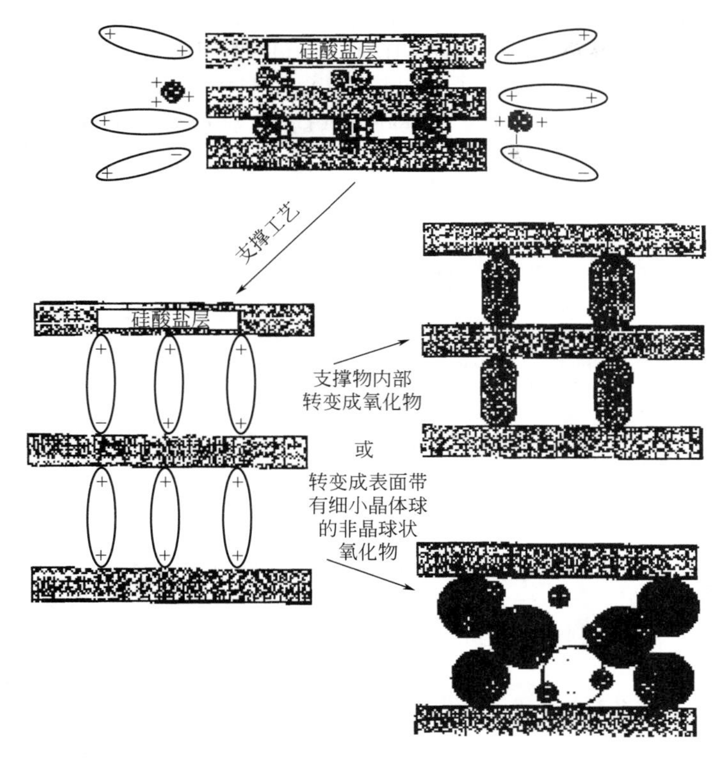

图 2-6　蒙脱石支撑工艺示意图

参 考 文 献

[1] MacDonald F. Dictionary of Inorganic and Organometallic Compounds. London：Chapman and Hall，1996.

[2] Kenneth D Karlin，Stephen J Lipard. Progress in Inorganic Chemistry. New York：John Wiley and Sons，1997.

[3] 汪信，郝青丽，张莉莉，等. 软化学方法导论. 北京：科学出版社，2007.

[4] 徐如人，庞龙琴. 无机合成与制备化学. 北京：高等教育出版社，2001.

[5] 季惠明. 无机材料化学. 天津：天津大学出版社，2007.

[6] 张克立，孙聚堂，袁良杰，等. 无机合成化学. 武汉：武汉大学出版社，2004.

[7] 申泮文. 无机化学. 北京：化学工业出版社，2002.

[8] 王中林，康振川. 功能与智能材料结构演化与结构分析. 北京：科学出版社，2002.

[9] 戴安邦. 无机化学丛书. 第 12 卷：配位化学. 北京：科学出版社，1987.

[10] 宣天鹏. 材料表面功能镀覆层及其应用. 北京：机械工业出版社，2008.

[11] 张妍，于建强，高行龙，等. 新型可见光光电材料 $NiNb_2O_6$ 的合成及光电化学性质. 无机化学学报，2011，27 (1)：141-144.

[12] 宋晓睿，杨辉. 空心玻璃微球制备技术研究进展. 硅酸盐学报，2012，40 (3)：451-457.

[13] 郭章林. 铌酸盐的软化学合成及光催化性能研究. 西安：陕西科技大学出版社，2016.

[14] 武志富，石云峰，侯越，等. 纳米氧化铋的研究进展. 应用化学，2014，31 (12)：1360-1367.

[15] 纳森巴特，陈维林，刘竹君，等. 四种 Keggin 型多酸纳米材料的制备及其吸附有机染料的性能. 无机化学学报，2015，31 (9)：1820-1826.

[16] 张智敏，任建国，王自为. 无机合成化学及技术 [M]. 北京：中国建材工业出版社，2002.

[17] 吴庆银. 现代无机合成与制备化学. 北京：化学工业出版社，2010.

[18] 赵雪玲，唐道平，麦永津，等. 溶胶-凝胶法合成富锂正极材料 $Li[Li_{0.2}Ni_{0.2}Mn_{0.6}]O_2$ 及性能表征. 无机化学学报，2013，29 (5)：1013-1018.

[19] 万一千，苏成勇，童业翔，等. 化学合成和技术. 北京：化学工业出版社，2011.

[20] Roberts M A，Sankar G，Thomas J M，Jones R H，Du H，Chen J，Pang W，Xu R. Synthesis and structure of a layered titanosilicate catalyst with five-coordinate titanium. Nature，1996，381：401.

[21] Zhao X，Roy R，Cherian K，Badzian A. Hydrothermol growth of diamond in metal-C-H_2O systems. Nature，1997，385：513-515.

[22] Xie Y，Qian Y，Wang W，Zhang S，Zhang Y. A benzene-thermal synthetic route to nanocrystalline GaN. Science，1996，272：1926-1927.

3.1　电解合成

3.1.1　电化学的一些基本概念

（1）电解定律　1833年，M. 法拉第在研究电解作用时，从实验结果发现通过电解池的电量与析出物质的数量有一定的关系，总结为法拉第电解定律，其基本内容是：电解时，电极上发生化学反应的物质的质量和通过电解池的电量成正比。可用下列公式定量表示：

$$m=\frac{MQ}{F};Q=It$$

式中，m 为析出物质的质量，g；M 为析出物质的摩尔质量，g/mol，其值随所取的基本单元而定（原子量或分子量与每分子或原子得失电子数的比值）；Q 为电量，C；F 为法拉第常数，取 96490C/mol；I 为电流强度，A；t 为电流通过的时间，s。法拉第电解定律对电解反应或电池反应都是适用的。

（2）电流效率　根据法拉第电解定律，沉积物质的当量与通过的电流量成正比。但在实际工作中，我们并不能获得理论量的沉积物质。实际析出的金属量与法拉第电解定律计算出来的理论量之比，称为电流效率，即电流效率=(实际产量/理论产量)×100%。

（3）电流密度　每单位电极面积上所通过的电流称为电流密度。通常以每平方米电极面积所通过的电流（单位为 A）来表示。

（4）电极电位和标准电位　在任意电解质溶液中浸入同一金属的电极，在金属和溶液间即产生电位差，称为电极电位，不同的金属有不同的电极电位值，而且与溶液的浓度有关。这可由能斯特（Nernst）公式计算：

$$E=E^{\ominus}+\frac{2.3RT}{nF}\lg c$$

对于任意氧化还原反应，Nernst 公式可表示为：

$$E=E^{\ominus}+\frac{2.3RT}{nF}\lg\frac{a_{\text{氧化态}}}{a_{\text{还原态}}}$$

式中，R 为摩尔气体常数，取 8.314J/(mol·K)；F 为法拉第常数，取 96490C/mol；

n 为离子的价数；a 为溶液活度；$E^{\ominus}$ 为标准电极电位，在一定的温度下，它是一个常数，等于溶液中离子活度为1时的电极电位。

3.1.2 含高价态元素化合物的电氧化合成

电可以说是一种适用性非常宽广的氧化剂或还原剂。一般要进行一个氧化反应，就必须找到一个强的氧化剂。如氟是已知最强的一个氧化剂，要从氟化物制备氟，用什么去氧化它呢？显然现在还没有这样一种氧化剂，因此必须采用电化学的方法。由于水溶液电解中能提供高电势，使之可以达到普通化学试剂无法具有的特强氧化能力，因而可以通过电氧化过程来合成。事实上许多强氧化剂都是利用电氧化合成生产的。

(1) 具有极强氧化性的物质　如 O_3、OF_2 等。

(2) 难以合成的最高价态化合物　如在 KOH 溶液中电氧化可得 Ag、Cu 的 +3 最高价态（在 Ag、Cu 的某些配位离子中被氧化）。再如高电势下，$(ClO_4)_2S_2O_8$ 的电氧化合成，H_2SO_4-$HClO_4$ 混合溶液中低温电氧化合成 $(ClO_4)_2SO_4$，以及 $NaCuO_2$、$NiCl_3$、NiF_3 的合成等。

(3) 特殊高价元素的化合物　除了早为人所熟知的过二硫酸路线通过电氧化 HSO_4^- 以合成过二硫酸、过二硫酸盐和 H_2O_2 外，其他不少元素的过氧化物或过氧酸均可通过电氧化来合成，如 H_3PO_4、HPO_4^{2-}、PO_4^{3-} 的电氧化，合成 PO_5^{3-}、$P_2O_3^{4-}$ 的 K^+、NN_4^+ 盐，过硼酸及其盐类的合成，$S_2O_6F_2$ 的合成等。以及金属特殊高价化合物的合成，如 NiF_4、NbF_6、TaF_6、AgF_2、$CoCl_4$ 等。

由于这类电氧化合成反应，其产物均为具有很强氧化性的物质，有高的反应性且不稳定，因而往往对电解设备、材质和反应条件有特殊的要求。

3.1.3 含中间价态和特殊低价元素化合物的电还原合成

此类化合物用一般的化学方法来合成是相当困难的。因为无论是用化学试剂还是用高温下的控制还原来进行，都不如电还原反应的定向性，而且用前者时还会碰到副反应的控制和产物的分离问题，因而在开发出电解还原（有时也可用电氧化）的合成路线以后，有一系列难以合成的含中间价态或特殊低价元素的化合物被有效地合成出来。

(1) 含中间价态非金属元素的酸或其盐类　如 HClO、$HClO_2$、BrO^-、BrO_2^-、IO^-、$H_2S_2O_4$、H_2PO_3、$H_4P_2O_6$、H_3PO_2、HCNO、HNO_2、$H_2N_2O_2$ 等，用一般化学方法来合成纯净的和较浓的溶液都是相当困难的。

(2) 特殊低价元素的化合物　这类化合物由于其氧化态的特殊性，很难通过其他化学方法合成得到，下面举一些典型实例。如 Mo 的化合物或简单配合物很难用其他方法制得纯净的中间价态化合物，然而电氧化还原方法在此具有明显优点。用它可以容易地从水溶液中制得 Mo^{2+}（如 $MoOCl_2{}^{2-}$、K_3MoCl_5 等）、Mo^{3+}（如 $K_2MoCl_5H_2O$、K_3MoCl_6）、Mo^{4+} [如 $Mo(OH)_4$、KOH 溶液中电解]、Mo^{5+}（如钼酸溶液还原以制得 $MoOCl_5^{2-}$）。在其他过渡元素中也出现类似的情况。除此之外，一些常见和很难合成的特殊低价化合物，如 Ti^+ [如 TiCl、$Ti(NH_3)_4Cl$]、Ga^+（如 GaCl 的簇合物）、Ni^+ [如 $K_2Ni(CN)_3$]、Co^+ [如 $K_2Co(CN)_3$]、Mn^+ [如 $K_3Mn(CN)_4$]、Tl^{2+}、Ag^{2+}、Os^{3+}（如 K_3OsBr）、W^{3+}（如 $K_3W_2Cl_9$）等，均可通过特定条件下的电解方法合成得到。

(3) 非水溶剂中低价元素化合物的合成　由于在水溶液中无法合成或电解产物与水会发

生化学反应，因此某些低价化合物只能在非水溶剂中（此处不包括熔盐体系的电解合成）合成出来。如在 HF 溶剂或与 KHF_2、SO_2 的混合溶剂中可合成出 NF_2、NF_3、N_2F_2、SO_2F_2 等，用液氨溶剂可合成出一系列难制得的 N_2H_2、N_2H_4、N_3H_3、N_4H_4、$NaNH_2$、$NaNO_2$、Na_2NO_2、$Na_2N_2O_2$ 等，在乙醇溶剂中可获得纯净的 VCl_2、VBr_2、VI_2、$VOCl_2$ 等。这为特殊低价或中间价态化合物的合成提供了一条很好的途径。

（4）电解合成路线　1998 年，George Msrnellos 与 Michael Stonkides 报道了一条在常压与 570℃ 下用电解法制 NH_3 的新合成路线。这条电解合成路线的基本原理是应用一种固态质子导体作阳极，将 H_2 通过此阳极时发生下列氧化反应：

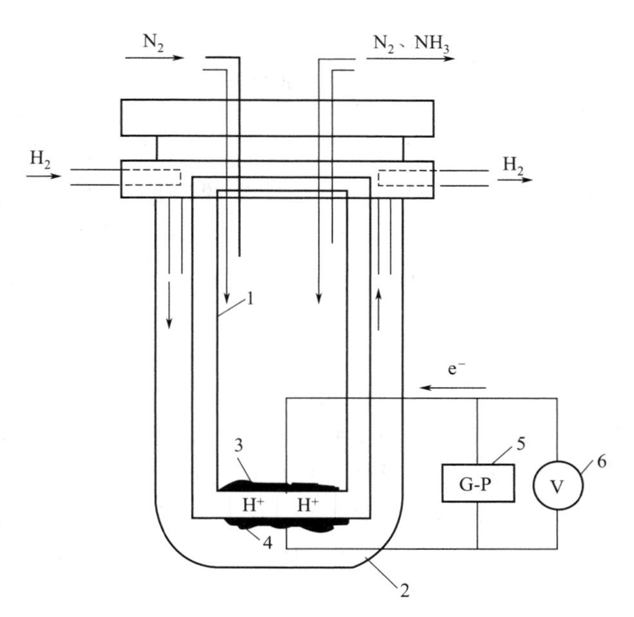

图 3-1　电解池反应器
1—SCY 陶瓷管（H^+ 导体）；2—石英管；
3—阴极（Pd）；4—阳极（Pd）；
5—恒电流-恒电位器；6—伏特计

$$3H_2 \longrightarrow 6H^+ + 6e^-$$

生成的 H^+ 通过固体电解质传输到阴极与 N_2 发生下列合成反应：

$$N_2 + 6H^+ + 6e^- \longrightarrow 2NH_3$$

这一电解合成反应是在图 3-1 所示反应器中进行的。

图 3-1 中，1 为无孔封底 SCY 陶瓷管（H^+ 导体），此陶瓷管置于石英管 2 内，3 与 4 为沉积于 SCY 内外管壁上的多孔多晶体 Pd 膜，以作为阴极与阳极。

3.1.4　水溶液中的电沉积

在实验室中用水溶液电解法提纯或提取金属往往是为了下列目的：在市场上难以得到的特殊金属；比市售品更高纯度的金属；粉状和其他具有特别形状和性能的金属；由实验室废物和其他废物中回收金属。当然更具重要意义的是，为工业上的水法冶金进行重要的基础研究实验。

3.1.4.1　金属电沉积原理

金属电沉积理论主要是研究在电场作用下，金属从电解质中以晶体形式结晶出来的过程，又称电结晶。电镀就是电沉积过程，电提取、电解精炼等也都属金属电沉积过程，不同的是，电镀要求沉积金属与基体结合牢固，结构致密，厚度均匀。

3.1.4.2　水溶液中电沉积的方法

通过电解金属盐水溶液而在阴极沉积纯金属的方法，其原料的供给有下列两类：一类是用粗金属为原料作阳极进行电解，在阴极获得纯金属的电解提纯法；另一类是以金属化合物为原料，以不溶性阳极进行电解的电解提取法。

无论是前者还是后者，电解液的组成（包括浓度）是决定金属电沉积的主要因素。

（1）电解液的组成　电解液必须合乎以下几个要求：含有一定浓度的欲得金属的离子，并且性质稳定；导电性能好；具有适于在阴极析出金属的 pH 值；能出现金属收率好的电沉积状态；尽可能少地产生有毒和有害气体。为了满足上述条件，一般认为硫酸盐较好，氯化物也可以用，近年来用磺酸盐也得到良好结果。制取高纯金属时，电解液需用反复提纯的金属化合物配制。提高所得金属离子浓度，可使阴极附近的浓度下降得到及时补充，可抵消高电流密度造成的不良影响。除电解液组成和浓度外，电流密度、温度等均影响电沉积金属的性质（如聚集态等），下面将做一些讨论。

（2）电流密度　当电流密度低时，有晶核充分生长的时间，而不去形成新核，特别是当电解液浓度大、温度高时，在这种情况下，能生成大的晶状沉积物（沉淀）。而当电流密度较高时，促进晶核的生成，成核速率往往胜于晶体生长，从而生成了微晶，因此沉积物一般是十分细的晶粒或粉末状。然而在电流密度很高时，晶体多半趋向于朝着金属离子十分浓集的那边生长，结果晶体长成树状或团粒状。同时，高电流密度也能导致 H_2 的析出，结果在极板上生成斑点，并且由于 pH 值的局部增高而沉淀出一些氢氧化物或碱式盐。

（3）温度　对电解沉积物来讲，温度对它们的影响是不尽相同的，而且有时不易预计影响的结果。可能是由于在提高温度时，产生对立的影响，如提高温度有利于向阴极的扩散并使电沉积均匀，但同时也有利于加快成核速率反而使沉积粗糙。如果氢的超电压降低，使得在提高温度时 H_2 的逸出和由此带来的影响也比较突出。

除上述外，在电解液中加入添加剂和络合剂也将对金属的电沉积产生影响。

（4）添加剂　添加少量的有机物质如糖、樟脑、明胶等，往往可使沉积物晶态由粗晶粒变细晶粒。同时使金属表面光滑，这可能是由于添加剂被晶体表面吸附并覆盖住晶核，抑制晶核生长而促进新晶核的生成，结果导致细晶粒沉积。

（5）金属离子的配位作用　通常，当简单的金属盐溶液电解时，往往得不到理想的沉积物。如从 $AgNO_3$ 溶液电解 Ag 时，其沉积物由大晶体组成，经常黏附不住。当加入 CN^-，用 $Ag(CN)_2^-$ 电解时，则沉积物坚固、光滑。因此电解 Au、Cu 等时均用含氰电解液，其他金属沉积时也往往使用加入配合物的方法以改进沉积物状态，如加入 F^-、PO_4^{3-}、酒石酸、柠檬酸盐等。

根据大量的实验结果，大致了解到上述讨论的几个方面：电解液组成、电流密度、电解温度、金属离子的配位作用和添加剂是支配金属电沉积形态的主要因素，并且认为大体上有如表 3-1 中所列的倾向。

表 3-1　电解析出金属形态的倾向

电解液和电解条件	粗大结晶或针状→致密组织→海绵状或粉末状
温度	低 ⟶ 高
pH 值	中性 ⟶ 酸性
电流密度	低 ⟶ 高
电压	低 ⟶ 高

3.1.5　熔盐电解

3.1.5.1　离子熔盐种类

离子熔盐通常是指由金属阳离子和无机阴离子组成的熔融液体。据古川统计，构成熔盐的阳离子有 80 种以上，阴离子有 30 多种，简单组合就有 2400 多种单一熔盐。其实熔盐种类远远超过此数。

科研和生产实际中大都采用二元和多元混合熔盐，例如 LiCl-KCl（离子卤化物混合盐）、KCl-NaCl-$AlCl_3$（离子卤化物混合盐再与共价金属卤化物混合）和电解制铝常用的 Al_2O_3-NaF-AlF_3-LiF-MgF_2（多种阳离子和阴离子组成的多元混合熔盐，其中还有共价化合物 AlF_3）。显然，混合熔盐的数目大大多于单一熔盐。

3.1.5.2　熔盐特性

与水和有机物质这两类多由共价键组成的常温分子溶剂相比较，作为离子化高温特殊溶剂的熔盐类具有下列特性。

(1) 高温离子熔盐对其他物质具有非凡的溶解能力，例如用一般湿法不能进行化学反应的矿石、难熔氧化物和矿渣，以及超强超硬、高温难熔物质，可望在高温熔盐中进行处理。

(2) 熔盐中的离子浓度高、黏度低、扩散快和电导率大，从而使高温化学反应过程中传质、传热、传能速率快、效率高。

(3) 金属/熔盐离子电极界面间的交换电流特别高，达到 $1\sim10A/cm^2$（而金属/水溶液离子电极界面间的交换电流只有 $10^{-4}\sim10^{-1}A/cm^2$），使电解过程中的阳极氧化和阴极还原不仅可在高温高速下进行，而且所需能耗低。动力学迟缓过程引起的活化过电位和扩散过程引起的浓差过电位都较低。熔盐电解生产合金时往往伴随去极化现象。

(4) 常用熔盐溶剂如碱金属（或碱土金属）的氟化物（或氯化物）的生成自由能负值很大，分解电压高，组成熔盐的阴阳离子在相当强的电场下比较稳定，这就使那些水溶液电解在阴极得不到金属（氢气先析出）和在阳极得不到单质氟（氧气先析出）的许多过程，可以用熔盐电解法来实现。

(5) 不少熔盐在一定温度范围内具有良好的热稳定性，它可使用的温度区间为 100～1100℃（有的更高），可根据需要进行选择。

(6) 熔盐的热容量大、储热和导热性能好，在科研和工业上用作蓄热剂、载热剂和冷却剂。

(7) 某些熔盐耐辐射，以碱金属和碱土金属的氟化物及其混合熔盐为代表，它们很少或几乎不大受放射线辐射损伤，因而在核工业中受到很大重视和广泛应用。

(8) 熔盐的腐蚀性较强，熔盐能与许多物质互相作用，熔盐喷溅和挥发将对人体和环境产生危害，这对使用熔盐的材料选择（如容器材料、电极材料、绝缘材料、工具材料等）和工艺技术操作带来不少麻烦。

3.1.5.3　熔盐在材料合成中的应用

(1) 熔盐法或提拉法生长激光晶体。如 YAG：Nd^{3+}（掺钕的钇铝石榴石）、GSGG：Nd^{3+}，Cr^{3+}（掺钕和铬的钆钪镓石榴石）以及氟化物激光晶体基质材料等。

(2) 稀土发光材料的制备。如 Gd_2SiO_5：Ce（钆铈）闪烁体就是用提拉法单晶生长工艺制备的；新的闪烁体 BaF_2：Ce、CeF_3 和 LaF_3：Ce 也是用提拉法或溶剂法生长出来的。

(3) 单晶薄膜磁光材料的制备。如用稀土石榴石单晶在等温熔盐浸渍液相外延生长法制备。

(4) 玻璃激光材料的制备。目前输出脉冲能量最大、输出功率最高的固体激光材料是稀土玻璃，其中有稀土硅酸盐玻璃、磷酸盐玻璃、氟磷酸盐玻璃和氟锆酸盐玻璃等。

(5) 阴极发射材料和超硬材料的制备。如 LaB_6 粉末可通过熔盐电解法制备，LaB_6 单晶也可通过溶剂生长法、熔盐电解法或区域熔炼法获得。

(6) 合成超低损耗的氟化物玻璃光纤预制棒。它们是将按比例配好无水氟化物的原料，在 800～1000℃下熔化成混合熔盐，而后浇注成形。

3.1.6 非水溶剂中功能化合物的电解合成

非水溶剂包括多种有机溶剂和无机溶剂，近年来广泛应用于无机物的合成。由于电解质在非水溶剂中的性能大大不同于在水溶液中的，因而促使其电位、电极反应等乃至非水溶剂对电解产物的选择性各具特点，从而可借助非水溶剂中的电解反应合成出很多颇具特点的无机化合物来。

在近 20 年来，已经比较广泛地应用在下列与无机合成有关的方面，其中包括某些特种简单盐类的制备、低价化合物电解制备中的稳定化作用、金属配位化合物与金属有机化合物的制备。更值得注意的是，不少非金属化合物可从非水溶剂中电解合成出来。

3.2 光化学合成

光化学合成是一种重要的纳米材料合成方法，近来这种方法被引入用来合成半导体薄膜，其基本原理是通过紫外线辐照前驱溶液，溶液中光激发离子吸收光子而产生一定的电子，与其他离子相结合使相应的物质沉积在紫外线辐照的衬底区域，这种方法使得大面积控制合成薄膜变得非常容易，适合于特定器件的加工。但是发展到现在，这种薄膜合成还只是局限在同一个层面，薄膜的有序纳米结构化及其相关的性质和应用研究还是空白，纳米结构有序多孔薄膜具有均匀分布的孔，可以方便地通过调节这种孔径的大小来实现对薄膜性质的人工控制。目前国际上合成该类薄膜比较简单、灵活的方法是二维胶体晶体模板法，即：以紧密排列的胶体球［如聚苯乙烯微（或纳米）球、SiO_2 球］组成的单层胶体晶体为模板，通过不同的方法将相应的物质填充到球与球之间、球与衬底之间的孔隙，去除模板可得单层有序多孔膜。已发展的物质填充方法有溶胶-凝胶、电化学沉积、溶液浸渍等。利用光化学沉积技术来合成这种纳米结构则是一个全新的课题。

3.2.1 基本概念

(1) 电子激发态的光物理过程　光化学反应实质是光致电子激发态的化学反应。在光的作用下（通常条件下，是紫外线和可见光），电子从基态跃迁到激发态，此激发态再进行各种各样的光物理和光化学过程。依据电子激发态中电子的自旋情况，激发态有单线态（自旋反平行）和三线态（自旋平行）。这两种状态具有不同的物理性质和化学性质。能量上三线态低于单线态。图 3-2 示出了体系状态改变时所包括的所有物理过程。

在图 3-2 中，S_0、S_1 分别表示单线态基态、第一单线态激发态，依次类推；T_1 则表示第一三线态激发态，依次类推。当电子从单线态基态跃迁到第一单线态激发态时，吸收光子，在吸收光谱中给出相应的吸收带（$S_0 \rightarrow S_1$）。当电子从三线态的第一激发态跃迁到第二激发态时，产生 $T_1 \rightarrow T_2$ 的吸收带。但通常这种吸收是相当弱的，只有用灵敏度较高的仪器才能检测出来。与之相反的过程，是发射光子的过程。电子从第一单线态激发态回到单线态基态而得到的发射光称为荧光（$S_1 \rightarrow S_0$）。而电子从第一三线态激发态回到单线态基态所放出的光称为磷光。这两种光在寿命上相差很大，落在不同的数量级范围内，磷光的寿命长于荧光的寿命。单线态第二或更高的激发态返回到第一激发态的过程称为内部转变，此过程一般是相当快的，属于无辐射过程。从三线态的第一激发态回到单线态的基态也可以通过称为系间窜跃的无辐射过程实现。另外，从单线态的激发态向三线态的激发态的转变也通过系间窜跃实现。在这一过程中，实质上是电子的自旋状态发生了改变。光化学反应涉及了以上描述的各种光物理过程，换句话说，以上的各种光物理过程对光化学反应都有直接的或间接的影响。

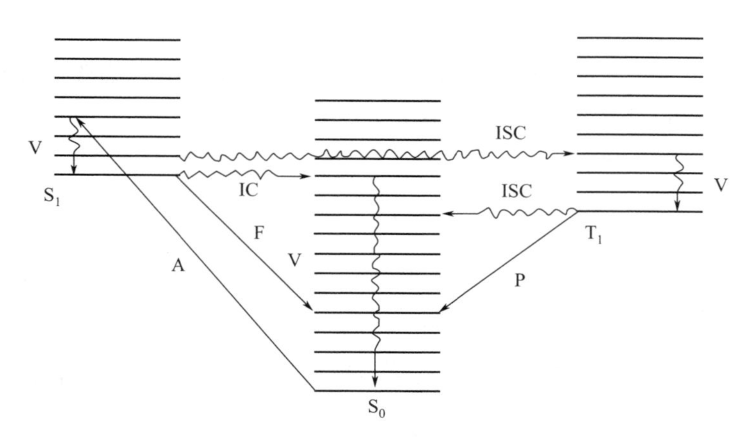

图 3-2　分子激发与失活的主要途径

A—吸收（约 10^{-15}s）；F—荧光（10^{-9}～10^{-5}s）；P—磷光（10^{-9}～10^{-7}s）；V—振动阶式失活（约 10^{-10}s）；IC—内部转换（约 10^{-10}s）；ISC—系间窜跃（约 10^{-6}s）

以上的光物理过程主要发生在有机分子光化学反应中。如果光化学反应涉及的不是有机分子，而是其他的无机分子或过渡金属的配合物，或是无机固体如半导体，其光化学反应中所涉及的光物理过程会是完全不同的。以过渡金属配合物为例。过渡金属配合物是由过渡金属和配体构成的。金属可以是单核、双核或多核。双核或多核金属又可以是同种或不同种原子。配体也可以是同种或几种。在这样的一个体系中，电子跃迁可以发生在中心离子上，又可以发生在配体自身或配体之间，金属离子到配体或配体到金属离子的电荷转移是过渡金属配合物参与的光化学反应中非常重要的光物理过程。在双核或多核过渡金属配合物中，金属离子到金属离子间的电荷转移也是会发生的。对于这样的一个体系，选择不同波长的光可以选择性地激发某一过程，从而改变此种过渡金属配合物的光化学反应性，使反应朝着设计的方向进行。无机固体如半导体，由于其能带结构，光物理过程涉及能带之间的跃迁与电荷转移。

（2）光的吸收　无机固体如半导体的光吸收遵循不同的机制。首先这些化合物的能级是以能带而不是像有机化合物分子那样以分立的能级存在着。当测定这种化合物的吸收光谱时，只有在一定的临界波长以上（朝高能量）才发生光的吸收。临界波长取决于此半导体材料的禁带宽度。半导体材料的禁带宽度受粒子大小影响。当粒子小到一定程度时，“量子大小效应”使禁带宽度增加，吸收波长临界值朝短波长（高能量）方向移动。

在正常情况下，化合物吸收光的特性符合朗伯-比尔定律，表示为：

$$I=I_0 e^{-\alpha cl}$$

式中，I_0 为入射光强度；I 为透射光强度；c 为吸收光物质的浓度，mol/L；l 为试样的光程长度，即溶液的厚度，cm；α 为吸光系数。实际应用中常用的公式为：

$$\lg\left(\frac{I_0}{I}\right)=\varepsilon cl$$

式中，ε 为吸光物质的摩尔消光系数，$\varepsilon=\alpha/2.303$。朗伯-比尔定律有一定的适用范围和要求，只有满足稀溶液、浓度均匀、光照下溶液不发生化学反应等条件才可应用。

（3）光化学能量　一般在光化学反应中所用的能量范围处在 200～700nm 的波长范围内。在吸收光的过程中，一个分子吸收光的能量与其波长成反比：

$$E=h\nu=\frac{hc}{\lambda}$$

式中，E 是能量，J；h 是普朗克常量，取 6.62×10^{34}J·s；ν 是吸收光的频率；c 是真空中的光速，取 2.998×10^{8}m/s；λ 是吸收光波长，nm。

摩尔吸收能量的方程为：

$$E=N_{A}h\nu=\frac{N_{A}hc}{\lambda}$$

式中，N_A 为阿伏伽德罗常数，取 $6.023\times10^{23}\,mol^{-1}$。因此，物质吸收 1mol 光量子（$6.023\times10^{23}$个光子或 1 个 Einstein）的能量为：

$$E=\frac{6.62\times10^{-34}\times2.998\times10^{8}\times6.023\times10^{23}}{10^{-9}\times\lambda\times10^{3}}=\frac{1.197\times10^{5}}{\lambda}(\text{kJ/mol})$$

由此公式，知道了波长就可以计算出相应的能量。例如，波长为 500nm，相应的能量 E 为 239.4kJ/mol。

3.2.2　实验方法

现今用于光化学研究的实验方法有两类：一类是用来说明光化学过程中详细反应机理的仪器，一般要由单色光、滤光片和热滤片、准光镜和标定光强度的光学系统组成，以测定入射光和所研究分子的吸收光量；另一类是由光化学方法进行新化合物和已知化合物合成的仪器。这类仪器一般指能够提供由反应分子吸收的较宽波长范围的高强度光源。为实验的目的，一般要求光源具有使用方便、照射范围大等特点。下面我们就主要用于光化学合成的实验仪器加以讨论。

（1）光源　目前用于光化学合成的光源主要是汞灯光源，因为这种光源使用极为方便，而且可提供从紫外线到可见光（200～750nm）范围内的辐射光。依据汞灯中汞蒸气的压强，汞灯有三种类型：低压汞灯、中压汞灯和高压汞灯。其汞蒸气压范围分别为 0.6665～13.33Pa、$1.013\times10^{4}\sim1.013\times10^{5}$Pa 和大于 2.026×10^{7}Pa。低压汞灯在室温下主要发射 253.7nm 和 184.9nm 的光，184.9nm 波长的高能辐射一般强度很低，由于所用的玻璃材料，使此光不能透过。如果使用超纯石英作为窗口材料，则此光可被利用。除这两种主要的辐射光外，其他波长的光也有，但强度非常低。中压汞灯要在相对较高的温度下使用，故需要几分钟预热到操作温度。从此种汞灯中发出的 265.4nm、310nm 和 360nm 的光具有相对较高的强度。此灯的波长分布范围比较宽，对有机化合物的激发是很有用的。高压汞灯与以上两种汞灯相比，有更多的谱线，甚至成为连续谱线。除这三种低压、中压、高压汞灯以外，其他光源还有氮-汞灯以及涂磷光剂的灯等。

有时在光化学反应中需要单色光光源，在这种情况下，激光光源有其独到之处。如果需要几种波长的单色光光源，可把两种或两种以上的激光器按一定的配置组合起来，以满足研究之用。在一种激光器上，有时可以通过改变激光器中气体的种类以及气体间的比达到输出不同波长的激光。目前可调谐激光器也已出现，使辐射光波长可在一定的范围内变化。

(2) 光化学研究装置 用于光化学合成的装置有两类：一类是反应溶液围绕着光源的装置；另一类是光源围绕着反应溶液的装置。对于第一类反应装置，光源灯被装在双壁的浸没阱中。浸没阱壁材料的选择决定了光透过的波长，如用 Pyrex 玻璃，只有大于 300nm 波长的光透过，如用石英，大于 200nm 波长的光可以透过。这种装置如图 3-3 所示。对于第二类反应装置，是光源围绕着反应溶液的装置。图 3-4 示出了这种装置。这种装置中有多个光源灯围绕着反应容器。用不同的灯可以得到不同的辐射波长。

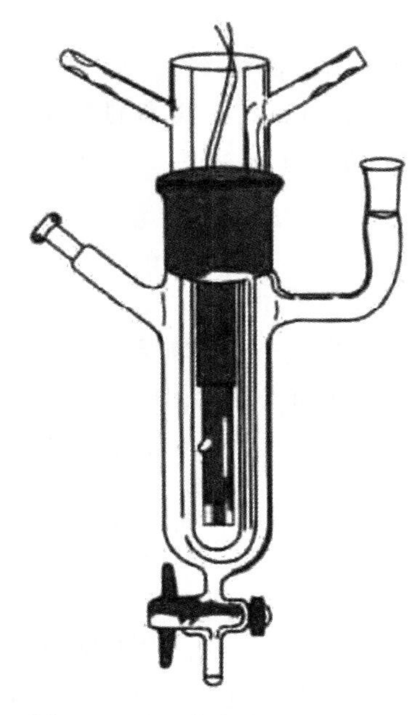

图 3-3 浸没式光化学反应装置

图 3-4 多灯式光化学反应装置

(3) 光量计 在量子产率的测定中，一般要知道吸收光子的数目，光子数的测定常用光量计。光量计有两种：一种是溶液光量计；另一种是电子光量计。在一般溶液光化学的波长范围内（250～450nm），草酸铁光量计是最重要的一种光量计。这种光量计利用 3×10^{-3} mol/L 浓度的草酸铁溶液，在不需脱气的条件下同光反应产生不吸收光的草酸亚铁和 CO_2，具体的反应过程如下：

$$[Fe^{III}(C_2O_4)_3]^{3-} \xrightarrow{h\nu} [Fe^{II}(C_2O_4)_2]^{2-} + \cdot C_2O_4^- \quad (3\text{-}1)$$

$$\cdot C_2O_4^- + [Fe^{III}(C_2O_4)_3]^{3-} \longrightarrow C_2O_4^{2-} + \cdot [Fe^{III}(C_2O_4)_3]^{2-} \quad (3\text{-}2)$$

$$\cdot [Fe^{III}(C_2O_4)_3]^{2-} \longrightarrow [Fe^{II}(C_2O_4)_2]^{2-} + 2CO_2 \quad (3\text{-}3)$$

由式(3-1) 知道，仅吸收一个光子就产生一个草酸亚铁阴离子。按式(3-2) 和式(3-3)，不吸收光子（通过暗反应），也有可能产生一个草酸亚铁阴离子。因此，从式(3-1) 到式(3-3)，可以看出，每吸收一个光子，可能产生两个草酸亚铁离子。亚铁离子的浓度可通过其同 1,10-菲咯琳的络合反应产生红色络合物，由比色法在 510nm 波长下测得。在较短的光波长范围内（254～360nm），Fe^{2+} 的形成量几乎是不变的，量子产率的平均值为 1.24。知道了生成亚铁离子的量子产率，又知道生成的 Fe^{2+} 浓度，就可以按量子产率的计算公式求出草酸铁水溶液体系所吸收的光子数。这种光量计最近又得到了改进，光量计中利用了脱氧的 0.08mol/L 草酸铁钾溶液。

除草酸铁溶液光量计外，其他的溶液光量计还有二苯甲酮-二苯基甲醇光量计、戊苯酮光量计、十氟苯酮-异丙醇光量计以及 Aberchrotne 540 光量计。

电子光量计是利用硅光电二极管或光电倍增管测定通过试样的光并与由光束分离器反射的光比较的积分光量计系统。这种光量计虽然使用方便，但由于检测器对不同波长光的敏感度或某些可能的误差，需要进行校正。

3.2.3 光化学合成法在材料合成中的应用

（1）光取代反应　绝大多数光取代反应的研究集中在对热不活泼的某些配合物上。这些配合物主要是 d^3 组态的配合物、低自旋的 d^5 和 d^6 组态的金属离子的六配位配合物和 d^8 组态的平面配合物以及 Mo（Ⅳ）和 W（Ⅳ）的八氰基配合物，其取代反应类型和取代程度依赖于以下几个方面：中心金属离子和配体的本性；电子激发产生的激发态类型；反应条件（温度、压强、溶剂以及其他作用物等）。

许多光取代反应可表现为激发态的简单一步反应：

$$\{[ML_x]^{n+}\}^* + S \longrightarrow [ML_{x-1}S]^{n+} + L$$

式中，L 为配体；M 为中心金属离子；S 为另一种取代基；* 表示激发态。

（2）光异构化反应　某些金属的有机金属配合物中的配体当受到光照时，会发生异构化作用，产生具有不同配体的异构配合物。例如，固体反式 $[Ru(NH_3)_4Cl(SO_2)]Cl$ 在 365nm 的低温光解，发生配位基 SO_2 的异构化：

$$Ru(Ⅱ)-S(=O)_2 \xrightarrow{h\nu} Ru(Ⅱ)\langle O-S=O \rangle$$

反应在室温下是可逆的。同样，Co 的配合物也可发生这样的反应。由于这样的异构化产物不稳定，长时间光照可按配体自身的异构化产物进一步发生反应，生成由溶剂或其他配体取代的产物。

（3）光致电子转移反应　电子转移反应中涉及的电子激发态是多种多样的，根据电子跃迁的分子轨道，激发态可分为：以金属为中心（MC）或配位场（LF）激发态；以配体内或配体为中心（LC）激发态；电荷转移（CT）激发态。后者又分为金属到配体（MLCT）或配体到金属（LMCT）两种。另外，还有电荷到溶剂的转移以及发生在多核配合物中的金属到金属间的转移。涉及电子转移反应的光化学合成，最重要的有两类：一类是光氧化还原反应制备低价过渡金属配合物，如由此方法可以制备出低价金属如 Pt^0、Rh^+ 的配合物；另一类是光分解水制备 H_2 和 O_2。

到目前为止，光分解水制备 H_2 和 O_2 的体系是很不完善的，离大规模实际应用还有很大的距离，目前这方面的研究相当活跃，正在寻找更有效的体系以及新型材料以期达到实用的目标。最近新发现的一些适合紫外线的多相催化材料包括含有某些金属或金属氧化物 NbO_x、RuO_2、RhO_2 或铂的钛酸盐和铌酸盐，具有铜铁矿结构的 $CuFeO_2$ 材料被发现在光照射下可分解产生氢气和氧气。

从最近的发展来看，新型光催化材料的发现与开发使水作为二级能源的综合利用将为期不远了。

（4）光敏化反应　光敏化反应是在敏化剂存在下进行的光化学反应。敏化剂的作用在于传递能量或自身参与光化学反应生成自由基，而后与反应物作用再还原成敏化剂。因此，在光化学合成中，光敏剂是实现光化学反应的关键，如上述光分解水制取氢气和氧气的反应得以实用化，将依赖于新型配套光敏剂研究的突破。

（5）光化学气相沉积制备半导体薄膜　光化学沉积（PVD）技术作为化学气相沉积技术的一个重要分支，相对来讲，是一种较新的薄膜沉积技术。这一技术的主要特点是利用紫外线辅助完成整个化学气相沉积过程。它具有沉积温度低（50～250℃）、带电离子冲击样品的概率很小、膜层覆盖均匀等特点。如采用此方法，可获得 ZnS、Si_3N_4 及 SiO_2 薄膜，通过对工艺条件的控制，可沉积形成满足不同需求的薄膜。

3.3　微波合成

3.3.1　概述

微波是一种频率在 300MHz～3000GHz，即波长在 0.1～1000mm 范围内的电磁波。位于电磁波谱的红外辐射（光波）和无线电波之间。微波是特殊的电磁波段，不能用在无线电和高频技术中普遍使用的器件（如传统的真空管和晶体管）来产生。100W 以上的微波功率常用磁控管作为发生器。微波在一般条件下可方便地穿透某些材料，如玻璃、陶瓷、某些塑料（如聚四氟乙烯）等。20 世纪 30 年代初，微波技术主要用于军事方面。第二次世界大战后，发现微波具有热效应后才广泛应用于工业、农业、医疗及科学研究。实际应用中，一般波段的中波长即 1～25cm 波段专门用于雷达，其余部分用于电信传输。为防止微波对无线电通信、广播、电视和雷达等造成干扰，国际上对科学研究、医学及民用微波的频段都做了相应的规定。国际无线电通讯协会（CCIP）规定家用或工业用微波加热设备的微波频率是 2450MHz（波长 12.2cm）和 915MHz（波长 32.8cm）。家用微波炉使用的频率都是 2450MHz。915MHz 的频率主要用于工业加热。

微波加热作用的最大特点是可以在被加热物体的不同深度同时产生热，也正是这种“体加热作用”，使得加热速率快且加热均匀，缩短了处理材料所需要的时间，节省了能源。也正是微波的这种加热特性，使其可以直接与化学体系发生作用，从而促进各类化学反应的进行，进而出现了微波化学这一崭新的领域。由于有强电场的作用，在微波中往往会产生用热力学方法得不到的高能态原子、分子和离子，因而可使一些在热力学上本来不可能的反应得以发生，从而为有机和无机合成开辟了一条崭新的道路。微波合成技术在化学领域的应用已经非常广泛，如在无机化学方面，陶瓷材料的烧结、超细纳米材料和沸石分子筛的合成都有广泛的应用。

3.3.2　微波燃烧合成和微波烧结

所谓微波燃烧合成或微波烧结是用微波辐射来代替传统的热源，均匀混合的物料或预先压制成形的坯料通过自身对微波能量的吸收（或耗散）达到一定高的温度，从而引发燃烧反应或完成烧结过程。由于它与传统技术相比较，属于两种截然不同的加热方式，因此微波燃烧合成或微波烧结有着自身的特点。

（1）采用微波辐射，样品温度很快达到着火温度，一旦反应发生后，能保证反应在足够高的温度下进行，反应时间短。

（2）通过对一系列参数的调整，可以人为地控制燃烧波的传播，这是一个可以控制的过程。可供调控的主要参数有样品的质量和压紧的密度、微波功率、反应物料颗粒大小、添加剂的种类和数量等。

和传统加热方式相比，微波燃烧合成或微波烧结有着大不相同的传热过程，如图 3-5 所示。

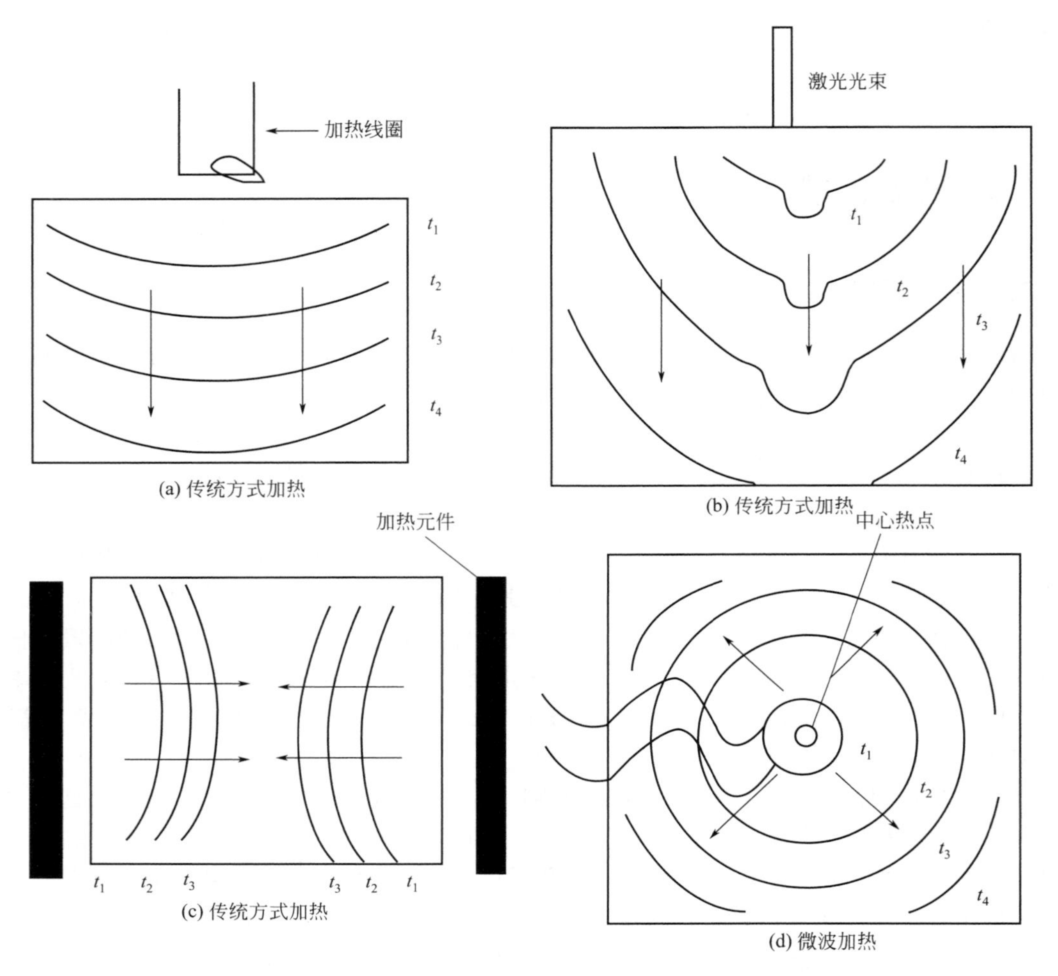

图 3-5 不同加热方式引发的燃烧波的传播过程

从图 3-5(a)～(c) 中可以看出，当用传统方式加热时，点火引燃总是从样品表面开始，燃烧波从表面向样品内部传播，最终完成烧结反应。而采用微波辐射时，如图 3-5(d) 所示，情况就不同了。由于微波有较强的穿透力，能深入到样品的内部，首先使样品中心温度迅速升高，达到着火点并引发燃烧合成，并且沿径向从里向外传播，使整个样品几乎是均匀地被加热，最终完成烧结反应。

3.3.3 微波水热合成

该法主要是用于沸石分子筛的合成。沸石分子筛是一种具有规则孔道结构的新型无机材料，在催化、吸附和离子交换等领域有着广泛的应用。沸石分子筛一般是在一定的温度下通过利用水的自身压力的水热法合成。按一定比例配制成的混合物，混合均匀后成为无色不透明的凝胶（成胶速率因配比的不同而不同），再置于反应容器中在一定温度下进行晶化反应。采用微波合成方法制得了比常规方法更为优异的 NaA 沸石。用微波法合成 NaA 沸石的优点不仅在于其晶化时间短（最多几十分钟），节省能源，而且合成的 NaA 沸石粒径比用传统方法合成的要小得多，粒径大部分分布在 1.0～2.0μm。

3.3.4　微波辐射法在材料合成中的应用

无机固体物质制备中，目前使用的方法有制陶法、高压法、水热法、溶胶-凝胶法、电弧法、熔渣法和化学气相沉积法等。这些方法中，有的需要高温或高压；有的难以得到均匀的产物；有的制备装置过于复杂、昂贵，反应条件苛刻，反应周期太长。微波辐射法不同于传统的借助热量辐射、传导加热方法。由于微波能可直接穿透样品，里外同时加热，不需传热过程，瞬时可达一定温度。微波加热的热能利用率很高（能达 50%～70%），可大大节约能量，而且调节微波的输出功率，可使样品的加热情况立即无条件地改变，便于进行自动控制和连续操作。由于微波加热在很短时间内就能将能量转移给样品，使样品本身发热，而微波设备本身不辐射能量，因此可避免环境高温，改善工作环境。此外，微波除了热效应外，还有非热效应，可以有选择地进行加热。

（1）$CuFe_2O_4$ 的制备　将等物质的量的 CuO 和 Fe_2O_3 用玛瑙研钵研磨混合，在 350W 下，微波辐照 30min，得到四方和立方结构的铜尖晶石 $CuFe_2O_4$，而传统的制备方法需要 23h。粉末经 X 射线衍射的结果表明，其 d 值与 JCPDS 卡片（25～28）d 值吻合得很好。

（2）La_2CuO_4 的制备　将 12.28g La_2O_3 和 3g CuO 用玛瑙研钵研磨均匀混合，置入高铝坩埚内，反应物料在 2450MHz、500W 微波炉内辐照 1min 后，混合物呈鲜亮的橙色，辐照 9min 后，混合物熔融，关闭微波炉，产品冷却至室温，研磨成细粉。经 X 射线分析，表面主要成分为 La_2CuO_4 产物，晶胞参数 $a=0.5354$nm，$b=0.5402$nm，$d=1.3149$nm。若用传统的加热方式制备 La_2CuO_4，则需 12～24h。

（3）$YBa_2Cu_3O_7$ 的制备　将 CuO、Y_2O_3 和 $Ba(NO_3)_2$ 按一定的化学计量比混合，反应物料置入经过改装的微波炉内（能使反应过程中释放出来 NO_2 气体安全排放），在 500W 功率水平，辐照 5min，所有 NO_2 气体均已释放出 [取样经 X 射线分析表明，已无 $Ba(NO_3)_2$ 相存在]，物料重新研磨，辐照（在 130～500W 功率下）15min，再研磨，辐照 25min，取样。经衍射分析显示，产物的主要成分为 $YBa_2Cu_3O_{7-x}$，但也存在强度较低的 YBa_2CuO_5 衍射线，若继续辐照 25min，则可得到单一的 $YBa_2Cu_3O_{7-x}$，其四方晶胞参数 $a=b=0.3861$nm，$c=1.13893$nm，这个四方结构按常规方式通过缓慢冷却，将转变为具有超导性质的正交结构。

（4）稀土磷酸盐发光材料的微波合成　发光材料的研制和开发是材料科学的一项重要任务，它在充分利用能源方面，起着促进科学进步的作用。稀土元素是良好的发光材料激活剂，已广泛地用于彩色电视、照明或印刷光源、三基色节能灯、荧光屏等方面。通常制备发光材料是用固相高温反应法。利用微波辐射的新技术，可合成以 Y^{3+}、La^{3+} 稀土离子的磷酸盐为基质，以稀土元素（Gd^{3+}、Eu^{3+}、Dy^{3+}、Sm^{3+}、Tb^{3+}）和钒为激活剂的发光体。在 100～350W 微波功率下，可一步合成晶态、微晶态和无定形态磷酸盐发光体。

综上所述，化学反应中采用微波技术会产生热力学方法所得不到的高能态原子、离子和分子，使某些传统热力学方法不可能的反应得以发生，且一些反应速率快数倍甚至数百倍。由此可知，微波合成作为一种新兴的合成方法，将为化学合成带来一场变革，在化学合成领域具有广阔的应用前景。

3.4 自蔓延高温合成

3.4.1 概述

自蔓延高温合成技术（self-propagating high-temperature synthesis，SHS）是前苏联科学家 A. G. Merzhanov 于 1967 年首次提出的一种材料合成新工艺，又称燃烧合成（combustion synthesis）。它是在高真空或介质气氛中点燃原料引发化学反应，反应放出的热量使得临近的物料的温度骤升而引起新的化学反应并以燃烧波的形式蔓延至整个反应物，当燃烧波向前推进的时候，使反应物逐步反应而变成了产物。同其他常规工艺方法相比，SHS 具有以下优点：节约能源，利用外部能源点火后，仅靠反应放出的热量即可使燃烧波持续下去；反应迅速，其燃烧波蔓延速率最高可达到 25cm/s；反应温度高，反应体系中的大部分杂质可以挥发掉，因此产物的纯度很高。除了上述优点以外，用 SHS 技术还能制取具有超高性能的材料。在燃烧过程中，由于材料经历了很大的温度梯度，极高的加热、冷却速率，生成物中很可能存在高浓度的缺陷和非平衡相，可用作“高活性”的烧结材料。此外，它还可用来制取非化学计量化合物、中间相或亚稳相。因此被广泛用于制备工业陶瓷和其他先进材料。迄今为止，用该技术所合成的 SHS 产物已超过 500 种，它们包括碳化物、硼化物、氮化物、硅化物、氧化物、氢化物、金属间化合物以及金属陶瓷复合材料、硬质合金等。由于这项技术具有巨大的潜力，自 20 世纪 70 年代末期，就在世界范围内引起广泛的重视，特别是发达国家投入大量人力、财力竞相开发和研究。

根据 SHS 燃烧波的传播方式，可将 SHS 分为自蔓延和热爆两种工艺。前者是利用高能点火，引燃粉末坯体的一端，使反应自发地向另一端蔓延。这种工艺适合制备生成焓高的化合物。后者是将粉末坯体放在加热炉中加热到一定温度，使燃烧反应在整个坯体中同时发生，称为热爆。这种工艺适合生成焓低的弱放热反应。

3.4.2 自蔓延高温合成原理

自蔓延高温单质合成是最原始的 SHS 合成粉末材料的方法，其反应原理为：

$$x\mathrm{A}+y\mathrm{B}\longrightarrow \mathrm{A}_x\mathrm{B}_y+Q$$

式中，A 为金属单质；B 为非金属单质；$\mathrm{A}_x\mathrm{B}_y$ 为合成反应的产物；Q 为合成反应放出的热量。

由于 SHS 技术本身的特点和优势，在国防和民用材料的发展上均显示出极大的潜力。粉末材料的自蔓延高温合成是开展时间最长且最具有生命力的 SHS 研究方向，采用此技术合成的材料体系已达 500 多种，尤其是基于还原反应的自蔓延高温还原合成技术。

自蔓延高温还原合成即采用更易于得到及价格便宜的氧化物、卤化物等原料来代替原来单一的单质进行还原合成。反应式可用下式表示：

$$\mathrm{N}_x+y\mathrm{M}+\mathrm{Z}\longrightarrow \mathrm{N}_y+\mathrm{M}_x+Q$$

式中，N_x 代表氧化物、卤化物等；M 代表金属还原剂（Mg、Al、Ca 等）；Z 代表非金属或非金属化合物（N_2、B_2O_3、BiO_2 等）；N_y 代表合成产品；M_x 代表金属还原剂的化合物；Q 代表反应所放出的热量。

合成反应分两步进行：第一步是还原反应，先还原出金属单质；第二步是金属单质与非金属元素合成为所需的制品。

3.4.3 自蔓延高温合成反应类型

按反应物的状态可以将SHS反应分为如下几种类型。

(1) 固-固反应 当燃烧温度低于反应物的熔点，或者反应过程中没有液相和气体参与的条件下，即为固-固反应。其反应机制受扩散控制，反应物之间一旦出现产物层，进一步的反应只有依赖于反应物原子通过反应产物的扩散。颗粒之间的有限接触限制了反应物之间的物质交换，反应速率相对较慢，反应物的颗粒尺寸直接影响反应物的转化程度。

(2) 固-液反应 固-液反应是SHS中最常见的反应，燃烧过程中出现的液相可以作为质量传输的媒介，从而大大促进反应进行的速率，因而在SHS过程中扮演着决定性的角色。液相不仅通过反应物的熔化产生，而且可以通过接触共晶熔化产生。固-液反应通过溶解-沉淀析出机制来完成，即在固相反应物表面形成的反应产物溶解到液相中，然后在液相中沉淀析出，或者在溶解过程中与液相形成新的产物后再沉淀析出。在SHS燃烧波阵面内，熔化液相在毛细作用下铺展到高熔点组分上，如果铺展的时间比反应的时间长，SHS反应就受毛细作用液相铺展速率控制；反之，则受反应组分在生成层内的扩散速率控制。

(3) 液-液反应 许多金属间化合物的SHS合成都是液-液反应机制。大多数金属间化合物都属于低放热体系，其热分解温度 T_d 低于1800K，因此需要对其进行预热或采用热爆模式进行合成。NiAl的SHS合成即为典型的液相反应，在反应的初始阶段，Ni与熔融的Al剧烈反应导致温度升高，进而使Ni熔化而发生液-液反应。

(4) 气-固反应 在气-固反应中，气相为 N_2、O_2 等，固相为金属粉末。金属粉末或压坯的孔隙率一般为40%～60%，计算表明，当其在反应气体中点燃时，孔隙内的气体不足以使反应进行完全，因而反应前沿压力下降，引起外部气体的渗入。但固相的熔化会阻碍气体的渗入，因此，在气-固反应中，需要控制反应气体的压力，通过加入稀释剂控制燃烧温度，还需要选择适当的尺寸和形状的固相颗粒。值得一提的是，在正常压力下可以使用，可分解化合物产生气体。

3.4.4 自蔓延高温合成技术及其特点

3.4.4.1 自蔓延高温合成技术

在SHS材料制备中已形成了30多种不同的技术，通称为“SHS技术”。主要有以下技术形式。

(1) SHS制粉技术 这是SHS最简单的技术，根据粉末制备的化学过程，SHS制粉工艺可分为两类。

① 化合法 气体合成化合物或复合化合物粉末的制备。

② 还原化合法（带还原反应的SHS） 由氧化物或矿物原料、还原剂（镁等）和单质粉末（或气体），经还原化合过程制备粉末。

采用无气燃烧合成（固-固反应剂）或渗透燃烧合成（固-气反应剂）制成产物，然后将产物粉碎，研磨和筛分而获得各种碳化物、硼化物、氮化物、硫化物、硅化物、氢化物、金属间化合物等粉末。高质量的SHS粉末可用于陶瓷及金属陶瓷制品的烧结、保护涂层、研磨膏以及刀具制造中所用的原材料。

(2) SHS烧结技术 SHS烧结技术是指在燃烧过程中发生固相烧结，从而能制备出具有一定形状和尺寸的零件，故SHS烧结能够保证制品的外形精度，烧结产品的空隙度可控制在5%～20%。SHS烧结制品可以用作多孔过滤器、催化剂载体以及耐火材料等。

(3) SHS致密化技术　制备致密材料和制品的SHS致密化技术有如下几种。

① SHS加压法　利用常规压力和对模具中燃烧着的SHS坯料施加压力，制备致密制品。例如，TiC基硬质合金辊环刀片等。

② SHS挤压法　对挤压模具中燃烧着的物料施加压力，制备棒条状制品。例如硬质合金麻花钻等。

③ SHS等静压法　SHS等静压机不同于常规热等静压机，没有加热器。它利用高压气体对自发热的SHS反应坯进行热等静压，制备大致密件。例如六方BN坩埚、SiN叶片等。

SHS致密化技术还有热爆成形、轧制等。

(4) SHS熔铸　如在SHS反应过程中放热量很大，使其燃烧温度超过了产物熔点，便能获得液相产品，液相可以进行传统的铸造处理，以获得铸锭或铸件。如液相属于难熔物质，则意义更大。它包括两个阶段：用SHS制取高温液相和用铸造方法对液相进行处理。目前SHS熔铸技术主要有两个研究方向，即制备铸锭和铸件的SHS技术以及离心SHS铸造技术，采用第一个技术可制备碳化物、硼化物、氧化物等涂层和金属陶瓷铸件，利用第二个技术可以铸造陶瓷内衬管以及难熔化合物（外层）-氧化铝（内层）复合管等。

(5) 焊接技术　在待焊接的两块材料之间添进合适的燃烧反应原料，以一定的压力夹紧待焊材料，待燃烧反应过程完成后，即可实现两块材料之间的焊接。这种方法可用来焊接耐火材料-耐火材料、金属-陶瓷、金属-金属等系统。

(6) SHS涂层技术　SHS涂层技术有三种工艺。

① 熔铸沉积涂层　在一定气体压力下，利用燃烧合成反应在金属工件表面形成高温熔体同金属基体反应后，生成有冶金结合过渡区的防护涂层，过渡区的厚度一般在0.5mm以上，其中SHS硬化涂层技术已在耐磨件中得到应用。

② 气相传输燃烧合成涂层　通过气相传输反应，可在金属表面形成10～250μm厚的金属陶瓷涂层。

③ 离心燃烧合成涂层　将被涂物（如钢管）内装满能进行燃烧合成反应的粉体，利用离心力使其旋转的同时，点燃燃烧合成反应，从而在物体表面涂上一层物质，是一种已实用化的涂层技术。

(7) 热爆技术　热爆技术是指在加热钟罩内，对反应物进行加热，达到一定温度后，整个试样将同时出现燃烧反应，合成可在瞬间完成，通常用来合成金属间化合物。

(8) “化学炉”技术　“化学炉”技术采用具有强放热反应潜能的物料作为覆盖层，该覆盖层在燃烧反应时提供强热，使其中难以引发的或反应较弱的体系发生燃烧，从而进行合成反应。

(9) SHS制备多孔材料　采用SHS工艺，将粉末素坯预成形后，无须再进行特殊的预处理和致密化，采用SHS工艺便可直接合成所需尺寸、几何形状以及孔隙率的材料。SHS后的产品基本保持原有骨架。采用挥发性的黏结剂，可提高产品的孔隙率。此技术已广泛用于制备BN绝热绝缘材料、陶瓷过滤器、催化剂、活塞等。

3.4.4.2 自蔓延高温合成技术特点

(1) 工艺、设备简单，需要的能量较少，无须配置复杂的工艺装置，只要一经引燃，就不需要对其提供任何能量。

（2）节省时间，能源利用充分，产量高。

（3）产品具有较高纯度。燃烧波通过混合料时，由于燃烧波产生高温，可将易挥发杂质（低熔点物质）排除，化学转变完全。

（4）反应产物除化合物及固溶体外，还可以形成复杂相和亚稳相。这是由于燃烧过程中材料经历了很大的温度梯度和非常高的冷却速率之故。

（5）不仅能生产粉末，如同时施加压力，还可以得到高密度的燃烧产品。

（6）如要扩大生产规模，不会引起什么问题，故从实验室走向生产所需时间短，而且大规模生产的产品质量优于实验室生产的产品。

（7）不仅可以制造某些非化学计量比的产品、中间产物和亚稳相，还能够生产新产品，例如立方氮化钽。

3.4.5 自蔓延高温合成工艺与设备概况

SHS的工艺流程大致可归纳为混粉、压制、装入容器、点火引燃、燃烧反应。

3.4.5.1 混粉

在混粉工序中，粉料颗粒的大小及形状，尤其是粉末的表面积与体积的比值，直接影响燃烧反应，它们不仅影响到混粉后的压实工序，而且是对偏离绝热状态必须考虑的主要因素之一。

3.4.5.2 压制

压制压力直接影响到试样的密度，从而影响到热量的传递。压力的大小还会影响产品的组织结构和外形。

3.4.5.3 点火引燃（启动）

反应的点火引燃需要高能量。概括起来，SHS反应的点火技术有以下几种。

（1）燃烧波点火　采用点火剂，如用钨丝或镍铬合金线圈点燃。

（2）辐射流点火　氙灯等作为辐射源，采用辐射脉冲的方式点火。

（3）激光诱导点火　采用不同类型的激光点火，可获得很高的热流密度。

（4）通过加热气体点火　这种方法是用于在热气相中点燃金属的。

（5）火花点火　电火花是由电容器放电而生成，可采用高压放电点火。

（6）化学（自燃式）点火　将要点燃的系统在瞬间内与一种反应的气相或液相药剂相接触，而这种药剂能在接触面上发出大量的热，从而引发燃烧过程。

（7）电热爆炸　将电流通过样品，从而使样品加热至点燃。

（8）微波能点火　将样品放在可透过微波的坩埚中，用微波场来加热。

（9）线性加热的热爆炸　将样品用恒定速率加热直至热爆炸。

不同的点火技术适用于不同的反应体系，各自都有自己独特的优点。

3.4.6 自蔓延高温合成法在材料合成中的应用

SHS技术以其独特的优越性已越来越引起材料科学家的兴趣。继前苏联做了大量的开创性工作以来，世界各国，包括美国、日本、中国、波兰、印度、韩国、西班牙等国家的科研院所陆续投入大量人力、物力开展这方面工作，并且取得令人瞩目的成就。

（1）合成了包括碳化物（TiC、BC_4、Cr_3C_2、WC）、氮化物（AlN、Si_3N_4、BN、VN、TiN）、硼化物（ZrB_2、TiB_2）、硅化物（$MoSi_2$）、硫化物（NbS_2）、氢化物（TiH_2）、磷化

物（AlP）、氧化物和复合氧化物（Cr_2O_3、$BaTiO_3$、$NbLiO_3$）、复合物（TiC-TiN、TiC-TiB_2、TiC-Al_2O_3-SiC）、合金（NiAl）、超导体（$YBa_2Cu_3O_{7-x}$）、铁合金、有机物等500多种物质。

（2）SHS理论得到进一步发展，多种模型、多种体系被研究，从一维到多维，提出了各种理论。SHS理论与开发紧密结合，许多产品已经或正在连续化和规模化生产（TiC、TiN、TiC-TiN、TiB_2、AlN、Si_3Ni_4、$MoSi_2$、NiAl），在前苏联已经建立了许多生产基地，目前世界各国纷纷将实验室SHS技术应用到生产上去。

（3）许多迄今为止难以制备的物质如梯度功能材料（FGM）、特种复合材料等先进材料也被合成出来，它们具有优异的性能，目前正在一些尖端技术上应用。

（4）一些原来用SHS技术难以合成的材料现在也合成出来了，这是因为SHS技术实际上是一种燃烧过程，因此合成产物颗粒常常比较大。而现在采用改进的SHS技术，也能合成如超细粉末和纳米粉末等特殊材料，使SHS技术又焕发出新的活力。

（5）500多种产品已被合成，许多产品还在不断合成出来，研究范围不断扩大，从无机领域拓宽到有机领域，从地面走向太空，利用空间微重力及其他特殊环境来合成特殊的材料也正在得到发展。

参考文献

[1] 张克立，孙聚堂，袁良杰，等. 无机合成化学. 武汉：武汉大学出版社，2004.
[2] 徐如人，庞文琴. 无机合成与制备化学. 北京：高等教育出版社，2001.
[3] 阎思泽，傅军. 绿色化学的进展. 化学通报，1999，1：10.
[4] 朱清时. 绿色化学的进展. 大学化学，1997，12（6）：7.
[5] 申伴文. 近代化学导论. 下册. 北京：高等教育出版社，2002.
[6] 贡长生，张克立. 新型功能材料. 北京：化学工业出版社，2001.
[7] 宋清辉，王录才，等，基于燃烧合成制备多孔金属材料研究进展. 山西冶金，2010，33（2）：1-4.

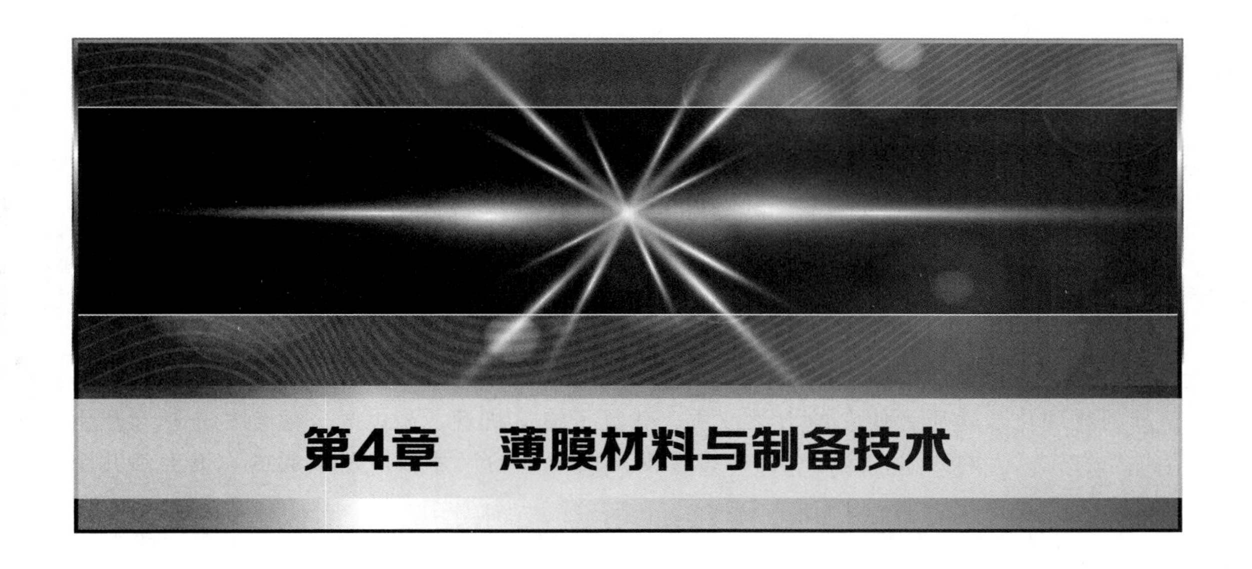

第4章　薄膜材料与制备技术

4.1　薄膜及其特征

4.1.1　薄膜的定义

能源、材料和信息科学是当前新技术革命的先导和支柱，作为特殊形态材料的薄膜科学，已成为微电子、信息、传感探测器、光学及太阳能电池等技术的基础。当今薄膜科学与技术已经发展成为一门跨多个领域的综合性学科，涉及物理、化学、材料科学、真空技术和等离子体技术等领域。近年来薄膜产业的规模正日益发展壮大，比如在卷镀薄膜、塑料金属薄膜、建筑薄膜、光学薄膜、集成电路薄膜、太阳能电池薄膜、液晶显示薄膜、刀具硬化薄膜、光盘和磁盘等方面都具有相当大的生产规模和研究价值。

当材料的一维线性尺度远远小于它的其他二维尺度，往往为纳米至微米量级，我们将这样的材料称为薄膜（thin film），通常薄膜的划分具有一定的随意性，一般分为厚度大于 $1\mu m$ 的厚膜及小于 $1\mu m$ 的薄膜，而本章所指的薄膜材料主要是后者。薄膜材料的研究具有悠久的历史。最古老的薄膜制备可追溯到三千多年前的商朝时期给陶瓷上“釉”。进入 17 世纪，人们已能从银溶液中析出银，在玻璃容器表面形成银薄膜。此后不久，出现了用机械加工方式制备的金箔。1650 年，R. Boye 等观察到在液体表面上薄膜产生的相干彩色花纹，随后各种制备薄膜的方法和手段相继诞生。真正从科学或物理学的角度研究薄膜是从 18 世纪以后才开始的。而固体薄膜的制造技术初步形成是在 19 世纪，伴随电解法、真空蒸镀法以及化学反应法等现代薄膜制备技术的问世，人们开始系统地研究薄膜技术。进入 20 世纪以来，伴随溅射镀膜技术的诞生，随着电子工业和信息产业的兴起，尤其是在印刷线路的大规模制备和集成电路的微型化方面，薄膜材料与薄膜技术更是显示出独有的巨大优势。当前，薄膜材料与技术已渗透到现代科技和国民经济的各个重要领域，更在高新技术产业占有重要的一席之地，正在向综合型、智能型、复合型、环境友好型、节能长寿型以及纳米化方向发展，必将为整个材料科学的发展起到推动和促进作用。

薄膜材料主要还是一种人造材料，薄膜材料的制备方法和形成过程完全不同于块体材料，这些差别使它具有完全不同于块体材料的许多独特的性质。下面将介绍薄膜材料在性质和结构上的特点。

4.1.2 薄膜的特性

薄膜材料的制备方法和形成过程完全不同于块体材料，使其具有与块体材料迥异的许多独特性质。通常认为三维块体材料内部的物理量是连续的，因而其某种物理特性与其体积无关。但是当材料的厚度变成微米或纳米量级时，有些物理量便会在表面处中断，表面的能态与内部的能态则截然不同，导致表面粒子所受到的力不同于体内粒子，产生明显的非对称性。虽然物质的种类还未改变，但是物质的性质可能已经发生了巨大的变化，表现出许多奇异的物理化学性质，使它的力学性质、载流子输运机理、超电导、磁性、光学和热力学性质发生巨大的变化，这些奇异的特性都是由薄膜的尺寸效应所引起的。下面举几个例子。

(1) 熔点降低　考虑一个半径为 r 的固体球，熔解时与外侧相液体之间的界面能为 ε，固体的熔解热和密度分别为 L 和 ρ，熔解过程中熵变为 ΔS，比较块体材料熔点 T_m 与上述球熔点 T_s 之间的关系。当质量为 dm 的固体熔化成液体，球的表面积产生 dA 的变化，其热力学平衡关系式如下：

$$L\,dm - T_s\Delta S\,dm - \varepsilon\,dA = 0 \tag{4-1}$$

对块体材料，则：

$$L\,dm - T_m\Delta S\,dm = 0 \tag{4-2}$$

将 $\Delta S = L/T_m$ 和 $dA/dm = 2/\rho r$ 代入式(4-1) 和式(4-2) 中，得：

$$\frac{T_m - T_s}{T_m} = \frac{2\varepsilon}{\rho L r} > 0 \tag{4-3}$$

由此可见，$T_m > T_s$，即小球的熔点低于块材的熔点，并且随着小球半径 r 的减小，其熔点降得更低。以 Pb 为例，纳米铅的熔点要比块材铅低 150℃。

(2) 表面散射　根据 Sondheimer 理论，在和表面相碰撞的电子中，发生弹性碰撞的概率为 p $(0 \leqslant p \leqslant 1)$，发生非弹性碰撞的概率为 $1-p$。取沿薄膜表面的电场方向为 x 方向，与膜表面垂直的方向为 z 方向，分布函数为 $f(z, v_x)$，其中，v_x 是速度在 x 方向的分量。沿 x 方向的电流密度 j_x 与分布函数之间的关系如下式：

$$j_x = -2e\left(\frac{m}{h}\right)^3 \int_v v_x f\,dV \tag{4-4}$$

式中，e、m 分别为电子电荷和质量；h 为普朗克常量。

可根据 $j_x(z)$ 在膜厚方向的平均值 j 与电场的关系近似求得薄膜电导率 σ 为：

$$\frac{\sigma}{\sigma_\infty} = 1 - \frac{3(1-p)L_\infty}{8d} \tag{4-5}$$

式中，d 为膜厚；L_∞ 和 σ_∞ 分别为膜厚为∞的块材时的电子平均自由程和电导率。由上式可以看出，σ 和 $1/d$ 之间可用直线关系近似，即薄膜的电导率 σ 将明显地随着薄膜厚度 d 的减小而降低。薄膜表面的散射效应还会影响其电阻温度系数、霍尔系数、热电系数、电流磁场效应等。

(3) 表面能级　在固体的表面，原子周期性排列的连续性发生中断，电子波函数的周期性当然也要受到影响，Tamm 和 Shockley 等已计算出把表面考虑在内的电子波函数。一般在固体内部是周期性的电子波函数，而在固体外侧，电子波函数则呈指数衰减，而使二者平滑连接所得到的函数即为表面电子态波函数。这时对该波函数就会产生新的约束条件，按照周期性条件求解所产生的能隙中会出现几个电子态能级，称为表面态能级。在表面电子波函数的计算中，用紧束缚近似法得到的表面能级称为 Tamm 能级；而 Shockley 能级则是采用自由电子近似得到的。薄膜材料具有非常大的比表面，因而受表面影响巨大，而表面态的数目和表面原子的数目具有同一数量级，因此表面能级数量会影响到薄膜内的电子输运状况，特别是在半导体等载流子少的物质中将产生更为严重的影响。

薄膜的尺寸效应还包括薄膜的干涉效应、量子尺寸效应以及平面磁化单轴磁各向异性等众多奇异的物理特性。

4.1.3　薄膜的结构与缺陷

要了解薄膜的奇异物性，只有从研究薄膜结构入手，才能找到制备工艺对薄膜结构的影响和薄膜结构与薄膜性质的关系。而薄膜的制备工艺条件如气压、温度、功率等影响因素非常之多，因而薄膜的结构和缺陷与块材相比，存在很大的不同，情况更为复杂。薄膜的结构一般包括薄膜的晶体结构、薄膜的微观结构及表面结构等。下面将逐一介绍薄膜的晶体结构、微观及表面结构、薄膜的缺陷、薄膜的异常结构和非理想化学计量比等。

4.1.3.1　薄膜的晶体结构

一般来说，足够厚的薄膜的晶格结构与块材相同，只有在超薄膜中其晶格常数才与块材时明显不同，晶格常数的增加或减小分别取决于各自表面能的正或负。薄膜的晶体结构沉积与吸附原子的迁移率有关，它可以从完全无序即无定形的非晶薄膜过渡到高度有序的单晶薄膜。即薄膜的晶体结构包括单晶态、多晶态和非晶态结构。

(1) 单晶态结构　在理想情况下，较高的衬底温度和较低的沉积速率有利于形成高度完整性的薄膜，将导致单晶薄膜的生长。在实际的单晶薄膜生长中，还采用高度完整的单晶基片作为薄膜生长的衬底。如果对单晶基片、衬底温度和沉积速率等进行恰当的控制，薄膜可沿单晶基片的结晶轴方向呈单晶生长，称为外延（epitaxy)。根据衬底与被沉积薄膜是否属于同种物质，单晶外延又可分为同质外延和异质外延。外延生长在半导体器件和集成电路中具有极其重要的作用。实现外延生长必须满足三个基本条件。第一个条件是吸附原子必须有高的迁移率。因而基片温度和沉积速率是相当关键的，单晶薄膜一般都在高温低速区域。第二个条件是基片与薄膜材料的结晶相容性。对异质外延来讲，衬底材料和薄膜之间晶格一般不匹配。在点阵常数差别不大时，晶界两侧的晶体点阵将出现应变；而差别较大时，单靠引入点阵应变已不能完成点阵之间的连续过渡，因而在界面上将出现平行于界面的刃位错。假设基片材料的晶格常数为 a，薄膜材料的晶格常数为 b，在基片上外延生长薄膜的晶格失配度为 m，$m=(b-a)/a$，m 值越小，二者晶格结构越相似，外延生长就越容易实现。第三个条件是要求基片干净、光滑、化学性质稳定。

(2) 非晶态结构　非晶态结构有时也称无定形或玻璃态结构，非晶薄膜是高无序态的无定形薄膜，形成无定形薄膜的条件是低的表面迁移率。在制备薄膜的时候，比较容易得到非晶态结构，这是因为制备方法可以比较容易地实现获得非晶态结构的外界条件，即较高的过冷度和低的原子扩散能力。采用较高的沉积速率和较低的衬底温度，可以显著提高薄膜的成核率，提高相变过程的过冷度，抑制原子扩散，从而形成非晶薄膜。而降低吸附原子表面迁移率的方法有三种。第一种是降低基片温度。对硫化物和卤化物等在温度低于77K的基片上可形成无定形薄膜，少数氧化物（如 TiO_2、ZrO_2、Al_2O_3 等），即使在室温下也有生长成无定形结构的趋势。第二种是引进反应气体。例如，在 $10^{-3}\sim10^{-2}$Pa氧分压中，蒸发铝、镓、铟和锡等超导薄膜，由于氧化层阻碍了晶粒生长而形成了无定形薄膜。第三种是掺杂。掺杂薄膜由于两种沉积原子的尺寸不同，也可形成无定形薄膜。

（3）多晶态结构　介于单晶和非晶薄膜之间的多晶薄膜的制备最为简单。用真空蒸发或溅射制成的薄膜，都是通过岛状结构生长起来的，因而必然产生许多晶界，形成多晶态结构。多晶薄膜的晶粒可以按照一定的取向排列起来形成不同的结构，如纤维状结构薄膜就是晶粒具有择优取向生长的薄膜结构。在玻璃基片上生长的ZnO压电薄膜是纤维结构薄膜的典型代表，这种薄膜具有优良的压电特性就是其沿垂直于基片表面的 c 轴择优取向生长的结果。在多晶薄膜中，常常出现块材中未曾发现的介稳结构。造成介稳结构的原因可能是沉积条件，也可能是基片、杂质、电场、磁场等引起的。例如，块材ZnS在常温下是立方相闪锌矿结构，高温相为六方相纤锌矿结构。但在薄膜中，高温的六方相能介稳于低温的立方相之中。而介稳结构在退火条件下可转变成稳定的正常结构。

4.1.3.2　薄膜的微观结构及表面结构

Pearson根据电子显微照片最早观察到多层薄膜微观结构，并且得出三条结论：第一，薄膜呈现柱状+空穴结构；第二，柱状几乎垂直于基片表面生长，而且上下端尺寸几乎相同；第三，层与层之间有明显的界限，上层柱体与下层柱体并不完全连续。现在已经非常清楚所有加热蒸发的薄膜无一例外地都是一种柱状结构，因为决定薄膜结构的重要参数是基片温度与蒸发物熔点温度之比 T_s/T_m（T_s 为衬底温度，T_m 为沉积物质熔点），该值几乎总是低于0.45，所以其结构总是明显的柱状结构。图4-1示出了不同基片温度形成的薄膜微观结构的模型。薄膜微观结构包括两个方面：一是薄膜表面和横断面的形貌；二是薄膜内部的结晶构造。借助于电子显微镜，可成功地进行薄膜微观结构分析。电子显微镜有两种，即扫描电子显微镜（SEM）和透射电子显微镜（TEM）。前者的主要优点是扫描范围大；后者主要是分辨率高，主要缺点是电子的穿透本领低（<100nm），因此需将样品减薄来观察。为了使总能量达到最低值，薄膜应该具有最小的表面积，实际上无法得到这种理想的平面状态

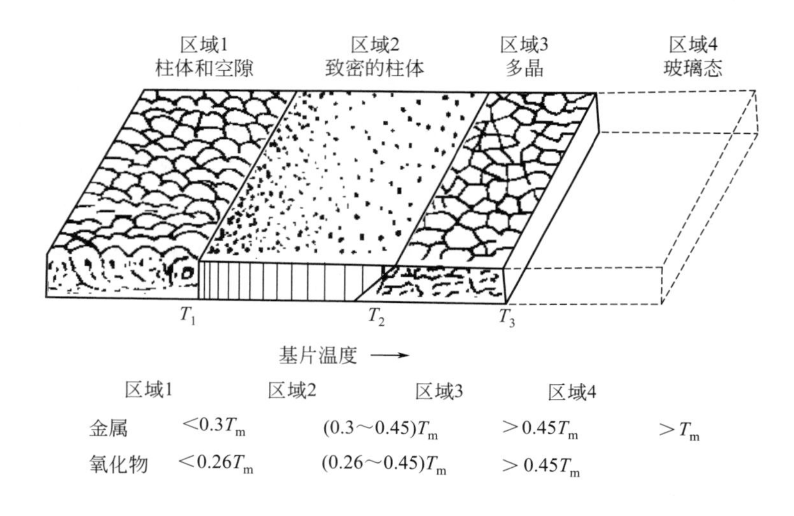

图4-1　不同基片温度形成的薄膜微观结构的模型

薄膜。由于原子在表面上的扩散，将占据表面上的一些空位，导致薄膜表面积缩小，表面能降低。同时，前期到达表面的原子在表面的吸附和堆积，会影响到后期原子在表面的扩散，容易形成阴影效应。原子在表面的扩散运动的能量大小与基片温度相关。基片温度较高时，表面迁移率增加，凝结优先发生在表面凹陷处，或沿某些晶面择优生长，同时为了降低表面能，薄膜倾向于使表面光滑生长；当基片温度较低时，原子迁移率低，表面将比较粗糙，且表面积较大，容易形成多孔结构。

4.1.3.3　薄膜的缺陷

薄膜生长过程中会产生空位、位错，吸附杂质会产生点缺陷、线缺陷、台阶及晶界等。一般来说，薄膜中的缺陷密度往往高于相应的块体材料。当薄膜生成时的基片温度越低，薄膜中的点缺陷，特别是空位的密度就越大，有的达到0.1%（原子分数），加上由于杂质和应变的存在，因而薄膜内空位的产生、消失、移动等状态就不一定是确定的。空位的存在和薄膜物性的不稳定性密切相关，例如有些薄膜的电导率会随着时间而发生变化。点缺陷的另一个实例就是杂质。特别是在溅射镀膜中，放电气体混入膜层的量非常大，甚至达到10%（原子分数），不过在高温下，大部分会通过扩散越过薄膜的表面而释放掉。薄膜中的位错就更容易观察，可以发现如下规律：薄膜中产生位错的最大源出现在岛状膜的凝结过程；最大位错密度在$10^{10}cm^{-2}$左右；位错容易相互缠绕；位错穿过表面的部分，在表面上很难运动，从而处于钉扎（pinning）状态，因而薄膜位错难以通过退火来消除。在单晶薄膜中还有面缺陷，主要有孪晶界和堆垛层错。对多晶薄膜而言，还有一类重要的面缺陷——晶界。在较高的温度之下，晶粒的大小都会发生变化，大的晶粒逐步吞噬小的晶粒，具体表现为晶界的移动。在固态的相变过程中，晶界往往是新相成核之处。原子可以比较容易地沿晶界扩散，所以外来原子可以渗入并分布在晶界处，内部的杂质原子也往往集中在晶界处，因此晶界具有非常复杂的性质。

4.1.3.4　异常结构和非理想化学计量比

大多数薄膜的制法属于非平衡态的制取过程，因此薄膜的结构不一定与相图相符合，我们这里规定把与相图不相符合的结构称为异常结构。异常结构是一种准稳态结构，通过加热或长时间的放置还会慢慢变成稳态结构。而薄膜技术就是制取非晶态异常结构材料的有力手段之一。在300～400℃以下生成的非晶态Ⅳ族元素薄膜就是一种异常结构，除了具有优良的耐腐蚀性之外，强度还非常高，摩擦性能好，同时具有普通晶态结构所无法比拟的电、热、光、磁性能。一般只要基片的温度足够低，许多物质都可以实现非晶态。例如，当基片温度为4K时，蒸镀出的非晶态Bi薄膜具有超导特性，而如果对薄膜加热，在10～15K就会发生晶化，超导性消失。多组元化合物薄膜的成分往往偏离其理想化学计量比，属于非化学计量化合物。如Si在O_2中蒸镀或溅射，所得到的SiO_x（$0<x\leqslant2$）的计量比可以是任意的。

4.1.4　薄膜和基片

薄膜一般都是在基片之上生长的，薄膜与衬底经常属于不同的材料，在薄膜与衬底之间，可能存在物理吸附或化学键合等作用。薄膜材料的应用涉及薄膜和基片构成的一个复合体系，因此薄膜的附着力与内应力这两个问题就成为制约薄膜材料实际应用的关键所在。如果薄膜与基片的附着力不强，或者膜中内应力过大，都会造成薄膜材料在使用过程中起皮、脱落。只有薄膜和基片之间有了良好的附着特性，研究薄膜的其他物性才成为可能。薄膜的附着力和内应力均与材料的种类及制备的工艺条件密切相关，也是薄膜材料的一种固有特征。

薄膜和基片属于不同物质，二者之间的相互作用能就是附着能，它可看成界面能的一种。附着能对薄膜与基片之间的间距微分，微分最大值就是附着力。薄膜的附着力的产生与不同物质之间的范德华力、静电力以及扩散引起的混合化合物的凝聚能等有关。附着力具有以下明显规律：第一，在金属薄膜-玻璃基片系统中，Au 薄膜的附着力最弱；第二，易氧化元素的薄膜附着力较大；第三，对薄膜加热会使附着力增加；第四，基片表面能较小，经离子照射、清洗、腐蚀、机械研磨等手段使得表面活化，以提高表面能，从而附着力增加。氧化物还具有过渡胶黏层的作用。一般金属都不能牢固地附着在塑料等基片之上，但氧化物薄膜却能比较牢固地附着，因而经常在沉积金属薄膜之前，先沉积氧化物过渡层，再沉积金属薄膜，这样可以获得非常大的附着力。

薄膜往往是沉积在非常薄的基片之上的，即使在没有任何外力作用之下，薄膜中也总存在应力。由于薄膜和基片物质之间线膨胀系数和弹性模量的差异，薄膜可能成为弯曲面的内侧，这种内应力称为拉应力；相反，弯曲情况之下的内应力称为压应力。依据薄膜应力产生的根源，可以把薄膜应力分为热应力和生长应力。由于薄膜和衬底材料的线膨胀系数不同和温度变化引起的薄膜应力称为热应力。而在薄膜与衬底材料、沉积温度与室温均差别较大的情况下，单纯的热应力也可能导致薄膜的破坏。再有，薄膜材料的制备方法往往涉及一些非平衡的过程，比如高能离子的轰击、杂质原子的掺杂、大量缺陷和孔洞的存在、低温薄膜的沉积、较大的温度梯度、亚稳相或非晶态相的产生等，都会造成薄膜材料的组织状态偏离平衡态，并且在薄膜中留下应力，我们把这部分由于薄膜沉积过程中所造成的应力称为生长应力。热应力与生长应力总是同时存在的，生长应力总是在测量的总应力中减去热应力部分而求出的。

4.2 薄膜的形成与生长

4.2.1 薄膜生长过程概述

薄膜的成核长大过程相当复杂，它包括一系列热力学和动力学过程。薄膜通常是通过材料的气态原子凝聚而成，在薄膜形成的早期，原子凝聚是以三维成核形式开始的，然后通过扩散过程核长大形成连续膜。薄膜形成的方式和过程都是非常独特的，薄膜的生长过程直接影响到薄膜的结构及其最终的性能，与材料的相变问题一样，可把薄膜的生长过程大致划分为新相形核与薄膜生长两个阶段。

薄膜的生长模式可归纳为三种形式：岛状生长（Volmer-Weber）模式、层状生长（Frank-van der Merwe）模式和层岛复合生长（Stranski-Krastanov）模式。图 4-2 为三种不同的薄膜生长模式。岛状生长模式是指被沉积物质的原子或分子更倾向于自己相互键合起来，而避免与衬底原子键合，这主要是由于沉积物质与衬底之间的浸润性较差。当二者之间浸润性较好时，被沉积物质的原子或分子更倾向于与衬底原子或分子键合，薄膜从形核阶段即为二维扩展模式生长，这便是层状生长模式。而层岛复合生长模式是在最开始一两个原子层厚度以层状生长之后，转化为岛状模式生长。

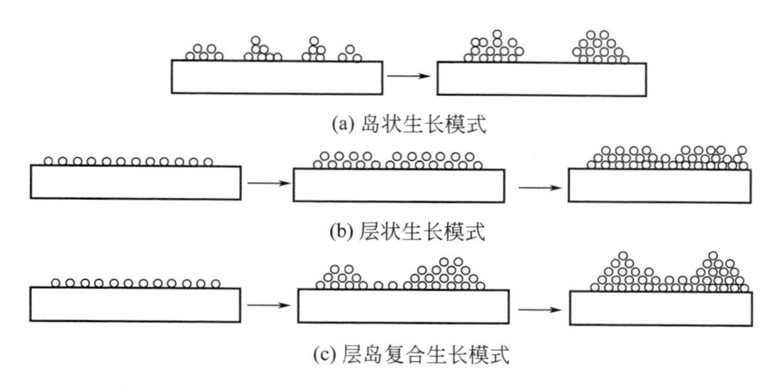

图 4-2　三种不同的薄膜生长模式

4.2.2　薄膜的形核理论

薄膜的新相形核过程可以被分为自发形核和非自发形核两种类型。所谓自发形核过程完全是在相变自由能 ΔG 的推动下进行的；而非自发形核则指除了有相变自由能作为推动力之外，还有其他的因素起到帮助新相核心生成的作用。

首先考虑自发形核的例子，考虑从过饱和气相中凝结出一个球形核的成核过程。在新核的形成过程之中，系统的自由能变化除了体积变化引起的相变自由能之外，还将伴随新的固-气相界面的生成，导致相应界面能的增加。于是得到系统自由能变化为：

$$\Delta G=\frac{4}{3}\pi r^3\Delta G_V+4\pi r^2\gamma \tag{4-6}$$

式中，ΔG_V 为单位体积的相变自由能，是薄膜形核的驱动力；γ 为单位面积的界面能。将上式对 r 微分，求出使得自由能为零的条件临界核心半径 r^* 为：

$$r^*=-\frac{2\gamma}{\Delta G_V} \tag{4-7}$$

判定能否导致新相核心形成的关键就是临界核心半径 r^*，即能够平衡存在的最小的固相核心半径。当新相核心的半径 $r<r^*$ 时，在热涨落过程中形成的这个新相核心将处于不稳定状态，可能再次消失。而当 $r>r^*$ 时，新相核心处于可以继续稳定生长的状态，并且生长过程将使得自由能下降。将式(4-7) 代入式(4-6)，即可求出形成临界核心的临界自由能变化：

$$\Delta G^*=\frac{16\pi\gamma^3}{3\Delta G^2{}_V} \tag{4-8}$$

而形成临界核心的临界自由能变化 ΔG^* 实际上就是形核过程中的势垒。热激活过程提供的能量起伏将使某些原子具备了 ΔG^* 大小的自由能涨落，从而导致了新相核心的形成。新相形核过程中自由能变化随核心半径的变化趋势如图 4-3 所示。

在实际的固体相变过程中，所涉及的形核过程大多数都是非自发形核过程，自发形核过程一般只发生在一些精心控制的特殊情况之下。我们首先来考察非自发形核过程的热力学过程。图 4-4 所示为薄膜非自发形核核心。考察一个原子团在衬底上形成初期的自由能变化为：

$$\Delta G=a_3r^3\Delta G_V+a_1r^2\gamma_{vf}+a_2r^2\gamma_{fs}-a_2r^2\gamma_{sv} \tag{4-9}$$

式中，a_1、a_2、a_3 是与冠状核心具体形状有关的几个常数；γ_{sv}、γ_{fs}、γ_{vf}分别为气相、

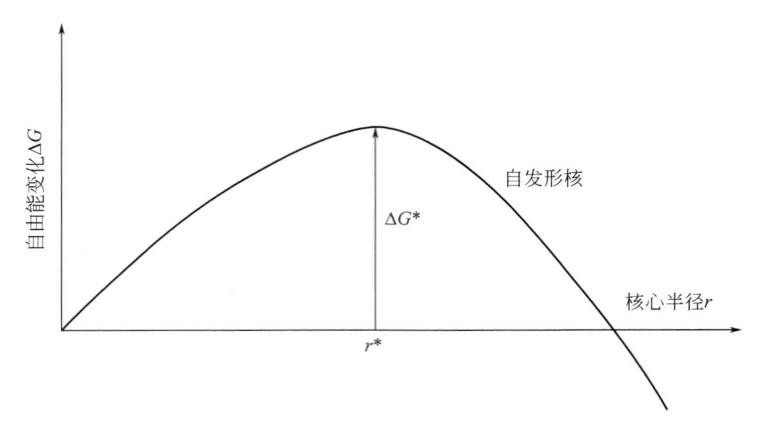

图 4-3 新相形核过程中自由能变化随核心半径的变化趋势

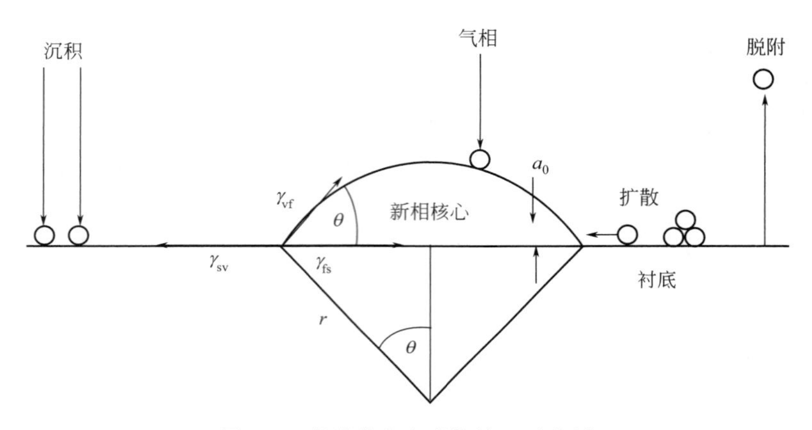

图 4-4 薄膜非自发形核核心示意图

衬底和薄膜三者之间的界面能。由杨氏方程给出接触角 θ 与各个界面能的关系为：

$$\gamma_{vf}\cos\theta=\gamma_{sv}-\gamma_{fs} \tag{4-10}$$

接触角 θ 只取决于各界面能之间的数量关系，当 $\theta>0°$，为岛状生长模式；当 $\theta=0°$，为层状或层岛生长模式。对原子团半径 r 微分，求出使得自由能为零的条件为：

$$r^*=\frac{2\gamma_{vf}}{\Delta G_V} \tag{4-11}$$

可见非自发形核与自发形核所对应的临界核心半径相同，而非自发形核过程自由能变化随核心半径的变化趋势也与前面自发形核的相同，其临界自由能变化为：

$$\Delta G^*=\frac{16\pi\gamma_{vf}^3}{3\Delta G_V^2}\times\frac{(2-3\cos\theta+\cos^3\theta)}{4} \tag{4-12}$$

即是在自发形核过程的临界自由能变化之上加上了能量势垒的降低因子，薄膜与沉积的浸润性越好，θ 越小，则势垒降低越多，非自发形核倾向也越大。

4.2.3 薄膜的成核率及连续薄膜的形成

薄膜的成核率也与临界自由能密切相关，ΔG^* 的降低、高的脱附能及低的扩散激活能都有利于提高成核率。衬底温度与沉积速率也是影响薄膜生长的两个重要因素。一般温度越高，需要形成的临界核心的尺寸越大，临界自由能势垒也越高，首先易形成粗大的岛状组织结构；相反温度降低，则形成的核心数目增加，有利于形成晶粒细小而连续的薄膜结构。而沉积速率的增加将导致临界核心尺寸减小，将使薄膜的晶粒细化。所以一般要想得到粗大的类似单晶结构的薄膜，尽量提高衬底的温度，同时降低沉积的速率。

成核初期形成的岛状核心将逐渐长大，除了吸收单个气相原子之外，还包括核心之间的相互吞并联合过程，从而形成连续的薄膜。主要可能存在奥斯瓦尔多吞并过程、熔结过程和原子团的迁移三种机制。所谓奥斯瓦尔多吞并过程是指当两个大小不同的核心相邻时，尺寸较小的核心中的原子有自蒸发倾向，而较大的核心则因其平衡蒸气压较低而吸收蒸发来的原子，导致较大核心吞并较小核心而长大。熔结过程是指两个相互接触的核心由于表面自由能的降低而引起原子的表面扩散，进而相互吞并的过程。原子团的迁移则是由热激活过程所引起的，一般激活能越低，原子团越小，原子团迁移也就越容易，最终原子团的运动导致其相互碰撞与合并。

在电子显微镜的观测实验中，人们对薄膜的成核和生长已有了较为透彻的了解。在薄膜成核以后，薄膜的生长过程可归结为以下四个主要阶段：岛状阶段、聚结阶段、沟渠阶段和连续阶段。

4.2.4　薄膜生长的晶带模型

在介绍完薄膜沉积初期的形核及核心合并过程之后，我们最后来讨论薄膜生长过程的晶带模型。在原子的沉积过程中包含了三个过程，即气相原子的沉积或吸附、表面扩散以及体扩散过程。这些过程均受到激活能的控制，因此薄膜结构的形成将与衬底相对温度 T_s/T_m 以及沉积原子自身的能量密切相关。下面我们以溅射方法制备的薄膜结构为例，讨论沉积条件对薄膜组织的影响。溅射方法制备的薄膜组织可依沉积条件不同而出现如图 4-5(a) 所示的四种形态。衬底相对温度和溅射气压对薄膜组织的影响如图 4-5(b) 所示。在低温高压下，入射粒子的能量较低，原子的表面扩散能力有限，薄膜的临界核心尺寸很小，不断产生

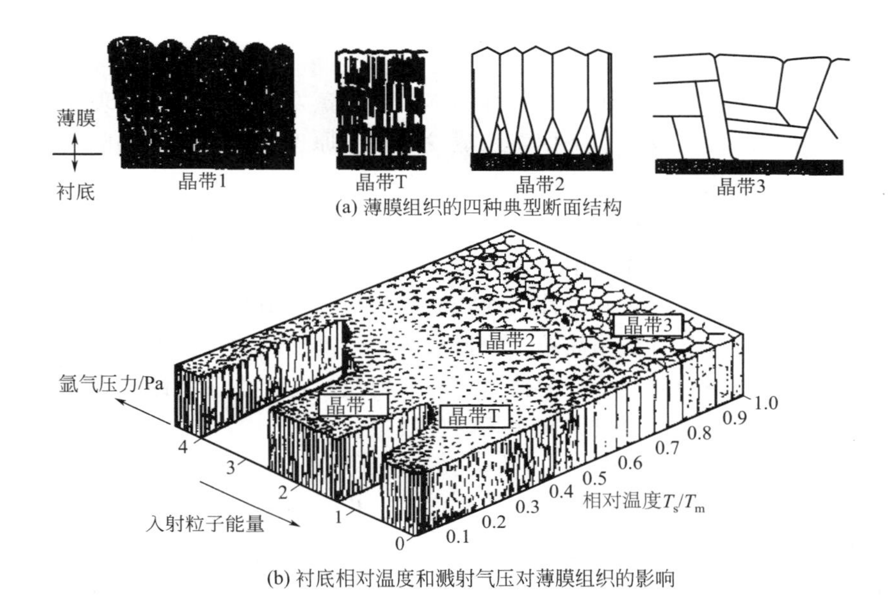

图 4-5　薄膜组织的四种典型断面结构及衬底相对温度和溅射气压对薄膜组织的影响

新的核心，形成的薄膜组织为晶带1型的组织。加上沉积阴影效应的影响，沉积组织呈现细纤维状形态，晶粒内缺陷密度很高，晶粒边界处的组织疏松，细纤维状组织由孔洞所包围，力学性能很差。晶带T型的组织是过渡型组织。沉积过程中原子已开始具有一定的表面扩散能力，因而虽然组织仍保持了细纤维状的特征，但晶粒边界明显地较为致密，机械强度提高，孔洞消失。晶带2型的组织是表面扩散过程控制的生长组织。这时，表面扩散能力已经很高，因而沉积阴影效应的影响下降。组织形态为各个晶粒分别外延而形成均匀的柱状晶组织，晶粒内缺陷密度低，晶粒边界致密性好，力学性能高。晶带3型的薄膜组织是体扩散开始发挥重要作用的结果，随着温度的进一步升高，晶粒开始迅速长大，直至超过薄膜厚度，晶粒内缺陷密度很低。一般在温度较低时，晶带1型和晶带T型生长过程中原子的扩散能力不足，因而这两类生长又被称为抑制型生长；而晶带2型和晶带3型的生长则被称为热激活型生长。

4.3　薄膜的物理制备方法

薄膜的物理制备方法主要以气相沉积方法为主，物理气相沉积（PVD）是指利用某种物理过程，如物质的加热蒸发或在受到粒子轰击时物质表面原子的溅射等现象，实现原子从源物质到薄膜的可控转移的过程。并且具有以下特点：需要使用固态的或者熔融态的物质作为薄膜沉积的源物质；源物质经过物理过程而进入环境（真空腔）；需要相对较低的气体压力环境；在气相中及在衬底表面并不发生化学反应。

物理气相沉积过程可概括为三个阶段：从源物质中发射出粒子；粒子输运到基板；粒子在基板上凝结、成核、长大、成膜。

由于粒子发射方式可以采用多种不同的手段，因此物理气相沉积方法包括真空蒸镀、溅射沉积、离子镀和离子束沉积等，下面将逐一进行简单介绍。

4.3.1　真空蒸镀

真空蒸发和溅射是物理气相沉积的两种基本方法，蒸发更是常见的物理现象，利用蒸发沉积薄膜已成为常用的镀膜技术。下面将从蒸发的基本原理、物质的加热蒸发过程和真空蒸发技术类型等方面进行说明。

4.3.1.1　蒸发的基本原理

真空蒸发镀膜是在真空腔体之中，加热蒸发器中待形成薄膜的材料，使其原子或分子从表面气化逸出形成蒸气流，入射到基片表面，凝固形成固态薄膜的方法。图4-6为真空蒸发镀膜原理。真空蒸发镀膜具有操作简单、快速成膜、较高的真空度以及由此导致的较高薄膜质量等优点，是薄膜制备中应用最广的技术之一。但蒸镀也存在一些缺点，比如薄膜与基片附着力差、工艺重复性不佳、很难大面积均匀成膜等。

4.3.1.2　物质的蒸发过程

物质的蒸发过程涉及物质的蒸气压、蒸发速率、化合物与合金的蒸发、薄膜的厚度均匀性和纯度等问题，是一个相对比较复杂的过程。

（1）物质的蒸气压　物质的饱和蒸气压就是指在一定温度下，真空腔内蒸发物质的气相与凝聚相（液相或固相）动态平衡过程中所表现出的压强。饱和蒸气压随温度的升高而增加。例如，在常温下，水和乙醇等的饱和蒸气压比较大，蒸发很快；而菜油、金属等饱和蒸

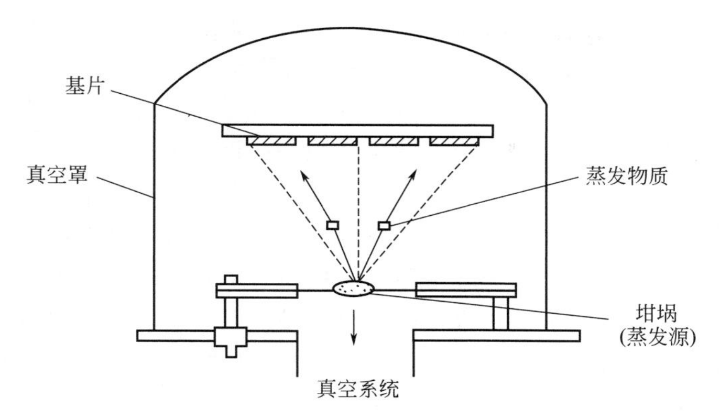

图 4-6　真空蒸发镀膜原理

气压很小，基本上不蒸发。而蒸发温度是指规定物质在饱和蒸气压为 1.3Pa 时的温度，称为该物质的蒸发温度。饱和蒸气压 p_v 与温度 T 的关系可以用克拉珀龙-克劳修斯（Clapeyron-Clausius）方程来表示：

$$\frac{\mathrm{d}p_v}{\mathrm{d}T}=\frac{H_v}{T(V_g-V_s)} \tag{4-13}$$

式中，H_v 为摩尔气化热或蒸发热，J/mol；V_g 和 V_s 分别为气相和固相（凝聚相）的摩尔体积，L/mol。因为 $V_g \gg V_s$，低压气体符合理想气体状态方程，则有：

$$\frac{\mathrm{d}p_v}{\mathrm{d}T}=\frac{p_v H_v}{RT^2} \tag{4-14}$$

因此，饱和蒸气压与温度的关系可以近似表示为：

$$\ln p_v=C-\frac{H_v}{RT} \tag{4-15}$$

也即：

$$\ln p_v=A-\frac{B}{T} \tag{4-16}$$

在描述物质的平衡蒸气压随温度变化的图中，$\ln p$ 与 $1/T$ 两者之间基本上呈现为线性关系。饱和蒸气压与温度的关系曲线对于薄膜制作技术有重要意义，它可以帮助我们合理选择蒸发材料和确定蒸发条件。

（2）物质的蒸发速率　物质的蒸发速率也是一个关键因素。在一定的温度下，每种液体或固体物质都具有特定的平衡蒸气压。只有当环境中被蒸发物质的分压降低到了它的平衡蒸气压以下时，才可能有物质的净蒸发。由气体分子运动论，可求出单位源物质表面上物质的净蒸发速率应为：

$$J_e=\frac{\alpha_e N_A(p_v-p_h)}{\sqrt{2\pi MRT}} \tag{4-17}$$

式中，α_e 为蒸发系数，介于 0～1 之间；N_A 为阿伏伽德罗常数，取 $6.023\times10^{23}\,\mathrm{mol}^{-1}$；$p_h$ 为液体静压强。当 $\alpha_e=1$、$p_h=0$ 时，得到最大蒸发速率为：

$$J_m=\frac{N_A p_v}{\sqrt{2\pi MRT}} \tag{4-18}$$

由于物质的平衡蒸气压随着温度的上升增加很快，因此对物质蒸发速率影响最大的因素是蒸发源的温度。在蒸发温度以上进行蒸发时，蒸发源温度的微小变化可以引起蒸发速率发生很大的变化，蒸发源1%的温度变化会引起铝薄膜蒸发速率发生19%的变化。

(3) 化合物与合金的蒸发　化合物与合金的蒸发也是必须考虑的问题。在化合物的蒸发过程中，蒸发出来的蒸气可能具有完全不同于其固态或液态的成分。另外在气相状态下，还可能发生化合物各组元间的化合与分解过程。上述现象的一个直接后果是沉积后的薄膜成分可能偏离化合物正确的化学组成。合金在蒸发的过程中也会发生成分偏差。但合金的蒸发过程与化合物有所区别。这是因为，合金中原子间的结合力小于在化合物中不同原子间的结合力，因而合金中各组元原子的蒸发过程实际上可以被看成是各自相互独立的过程，就像它们在纯组元蒸发时的情况一样。合金的蒸发可看成为一种理想溶液，结合理想溶液的拉乌尔(Raoult)定律，可得出合金组元A、B的蒸发速率之比为：

$$\frac{\phi_A}{\phi_B}=\frac{\gamma_A x_A p_A(0)}{\gamma_B x_B p_B(0)}\sqrt{\frac{M_B}{M_A}} \tag{4-19}$$

式中，γ为活度系数；x为组元在合金中的摩尔分数；$p(0)$为纯组元的蒸气压；M为摩尔质量。因此由上式就可以确定所需要使用的合金蒸发源的成分。比如，已知在1350K的温度下，Al的蒸气压高于Cu，因而为了获得Al-2%Cu（质量分数）成分的薄膜，需要使用的蒸发源的大致成分应该是Al-13.6%Cu（质量分数）。但对于初始成分确定的蒸发源来说，物质蒸发速率之比将随着时间变化而发生变化。这是因为，易于蒸发的组元的优先蒸发将造成该组元的不断贫化，进而造成该组元蒸发速率的不断下降。解决这一问题的办法如下：其一是使用较多的蒸发物质作为蒸发源；其二是采用向蒸发容器中每次只加入少量被蒸发物质，使其瞬间同步蒸发；其三是利用双源或多源蒸发，分别控制和调节每一组元的蒸发速率。

(4) 薄膜的厚度均匀性和纯度　蒸发过程还涉及薄膜的厚度均匀性和纯度问题。薄膜的沉积方向受到蒸发源及阴影效应的影响也较大。例如，点蒸发源和使用克努森(Knudsen)盒的面蒸发源都将影响到薄膜沉积的厚度均匀性。而阴影效应就是指蒸发出来的物质被障碍物阻挡而未能沉积到衬底之上，在不平的衬底上将会破坏薄膜沉积的均匀性。同时为了有效利用阴影效应，可使用掩膜进行薄膜的选择性沉积。蒸发沉积薄膜的纯度取决于蒸发源的纯度、加热装置及坩埚的污染和真空中的残留气体等。特别是后者必须从改善真空条件入手。蒸发沉积都是在一定的真空环境中进行的，但腔体中的残余气体会对薄膜的形成、结构产生重要的影响。要获得高纯的薄膜，就必须要求残余气体的压强非常低。只有分子的平均自由程远大于源-基距离时，才能有效地减少蒸发分子在输运中的碰撞现象。而分子的平均自由程取决于气体压强，因此，提高真空度是减少蒸发分子在输运过程中碰撞损失的关键。另一方面，需要提高物质的蒸发速率及薄膜的沉积速率。例如，真空度低于10^{-6}Pa，沉积速率为100nm/s，就可以制备出纯度极高的薄膜材料。

4.3.1.3 真空蒸发技术类型

根据加热源设备及其技术的不同，真空蒸发方法主要包括电阻加热蒸发、电子束加热蒸发、激光加热蒸发、分子束外延、电弧加热蒸发及射频加热蒸发等。下面将逐一进行简单介绍。

(1) 电阻加热蒸发　电阻加热蒸发是采用高熔点金属或陶瓷做成适当形状的蒸发器，利用蒸发器的电阻通过电流加热而蒸发物质。电阻加热蒸发是应用较多的一种蒸发加热方法，对于电阻材料来讲，必须满足的条件包括熔点高、饱和蒸气压低、化学性质稳定、与被蒸发物质不发生化学反应及无放气现象和其他污染等。常用的材料为W、Mo、Ta、耐高温的氧化物、陶瓷及石墨坩埚等。图 4-7 为各种形状的电阻加热蒸发源。

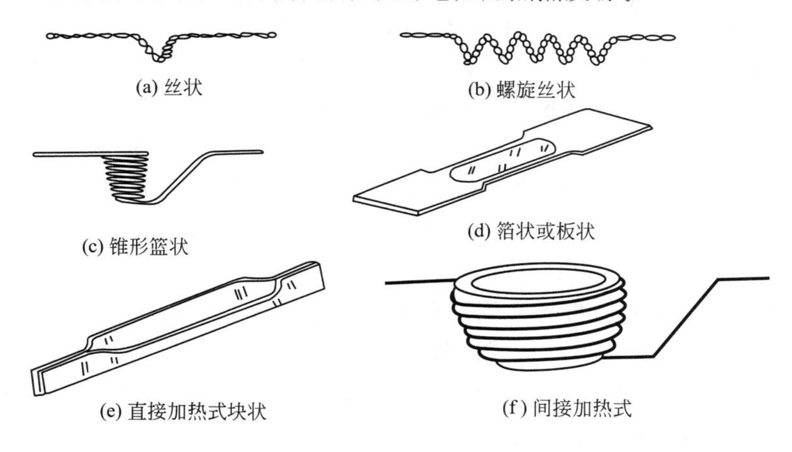

图 4-7 各种形状的电阻加热蒸发源

(2) 电子束加热蒸发 由于电阻加热蒸发源不能满足蒸镀某些高熔点金属和氧化物材料的需要，特别是制备高纯薄膜。电子束加热蒸发克服了电阻加热蒸发的许多缺点，得到广泛应用。其工作原理为：可聚焦的电子束能局部加热待蒸发材料，高能量电子束能使高熔点材料达到足够高温以产生适量的蒸气压。电子束加热的优点包括：电子束的束流密度高，能获得远比电阻加热蒸发源更大的能量密度，能蒸发高熔点材料；被蒸发材料置于水冷坩埚内，避免了容器材料的蒸发以及容器材料与被蒸发材料的反应，提高了薄膜的纯度。但同时也存在结构复杂、价格昂贵等问题。电子束加热蒸发源可分为直枪、E 型枪等几种结构。直枪是一种轴对称的直线加速电子枪，电子光斑在材料表面的扫描易于控制，但体积较大，存在灯丝污染等。E 型枪是应用较多的电子束加热蒸发源，其装置结构如图 4-8 所示。加热的灯丝发射出的电子束受到数千伏的偏置电压的加速，经过横向布置的磁场线圈偏转 270°后到达被轰击的坩埚处。这样可以避免灯丝材料对于沉积过程可能存在的污染。但电子束能量的绝大部分要被坩埚的水冷系统所带走，因而热效率较低。

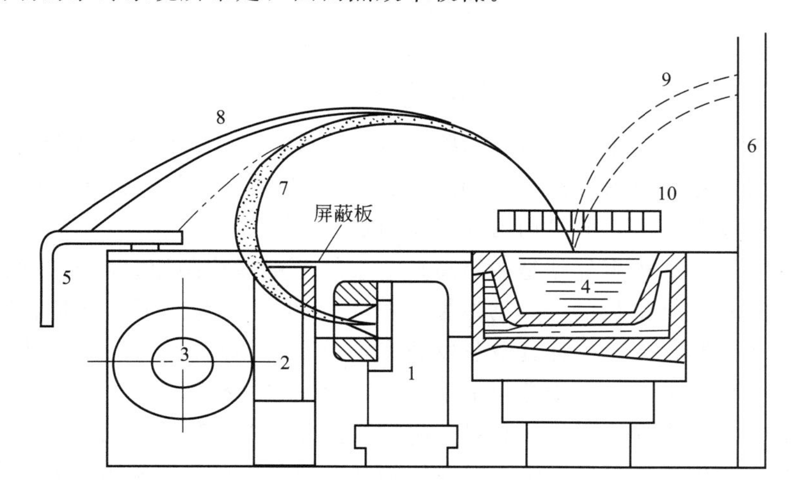

图 4-8 E 型电子束加热装置结构

1—发射体；2—阳极；3—电磁线圈；4—水冷坩埚；5—收集极；6—吸收极；7—电子轨迹；8—正离子轨迹；9—散射电子轨迹；10—等离子体

（3）激光加热蒸发　激光加热蒸发的工作原理如图 4-9 所示。激光光源采用大功率准分子激光器，高能量的激光束透过窗口进入真空室中，经聚焦后可得到 $10^{-6}W/cm^2$ 高功率密度，靶材表面吸收激光束能量以后被烧蚀，使之气化蒸发，形成具有高度取向的羽辉，在基片上凝聚而形成薄膜。目前在脉冲激光沉积（PLD）技术中采用的激光器主要是固态 Nd^{3+}：YAG（1064nm）激光器和气体准分子 ArF（193nm）、KrF（248nm）及 XeCl（308nm）激光器，另外还有连续波长 CO_2 激光器、脉冲红宝石激光器等。棱镜或凸透镜等窗口材料必须尽量透过可见光和紫外线，经常采用 MgF_2、CaF_2 和 UV 石英等材料。激光加热蒸发属于高真空制膜技术，具有许多优点。

① 高能激光光子将能量直接转移到被蒸发的原子，因此激光加热温度比其他的蒸发法温度高，可蒸发绝大多数高熔点材料，且蒸发速率很高。

② 激光加热能对化合物或合金起到“闪蒸”的效果，因而其最大的优点就是薄膜成分能做到与靶材一致，不易出现分馏现象。

③ 激光器在真空室外，可避免污染，有利于制备高纯薄膜，同时还可调节真空室内的反应气氛等。

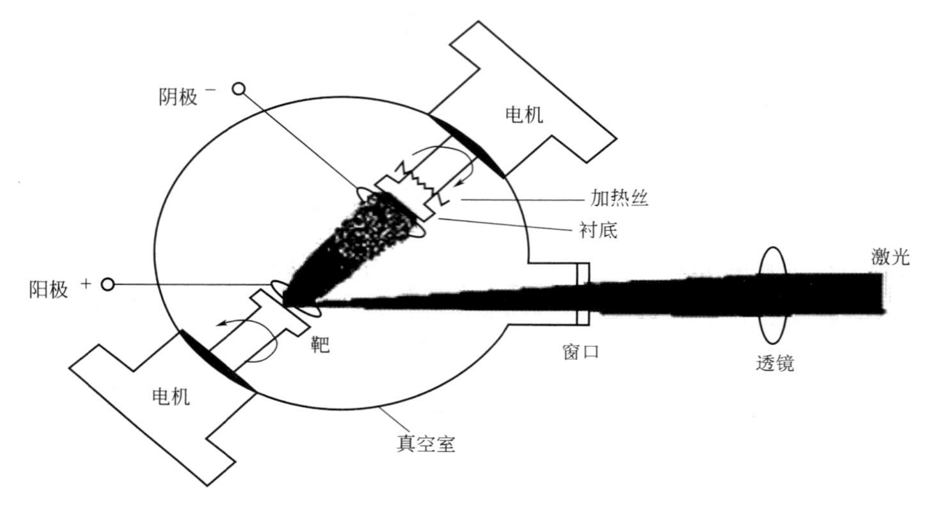

图 4-9　激光加热蒸发的工作原理

因此，激光加热蒸发技术非常适合那些高熔点、成分复杂的化合物或合金的制备，比如近年研究较多的高温超导材料 $YBa_2Cu_3O_7$，也非常适合陶瓷材料的制备。但激光加热蒸发设备昂贵，离子化颗粒飞溅，薄膜均匀性存在问题。

（4）分子束外延　分子束外延是在超高真空条件下精确控制原材料的中性分子束强度，在加热的基片上进行外延生长的一种薄膜制备技术。图 4-10 为分子束外延装置原理。从本质上来讲，分子束外延也属于一种真空蒸发技术，但具有超高真空、原位监测和分析系统，能够获得高质量的单晶薄膜。近十几年来半导体物理学和材料科学中的一个重大突破就是采用分子束外延技术制备半导体超晶格和量子阱材料。分子束外延技术已广泛应用于固态微波器件、光电器件、超大规模集成电路、光通信和制备超晶格材料等领域。分子束外延技术具有如下特点。

① 分子束外延可以严格控制薄膜生长过程和生长速率。分子束外延虽然也是以气体分子论为基础的蒸发过程，但它并不以蒸发温度为控制参数，而是以四极质谱仪、原子吸收光

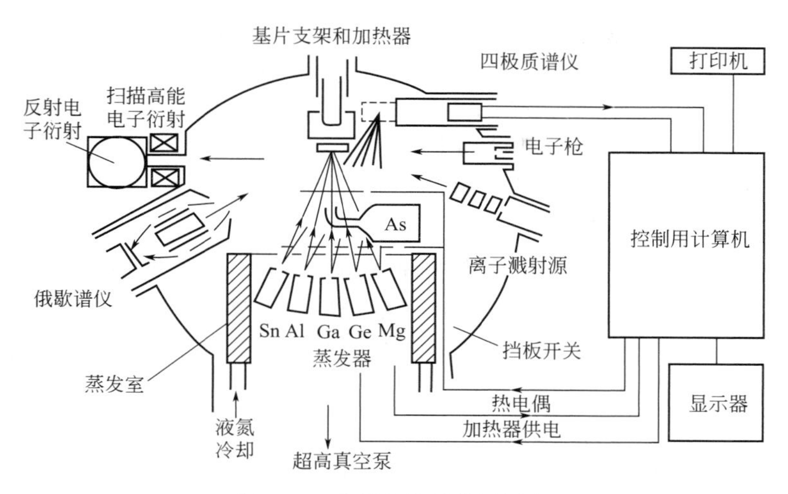

图 4-10　分子束外延装置原理

谱仪等近代分析仪器精密控制分子束的种类和强度。在超高真空条件下，可以利用多种表面分析仪器实时进行成分、结构及生长过程等监测和分析。

② 分子束外延是一个超高真空的物理沉积过程，既不需要中间化学反应，又不受质量输运的影响，利用快门可对生长和中断进行瞬时控制。薄膜组成和掺杂浓度可以随源的变化做迅速调整。

③ 分子束外延的衬底温度低，降低了界面上热膨胀引入的晶格失配效应和衬底杂质对外延层自掺杂扩散的影响。

④ 分子束外延是一个动力学过程，而且生长速率低。入射的中性粒子（原子或分子）一个一个堆积在衬底上进行生长，而不是一个热力学过程，所以它可以生长普通热平衡生长难以生长的薄膜。同时生长速率低，相当于每秒生长一个单原子层，有利于精确控制薄膜厚度、结构和成分，形成陡峭的异质结结构，并且特别适合生长超晶格材料。

分子束外延生长方法也存在设备昂贵、维护费用高、生长时间长、不易大规模生产等问题。

（5）其他加热蒸发简介　常见的蒸发技术除了上述几种加热蒸发方法之外，还有电弧加热蒸发及高频感应蒸发等。电弧加热蒸发设备简单，是一种较为廉价的蒸发技术。与电子束加热蒸发方式相类似，它也具有可以避免加热丝或坩埚材料污染、加热温度较高的特点，特别适用于高熔点且具有一定导电性的难熔金属的蒸发。在这种方法中，使用欲蒸发的材料作为放电电极，依靠调节真空室内电极间距的方法来点燃电弧，瞬间的高温电弧将使电极端部产生蒸发，从而实现薄膜的沉积。这种方法的缺点和激光加热蒸发相似，即在放电过程中容易产生微米量级大小的颗粒飞溅，影响薄膜的均匀性。而高频感应加热蒸发就是将坩埚放在一个螺旋线圈中，利用高频电源通过电磁场感应加热使原材料加热蒸发。此方法蒸发速率高，但温度精确控制较难，高频设备笨重而昂贵，同时被蒸发物质要具有一定的导电性，因此仅应用于一些高熔点金属及合金薄膜的制备。

4.3.2　溅射沉积

所谓的溅射就是指物质受到适当的高能离子轰击，表面的原子通过碰撞获得足够的能量而逃逸，将原子从表面发射出去的一种方式。1852 年，Grove 在研究辉光放电时首次发现了这一现象。Thomson 将其形象地类比为水花飞溅现象，称为“sputtering”。溅射法具有附着力好、重复性佳、多元合金薄膜成分容易控制、可在大面积基片上获得均匀薄膜等优点，因此已广泛应用于各种薄膜的制备之中，比如金属、合金、半导体、氧化物、氮化物、超导薄膜等。相比真空蒸发法，也存在沉积速率较低、基片与薄膜受等离子体的辐射、薄膜纯度不及真空蒸发法等缺点。下面将对溅射的基本原理和常见的溅射装置进行简单的介绍。

4.3.2.1 溅射的基本原理

用带有几十电子伏以上动能的离子轰击固体表面，表面原子获得入射离子所带的部分能量而在真空中放出，在这一溅射过程中，离子的产生与等离子体的产生或气体的辉光放电过程密切相关。因此，我们必须首先对气体放电现象有所了解，同时对于溅射特性的了解对理解溅射沉积过程非常重要。

（1）辉光放电　下面首先以直流辉光放电进行说明。图 4-11 为直流溅射沉积装置。以靶材作为阴极，阳极衬底加载数千伏的电压，在对系统抽真空之后，充入适当压力的惰性气体，辉光放电一般是在真空度 10^{-1}～10Pa 的 Ar 气体中，两个电极之间在一定电压下产生的一种气体放电现象。在高压作用之下，Ar 气体电离，带正电的 Ar^{+} 在高压电场的加速作用下高速轰击阴极靶材，使大量靶材原子脱离束缚而飞向衬底。在这一溅射过程中，还伴随二次电子、离子及光子等从阴极的发射。因此，溅射过程比蒸发过程要复杂得多，定量描述较为困难。而气体放电时，两电极之间的电压与电流的关系也非常复杂，不能用欧姆定律描述。图 4-12 为直流辉光放电伏安特性曲线。根据电流、电压不同及气体放电的特点，气体的放电可大致划分为无光放电、汤森放电、正常辉光放电、非正常（异常）辉光放电和弧光放电等。

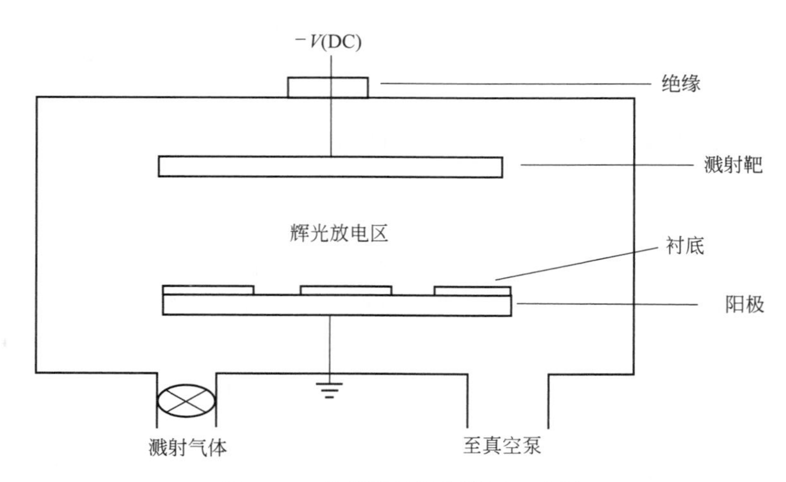

图 4-11　直流溅射沉积装置示意图

① 无光放电区　在开始逐渐提高两个电极之间电压时，电极之间几乎没有电流流过，这时气体原子大多处于中性状态，只是由于宇宙射线产生的游离离子和电子在直流电压作用下运动形成微弱的电流，一般为 10^{-16}～10^{-14} A，自然游离的离子和电子是有限的，所以随电压增加，电流变化很小。如图中曲线 AB 所示。

② 汤森放电区　随电压升高，电子运动速度逐渐加快，由于频繁地碰撞而使气体分子开始产生电离，同时离子对阴极的碰撞也将产生二次电子反射，上述碰撞过程导致离子和电子数目呈雪崩式增加。这时随着放电电流的迅速增加，电压变化却不大，于是在伏安特性曲

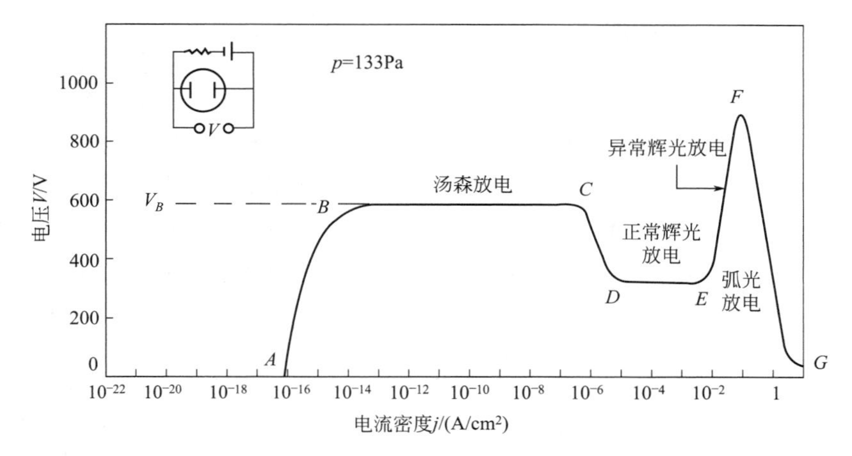

图 4-12　直流辉光放电伏安特性曲线

线 BC 区间出现汤森放电区。在汤森放电后期，放电进入电晕放电阶段，如曲线 CD 所示，在电场强度较高的电极尖端部位出现一些跳跃的电晕光斑。无光放电与汤森放电都以自然电离源为前提，且导电而不发光，称为非自持放电。

③ 正常辉光放电区　在上述放电阶段之后，气体突然发生放电击穿现象，电流大幅度增加，放电电压显著下降。被击穿气体的内阻随电离度的增加而显著下降，放电区由原来只集中于阴极边缘和不规则处而扩展至整个电极，会产生明显的辉光。辉光放电属于自持放电，电流密度范围在 2～3 个数量级，电流与电压无关，而与辉光覆盖面积有关，同时电流密度恒定，与阴极材料、气体压强和种类有关，但溅射功率不高，如曲线 DE 所示。

④ 异常辉光放电区　当离子轰击覆盖住整个阴极表面之后，进一步增加功率，放电电压和电流同时增加，电流的增加将使得辉光区域扩展到整个放电长度上，辉光亮度提高，进入非正常辉光放电区，如曲线 EF 所示。异常辉光放电一般是溅射方法常采用的气体放电形式。此时若要提高电流密度，必须增加阴极压降，形成更多的正离子轰击阴极，产生更多的二次电子。

⑤ 弧光放电区　随着电流的继续增加，放电电压将再次突然大幅度下降，电流剧烈增加，放电进入弧光放电区，如曲线 FG 所示。弧光放电比较危险，此时极间电压陡降，电流突然增大，相当于极间短路，容易损坏电源，放电集中在阴极局部，常使阴极烧毁。

直流辉光放电区域的划分如图 4-13 所示。从阴极至阳极的整个放电区域可被划分为阿

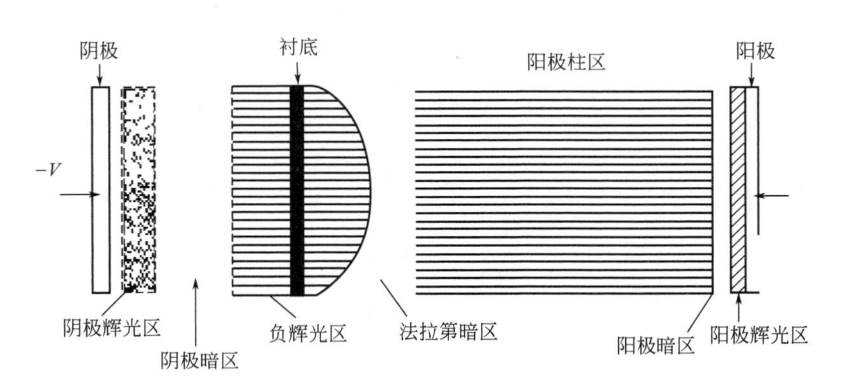

图 4-13　直流辉光放电区域的划分（此图中无阿斯顿暗区）

斯顿暗区、阴极辉光区、阴极暗区、负辉光区、法拉第暗区、阳极柱区、阳极暗区和阳极辉光区八个发光强度不同的区域。其中的暗区相当于离子和电子从电场获得能量的加速区；而辉光区相当于不同粒子发生碰撞、电离、复合的区域。冷阴极发射的电子约 1eV，很少发生电离和激活，所以在阴极附近形成阿斯顿暗区。在阴极附近有一个明亮的辉光区，加速电子与气体分子碰撞后，激发态分子退激以及进入该区的二次电子与正离子复合形成中性原子，形成阴极辉光区。穿过阴极辉光区的二次电子，不易与正离子复合，形成阴极暗区，成为其主要加速区。随着电子速度增大，于是离开阴极暗区后与气体发生碰撞，使大量气体电离。正离子移动速度慢而产生积聚，电位升高，与阴极之间的电位差成为阴极压降，同时电子在高浓度正离子积聚区经过碰撞而速度降低，复合概率增加而形成明亮的负辉光区。少数电子穿过负辉光区，形成法拉第暗区。法拉第暗区过后，少数电子逐渐加速，并且使气体电离，由于电子较少，产生的正离子不会形成密集的空间电荷，此区域电压降很小，类似一个良导体，称为阳极柱区。上述放电区的划分只是一种比较典型的情况，实际上还与容器的尺寸、气体的种类、气压、电极的种类及布置情况等相关。其中主要涉及与溅射相关的问题有以下几个：第一，在阴极暗区周围形成的正离子轰击阴极靶材；第二，电压不变而改变电极间距时，主要发生变化的是阳极光柱的长度，而从阴极到负辉光区的距离几乎不变；第三，在溅射镀膜装置中，阴极和阳极之间距离至少要大于阴极与负辉光区的距离。

（2）溅射特性　离子与固体表面相互作用的关系及各种溅射产物如图 4-14 所示。离子与固体表面发生复杂的一系列物理过程，其中每种物理过程的相对重要性取决于入射离子的能量。了解溅射特性同样对于理解溅射沉积过程非常重要。表征溅射特性的参量主要有溅射阈值和溅射产额。

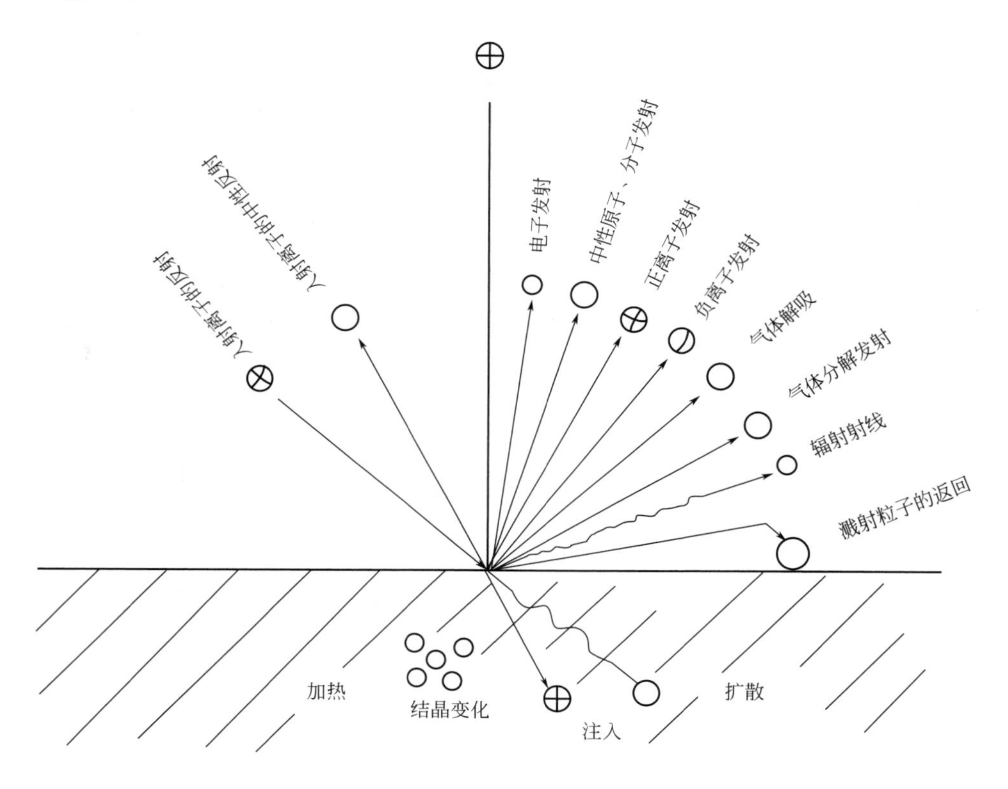

图 4-14　离子与固体表面相互作用的关系及各种溅射产物

溅射阈值是指将靶材原子溅射出来所需的入射离子最小能量值。当入射离子能量低于溅射阈值时，不会产生溅射现象。溅射阈值与靶材有很大关系，随靶材原子序数增加而减小，对大多数金属来说，溅射阈值为20～40eV。

溅射产额又称溅射系数或溅射率，是指被溅射出来的原子数与入射离子数之比，是描述溅射特性的一个重要参数。溅射产额与入射离子的种类、能量、角度以及靶材的类型、表面状态及溅射压强等因素均有关系。

（3）合金的溅射和沉积　溅射法易于保证所制备薄膜的化学成分与靶材基本一致，蒸发法却是很难做到的，原因可以归纳为以下两点。

① 不同成分之间的平衡蒸气压差别太大，而溅射产额之间的差别则较小。比如在1500K时，易于蒸发的硫属物质的蒸气压比难熔金属的蒸气压高出10个数量级以上，而它们在溅射产额方面的差别则要小得多。

② 在蒸发的情况下，被蒸发物质多处于熔融状态，造成被蒸发物质的表面成分持续变动。而溅射过程中靶材物质扩散能力较弱，由于溅射产额差别造成的靶材表面成分的偏离很快就会使靶材表面成分趋于某一平衡成分，从而在随后的溅射过程中实现一种成分的自动补偿效应。即溅射产额高的物质已经贫化，溅射速率下降；而溅射产额低的物质得到了富集，溅射速率上升。其最终的结果是，尽管靶材表面的化学成分已经改变，但溅射出来的物质成分却与靶材的原始成分相同。所以一般合金靶材需要经过一定的溅射时间，使其表面成分达到平衡后，再开始正式的溅射过程，预溅射层的深度一般需要达到几百个原子层左右。

4.3.2.2　溅射的装置

溅射装置种类繁多，主要的溅射方法可分为以下四种：直流溅射、射频溅射、磁控溅射和反应溅射。直流溅射一般只能用于靶材为良导体材料的溅射；射频溅射则适用于导体、半导体及绝缘体等任何材质的靶材溅射；磁控溅射通过施加磁场束缚和延长电子的运动轨迹，进而提高溅射效率，同时沉积温度低；而反应溅射则是在溅射过程中引入反应气体，使之与靶材溅射出来的物质发生化学反应，从而生成与靶材不同的薄膜材料。

（1）直流溅射　直流溅射又称二极溅射或阴极溅射，使用直流电源，将靶材放在阴极而衬底放在接地的阳极之上，就构成了直流溅射系统，如图4-11所示。工作时，先将真空室预抽到高真空，然后充入氩气，压强在1～10Pa范围内，然后给电极加上高压，便会开始产生异常辉光放电。气体电离成等离子体，带正电的Ar^+受到电场加速轰击阴极靶材，溅射出靶材原子，沉积到衬底之上，从而实现溅射成膜。一般直流溅射的功率为0.5～1kW，额定电流为1A，电压可调范围为0～1kV。直流溅射装置结构简单，可以大面积均匀成膜。但存在一些缺点，比如靶材必须是导体，溅射参数不易独立控制，溅射气压较高，残留气体将影响薄膜纯度，基片温度升高，沉积速率较低等。

（2）射频溅射　当用交流电源代替直流电源之后，由于交流电源的频率在射频段（一般为13.56MHz），所以就构成射频溅射系统。射频溅射是适用于各种金属和非金属材料的一种溅射沉积方法。图4-15为射频溅射装置。电源由射频发生器和匹配网络所组成。匹配网络用来调节输入阻抗，使其与射频电源的输出阻抗相匹配，达到最大输出功率。直流溅射中如果是使用绝缘靶，那么正离子就会在靶材上积累，从而提高阴极电位，导致辉光熄灭。当采用交流电源时，由于其正负极性发生周期性交替，当溅射靶处于正半周时，电子流向靶面中和其表面积累的正电荷并积累电子而呈负偏压，导致在负半周时吸引正离子轰击靶材，从而实现连续溅射。在射频溅射装置中，等离子体中的电子容易在射频场中吸收能量并在电场

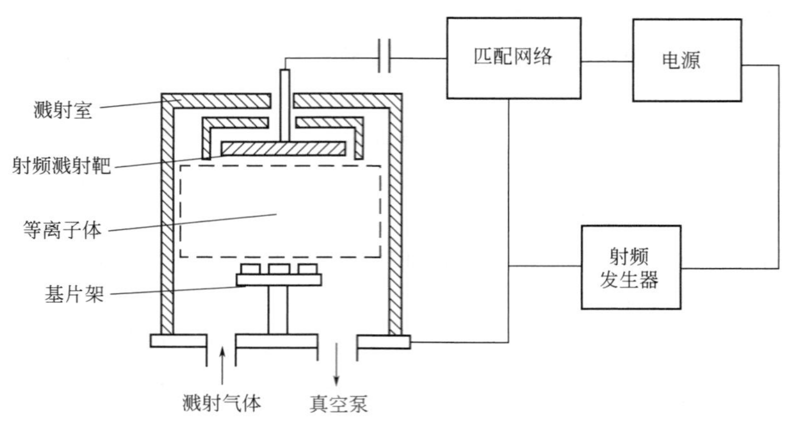

图 4-15　射频溅射装置示意图

中振荡，因此电子与工作气体分子碰撞概率非常大，故使得击穿电压、放电电压和工作气压显著降低。

(3) 磁控溅射　磁控溅射是 20 世纪 70 年代发展起来的一种高速溅射技术。因为直流溅射沉积方法具有两个显著缺点，一是溅射方法沉积薄膜的沉积速率较低，二是溅射所需的工作气压较高，这两者的综合效果使气体分子对薄膜产生污染的可能性提高。而磁控溅射技术作为一种沉积速率较高、工作气压低的溅射技术具有其独特的优越性，通过在阴极靶材表面引入磁场，利用磁场对带电粒子的束缚来提高等离子体密度，使气体电离从 0.3%～0.5%提高到5%～6%，以增加溅射率。磁控溅射的工作原理如图 4-16 所示。电子在电场作用下，在飞向衬底的过程中与 Ar 原子发生碰撞，使其电离出 Ar^+ 和新的电子，Ar^+ 在电场作用下加速轰击靶材，发生溅射。溅射中产生的二次电子会受到电场和磁场作用，若为环形磁场，则电子就近似摆线形式在靶表面作圆周运动，运动路径很长，而且被束缚在靠近靶表面的等离子体区域内，并且在该区域电离出大量的 Ar^+ 轰击靶材，从而提高沉积速率。随着碰撞次数的增加，二次电子能量消耗殆尽，逐步远离靶材，在电场作用下最终沉积到衬底之上，由于能量已经很小了，因此基片的温度上升有限。磁控溅射的特点可以概括为：在阴极靶的表面形成一个正交的电磁场；由于电子一般经过大约上百米的飞行才能到达阳极，碰撞频率约为 $10^{-7}s^{-1}$，因而电离效率高；可以在低真空 10^{-1}Pa、溅射电压数百伏、靶流可达到几十毫安每平方米条件下实现低温、高速溅射。磁控溅射源可分为柱状磁控溅射源、平

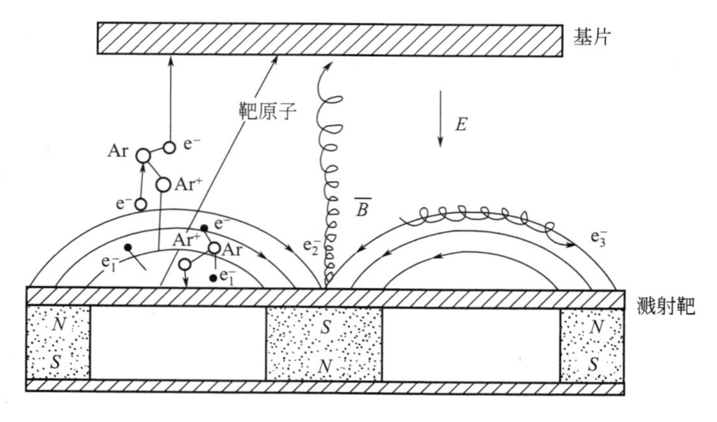

图 4-16　磁控溅射的工作原理

面磁控溅射源和S枪磁控溅射源等，特别是后者在溅射功率密度、靶材利用率、膜厚均匀性等方面都优于普通的磁控溅射。但是磁控溅射也存在两个问题：第一，难以溅射磁性靶材，因为磁通被磁性靶材短路；第二，靶材的溅射刻蚀不均匀，利用率较低。

（4）反应溅射　与反应蒸发相类似，在溅射过程中引入反应气体，就可以控制生成薄膜的组成和特性，称为反应溅射。图 4-17 为反应溅射过程。利用化合物直接作为靶材也可以实现溅射，但在有些情况下，化合物的溅射过程中也会发生气态或固态的分解过程，沉积得到的物质往往与靶材的化学组成有很大的差别。因此可采用纯金属作为溅射靶材，在工作气体 Ar 中混入适量的活性气体如 O_2、N_2、NH_3、CH_4、H_2S 等，使其在溅射沉积的同时生成特定的化合物，从而一步完成从溅射、反应到沉积多个步骤。利用这种方法可以沉积的化合物包括各种氧化物、碳化物、氮化物、硫化物以及其他各种复合化合物等。显然，通过控制反应溅射过程中活性气体的压力，得到的沉积产物可以是有一定固溶度的合金固溶体，也可以是化合物，甚至还可以是上述两相的混合物。一般来说，提高等离子体中活性气体的分压将有利于化合物的形成。

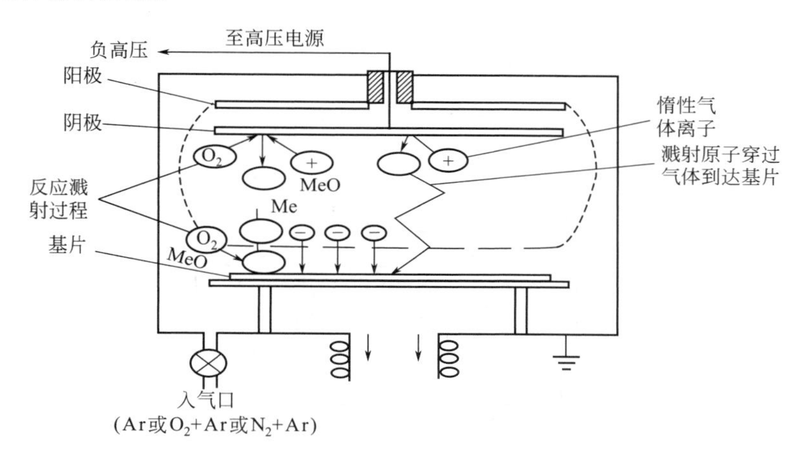

图 4-17　反应溅射过程示意图

其实溅射的种类还很多，比如偏压溅射、三极或四极溅射、对向靶溅射、非对称交流溅射及吸气溅射等。溅射技术已广泛应用于现代电子工业、塑料工业、太阳能利用、机械及化学应用等领域，与真空蒸发法一起成为物理气相沉积中最常见的两种沉积技术，而且为了充分利用这两种方法各自的特点，还开发了一些介于上述两种方法之间的新的薄膜物理气相沉积技术。

4.3.3　离子镀和离子束沉积

为了充分利用溅射和蒸发两种方法的各自特点，在真空蒸发和真空溅射技术基础上开发了一种新型的薄膜沉积技术——离子镀和离子束沉积。

（1）离子镀　离子镀是在真空条件下，利用气体放电使气体或被蒸发物质部分离化，在气体离子或被蒸发物质离子轰击作用的同时把蒸发物或其反应物沉积在基片上。离子镀把气体的辉光放电、等离子体技术与真空蒸发镀膜技术结合在一起，不仅明显地提高了镀层的各种性能，而且大大扩充了镀膜技术的应用范围。近年来在国内外都得到迅速发展。离子镀的典型结构如图 4-18 所示。基片为阴极，蒸发源为阳极，蒸发源气体被电离形成离子，蒸发沉积和溅射同时进行。因此离子镀的一个必备条件就是造成一个气体放电的空间，将镀料原子引进放电空间，使其部分离化。离子镀的类型很多，按材料气化方式可分为电阻加热、电子束加热、高频感应加热、阴极弧光放电加热等；按原子电离或激活方式又可分为辉光放电型、电子束型、热电子型、电弧放电型以及各种离子源等。在一般情况下，离子镀膜设备主要由真空室、蒸发源（或气源、溅射源等）、高压电源、离化装置、放置基片的阴极等部分组成。离子镀的主要优点在于它所制备的薄膜与衬底之间具有良好的附着力，薄膜结构致密。因为在蒸发沉积之前以及沉积的同时采用离子轰击衬底和薄膜表面的方法，可以在薄膜与衬底之间形成粗糙洁净的界面，并且形成均匀致密的薄膜结构和抑制柱状晶生长，其中前者可提高薄膜与衬底之间的附着力，而后者可以提高薄膜的致密性，细化薄膜微观组织。离子镀的另一个优点是它可以提高薄膜对于复杂外形表面的覆盖能力。因为其沉积原子在沉积至衬底表面时具有更高的动能和迁移能力。但离子镀也存在一些缺点，比如薄膜中的缺陷密度较高，薄膜与基片的过渡区较宽，在电子器件应用中受到限制，由于高能粒子轰击使基片温度较高，必须对基片进行冷却，薄膜中含有气体量较高等。离子镀主要应用领域是制备钢及其他金属材料的硬质涂层，如各种工具耐磨涂层中使用的 TiN、CrN 等。这一技术被广泛用来制备氮化物、氧化物以及碳化物等涂层。

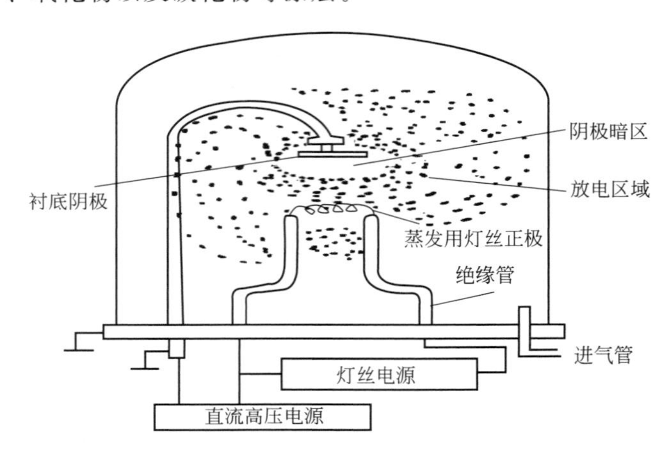

图 4-18　离子镀的典型结构示意图

（2）离子束沉积　前面各种溅射方法都是利用辉光放电产生的离子进行溅射，基片置于等离子体中，存在如下问题：基片受电子轰击，温升；薄膜易混入杂质气体分子，纯度差；在溅射条件下，气体压力、放电电流、电压等参数不能独立控制；工艺重复性差。而采用离子束沉积则具有以下优点：高真空下成膜，杂质少，纯度高；沉积在无场区进行，基片不是电路的一部分，不会产生电子轰击引起的基片温升；可以对工艺参数独立地严格控制，重复性好；适合于制备多组分的多层薄膜；可制备几乎所有材料的薄膜，对饱和蒸气压低、熔点高的物质的沉积更为适合。离子束沉积的种类可分为一次离子束沉积和二次离子束沉积。一次离子束沉积中离子束由薄膜材料的离子组成，离子能量较低，到达基片后就沉积成膜。二次离子束沉积中离子束由惰性气体或反应气体的离子组成，离子能量高，它们打到由薄膜材料构成的靶上，引起靶原子溅射，并且在衬底上形成薄膜。在双离子束沉积系统中，如图 4-19所示，第一个是惰性气体放电离子源，轰击靶材产生溅射；第二个是反应气体放电引起的离子束直接对准基片，对薄膜进行动态照射，通过轰击、反应或嵌入作用来控制和改变薄膜的结构和性能。

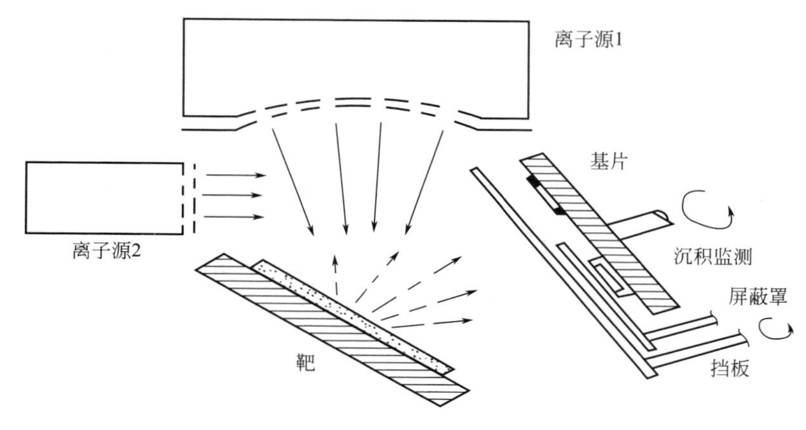

图 4-19　双离子束沉积原理示意图

4.4　薄膜的化学制备方法

薄膜的化学制备方法需要一定的化学反应，这种化学反应可由热效应、等离子体、微波、激光等手段引起，也可由离子的电致分离引起。薄膜的化学制备方法主要分为化学气相沉积（CVD）和溶液镀膜法，化学气相沉积包括热 CVD、等离子体 CVD 及光 CVD 等，溶液镀膜法则包括化学镀膜法、溶胶-凝胶法、阳极氧化技术、电镀技术、LB 技术等。尽管化学方法沉积过程与控制较为复杂，但其使用的设备简单、价格低廉，在现代高新技术如微电子技术中更是得到了广泛的应用。

4.4.1　化学气相沉积

与物理气相沉积不同，化学气相沉积技术利用气态先驱反应物，通过原子、分子间化学反应的途径生成固态薄膜。CVD 相对于其他薄膜沉积技术具有以下优点：可准确控制薄膜的组分及掺杂水平；可在复杂形状的基片上成膜；由于许多反应可以在常压下进行，所以不需要昂贵的真空设备；CVD 的高沉积温度使晶体的结晶更为完整；可利用材料在熔点附近蒸发时分解的特点制备其他方法无法得到的材料等。其缺点是：推动化学反应需要高温；反应气体会与基片或设备发生反应；CVD 系统比较复杂，需要控制的参数较多。CVD 实际上很早就有应用，用于材料精制、装饰涂层、耐氧化涂层、耐腐蚀涂层等。在电子学方面，CVD 用于制作半导体电极等。CVD 一开始用于硅、锗的精制，随后用于适合外延生长法制作的材料。表面保护膜一开始只限于氧化膜、氮化膜等，之后添加了由Ⅲ、Ⅴ族元素构成的新的氧化膜，最近还开发了金属膜、硅化物膜等。以上这些薄膜的 CVD 为人们所注意。CVD 制备的多晶硅膜在电子器件上得到广泛应用，这是 CVD 最有效的应用之一。

在 CVD 反应成膜的过程中，可控制的变量有气体流量、气体组分、沉积温度、气压及真空室构型等。用于制备薄膜的化学气相沉积涉及三个基本过程：反应物的输运过程、化学反应过程和去除反应副产物过程。CVD 基本原理包括反应化学、热力学、动力学、输运过程、薄膜成核与生长、反应器工程等学科领域。这里仅对 CVD 技术所涉及的化学反应及化学气相沉积的分类进行简单介绍。

4.4.1.1 化学气相沉积中的化学反应类型

（1）热分解反应 早期制备 Si 薄膜的方法就是在一定温度下使硅烷分解，化学反应为：

$$SiH_4(g) \longrightarrow Si(s) + 2H_2(g) \tag{4-20}$$

Si—H 键能小，热分解温度低，产物氢气无腐蚀性。许多元素的氢化物、羟基化合物和有机金属化合物可以气态存在，在适当的条件下会发生热分解反应而在衬底上生成薄膜。关键是源物质的选择和确定热分解温度。

（2）还原反应 一个典型的例子就是 H_2 还原卤化物如 $SiCl_4$，还原反应为：

$$SiCl_4(g) + 2H_2(g) \longrightarrow Si(s) + 4HCl(g) \tag{4-21}$$

许多元素的卤化物、羟基化合物、卤氧化物等虽然也可以气态存在，但它们具有相当的热稳定性，因而需要采用适当的还原剂（如 H_2）才能将其置换出来，还有各种难熔金属 W、Mo 等薄膜的制备。

（3）氧化反应 例如，SiO_2 薄膜的制备就是利用 O_2 作为氧化剂对 SiH_4 进行的氧化反应：

$$SiH_4(g) + O_2(g) \longrightarrow SiO_2(s) + 2H_2(g) \tag{4-22}$$

这种沉积方法经常应用于半导体绝缘层和光导纤维原料的沉积。

（4）氮化反应和碳化反应 氮化硅和碳化钛的制备就是两个典型的例子：

$$3SiH_4(g) + 4NH_3(g) \longrightarrow Si_3N_4(s) + 12H_2(g) \tag{4-23}$$

$$TiCl_4(g) + CH_4(g) \longrightarrow TiC(s) + 4HCl(g) \tag{4-24}$$

（5）化合物的制备 由有机金属化合物可以沉积得到Ⅲ-Ⅴ族化合物：

$$Ga(CH_3)_3(g) + AsH_3(g) \longrightarrow GaAs(s) + 3CH_4(g) \tag{4-25}$$

（6）歧化反应 某些元素具有多种气态化合物，其稳定性各不相同，外界条件的变化往往可促使一种化合物转变为稳定性较高的另一种化合物，这就是利用歧化反应实现薄膜的沉积：

$$2GeI_2(g) \longrightarrow Ge(s) + GeI_4(g) \tag{4-26}$$

CVD 技术中除了上述反应之外，还涉及可逆反应、气相输运等其他的化学反应类型，由于化学反应的途径可能是多种多样的，因此制备同一种材料可能有多种不同的 CVD 方法。

4.4.1.2 化学气相沉积装置

CVD 反应体系必须具备以下条件：在沉积温度下，反应物具有足够的蒸气压，并且能以适当的速率被引入反应室；反应产物除了形成固态薄膜物质外，都必须是挥发性的；沉积薄膜和基体材料必须具有足够低的蒸气压。根据薄膜的化学气相沉积涉及三个基本过程，一般 CVD 装置往往包括以下几个基本部分：反应气体和载气的供给和计量装置；必要的加热和冷却系统；反应产物气体的排出装置。CVD 按照激励化学反应的方式可分为热 CVD、等离子体 CVD 和光 CVD 等；按照其他一些分类标准又可分为高温和低温 CVD、开口式和封闭式 CVD、立式和卧式 CVD、冷壁和热壁 CVD、低压和常压 CVD 等。下面介绍几种基本的 CVD 装置。

（1）热 CVD 典型的立式和卧式 CVD 装置分别如图 4-20 和图 4-21 所示，包括进气系统、反应室、排气系统、尾气处理系统、加热器等，都是开口式 CVD。通常在常压下开口操作，装、卸料方便。

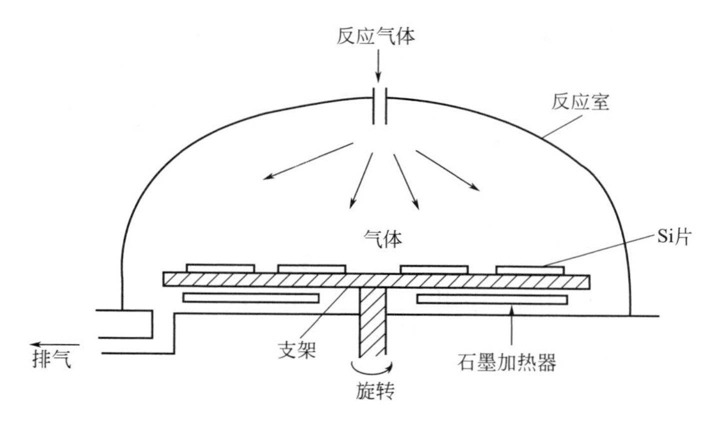

图 4-20　立式 CVD 装置

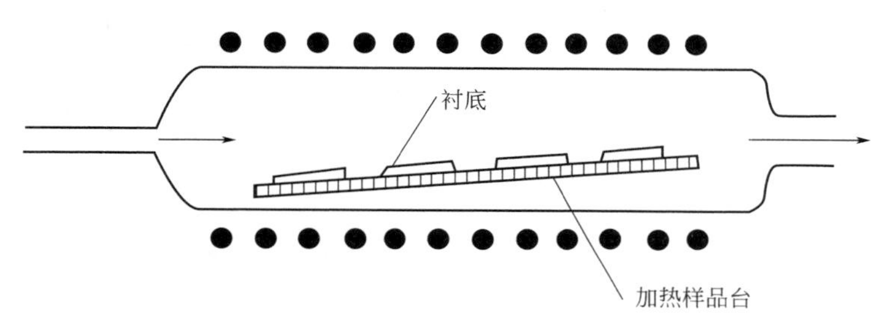

图 4-21　卧式 CVD 装置

冷壁 CVD 是指器壁和原料区都不加热，仅基片被加热，沉积区一般采用感应加热或光辐射加热。缺点是有较大温差，温度均匀性问题需特别设计来克服。适合反应物在室温下是气体或具有较高蒸气压的液体。而热壁 CVD 的器壁和原料区都是加热的，反应器壁加热是为了防止反应物冷凝。管壁有反应物沉积，易剥落造成污染。

下面简单介绍一下封闭式 CVD。图 4-22 为封闭式 CVD 反应器。封闭式 CVD 的优点就是污染的机会少，不必连续抽气保持反应器内的真空，可以沉积蒸气压高的物质。其缺点为材料生长速率慢，不适合大批量生长，一次性反应器，生长成本高，管内压力检测困难，存在爆炸危险等。封闭式 CVD 的关键环节在于把握反应器材料选择、装料压力计算、温度选择和控制等。

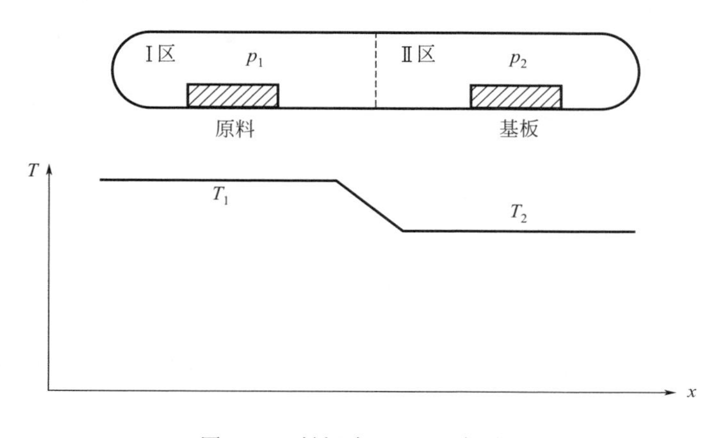

图 4-22　封闭式 CVD 反应器

早期CVD技术以开管系统的常压CVD（APCVD）为主。近年来CVD技术令人注目的新发展是低压CVD（LPCVD）技术的出现。图4-23为LPCVD设备。其原理与APCVD基本相同，多一套真空系统，主要差别是低压下气体扩散系数增大，使气态反应物和副产物的质量传输速率加快，形成薄膜的反应速率增加。LPCVD的优点如下。

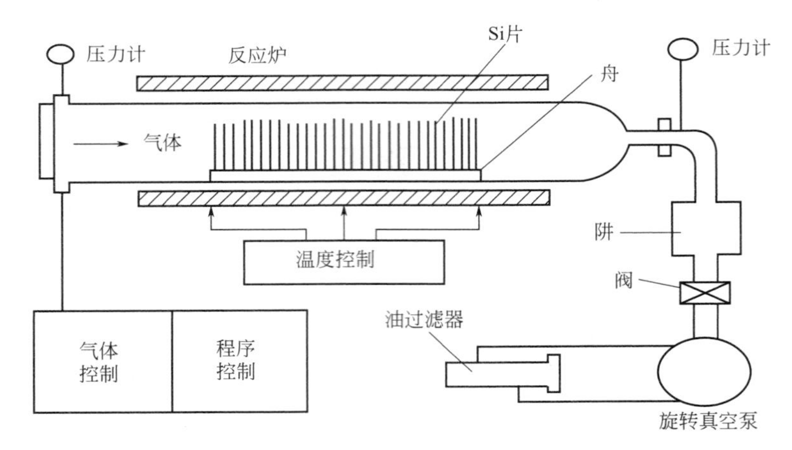

图4-23　LPCVD设备

① 低气压下气态分子的平均自由程增大，反应装置内可以快速达到浓度均一，消除了由气相浓度梯度带来的薄膜不均匀性。

② 薄膜质量高，薄膜台阶覆盖良好，结构完整性好，针孔较少。

③ 沉积过程主要由表面反应速率控制，对温度变化极为敏感，所以LPCVD技术主要控制温度变量，工艺重复性优于APCVD。

④ 反应温度随气体压强的降低而降低，同时卧式LPCVD装片密度高，生产成本低。

因此，LPCVD广泛用于沉积单晶硅和多晶硅薄膜，掺杂或不掺杂的氧化硅、氮化硅及其他硅化物等薄膜，Ⅲ-Ⅴ族化合物薄膜，以及钨、钼、钽、钛等难熔金属薄膜等。

（2）等离子体CVD　在普通热CVD技术中，产生沉积反应所需要的能量是各种方式加热衬底和反应气体，因此薄膜沉积温度一般较高（900～1000℃）。高温带来的问题是：容易引起基板的形变和组织的变化，会降低基板材料的力学性能；基板材料和膜材在高温下发生相互扩散，在界面处形成某些脆性相，从而削弱两者之间的结合能。如果能在反应室内形成低温等离子体（如辉光放电），则可以利用在等离子体状态下粒子具有的较高能量，使沉积温度降低。由此可见，等离子体放电对电化学反应起了增强作用，所以也称等离子体增强的化学气相沉积（PECVD）。等离子体在CVD中的作用具体表现如下。

① 将反应物气体分子激活成活性离子，降低反应温度。

② 加速反应物在表面的扩散，提高成膜速率。

③ 对基片和薄膜具有溅射清洗作用，溅射掉结合不牢的粒子，提高了薄膜和基片的附着力。

④ 由于原子、分子、离子和电子相互碰撞，使形成薄膜的厚度均匀。

因此PECVD具有以下优点：低温成膜（300～350℃），对基片影响小，避免了高温带来的膜层晶粒粗大及膜层和基片间形成脆性相；低压下形成薄膜，膜厚及成分较均匀，针孔少，膜层致密，内应力小，不易产生裂纹；扩大了CVD应用范围，特别是在不同基片上制备金属薄膜、非晶态无机薄膜、有机聚合物薄膜等；薄膜的附着力大于普通CVD。PECVD

利用辉光放电的物理作用来激活化学气相沉积反应的 CVD 技术，广泛应用于微电子学、光电子学、太阳能利用等领域，用来制备化合物薄膜、非晶薄膜、外延薄膜、超导薄膜等，特别是 IC 技术中的表面钝化和多层布线。按照产生辉光放电等离子体方式的不同，PECVD 可分为许多类型，包括直流辉光放电等离子体化学气相沉积（DC-PCVD）、射频辉光放电等离子体化学气相沉积（RF-PCVD）、微波等离子体化学气相沉积（MW-PCVD）以及电子回旋共振等离子体化学气相沉积（ECR-PCVD）等。

由于 PECVD 方法的主要应用领域是一些绝缘介质薄膜的低温沉积，因而其等离子体的产生方法多采用射频方法。射频电场可以采用两种不同的耦合方式，即电感耦合和电容耦合。图 4-24 是电容耦合的射频 PECVD 装置的典型结构。在装置中，射频电压被加在相对安置的两个平板电极上，在其间通过反应气体并产生相应的等离子体。在等离子体各种活性基团的参与下，在衬底上实现薄膜的沉积。例如，在 Si_3N_4 的 CVD 沉积过程中，反应如式(4-23)，在常压 CVD 装置中是在 900℃左右，在低压 CVD 装置中要 750℃左右，而 PECVD 可以在 300℃的低温下实现 Si_3N_4 介质薄膜的大面积均匀沉积。电感耦合的射频 PECVD 装置如图 4-25 所示。高频线圈放置于反应容器之外，它产生的交变磁场在反应室内诱发交变感应电流，从而形成气体的无电极放电，可避免电极放电中电极材料的污染。电子回旋共振方法的 PECVD 装置是使用微波频率的电源激发产生等离子体，如图 4-26 所示，2.45GHz 频率的微波能量由微波波导耦合进入反应容器，并且使得其中的气体产生等离子体击穿放电。为了促进等离子体中电子从微波场中的能量吸收过程，在装置中还设置了磁场线圈以产生具有一定发散分布的磁场。电子回旋共振方法所使用的真空度较高（$10^{-3}\sim10^{-1}$Pa），等离子体的电离度比一般的 PECVD 方法要高出 3 个数量级，可以被认为是一个离子源。同时这种方法还具有其他优点，如低气压低温沉积、沉积速率高、可控性好、无电极污染等，使得电子回旋共振技术被广泛应用于薄膜沉积以及刻蚀方面。

(3) 光 CVD 及有机金属 CVD　光 CVD 就是利用高能量的光波使气体分解，增加气体的化学活性，促进化学反应进行的一种化学气相沉积技术。经常使用的光源有激光、紫外光源等。高能量的激光具有热作用和光作用双重效果，激光能量不仅能加热衬底，促进化学反应进行，而且高能量光子可直接促进反应物气体分子的分解。例如，$Al(CH_3)_3$、$Ni(CO_4)$ 在光照下室温即可生成铝膜和镍膜。

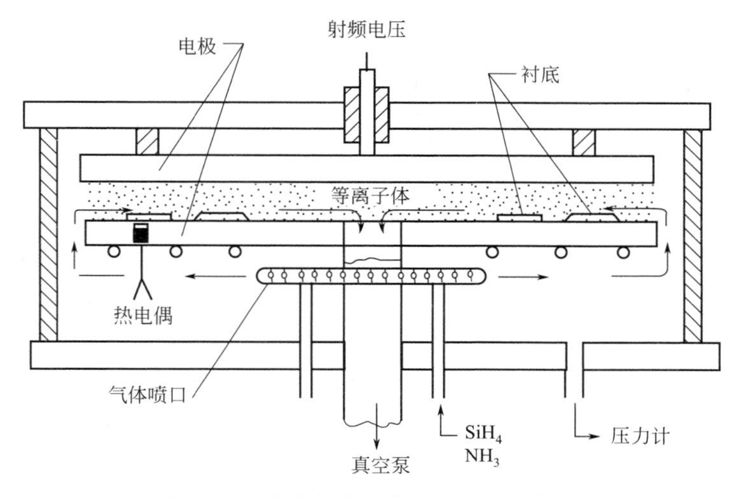

图 4-24　电容耦合的射频 PECVD 装置

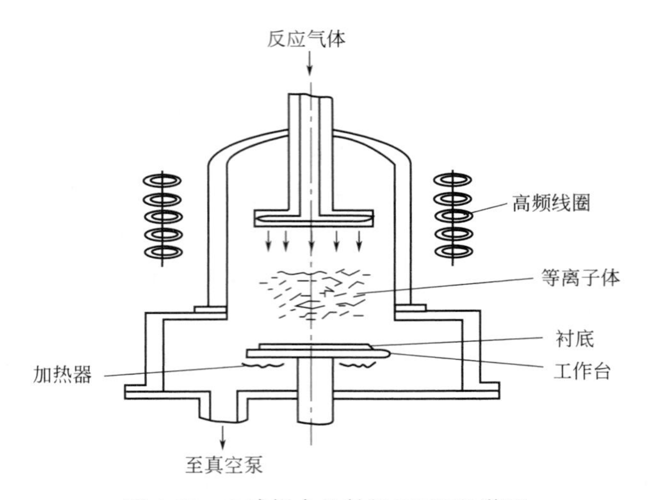

图 4-25　电感耦合的射频 PECVD 装置

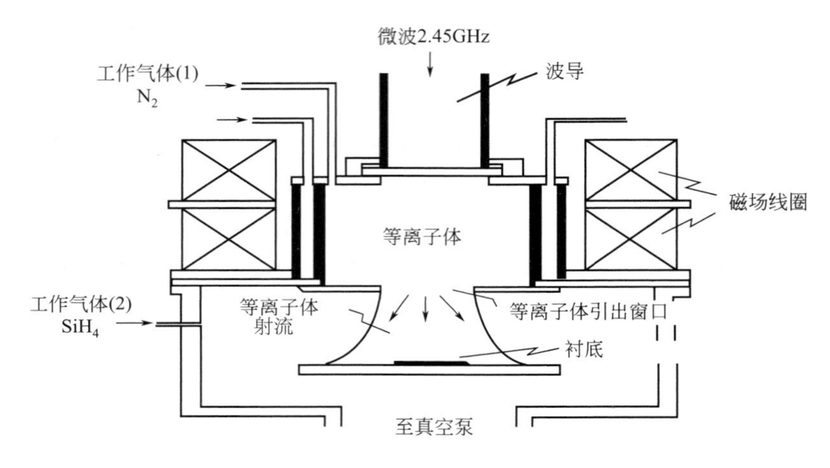

图 4-26　电子回旋共振射频 PECVD 装置

有机金属化学气相沉积（MOCVD）是一类重要的Ⅲ-Ⅴ和Ⅱ-Ⅵ化合物半导体薄膜材料气相生长技术。MOCVD 利用有机金属化合物的热分解反应进行气相外延生长薄膜，有机金属化合物如三甲基镓、三甲基铟等在较低的温度下呈气态存在，因而避免了 Ga、In 等液体金属蒸发的复杂过程，同时整个过程仅涉及有机金属化合物的裂解反应：

$$Ga(CH_3)_3(g)+AsH_3(g) \longrightarrow GaAs(s)+3CH_4(g) \tag{4-27}$$

因此沉积过程对温度变化的敏感性较低，重复性较好。一般原料化合物应满足的条件包括：常温下较稳定且容易处理；反应的副产物不应妨碍晶体生长，不污染生长层；为适合气相生长，在室温附近应有适当的蒸气压（133.322Pa 以上）。通常选用金属的烷基或芳基衍生物、烃基衍生物、乙酰丙酮基化合物、羰基化合物等为原材料。MOCVD 的优点是：沉积温度低，如沉积 ZnSe 薄膜在 350℃左右，SiC 薄膜低于 300℃，因而减小了自污染，提高了薄膜的纯度；由于不采用卤化物原理，沉积过程中不存在刻蚀反应，通过稀释载气控制沉积速率，用来制备超晶格材料和外延生长各种异质结结构；适用范围广，几乎可以生长所有化合物和合金半导体；生长温度较宽，生长易于控制，适宜于大批量生产。但 MOCVD 也存在以下缺点：有机金属化合物蒸气有毒和易燃，不便于制备、储存、运输和使用；由于反应温度低，可在气相中反应，生成固态微粒成为杂质颗粒，破坏了膜的完整性等。若在MOCVD中用光能代替热能，则可解决沉积温度过高的问题，这就是所谓的光MOCVD。

4.4.2　溶液镀膜法

溶液镀膜是指在溶液中利用化学反应或电化学反应等化学方法在基片表面沉积薄膜的技术。溶液镀膜技术不需要真空条件，仪器设备简单，可在各种基体表面成膜，原料易得，在电子元器件、表面涂覆和装饰等方面得到广泛应用。溶液镀膜法主要包括电镀技术、化学镀膜法、溶胶-凝胶法、阳极氧化技术、LB技术等。下面将逐一做简单介绍。

(1) 电镀技术　电镀是指电流通过在电解液中的流动而产生化学反应，最终在阴极上沉积金属薄膜的过程。一般是在含有被镀金属离子的水溶液中通入直流电流，使正离子在阴极表面沉积。电镀系统的一般构成如下：电解池的正极，即阳极，一般情况下是由钛构成的，钛的上面有一层铂，以达到更好的导电效果，有时也用待镀金属作为阳极，而准备电镀的部件（基片）为负极，即阴极。这里关键的因素是电解质及电解液，它的组成会影响相关的化学反应和电镀效果，常见的电解质均为各种盐或络合物。电镀方法只适用于在导电的基片上沉积金属和合金。电镀中在阴极放电的离子数以及沉积物的质量遵从法拉第定律：

$$\frac{m}{A}=\frac{jtMa}{nF} \tag{4-28}$$

式中，m/A 为单位面积上沉积物的质量；j 为电流密度；t 为沉积时间；M 为沉积物的分子量；n 为价数；F 为法拉第常数；a 为电流效率。电镀法制备薄膜的原理是离子被电场加速奔向与其极性相反的阴极，在阴极处离子形成双层，屏蔽了电场对电解液的大部分作用。在大约30nm厚的双层区，由于电压降导致此区具有相当强的电场（10^7 V/cm）。在水溶液中，离子被溶入薄膜以前经历以下一系列过程：去氢、放电、表面扩散、成核和结晶。电镀有如下特点：生长速率较快，可以通过沉积的电流控制；膜层易产生孔隙、裂纹、杂质污染、凹坑等缺陷，这些缺陷可以由电镀工艺条件控制；基片可以是任意形状，这是其他方法所无法比拟的，同时限制电镀应用的最重要因素之一是拐角处镀层的形成，拐角或边缘电镀层厚度大约是中心厚度的2倍，但多数被镀件是圆形，可降低上述效应的影响。在70多种金属元素中，有33种可以通过电镀法制备薄膜，最常使用电镀法制备薄膜的金属有14种，即Al、As、Au、Cd、Co、Cu、Cr、Fe、Ni、Pb、Pt、Rh、Sn、Zn。目前电镀法已开始用于制备半导体薄膜，这些半导体薄膜在光电子领域具有很大的应用潜力。例如，应用于薄膜太阳能电池的$CuInSe_2$、$CuInS_2$、CdTe、CdS等都可以通过电镀法沉积制备。

(2) 化学镀膜法　不加任何电场而直接通过化学反应实现薄膜沉积的方法称为化学镀膜法。化学镀膜一般是在还原剂的作用下，把金属盐中的金属离子还原成原子，在基片表面沉积的镀膜技术。化学反应可以在有催化剂存在和没有催化剂存在时发生，使用活性催化剂的催化反应也可视为化学镀膜。镀银是典型的无催化反应的例子，通过在硝酸银溶液中使用甲醛还原剂将银镀在玻璃上。另外，也存在还原反应只发生在催化表面的过程，化学镀镍即为典型的例子。化学镀镍，又称无电解镀镍，是利用镍盐（硫酸镍或氯化镍）溶液和钴盐（硫酸钴）溶液，在强还原剂次磷酸盐（次磷酸钠、次磷酸钾等）的作用下，使镍离子和钴离子还原成镍金属和钴金属，同时次磷酸盐分解出磷，在具有催化表面的基板上，获得非晶态Ni-P或Ni-Co-P等合金的沉积薄膜。催化剂是指能提供或激活化学反应，而本身又不发生化学变化的物质。自催化是指反应物或生成物之一具有催化作用的反应过程。化学镀膜一般采用自催化化学镀膜机制，靠被镀金属本身的自催化作用完成镀膜过程，目前应用较多的化学镀膜均是指自催化化学镀膜。自催化化学镀膜具有以下很多优点：可以在复杂形状的镀件表面形成薄膜；薄膜的孔隙率较低；可直接在塑料、陶瓷、玻璃等非导体表面制备薄膜；薄膜具有特殊的物理、化学性能；不需要电源，没有导电电极等，广泛用于制备 Ni、Co、Fe、Cu、Pt、Pd、Ag、Au 等金属或合金薄膜。除了金属薄膜的制备，化学镀膜也被用于制备氧化物薄膜，其基本原理是：首先控制金属的氢氧化物的均匀析出，然后通过退火工艺得到氧化物薄膜。例如，用这一技术制备了 PbO_2、TlO_3、In_2O_3、SnO_2 及 ZnO 薄膜等。由于化学镀膜技术废液排放少、对环境污染小以及成本较低，在许多领域已逐步取代电镀，成为一种环保型的表面处理工艺。目前，化学镀膜技术已在电子器件、阀门制造、机械、石油化工、汽车、航空航天等工业中得到广泛的应用。

（3）溶胶-凝胶法　溶胶-凝胶法是指采用金属醇盐或其他金属有机化合物作为原料，通常溶解在醇、醚等有机溶剂中形成均匀溶液（solution），该溶液经过水解和缩聚反应形成溶胶（sol），进一步聚合反应实现溶胶-凝胶转变形成凝胶（gel），再经过热处理脱除溶剂和水，最后形成薄膜。一般来说，易水解的金属化合物如氯化物、硝酸盐、金属醇盐等都适用于溶胶-凝胶工艺。溶胶-凝胶技术制备薄膜的主要步骤如下：首先是复合醇盐的制备，将金属醇盐或其他化合物溶于有机溶剂中，然后加入其他组分制成均质溶液；然后是成膜，采用浸渍和离心甩胶等方法将溶液涂覆于基板表面；下一步就是水解和聚合，发生水解作用而形成胶体薄膜；最后是干燥和焙烧。溶胶-凝胶技术具有很多优点，比如高度均匀性，高纯度，可降低烧结温度，可制备非晶态薄膜，可制备特殊材料，如薄膜、纤维、粉体、多孔材料等。但同时也存在不少问题，比如原料价格高，收缩率高，容易开裂，存在残余微气孔，存在残余的羟基、碳等，有机溶剂有毒，工艺周期较长等。溶胶-凝胶工艺已广泛用于制备玻璃、陶瓷和超微结构复合材料。

（4）阳极氧化技术　前面讨论的电镀主要依赖的是阴极反应，而阳极氧化技术则相反，主要关注于阳极反应。金属或合金在适当的电解液中作为阳极，并且施加一定的直流电压，由于电化学反应在阳极表面形成氧化薄膜的方法，称为阳极氧化技术。在薄膜形成初期，同时存在金属氧化和金属溶解反应。溶解反应产生水合金属离子，生成由氢氧化物或氧化物组成的胶态状沉淀氧化物。氧化薄膜镀覆后，金属活化溶解停止，持续氧化反应使金属离子和电子穿过绝缘性氧化层在膜表面形成氧化物。为维持离子的移动而保证氧化薄膜的生长，需要一定强度的电场，此电场大约是 7×10^6 V/cm。在阳极氧化技术中，这种金属氧化物只局限于少量的金属氧化，如 Al、Nb、Ta、Cr、Ti 等，其中 Al 的氧化薄膜为迄今最重要的钝化薄膜，经常作为纳米材料及器件领域应用的模板。采用阳极氧化法生成的氧化薄膜的结构、性质、色调随电解液种类、电解条件的不同而变化。用阳极氧化法得到的氧化薄膜大多是无定形结构。由于多孔性使得比表面积特别大，所以显示明显的活性，既可吸附染料，也可吸附气体。而化学性质稳定的超硬薄膜的耐磨损性强，用封孔处理法可将孔隙塞住，使薄膜具有更好的耐蚀性和绝缘性。阳极氧化技术应用于电子学领域，Ⅲ-Ⅴ族化合物半导体材料受到广泛重视，这是因为它具有硅材料所不具备的性能，并且可制取特殊功能器件，使器件表面沉积钝化薄膜、氧化薄膜、绝缘薄膜等。

（5）LB 技术　Langmuir-Blodgett 技术（LB 技术）是指把液体表面的有机单分子膜转移到固体基底表面上的一种成膜技术，得到的有机薄膜称为 LB 薄膜。如果要形成起始的单层或多层，待沉积的分子一定要小心平衡其亲水性和不亲水性，即亲水基如羧基

(—COOH)、羟基 (—OH) 等，疏水基如烷烃基、烯烃基、芳香烃基等。在 Langmuir 原始方法中，清洁亲水基片在待沉积单层扩散前浸入水中，然后单层扩散并保持在一定表面压力状态下，基片沿水表面缓慢抽出，则在基片上形成单层膜。LB 技术具有以下很多优点：LB 薄膜中分子有序定向排列，这是一个重要特点；很多材料都可以用 LB 技术成膜，LB 膜由单分子层组成，它的厚度取决于分子大小和分子的层数；通过严格控制条件，可以得到均匀、致密和缺陷密度很低的 LB 薄膜，而且设备简单，操作方便。但 LB 技术也存在以下一些缺点：LB 技术成膜效率低，LB 薄膜均为有机薄膜，具有了有机材料的弱点；LB 薄膜厚度很薄，在薄膜表征手段方面难度较大。LB 技术可以把一些具有特定功能的有机分子或生物分子有序定向排列，使之形成某一特殊功能的超薄膜，如有机绝缘薄膜、非线性光学薄膜、光电薄膜、有机导电薄膜等。它们有可能在微电子学、集成光学、分子电子学、微刻蚀技术以及生物技术中得到广泛应用。LB 薄膜电子束敏感抗蚀层有可能成为超高分辨率微细加工技术的一个发展方向。有机非线性光学材料具有非线性极化效率高、不易被激光损伤、制备方便等特点，LB 技术为有机非线性材料应用提供了重要途径。

4.5　薄膜的表征

薄膜的表征主要包括薄膜厚度的测量、薄膜形貌和结构的表征以及薄膜成分的分析等方面。下面将进行简单介绍。

4.5.1　薄膜厚度的测量

薄膜厚度是薄膜最重要的参数之一，它影响着薄膜的各种性质及其应用，薄膜的生长条件、电学及光学特性等均与薄膜的厚度密切相关。膜厚的测量方法可分为光学法、机械法和电学法等，而其中部分属于有损测量，有的属于无损测量。

4.5.1.1　光学法

薄膜厚度的测量广泛用到了各种光学法。光学法不仅可用于透明薄膜的测量，而且可用于某些不透明薄膜的测量；同时光学法使用方便，精确度高；还能同时给出薄膜的折射率、厚度均匀性等参数。光学法包括光吸收法、光干涉法、椭圆偏振法、比色法等，这里仅对前二者进行简单的介绍。

(1) 光吸收法　光吸收法主要是通过测量薄膜透射光强度进而确定薄膜的厚度。一束强度为 I_0 的光透过吸收系数为 α、厚度为 d 的薄膜后，其光强为：

$$I = I_0(1-R)^2\exp(-\alpha d) \tag{4-29}$$

式中，R 为光在薄膜与空气界面上的反射率。这种方法非常简单，常在蒸镀金属薄膜时使用，沉积速率一定时，在半对数坐标图上，透射光强与时间的关系是线性的，所以这种方法适合于薄膜沉积过程的在线控制，也可用于薄膜厚度均匀性的检测，适用于连续薄膜厚度的测量。

(2) 光干涉法　光干涉法测量薄膜厚度的基本原理就是利用不同薄膜厚度所造成的光程差引起的光的干涉现象。首先让我们研究一下一层厚度为 d、折射率为 n 的薄膜在波长为 λ 的单色光源照射下形成干涉的条件。如图 4-27 所示，薄膜对于单色光的干涉极大条件是直接反射回来的光束与折射后又反射回来的光束之间的光程差为光波长的整数倍，即：

$$n(AB+BC)-AN = 2nd\cos\theta = N\lambda \tag{4-30}$$

式中，N 为任意正整数；θ 为薄膜内的折射角；n 为折射率，空气的折射率为 1。而观察到干涉极小条件是光程差等于 $(N+1/2)\lambda$。但在实际应用时还要考虑光在不同物质界面上反射时的相位移动。即在正入射和掠入射的情况下，光在反射回光疏物质中时，光的相位移动相当于光程要移动半个波长，光在反射回光密物质中时，其相位不变，而透射光在两种情况下均不发生相位变化。

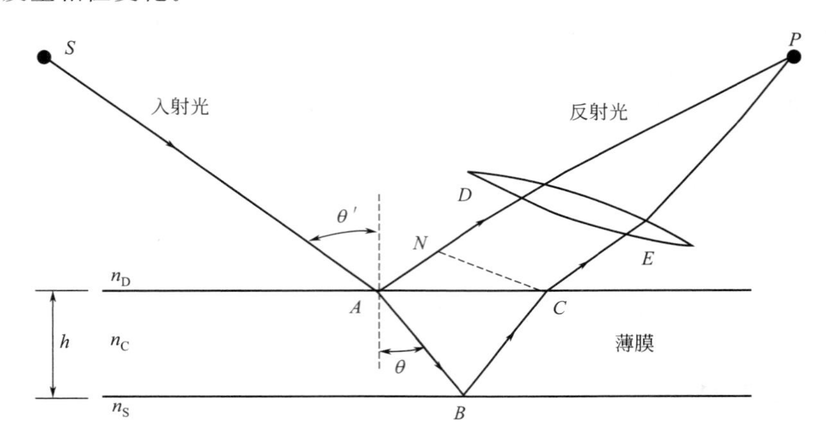

图 4-27 薄膜对于单色光的干涉条件

如果被研究的薄膜是不透明的，而且在沉积薄膜时或在沉积之后能够制备出待测薄膜的一个台阶的话，可用等厚干涉条纹（FET）或等色干涉条纹（FECO）的方法方便地测出台阶的高度。

① 等厚干涉条纹法 等厚干涉条纹的测量装置如图 4-28(a) 所示。在薄膜的台阶上下均匀地沉积上一层高反射率的金属层，再在薄膜上覆盖上一块半反半透的平面镜。由于在反射镜与薄膜表面之间一般不是完全平行的，因而在单色光的照射下，反射镜和薄膜之间光的多次反射将导致等厚干涉条纹的产生。反射镜与薄膜之间倾斜造成的间距变化以及薄膜上的台阶都会引起光程差的不同，因而会使得从显微镜中观察到的光的干涉条纹发生移动，如图 4-28(b) 所示。条纹移动所对应的台阶高度应为：

$$d=\frac{\Delta\lambda}{2\Delta_0} \tag{4-31}$$

因此，用光学显微镜测量出 Δ 和 Δ_0，即测出了薄膜的厚度。当使用 564nm 单色光测量的时候，薄膜厚度的精度可提高到 1～3nm 的水平。

② 等色干涉条纹法 等色干涉条纹法与上一方法稍有不同。这一方法需要将反射镜与薄膜平行放置，另外要使用非单色光源照射薄膜表面，并且采用光谱仪分析干涉极大出现的条件，这时不再出现反射镜倾斜所引起的等厚干涉条纹，而采用光谱仪测量干涉极大波长的变化，由此推算薄膜台阶的高度。等色干涉条纹法的厚度分辨率高于等厚干涉条纹法，可低于 1nm 的水平。

对于透明薄膜来说，其厚度也可以用上述的等厚干涉条纹法进行测量，而透明薄膜的上下表面本身就可以引起光的干涉，因此可以直接用于薄膜的厚度测量而不必预先制备台阶。但由于透明薄膜的上下界面属于不同材料之间的界面，因而在光程差计算中需要分别考虑不同界面造成的相位移动。在薄膜与衬底均是透明时，它们的折射率分别为 n_1 和 n_2，薄膜对垂直入射的单色光的反射率随着薄膜的光学厚度 n_1d 的变化而发生振荡，如图 4-29 中针对

n_1 不同而 $n_2=1.5$ 时的情况那样。对于 $n_1>n_2$ 的情况，反射极大的位置出现在：

$$d=\frac{2(m+1)\lambda}{4n_1} \tag{4-32}$$

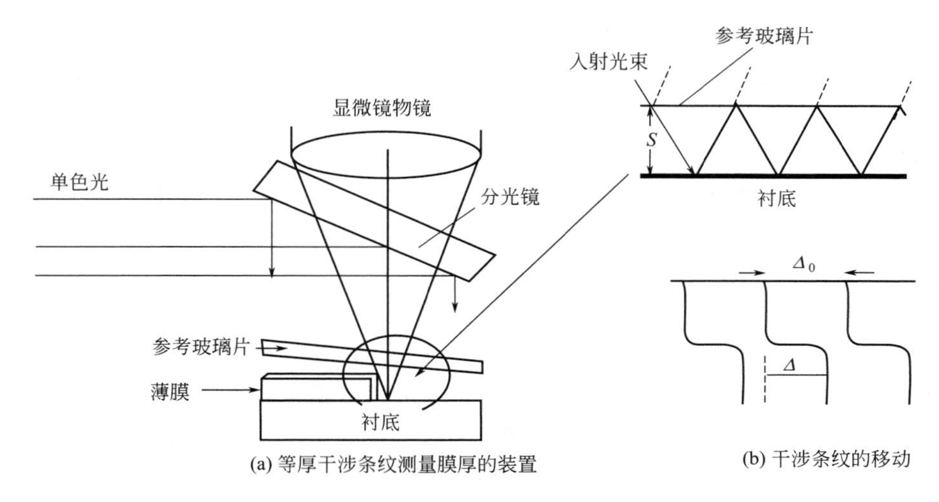

图 4-28　等厚干涉条纹测量膜厚的装置及干涉条纹的移动

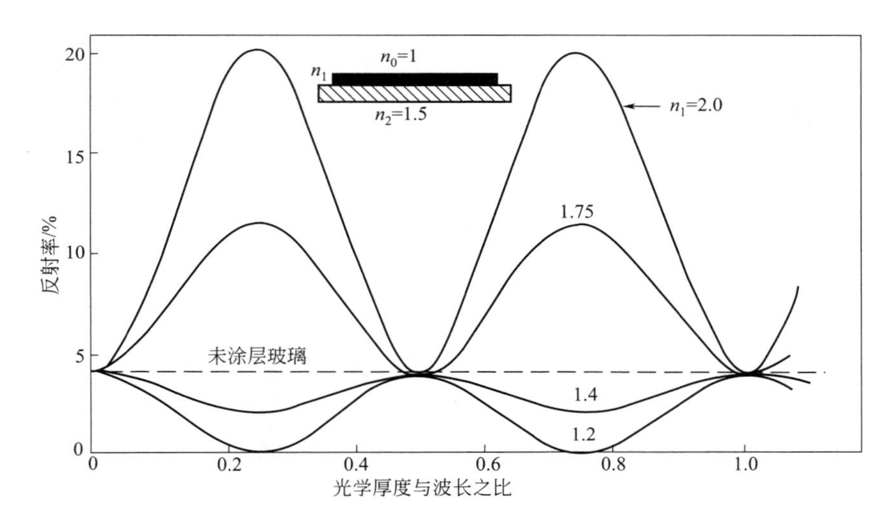

图 4-29　薄膜的反射率随光学厚度的变化

在两个干涉极大之间是相应的干涉极小。对于 $n_1<n_2$ 的情况，反射极大条件变为：

$$d=\frac{(m+1)\lambda}{2n_1} \tag{4-33}$$

为了能够利用上述关系实现对于薄膜厚度的测量，需要设计出光强振荡关系的具体测量方法。第一种是利用单色光入射，但通过改变入射角度的办法来满足干涉条件的方法，被称为变角度干涉法（VAMFO）。第二种是使用非单色光入射薄膜表面，在固定光的入射角度的情况下，用光谱仪分析光的干涉波长，这一方法被称为等角反射干涉法（CARIS）。

4.5.1.2　机械法

（1）表面粗糙度仪法　用直径很小的金刚石触针滑过被测薄膜的表面，同时记录下触针在垂直方向的移动情况并画出薄膜表面轮廓的方法，被称为表面粗糙度仪法。这种方法不仅可以被用来测量表面粗糙度，也可以被用来测量薄膜台阶的高度。这种方法虽然简单，但容易划伤薄膜，同时测量误差较大。

(2) 称重法　称重法又称微量天平法，就是采用微量天平直接测量基片上的薄膜质量，得到质量膜厚。使用高灵敏度微量天平可检测的膜厚质量为 $1\times10^{-7}kg/m^2$，这一膜厚质量相当于单原子层普通薄膜物质的 1/20 至几分之一。从可以检测基片上微量附着量的意义上说，微量天平法是膜厚测量中最敏感的方法。这种方法是直接测量，其测量值是可靠的。可以在蒸镀过程中进行膜厚测量，有效用于膜厚监控。该法可用于薄膜制作初期膜厚测量和石英晶体振动的校正，也可用于基片上吸附气体量的测量。称重法的优点包括：灵敏度高，能测量沉积质量的绝对值；能在比较广的范围内选择基片材料；能在沉积过程中跟踪质量的变化。但也存在以下一些问题：不能在一个基片上测量厚度分布；由于薄膜的密度与块体材料不同，实测的薄膜厚度稍小于实际厚度。

(3) 石英晶体振荡器法　石英晶体振荡器法的原理是基于石英晶体片的固有振动频率随其质量的变化而变化的物理现象。在石英晶体片上沉积薄膜，会改变其质量，也就改变了它的固有频率，通过测量其固有频率的变化就可求出质量的变化，进而求出薄膜厚度。测量的灵敏度将随着石英片厚度的减小或晶体片的固有频率的提高而提高。当选择固有频率为 6MHz，而频率的测量准确度达到 1Hz 时，相当于可以测量出 $1.2\times10^{-8}g$ 左右的质量变化，若取晶体片的有效沉积面积为 $1cm^2$，而设沉积的物质为 Al 的话，这相当于厚度的探测灵敏度在 0.05nm 左右。图 4-30 为石英晶体振荡器的结构。石英晶体振荡器法是目前应用最为广泛的薄膜厚度监测方法。利用与电子技术的结合，不仅可以实现沉积速率、厚度的监测，还可以用来控制物质蒸发或溅射的速率，从而实现对薄膜沉积过程的自动控制。

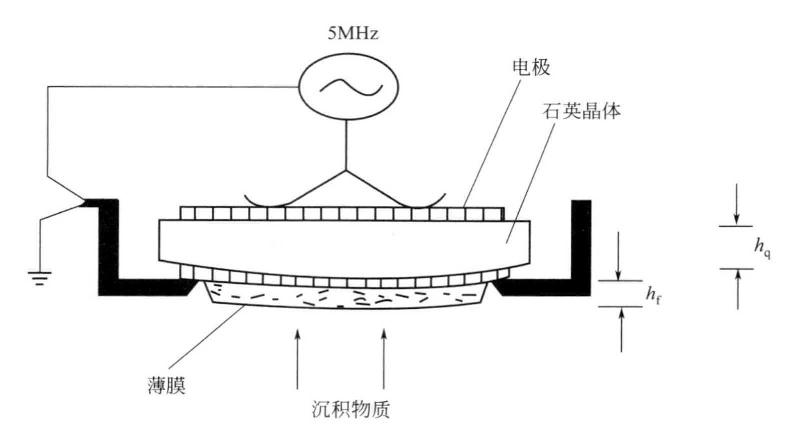

图 4-30　石英晶体振荡器的结构示意图

4.5.1.3　电学法

(1) 电阻法　由于金属导电薄膜的阻值随膜厚的增加而下降，所以可用电阻法对薄膜厚度进行监测，电阻法是测量金属薄膜厚度最简单的一种方法。长度为 L、宽度为 W、厚度为 d 的薄膜的电阻可表示为：

$$R=\rho\ \frac{L}{S}=\frac{\rho}{d}\times\frac{L}{W} \tag{4-34}$$

当 $L=W$ 时，可得到电阻为：

$$R_s=\frac{\rho}{d} \tag{4-35}$$

R_s 为正方形薄膜的电阻值，与正方形边长无关，又称方块电阻，单位为 Ω/□，L/W 为薄膜的方块数，简称方数。假如能测量出薄膜的方块电阻，并且已知了薄膜的电阻率值，就可以计算出膜厚。实际工作中，事先测出某种材料薄膜的 R_s-d 曲线，然后测定方块电阻，进而求出薄膜电阻值。用电阻法测量膜厚还取决于如何确切地规定电阻率与厚度之间的关系，实际上电阻法测量金属薄膜的厚度的精度很少优于 5%。

(2) 电容法　电介质薄膜的厚度可以通过测量其电容量来确定，在两块金属夹一层介质薄膜的电容系统中，电容量与介质薄膜的厚度相关。电容法主要有平板叉指电容法和平板电容法两种。平板叉指电容法测量膜厚的原理如图 4-31 所示。当未沉积薄膜介质时，叉指电极间的物质是基片，因而电容量主要由基片的介电常数决定。当沉积了电介质薄膜之后，其电容值由叉指电极的间距以及沉积薄膜的厚度和介电常数决定。如果已知其介电常数值，则只要用电容电桥测出该电容值，便可确定沉积的介质薄膜的厚度。平板电容法是在绝缘基片上先形成下电极，然后沉积一层介质薄膜，再制作上电极，形成一个平板电容器。根据平板电容器公式，在测出电容值后，便可计算出介质薄膜的厚度。显然电容法只能用于沉积薄膜后的厚度测量，而不能用于沉积过程的实时监测。

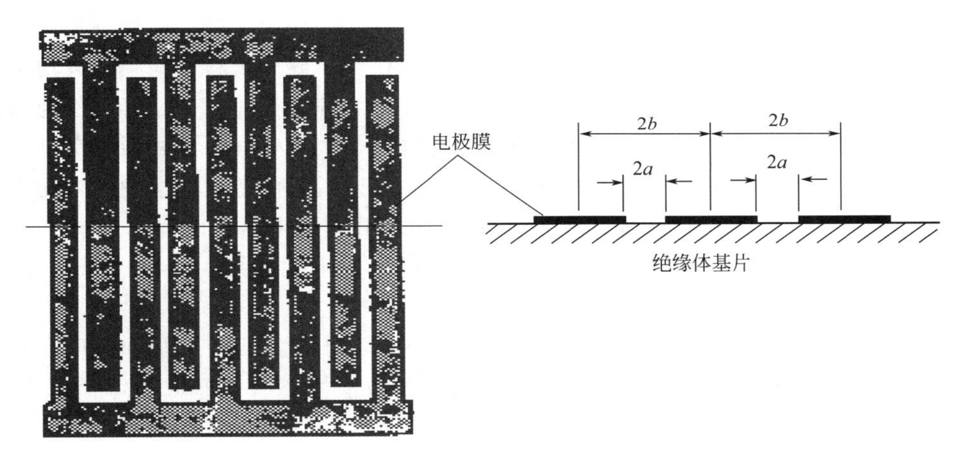

图 4-31　平板叉指电容法测量膜厚的原理

4.5.2　薄膜的其他表征方法

薄膜的性能取决于薄膜的结构和成分，薄膜的结构和成分也是薄膜材料参数研究中的重要组成部分。薄膜的结构表征方法主要有 X 射线衍射、扫描电子显微镜、透射电子显微镜、低能电子衍射和反射式高能电子衍射等方法；薄膜的成分分析方法主要有 X 射线能量色散谱、俄歇电子能谱、X 射线光电子能谱、X 射线荧光光谱分析、卢瑟福背散射技术、二次离子质谱等。薄膜的表征手段很多，还涉及原子化学键合表征、薄膜应力表征等方面。随着电子技术的发展，根据各种微观物理现象不断研发出各种新型表征手段，这些都为对薄膜材料的深入分析提供了现实可能性。

4.6　典型薄膜材料简介

薄膜材料所涉及的领域极为广泛，包括耐磨及表面防护涂层薄膜材料，发光薄膜材料，光电薄膜材料，介电、铁电、压电薄膜材料，磁性及巨磁阻薄膜材料，集成电路、光学器件及能带工程薄膜材料，磁记录和光存储薄膜材料，形状记忆智能薄膜材料等。前面几节中已经介绍了薄膜材料的特征、生长过程、制备及表征方法等内容，下面我们将介绍几种典型的薄膜材料来反映薄膜材料科学发展的状况。

4.6.1 金刚石薄膜材料

金刚石是自然界中最硬的物质，而且在力学、电学、热学及光学等方面还具有一系列优异的性质，因而长期以来人们一直在尝试采用人工方法合成金刚石。通过热力学计算表明，只有在高温高压下才能合成金刚石，但经过科学家的不懈努力，已能在低温低压条件下采用各种 CVD 方法制备金刚石薄膜。CVD 金刚石的许多潜在应用是非常诱人的，因为它在纯度和性质上和高温高压下生长的金刚石以及天然金刚石可以相比拟。利用金刚石的硬度及 CVD 薄膜的均匀性，可以用来制造刀具涂层，当前用切割的金刚石薄膜做的刀具在市场上销售，成功用于切削有色金属、稀有金属、石墨及复合材料。金刚石摩擦系数低、散热快，可作为宇航高速旋转的特殊轴承以及军用导弹的整流罩材料。金刚石具有低的密度和高的弹性模量，声音传播速度快，可作为高保真扬声器高音单元的振膜，是高档音响扬声器的优选材料。在金刚石薄膜的应用领域中最为重要的就是其作为半导体材料在高频、大功率和高温电子器件上的应用，多晶金刚石薄膜在室温下的热导率大约是铜的 5 倍，可以作为高温、大功率半导体器件的热沉。金刚石由于具有高的透过率，是大功率红外激光器和探测器的理想窗口材料。由于其折射率高，可作为太阳能电池的防反射膜。由于其化学惰性且无毒，可用作心脏瓣膜等。金刚石薄膜集众多优异性能于一身，用于扬声器、磁盘、光盘、工具、刀具、激光器、光学涂层及保护涂层等方面，其产值已超过千亿美元，正在成为 21 世纪最有发展前途的新型薄膜材料之一。

由于世界范围内激发的 CVD 金刚石研究热潮，各国的科学家和工程师们开发了许多制备金刚石的 CVD 方法，目前用于 CVD 金刚石合成的方法主要有热丝 CVD、微波等离子体 CVD、直流电弧等离子体喷射 CVD、燃烧火焰 CVD 等，下面将进行简单介绍。

（1）热丝 CVD（HFCVD） 金刚石薄膜的热丝 CVD 法目前已经发展成沉积金刚石薄膜较为成熟的方法之一，而且也是大众化的方法。1982 年，Matsumoto 等利用难熔金属灯丝加热至 2000℃以上，在此温度下通过灯丝的 H_2 气体很容易产生原子氢，这种方法的基本原理便是通过在衬底上方设置金属热丝，高温加热分解含碳的气体，形成活性的粒子，在原子氢的作用下而形成金刚石，在碳氢化合物热解过程中，原子氢的产生可以增大金刚石的沉积速率，金刚石被择优沉积，而石墨的形成则被抑制，结果金刚石的沉积速率增加到 mm/h 数量级，对工业生产具有实用价值。图 4-32 为沉积金刚石薄膜的热丝 CVD 装置。热丝 CVD 法系统简单，成本及运行费用相对较低，使之成为工业上使用最普遍的方法。热丝 CVD 法可以使用各种碳源如甲烷、乙烷、丙烷及其他碳氢化合物，甚至含有氧的一些碳氢化合物如甲醇、乙醇和丙酮等，含氧基团的加入使金刚石沉积的温度范围大大变宽。热丝 CVD 法也存在缺点，金属丝的高温蒸发会将杂质引入金刚石薄膜中，因此该方法不能制备高纯度的金刚石薄膜。最近发展的等离子体辅助热丝 CVD 法，不仅获得远比一般热丝 CVD 法更高的沉积速率，而且金刚石薄膜的质量也得到显著提高。

（2）微波等离子体 CVD（MWPCVD） 早在 20 世纪 70 年代，科学家就发现利用直流等离子体可以增加原子氢的浓度，将 H_2 分解为原子氢，激活碳基原子团以促进金刚石形

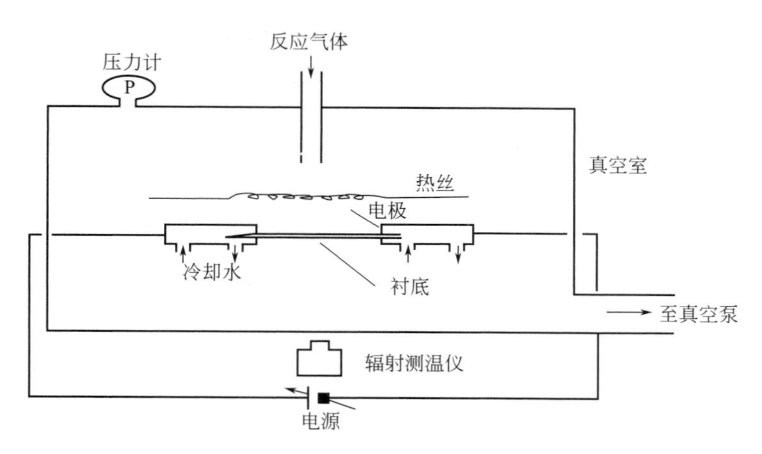

图 4-32　沉积金刚石薄膜的热丝 CVD 装置示意图

成。除了直流等离子体外，微波等离子体和射频等离子体也被人们使用，此外，还包括电子回旋共振微波等离子体等。微波法是利用微波的能量激发等离子体，具有能量利用效率高的优点。同时由于无电极放电、等离子体纯净等优点，是目前高质量、高速率、大面积制备金刚石薄膜的首选方法。这种方法按反应室装置来分类，可以分为石英管式、石英钟罩式和带有微波耦合窗口的金属腔式。按微波等离子体耦合方式分类，有直接耦合式、表面波耦合式和天线耦合式。该方法近年来得到快速发展的原因之一是可大面积沉积高质量的金刚石薄膜。最近国外新研制的高气压下工作的高功率微波等离子体 CVD 装置可达到更高的沉积速率，同时能制备强结构的金刚石薄膜。美国 ASTeX 公司研制的 75kW 级微波等离子体 CVD 系统沉积速率非常高，但设备太昂贵。我国也成功地研制了 5kW 级 MWPCVD 装置等离子体炬，利用电弧放电产生等离子体，制备出了高质量的金刚石薄膜。

(3) 直流电弧等离子体喷射 CVD　直流电弧等离子体喷射 CVD 法的装置由等离子体炬、电源系统、真空系统及水冷系统构成，利用直流电弧放电所产生的高温等离子体喷射流(温度达 3000～4000℃)，使得碳源气体和氢气离解，形成沉积金刚石薄膜所需要的气相环境。由于等离子体炬工作压力一般低于大气压力，因此得到的是一种偏离平衡状态的低温热等离子体，因为原子氢、甲基原子团和其他活性原子团的密度很高，所以金刚石的生长速率非常高。Kurihara 等设计了一种直流等离子体喷射设备 DIA-JET，使用一个注射喷嘴，喷嘴由一个阴极棒和环绕阴极的阳极管所组成，这一系统所得到的典型金刚石沉积速率为 80mm/h。我国北京科技大学近年来开发出具有我国自主知识产权的磁控/流体动力学控制大口径长通道等离子体炬技术建造的 100kW 级高功率直流电弧等离子体喷射 CVD 金刚石薄膜沉积系统，成功制备了高光学质量（光学级透明）大面积金刚石自支撑薄膜。

(4) 燃烧火焰 CVD　Hirose 等第一次使用燃烧火焰 CVD 法沉积金刚石薄膜。在焊接吹管的喷烧点处使 C_2H_2 和 O_2 混合气体氧化，在内燃点接触基片的明亮点处形成金刚石晶体。燃烧法较传统 CVD 方法具有设备简单、成本低、效率高等优点，可在大面积和弯曲表面沉积金刚石。但由于沉积很难控制，因此薄膜在显微结构和成分上都是不均匀的。焊接吹管在基片表面上形成温度梯度，在大面积基片上合成金刚石薄膜会引起基片弯曲或断裂。目前在提高燃烧法制备金刚石薄膜的质量、增大沉积面积方面已取得很大进展，预计这一技术将在制备应用于摩擦领域的金刚石方面获得推广。

以 CVD 方法制备金刚石薄膜的机理目前还没有完全了解，但原子氢在金刚石薄膜生长过程中起着重要的作用这一点已经得到确认。原子氢能稳定具有金刚石结构的碳而将石墨结构的碳刻蚀掉。只要 C、H、O 三者比例在一定的范围区域内，在合适的沉积条件下，即使是不同的反应先驱物，都能得到金刚石薄膜。调节不同的沉积参数，可以有选择性地生长出不同单晶体形状的金刚石薄膜，满足不同应用领域对金刚石的需要。目前，金刚石薄膜异质外延生长的机理、低温沉积金刚石薄膜、提高金刚石的生长速率、降低生产成本、控制生长条件、减小晶界和缺陷密度、实现均匀的金刚石薄膜定向异质外延等均是当前 CVD 方法生长金刚石薄膜的课题中急需解决的问题。

4.6.2 氧化锌薄膜材料

在半导体材料的发展中，一般将 Si、Ge 称为第一代电子材料；将 GaAs、InP、GaP、InAs、AlAs 等称为第二代电子材料；而将宽带隙高温半导体 ZnO、SiC、GaN、AlN、金刚石等称为第三代半导体材料。第三代半导体材料的兴起，是以 GaN 材料 p 型掺杂的突破为起点，以高亮度蓝光发光二极管（LED）和蓝光激光器（LD）的研制成功为标志，包括 GaN、SiC 和 ZnO 等宽禁带材料。ZnO 是继 GaN、SiC 之后出现的又一种第三代宽禁带半导体，它在晶格常数和禁带宽度等方面均与 GaN 很相近，但在某些方面具有比 GaN 更加优越的性能，比如更高的熔点和激子束缚能、更高的激子增益、更低的制备成本以及更好的光电集成特性等，使得 ZnO 成为低阈值紫外激光器的一种全新的候选材料。

ZnO 的三种结构如图 4-33 所示，属于ⅡB-ⅥA 族二元化合物半导体材料，晶体结构可以分为纤锌矿（B4）、闪锌矿（B3）和岩盐结构（B1）。ZnO 具有独特的电学及光学特性，在众多领域具有重要的应用价值。理想化学配比的 ZnO 由于带隙较宽而为绝缘体，但是由于存在氧空位、锌填隙等施主缺陷，使之成为极性半导体。由于形成氧空位所需的能量比形成锌空位所需的能量小，因此在室温下 ZnO 材料通常是氧空位，而不是锌空位，当在 ZnO 的晶体中氧空位占主导时，表现出 N 型导电。ZnO 的发光性质及其跃迁过程对未来制备 ZnO 基光电子器件是非常重要的。由于 ZnO 的禁带宽度在室温下为 3.37eV，可见光照射不能产生激发，对可见光是透明的。ZnO 在 400～800nm 之间的透过率一般在 80% 以上，ZnO 对于紫外线强烈地吸收，是 ZnO 的本征吸收。ZnO 是一种应用广泛的功能材料，在透明电极、表面声波器件、压敏电阻、湿敏传感器、气敏传感器和太阳能电池等领域有广泛的应用。近年来，随着短波长光电子器件应用的扩展，ZnO 的研究受到了人们的重视。

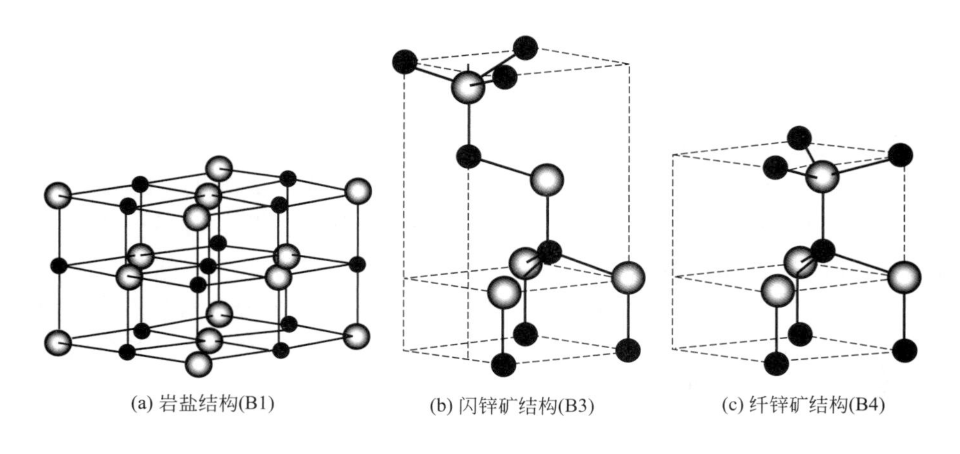

图 4-33　ZnO 的三种结构示意图

获得高质量的 ZnO 薄膜是研究 ZnO 特性以及开发 ZnO 基器件的前提。制备 ZnO 薄膜的方法有很多种，各有优缺点。不同的制备方法和工艺条件对薄膜结构特性和光电性质有着很大的影响。高质量 ZnO 薄膜的生长技术在不断提高，主要制备方法有金属有机化学气相沉积、溅射、溶胶-凝胶、分子束外延以及脉冲激光沉积等，其中分子束外延、脉冲激光沉积、金属有机化学气相沉积技术生长的薄膜质量较好。

（1）金属有机化学气相沉积　金属有机化学气相沉积（MOCVD）是生长高质量 ZnO 薄膜的主要技术之一。图 4-34 是 MOCVD 装置。MOCVD 技术生长 ZnO 薄膜的锌源有二乙基锌、二甲基锌；CO_2、N_2O、H_2O 等是常用的氧源。MOCVD 经过 30 多年的发展，已经成为半导体外延生长的一种重要技术，尤其是适合于大规模生产的特点，使其成为在生产中应用最广的外延技术。Gruber 等利用 MOCVD 方法以 ZnO 为衬底，在衬底温度 380℃、反应气压 4×10^4Pa 的条件下生长出了单晶 ZnO 薄膜，其双晶摇摆曲线半高宽仅为 100arcsec，并且观察到了低温下的带边发光和声子伴线，带边发光半高宽仅为 5meV。

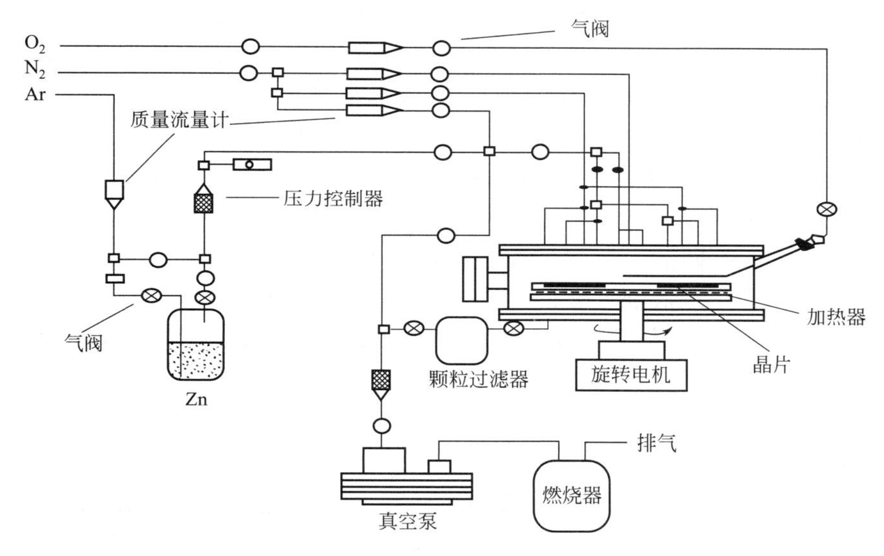

图 4-34　MOCVD 装置示意图

（2）分子束外延　分子束外延（MBE）也是一种有效的 ZnO 薄膜生长技术，易于控制组分和高浓度掺杂，可进行原子操作，而且衬底温度也较低。但设备需要超高真空，生长速率也较慢。MBE 主要有激光增强 MBE 和微波增强 MBE 两种。激光增强 MBE 典型工艺为：KrF 激光器（248nm，0.6J/cm^2，10Hz）烧蚀高纯 ZnO 靶，在蓝宝石衬底 α-Al_2O_3 上沉积，氧分压为 1×10^{-4}Pa，生长温度为 500℃。微波增强 MBE 一般也采用蓝宝石衬底，微波功率为 120W，氧分压为 1×10^{-2}Pa，反应温度为 500℃，可观察到 400nm 附近的光泵浦紫外受激辐射。T. Makino 等还利用激光增强 MBE 在 $ScAlMgO_4$ 衬底上（与 ZnO 晶格失配度仅为 0.09%）沉积得到优质 ZnO 薄膜，并且在透射谱上观测到 A、B 激子分裂开来，能量差为 8meV。

（3）溅射　ZnO 薄膜的溅射制备法是研究最多、最成熟和应用最广泛的方法。此法适用于各种压电、气敏和透明导体用优质 ZnO 薄膜的制备。该方法采用 Zn 或 ZnO 作靶材，以 Ar 与 O_2 的混合气体作为反应气体。在溅射镀膜的过程中，使放电气体 Ar 电离成高能粒子束轰击靶材，产生的溅射原子到达衬底上与 O_2 进行反应，从而形成 ZnO 薄膜。溅射包括电子束溅射、磁控溅射、射频溅射、直流溅射等。由于溅射原子的能量较高，因而可制备出结构较为致密、均一、近似单晶的 ZnO 薄膜。据文献记载，人们用此方法制备出 ZnO 薄膜，观测到 ZnO 薄膜蓝-绿光、红光及紫外线发射的现象。

（4）脉冲激光沉积　脉冲激光沉积（PLD）工艺是近年发展起来的真空物理沉积工艺，是一种很有竞争力的新工艺。与其他工艺相比，具有可精确控制化学计量、合成与沉积同时完成、对靶的形状与表面质量无要求的优点，所以可对固体材料进行表面加工而不影响材料本体。脉冲激光沉积的方法是高功率的脉冲激光束经过聚焦之后通过窗口进入真空室照射靶材，激光束在短时间内使靶表面产生很高的温度，并且使其气化，产生等离子体，其中所包含的中性原子、离子、原子团等以一定的动能到达衬底，从而实现薄膜的沉积。据文献报道，研究人员利用脉冲激光沉积的方法在不同的沉积条件下制备出 ZnO 薄膜，观察到 ZnO 薄膜发射黄-绿光、紫光和紫外线的现象。

（5）喷射热分解　喷射热分解法（spray pyrolysis）是由制备太阳能电池用透明电极而发展起来的一种方法，由于用溅射法制备大面积电极易损伤衬底，故喷射热分解法得以发展。此法无须高真空设备，因而工艺简单、经济。此法一般以溶解在醇类中的乙酸锌为前驱体，可获得电学性能极好的薄膜。van Heerden 考察了此法各工艺参数对生长结果的影响，得出以生长温度 420℃、溶液浓度 0.05mol/L 为最佳值，生成后在真空、空气、氢气及氮气中退火对薄膜结构几乎无影响的结论。掺铟被用来提高 ZnO 薄膜的导电性能，但在喷射热分解法中，一般以氯盐作掺杂剂，这会造成薄膜的氯污染。为克服这一缺点，Gomez 用三种不同的 In 掺杂剂以不同的［In］/［Zn］比值进行了实验，结果在用乙酸铟为掺杂剂、［In］/［Zn］为 2%时获得最低电阻率 $2\times10^{-3}\Omega\cdot cm$。一些文献报道了应用超声喷射热分解法在衬底温度 450℃、溶液浓度 0.03mol/L 时制成了具有高度择优生长取向的 ZnO 薄膜，装置如图 4-35 所示。

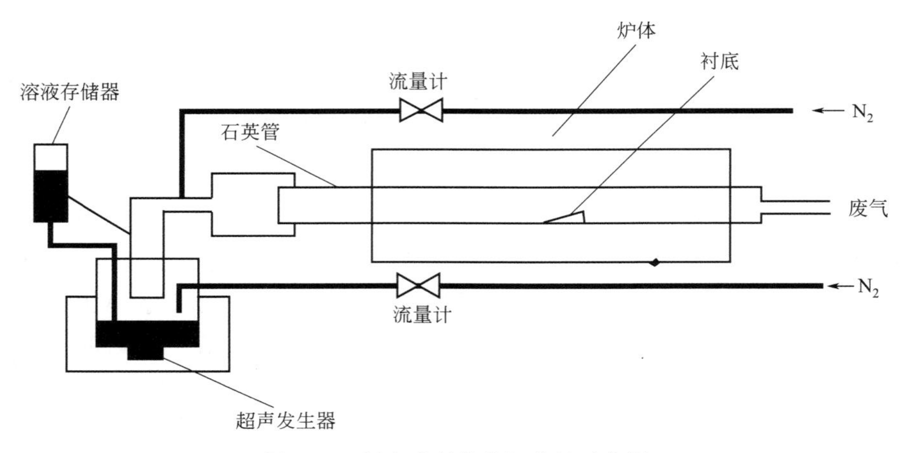

图 4-35　超声喷射热分解装置示意图

（6）溶胶-凝胶　溶胶-凝胶法（sol-gol）是采用提拉或甩胶法将含锌盐类的有机溶胶均匀涂于基片上以制取 ZnO 薄膜的工艺。溶胶的制备主要是利用锌的可溶性无机盐或有机盐如 $Zn(NO_3)_2$、$Zn(CH_3COO)_2$ 等，在催化剂冰醋酸及稳定剂乙醇胺等作用下，溶解于乙二醇甲醚等有机溶剂中而形成。涂胶一般在提拉设备或匀胶机上进行。每涂完一层后，即置于 200～450℃下预烧，并且反复多次，直至达到所需厚度。最后在 500～800℃下进行退火处理，即得 ZnO 薄膜。此法的合成温度较低（约 300℃），材料均匀性好，与 CVD 及溅射法相比，有望提高生产效率，已受到电子材料行业的重视。另外，此法还可在分子水平控制掺杂，尤其适合于制备掺杂水平要求精确的薄膜。

4.6.3　铜铟镓硒薄膜材料

太阳能电池多为半导体材料制造，发展至今已经种类繁多。在薄膜太阳能电池中，CIGS 电池转换效率最高，接近多晶硅的水平。同时还具有吸收率高、带隙可调、品质高、成本低、性能稳定、可选用柔性基材、弱光性好等优点。因此被日本 NEDO 的太阳能发电首席科学家东京工业大学的小长井诚教授认为是第三代太阳能电池的首选，并且是单位质量输出功率最高的太阳能电池，其优异性能被国际上称为下一代的廉价太阳能电池，吸引了众多机构及专家进行研究开发。

CIGS 薄膜太阳能电池是一种以 CIGS 为吸收层的高效率薄膜太阳能电池，CIGS 是 $CuInSe_2$ 和 $CuGaSe_2$ 的无限固溶混晶半导体，都属于Ⅰ-Ⅲ-$Ⅵ_2$ 族化合物，在室温下具有黄铜矿结构。CIGS 薄膜是电池的核心材料，原子的晶格配比及结晶状况对其电学和光学性能影响很大，因而其制备方法显得尤为重要。目前，已报道的制备方法大致可归为真空工艺和非真空工艺两类。真空工艺主要有多源共蒸法、溅射后硒化法、混合溅射法、脉冲激光沉积、分子束外延技术、近空间蒸气输运、化学气相沉积等；而非真空工艺包括电沉积、旋涂涂布、喷涂热解及丝网印刷等方法。下面主要介绍多源共蒸法、溅射后硒化法和部分低成本非真空工艺。

4.6.3.1　真空蒸发法

真空蒸发法按照蒸发热源数目的多少可分为单源蒸发、双源蒸发和三源蒸发。所谓单源蒸发就是利用单一热源加热 CIS 合金，使之蒸发沉积到玻璃基片上，获得 CIS 薄膜；双源蒸发即利用两个热源分别使 Cu_2Se 和 In_2Se_3 蒸发后沉积在基片上，获得单相薄膜；三源及多源蒸发即利用三个以上热源使 Cu、In、Ga、Se 分别蒸发后共同沉积到基片上。目前在小面积高效率 CIGS 电池的制备方面，美国可再生能源实验室（NREL）开发的三段蒸发法最好。图 4-36 示出了 CIGS 薄膜的多源共蒸和三段蒸发法。在整个过程中保持 Se 足量的情况下，首先在较低的温度衬底（300℃左右）上蒸镀 In、Ga 元素，形成了 $(In,Ga)_2Se_3$ 化合物；接着在较高温度的衬底上蒸镀 Cu；最后再一次蒸镀 In 和 Ga，以满足组分的计量比。三段蒸发法得到的薄膜形貌非常光滑、晶格缺陷少、晶粒巨大，这主要与第二段中 Cu_2Se 的液相烧结有关。在沉积过程中控制 Ga/In 比例，还可以形成梯度带隙结构，因而三段蒸发法能得到较高的转换效率。德国巴登符腾堡太阳能和氢能源研究中心（ZSW）的 Jackson 等近期已研制出 22.6%的超高效率小面积 CIGS 薄膜太阳能电池；德国 Manz 生产的 CIGS 光伏组件效率已突破 16%。蒸发法制备 CIGS 薄膜的成分不仅和源物质的成分有关，还受衬底温度、蒸发速率和蒸发质量等因素的影响，如何精确控制蒸发过程是决定元素配比和晶相结构的关键。虽然三段蒸发法在小面积高效率电池方面取得了成功，但其工艺复杂、无法精确控制元素比例、重复性差、材料利用率不高、成本较高、很难实现大面积均匀稳定成膜，因而限制了大规模工业化生产中的应用。

4.6.3.2　溅射后硒化法

低成本、高效率、大面积、规模化等指标是检验 CIGS 电池技术开发成功与否的关键。溅射后硒化法作为大规模工业化生产技术，使用商业半导体薄膜沉积设备，易于放大，同时能保证大面积均匀成膜。Grindle 等最早采用溅射后硒化工艺在 H_2S 中制备 $CuInS_2$，Chu

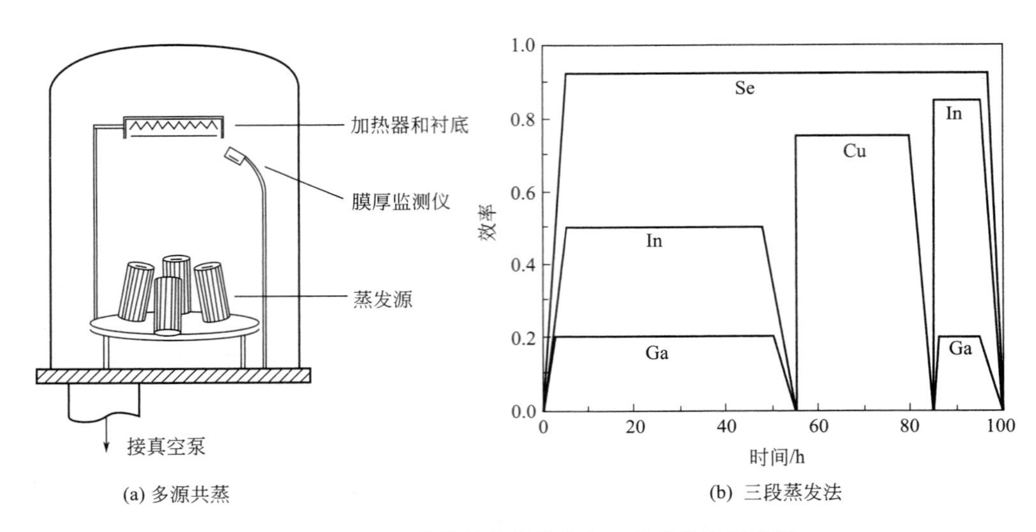

图 4-36 CIGS 薄膜的多源共蒸和三段蒸发法示意图

等最先采用这种工艺制备 $CuInSe_2$ 薄膜。最近，德国 Avancis 和日本 SolarFrontier 已研发出效率超过 17%的 300mm×300mm 小型模组。溅射后硒化法实际上就是预先溅射沉积 Cu/In/Ga 等金属前驱体，然后利用 Se 容易与金属反应的特性，在 H_2Se 或 Se 的气氛中硒化，从而制备出 CIGS 薄膜。按硒源是固体还是气体的不同，分为固态硒化法和气态硒化法。H_2Se 硒化能在常压下操作，可精确控制反应过程，加之其活性较高，因而得到的薄膜质量较好，目前生产线上均采用 H_2Se 硒化。但 H_2Se 是剧毒气体，且易燃，造价高，对保存、操作的要求非常严格，因此其应用受到一定限制。采用固态源硒化成本低、设备简单、操作安全，但在工艺可控性、重复性和硒化效果上面有一定差距，仅处在实验室研究阶段。溅射后硒化工艺虽然组分易控制、能大面积均匀成膜，但也存在形成 $MoSe_2$ 增大串联电阻和薄膜的附着力下降，同时在硒化过程中 Ga 易向 Mo 层迁移堆积而很难实现梯度带隙，需要额外增加硫化工艺以提高带隙等硒化工艺问题。总之，溅射后硒化工艺正成为当前 CIGS 电池研究的重点和难点，已成为当前工业化生产的主流技术路线。

4.6.3.3 电沉积法

电沉积法分为一步法和分步法两大类。目前电沉积单一金属元素已经比较成熟，但是对于四元化合物 CIGS 的共沉积则相当困难。Cu、In、Ga、Se 的沉积电位相差很大，而 In、Ga 由于其标准电位值相对较负，因此比较难还原。通常需要通过优化溶液条件（pH 值、浓度、络合剂、电位等），使几种元素的电极电位尽可能相近，以保证几种元素以接近 CIGS 分子式的化学计量比析出，才能得到很好的电镀层薄膜。

（1）一步法 一步法虽然在原理上比较简单，但在电化学方面变得很复杂，因为除了沉积出 CIGS 外，还有可能沉积出单一元素或者其他二元杂相。1983 年，NREL 的 Bhattacharya 首先在含有 Cu、In、Se 三种元素的溶液中一步电沉积 CIS 前驱体薄膜。为控制溶液中各化学物质的比例，Guillen 通过添加络合剂，调节溶液中各离子的浓度。1997 年，Bhattacharya 使用脉冲电镀法首次把 Ga 添加到氯化物电解溶液中，成功地一步电沉积出 CIGS 薄膜。香港理工大学 Yang 等采用两电极法电沉积 CIGS 薄膜，取得了初步的成果。

（2）分步法 采用分步法电沉积 CIS 或 CIGS 薄膜，先沉积 CuIn 或 CuInGa 合金薄膜，然后在 H_2Se 或 Se 气氛中硒化。Guillen 等在 Cu/In-Se 的基础上进行硒化过程，研究了硒化过程的反应机理。Bhatachary 等通过调整 In/Ga 比例，使在真空下经高温热处理后的电沉积 CIGS 薄膜所得产品的转化效率高达 15.4%。此外，还有报道在非水溶液（如己二胺、乙二醇、氨基乙酸）中电沉积 CIGS 光电薄膜。非真空电沉积法制备 CIGS 薄膜具有成本低、方法简单、沉积温度低、速率高、安全环保、材料回收成本低等优点，但其沉积的薄膜质量和附着力较差，同时工艺的精确控制和重复性还有待加强。

4.6.3.4　旋涂印刷等非真空工艺

采用设备简单，原料利用率高，生长速率快，可大面积均匀制膜，也更方便采用卷绕技术（roll-to-roll）的非真空工艺，正逐渐成为当前 CIGS 电池研究的热点。CIGS 薄膜制备的非真空工艺就是先配制出一定黏度的符合化学计量比的前驱体料浆、墨水或有机溶剂，然后通过旋涂、涂布、喷雾热解或印刷等非真空成膜工艺制备出前驱体薄膜，再经过还原、硒化和退火等后处理工艺转变成 CIGS 薄膜。该类非真空工艺一般可分为纳米颗粒前驱体法和溶液法两类。

（1）纳米颗粒前驱体法　如美国 Nanosolar 研发出的非真空低成本纳米墨水印刷制备 CIGS 工艺，有望与传统化石燃料发电相媲美。Basol 采用 Cu-In 合金粉末作为前驱体，沉积完后在 H_2Se 的气氛下烧结硒化，得到了转化效率为 10% 的 CIS 器件，吸收层薄膜呈多孔性。Kapur 等采用金属氧化物作为前驱体，使在高温下以 H_2 还原并在 H_2Se 气氛中硒化得到的 CIS 薄膜器件的光电转换效率达到 13.6%。但高温还原硒化过程不利于降低成本，而且涉及 H_2Se 的毒性和易燃易爆的安全性等一系列问题。Guo 等采用热注入法制备出纳米晶，再在 Se 气氛中退火得到 12% 的 CIGS 电池。近期 Agrawal 等已将效率进一步提高到 15%。

（2）溶液法　如 Kaelin 研究了非氧化物前驱体 $Cu(NO_3)_2$、$InCl_3$ 和 $Ga(NO_3)_3$ 溶解于甲醇中，添加乙基纤维素流延成膜，最后改用 Se 气氛来代替 H_2Se 硒化得到 CIGS 薄膜，制备的电池效率达到 6.7%。但也存在薄膜表面粗糙、薄膜附着力差及残留碳层等问题。为减少碳的引入，Mitzi、Yang 等采用联氨 N_2H_4 作为溶剂溶解粉体，形成溶液进行旋涂，进而制备出 15% 以上的高效器件。但联氨的毒性限制了该技术的推广应用。总之，旋涂印刷等非真空工艺的最大优势就是成本低、适合大面积生产，但技术尚处于研发阶段。

参　考　文　献

[1]　郑伟涛．薄膜材料与薄膜技术．北京：化学工业出版社，2004．
[2]　唐伟忠．薄膜材料制备原理、技术及应用．北京：冶金工业出版社，1998．
[3]　田民波，刘德令．薄膜科学与技术手册．北京：机械工业出版社，1991．
[4]　田民波，等．薄膜技术与薄膜材料．北京：清华大学出版社，2006．
[5]　宁兆元，江美福，等．固体薄膜材料与制备技术．北京：科学出版社，2008．
[6]　王力衡．薄膜技术．北京：清华大学出版社，1992．
[7]　顾培夫．薄膜技术．杭州：浙江大学出版社，1990．
[8]　金曾孙．薄膜制备技术及其应用．长春：吉林大学出版社，1989．
[9]　[日] 小沼光晴．等离子体及成膜基础．张光华译．北京：国防工业出版社，1994．
[10]　[日] 金原粲，藤原英夫．薄膜．王力衡，郑海涛译．北京：电子工业出版社，1988．
[11]　赵化桥．等离子体化学与工艺．合肥：中国科学技术大学出版社，1992．
[12]　薛增泉，吴全德，等．薄膜物理．北京：电子工业出版社，1991．
[13]　陈光华，张阳．金刚石薄膜的制备与应用．北京：化学工业出版社，2004．
[14]　朱宏喜．CVD 金刚石薄膜生长织构和残余应力的研究．北京：博士学位论文，2007．

[15] 邓锐. 宽带隙半导体（ZnO，SiC）材料的制备及其光电性能研究. 合肥：博士学位论文，2008.

[16] 罗派峰. 铜铟镓硒薄膜太阳能电池关键材料与原理型器件制备与研究. 合肥：博士学位论文，2009.

[17] 李惠. ZnO 和钴掺杂的 ZnO 薄膜的制备及其性能研究. 合肥：硕士学位论文，2008.

[18] Ohring M，The Materials Science of Thin Films. Boston：Academic Press，1992.

[19] Smith D L. Thin Film Depostion. New York：McGraw-Hill Inc，1995.

[20] Goyal R P，Raviendra G，et al. Phys Chem Solids，1985，87：79.

[21] Khare N，Razzine G，et al. Thin Solid Films，1990，186：113.

[22] Bates C H，White W B，Roy R. Science，1962，137：993.

[23] Gorla C R，Emanetoglu N W，et al. J Appl Phys，1998，85：2595.

[24] Bagnall D M，Chen Y F，et al. Appl Phys Lett，1998，73：1038.

[25] Jackson P，Wuerz R，Hariskos D，et al. Physica Status Solidi，2016，10：583.

[26] Kushiya K、Sol Energ Mater Sol Cells，2014，122：309.

[27] Kapur V K，Bansal A，et al. Thin Solid Films，2003，431：53.

[28] Hibberd C J，Chassaing E，Liu W，et al. Prog Photovolt：Res Appl，2010，18：434.

[29] Guo Q J，Ford G M，Agrawal R，et al. Prog Photovolt：Res Appl，2013，21：64.

[30] Steven M M，Charles J H，Nathaniel J C，et al. Prog Photovolt：Res Appl，2015，23：1550.

[31] Mitzi D B，Yuan M，Liu W，et al. Adv Mater，2008，20：3657.

[32] Bob B，Lei B，Chung C H，et al. Adv Energy Mater，2012，2：504.

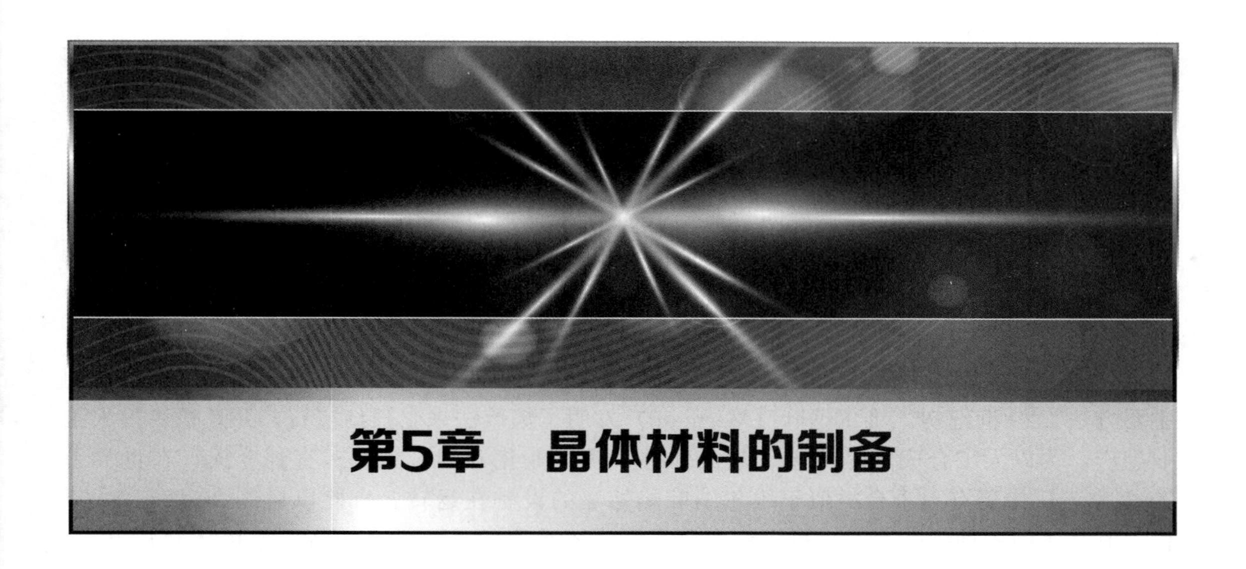

第5章　晶体材料的制备

5.1　人工晶体概述

5.1.1　人工晶体的发展

顾名思义，人工晶体就是使用人工方法合成出的晶体。人们生活中的许多物质都是晶体，比如常见的石头、沙土。沙土颗粒很小，人用肉眼无法观察到它的晶面、晶型，但它却实实在在是由晶体构成的。构成物质的原子、离子或分子在空间做长程有序的排列，形成一定的点阵结构，称为晶体；而内部没有长程有序排列（只有短程有序）的物质，称为非晶态固体，如玻璃、石蜡、橡胶等。晶体通常具有规则的外形，棱角分明。

自然界的晶体（矿物）以其美丽、规则的外形，早就引起了人们的注意。人类同晶体打交道始于史前时期。蓝田猿人和北京猿人在15万年前所用的工具就是石英。我国周代的《诗经·小雅·鹤鸣》中就有“他山之石，可以攻玉”的记载。这里的“他山之石”，实际指的是一些硬度高于玉而可以用来琢玉的矿物晶体，其中也包括金刚石。人类很早就利用有些天然矿物晶体具有瑰丽多彩的颜色等特性来制作饰物。天然宝石实际上就是符合工艺美学要求的稀少的矿物单晶。

国外最早有文字记载的人工合成晶体是在1540年，勃林古西欧（Birringuccio）首先详细记录了硝石的滤取及其重结晶提纯的过程。中国最早的人工晶体生长可追溯到一千多年以前，宋代程大昌所著的《演繁露》记载：“盐已成卤水，曝烈日，即成方印，洁白可爱，初小渐大，或数千印累累相连。”这就是用蒸发法从过饱和溶液中生长食盐晶体的方法。早期制盐卤水的“卤”字广义泛指盐类，这个象形文字实际上是一个蒸发咸水的鸟瞰图，方印一般的食盐晶体在排列整齐的盐田中结晶而出。

从单晶角度来看，长期以来，天然矿物晶体是大块单晶的唯一来源。由于形成条件的限制，大而完整的单晶矿物相当稀少。某些特别罕见的宝石单晶（如钻石、红宝石、蓝宝石等）多数成了稀奇的收藏品、名贵的装饰品和博物馆中的展览品。发现一些单晶具有宝贵的物理性质及其在技术上的应用价值是最近一个世纪的事。随着生产和科学技术的发展，人们对单晶的需要日益增加。例如，加工工业需要大量的金刚石，精密仪表和钟表工业需要大量的红宝石制作轴承，光学工业需要大块的冰洲石制造偏光镜，超声和压电技术需要大量的压电水晶等。但天然单晶矿物无论在品种、数量还是质量上，都不能满足日益增长的需要。于是人们就想方设法用人工的办法合成单晶，这样就促进了合成晶体研究的迅速发展。

在国外，人工合成晶体发展的初期是19世纪中叶到20世纪初。地质学家们在探索矿物在自然界中成因时认为，有许多的矿物是在水相中，在高温高压的条件下形成的。他们开始设法在实验室条件下合成这些晶体，以证实他们的理论。这些研究虽不是以获得大而完整的单晶为目的，但却为此积累了大量有价值的资料，为水热法合成水晶打下了基础。后来由于压电晶体的技术应用和经济价值，这个方法得到了广泛的发展，成为长盛不衰的生产水晶的主要方法。20世纪初，维尔纳叶（Verneuil）发明了焰熔法来生长红宝石，并且很快投入工业生产，为以人工合成单晶代替天然晶体并实现产业化开创了先例。直到今天，在世界上20多家工厂中仍有上千台类似于维尔纳叶焰熔法的设备在运转。自此以后到20世纪30年代，对晶体的各种生长方式进行了许多研究，许多重要的生长方法，特别是熔体生长方法，大都是在这一时期研究成功的。如查克拉斯基（Czochralski）的熔体提拉法（1918年）、布列奇曼（Bridgman）的坩埚下降法（1923年）、斯托勃（Stober）的温梯法（1925年）、基洛普罗斯（Kyropoulos）的泡生法（1926年）等。1936年，斯托克巴格（Stockbarger）用坩埚下降法成功地生长出大尺寸的碱卤化物光学单晶。现代晶体生长方法和技术在第二次世界大战期间有很大的发展，由于电子学、光学和科学仪器对各种单晶的需求，使晶体生长技术发展到很高的水平，以满足对单晶的尺寸、质量和数量不断增长的要求。例如，压电水晶大批量的水热合成、水溶性压电晶体的生长、绝缘材料云母的合成都是在这期间发展起来的。20世纪50年代最突出的进展是1950年梯尔（Teal）和里脱（Little）将查克拉斯基法用于生长半导体锗单晶。随后，法恩（Pfamn）在1952年发明的区熔法和凯克（Keck）、高莱（Golay）在1953年发明的浮区法用来制备和提纯锗和硅获得成功，为半导体单晶的研究和应用以及微电子学的发展开辟了广阔的前景。目前半导体单晶已成了继人造宝石和人工水晶之后生产规模最大的商品晶体。50年代人工晶体另一个突破是1955年高压合成金刚石获得成功，实现了几代晶体生长工作者长期的梦想。目前工业上用的金刚石差不多一半是人工合成的。1960年，在红宝石晶体上首次实现了光的受激发射。激光的出现和激光应用的发展对人工晶体研究又是一个很大的推动。此后，许多自然界所没有的激光晶体和非线性光学晶体以及装饰宝石晶体先后被人工合成出来，其中有些已广泛应用并投入批量生产，如钇铝石榴石（Nd:YAG）、钛宝石（$Ti:Al_2O_3$）、铌酸锂（$LiNbO_3$）、磷酸钛氧钾（KTP）、立方氧化锆（CZ）等。

总之，人工晶体是一种重要的功能材料，它能实现光、电、声、磁、热、力等不同能量形式的交互作用和转换，在现代科学技术中应用十分广泛。人工晶体在品种、质量、数量方面已远远超过了天然晶体。目前功能材料正向小型化、低维化、集成化和多功能化方向发展。与之相应，人工晶体也由块体趋向薄膜，由单一功能到复合功能，由仿制到按预定性能设计和合成材料。从20世纪70年代开始，超薄层材料及其相应制备技术——分子束外延和金属有机化学气相沉积，以及探索新晶体材料研究的发展，又将人工晶体推向一个新的发展阶段。

人工晶体的合成（生长）既是一门技艺，又是一门科学。由于晶体需要在不同状态和不同条件下生成，加上应用对人工晶体的要求十分苛刻，因而造成了人工合成晶体方法和技术的多样性以及生长条件和设备的复杂性。如果说生长设备是晶体生长的“硬件”，那么晶体生长技艺就是它的“软件”，没有熟练的技艺，即使有好的设备也是长不出好晶体来的。人工晶体作为一门科学，它包括材料制备科学、晶体生长机理、新晶体材料的探索和晶体的表征等方面，充分体现了材料科学、凝聚态物理和固体化学等多学科交叉的特点。

中国现代晶体生长研究起步较晚，20世纪50年代初期仅有水溶性单晶和金属单晶的生长，1958年以后有较大的发展。目前，主要依靠自己发展的技术，几乎所有重要的人工晶体都已成功地生长出来，许多晶体的尺寸和质量达到了较高水平，享誉国际市场，如锗酸铋（BGO）、磷酸钛氧钾（KTP）、偏硼酸钡（BBO）、三硼酸锂（LBO）等，其中BBO和LBO都是首先由我国研制出来的。经过60多年的发展，中国人工晶体由一个基本上是空白的领域发展到今天在国际上占有一席之地，不能不令人刮目相看。

人工晶体研究的对象有两种：一种是用人工的方法合成并生长出自然界已有的晶体，如水晶、云母、金刚石、食盐（NaCl）、红宝石（Al_2O_3:Cr）、胰岛素等；另一种就是用人工的方法合成并生长出自然界没有的晶体，如单质的Si与Ge、化合物的$Y_3Al_5O_{12}$、$KTiOPO_4$等无机晶体，以及有机晶体青霉素、硝基苯胺等。

5.1.2　人工晶体的分类及应用

人工晶体可按不同方法进行分类：按化学分类，可分为无机晶体和有机晶体（包括有机-无机复合晶体）等；按生长方法分类，可分为水溶性晶体和高温晶体等；按形态（或维度）分类，可分为块体晶体、薄膜晶体、超薄层晶体和纤维晶体等；按其物理性质（功能）分类，可分为半导体晶体、激光晶体、非线性光学晶体、光折变晶体、电光晶体、磁光晶体、声光晶体、闪烁晶体等。由于人工晶体主要作为一类重要的功能材料应用，因此通常采用后一种分类方法。有些晶体具有多种功能和应用，因此，同一种晶体可以有不同的归类（如铌酸锂）。表5-1列出了一些重要的人工晶体及其应用，其中大多数是无机晶体。

表5-1　一些重要的人工晶体及其应用

人工晶体	典型化合物	主要应用
光学晶体	NaCl、KCl、LiF、Al_2O_3、ZnS	光学仪器窗口、透镜、分光棱镜
激光晶体	Nd:YAG、Nd:$LiYF_4$、Cr:$LiCaAlF_6$	激光工作介质
非线性光学晶体	$KTiOPO_4$、$LiNbO_3$、BaB_2O_4、$Li_2B_3O_5$	光学倍频、混频器件等
压电晶体	水晶 SiO_2、$LiNbO_3$、$Li_2B_4O_7$	压电换能器、超声换能器等
闪烁晶体	$Bi_4Ge_3O_{12}$、BaF_2、CsI、$ZnWO_4$	高能射线探测器
光调制晶体	$LiIO_3$、$Y_3Fe_5O_{12}$、TeO_2	各种光开关、光调制元件等
半导体晶体	Si、Ge、GaAs	芯片、半导体激光器
宝石晶体	红宝石、蓝宝石、立方氧化锆	饰物
超硬晶体	金刚石薄膜、氮化硼	耐磨部件、光学部件、热学部件

5.2　晶体生长基础

人们合成晶体有两个目的：一是为了在技术上得以应用；二是在科学上研究晶体是怎样生长的。

晶体的形成是在一定热力学条件下发生的物质相变过程，可分为晶体成核和晶体生长两个阶段。晶体生长又包含界面过程和输运过程两个基本过程。

5.2.1 晶体成核理论

5.2.1.1 相变过程和结晶驱动力

从化学平衡的观点出发，晶体形成可以看成下列类型的复相化学反应：固体→晶体；液体→晶体；气体→晶体。所以晶体的形成过程是物质由其他聚集态即气态、液态和固态（包括非晶态和其他晶相）向特定晶态转变的过程，形成晶体的过程实质上是控制相变的过程。如果这一过程发生在单组分体系中，则称为单组分结晶过程；如果在体系中除了要形成的晶体的组分外，还有一个或几个其他组分，则把该相变的过程称为多组分结晶过程。显然，形成晶体（成核和生长）这个动态过程实际上不可能在平衡状态下进行，但是有关平衡状态下的热力学知识，对于了解结晶相的形成和稳定存在的条件，预测相变在什么条件下（温度、压力等）能够进行，预测生长量以及成分随温度、压力和实验中其他变量变化的情况，是十分有用的。所有这些信息都可从表示相平衡关系的相图中给出。

结晶过程是在热力学驱动下的非平衡相变过程，但考虑相变驱动力时，还必须从平衡状态出发。

晶体生长过程实际上是晶体-流体界面向流体中推进的过程，这个过程之所以会自发地进行，是因为流体是亚稳相，其吉布斯自由能较高。设晶体-流体界面的面积为 A，向流体中推进的垂直距离为 ΔX，该过程引起的系统自由能的降低为 ΔG。再设作用于界面上单位面积的驱动力为 f，则 f 所做的功为 $fA\Delta X$。显然：

$$fA\Delta X=-\Delta G\Rightarrow f=-\frac{\Delta G}{A\Delta X}=-\frac{\Delta G}{\Delta V}=-\frac{\rho}{M\Delta\mu} \tag{5-1}$$

式中，ρ 为晶体密度；M 为晶体摩尔质量；$\Delta\mu$ 为 1mol 晶体引起的吉布斯自由能的变化。可见，生长驱动力在数值上等于生长单位体积的晶体所引起的吉布斯自由能的降低。

因而：

$$\Delta\mu=N\Delta g \tag{5-2}$$

式中，Δg 为一个原子由流体转变为晶体引起系统的吉布斯自由能的降低量。所以：

$$f=-\frac{\rho}{M}N\Delta g \tag{5-3}$$

由式(5-1) 和式(5-3) 可知，驱动力 f 与 $\Delta\mu$ 和 Δg 成反比。所以有时定义 $\Delta\mu$ 为相变驱动力，其意义是单个原子由流体相变为晶体时引起的系统吉布斯自由能的降低量。

从式(5-3) 可知，当 $\Delta g<0$，f 为正，表示 f 指向流体，即此时晶体生长；当 $\Delta g>0$，f 为负，表示 f 指向晶体，即此时晶体溶解、熔化或升华；当 $\Delta g=0$，$f=0$，界面不动，即此时晶体既不生长也不溶解（熔化）。

下面讨论几种不同情况下晶体生长的驱动力。

（1）气相生长　从气态生长晶体时，存在气态到固态的相变过程。当气体压力 p 大于某一温度下晶体蒸气压 p_0 时，在该温度下，气体有转变为晶体的趋势。

对于该相变过程，驱动力可用式(5-4) 描述。

$$\Delta\mu=kT\frac{p}{p_0} \tag{5-4}$$

式中，k 为玻耳兹曼常数；T 为晶化温度。

定义 $\alpha=p/p_0$ 为过饱和比，则 $(p-p_0)/p_0=\alpha-1=\sigma$ 为过饱和度，则：

$$\Delta\mu=kT\frac{p}{p_0}=kT\Delta\alpha\approx kT\sigma \tag{5-5}$$

也就是说，当气体的压力大于晶体的蒸气压，气相自发转化为晶体，衡量相变驱动力大小的量为体系蒸气压的过饱和度。

（2）溶液生长　对于简单的二元体系，$\Delta\mu$ 可以用生长单元的活度来表示：

$$\Delta\mu=kT_c\Delta\left(\frac{a}{a_{ep}}\right) \tag{5-6}$$

式中，k 为玻耳兹曼常数；T_c 为晶化温度；a 为生长单元的实际活度；a_{ep} 为生长单元的平衡活度。同样可推导出 $\Delta\mu=kT_c\Delta\left(\frac{a}{a_{ep}}\right)kT\Delta\alpha\approx kT\sigma$。显然，只有当溶液处于过饱和状态时，才能使 $\Delta\mu<0$，这说明从溶液中析出晶体的驱动力是生长单元的过饱和度。

（3）熔体生长　对于熔体生长，$\Delta\mu$ 可用式(5-7) 表示：

$$\Delta\mu=\frac{\Delta H\Delta T}{N_A T_m} \tag{5-7}$$

式中，ΔT 为过冷度，$\Delta T=T_m-T_c$；T_m 为熔体温度；T_c 为晶化温度；ΔH 为熔化热；N_A 为阿伏伽德罗常数。

对于结晶过程，ΔH 为负值，因此只有 $T_m-T_c>0$ 时，才能使 $\Delta\mu<0$，所以 $T_c<T_m$ 是熔体结晶的必要条件，即熔体生长过程中的驱动力是其过冷度 $\Delta T=T_m-T_c$。

总之，要使在不同体系中的结晶过程能自发进行，必须使体系处于过饱和（或过冷），以便获得一定程度的相变驱动力。

5.2.1.2　均匀成核

在某种介质体系中，过饱和、过冷状态的出现，并不意味着整个体系的同时结晶。体系内各处首先出现瞬时的微细结晶粒子。这时由于温度或浓度的局部变化，外部撞击，或一些杂质粒子的影响，都会导致体系中出现局部过饱和度、过冷度较高的区域，使结晶粒子的大小达到临界值以上。这种形成结晶粒子的作用称为成核作用。介质体系内的质点同时进入不稳定状态形成新相，称为均匀成核。在体系内的某些局部小区首先形成新相的核，称为不均匀成核。

在流体相中，由于能量涨落，可能有少数几个分子连接成“小集团”存在，这些“小集团”可能聚集更多的分子而生长壮大，也可能失去一些分子而分解消失，这样的“小集团”称为胚团。因此胚团很不稳定，只有当体积达到一定程度后才能稳定地存在，这时就称它们为晶核，以区别于不稳定的胚团。胚团形成之后，它们的单位基体的自由能相对于流体相来说有所降低，系统趋于向新相过渡。当体系中一旦出现了新相，新相和流体相之间就会出现界面，有界面就有界面能存在，所以胚团出现对体系来说增加了界面能，因此体系总的自由能变化应当是两部分之和。

设胚团中单个原子或分子的体积为 Ω_S，胚团和流体相界面的单位面积表面能为 γ_{SF}，则亚稳流体相中形成一个半径为 r 的球状胚团所引起的吉布斯自由能的变化为：

$$\Delta G(r)=\frac{4\pi r^3/3}{\Omega_S}\Delta g+4\pi r^2\gamma_{SF} \tag{5-8}$$

由式(5-8) 可以看出，当驱动力 $\Delta g>0$，ΔG 中第一项（体积自由能项）为正，第二项

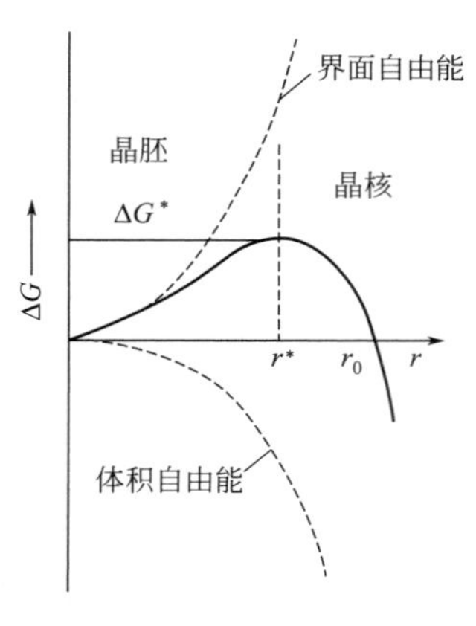

图 5-1　ΔG 与 r 的关系

为正，故 ΔG 恒为正，且随 r 的增加而增加，驱动力迫使晶体相转变为流体相，此时的 ΔG 与 r 的关系如图 5-1 所示。从图中可以看出，ΔG 随 r 单调上升，因此在 $\Delta g>0$ 的情况下，晶体相是难以出现的，即使出现了也会很快消失。当驱动力 $\Delta g<0$，ΔG 中第一项为负，第二项为正，但是二者之和 ΔG 有可能随 r 的增加而减小。因此体积自由能是随 r 的三次方减小的，而表面能是随 r 的平方而增加的，所以体积自由能项随 r 的增加而减小要比表面能项随 r 的增加而增加要快。当 r 很小时，表面能项起主要作用，故 $\Delta G(r)$ 随 r 的增加而增加，当 r 超过某一特定值 r^* 之后，体积自由能项起主要作用，r 继续增大，$\Delta G(r)$ 很快下降并变成负值，驱动力迫使晶体相转变为流体相，对应这个极大值的半径称为晶核临界半径。

利用求极值的方法，对 $\Delta G(r)$ 求极大值就可以确定 r^* 的大小。利用数学知识求得：

$$r^*=-\frac{2\gamma_{SF}\Omega_S}{\Delta g} \tag{5-9}$$

将式(5-9) 代入式(5-8)，即可得到晶核临界形成能 $\Delta G(r^*)$：

$$\Delta G(r^*)=\frac{4}{3}\pi\gamma_{SF}(r^*)^2=\frac{1}{3}\times\frac{16\pi\Omega_S^2\gamma_{SF}^3}{(\Delta g)^2} \tag{5-10}$$

单位体积、单位时间内，晶核形成的数目称为成核速率 J，可用 Arrhenius 反应速率方程表示：

$$J=A\exp\left[-\frac{16\pi\Omega_S^2\gamma_{SF}^3}{3k^3T^3(\Delta\alpha)^2}\right] \tag{5-11}$$

式中，A 为指数前因子。由该式可知，影响成核速率的主要变量有 T、α 和 γ。成核速率对过饱和度的变化非常敏感。当过饱和度较小时，成核速率几乎为零；当过饱和度达到某一临界值时，成核速率突然升高到一个很大的数值，此时晶核大量形成，体系亚稳态遭到破坏。

5.2.1.3　非均匀成核

在现实条件下，理想的均匀成核很少遇到。比如容器的壁、体系中存在的杂质以及其他外界条件都会影响晶核的形成能和临界尺寸以及晶体成核率，而且这些因素的影响几乎都是不可能完全避免的，所以理论上的均匀成核实际上是不可能实现的，因此研究非均匀成核时的晶核形成过程就显得尤为重要，但非均匀成核理论大多数是从均匀成核理论发展起来的。

下面分别介绍非均匀成核时的晶核临界尺寸、形成能以及成核率。

考虑到晶核大小不超过 10^{-6}cm，因此具有曲率半径为 $\geqslant 10^{-5}$cm 的表面，对在其上形成晶核来说可看成平面，因此在相界面上的成核相当于平面上的非均匀成核。若有球冠状的晶体胚团 S 成核于衬底上，此球冠的曲率半径为 r（即是 S-F 界面的曲率半径），三相（C、F、S）交界处的接触角为 θ。利用数学知识可以得到体系自由能的变化为：

$$\Delta G=\frac{V_S}{\Omega_S}\Delta g+(A_{SF}\gamma_{SF}+A_{SC}\gamma_{SC}-A_{SC}\gamma_{CF}) \tag{5-12}$$

式中，V_S 是胚团体积；A_{SF} 是胚团与流体的界面面积；A_{SC} 是胚团与衬底的界面面积。为了方便起见，将接触角的余弦记为 m，如图 5-2 所示，用初等几何知识即可求得胚团与流体、胚团与衬底的界面面积以及胚团的体积为：

$$A_{SF}=2\pi r^2(1-m) \tag{5-13}$$

$$A_{SC}=\pi r^2(1-m^2) \tag{5-14}$$

$$V_S=\frac{\pi r^3}{3}(2+m)(1-m)^2 \tag{5-15}$$

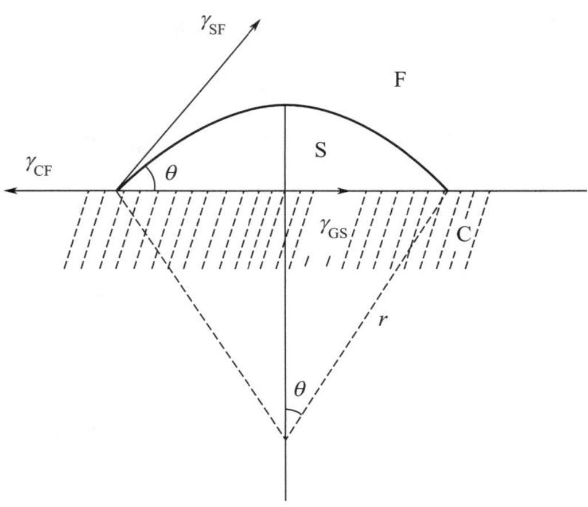

图 5-2　非均匀成核示意图

将上述三式代入式(5-12)，即可求得球冠状胚团在衬底上形成时所引起的吉布斯自由能的变化为：

$$\Delta G(r)_{非均匀}=\left(\frac{\pi}{3}r^3\frac{\Delta g}{\Omega_S}+\pi r^2\gamma_{SF}\right)(1-m)^2(2+m) \tag{5-16}$$

对式(5-16) 求极大值，就可求出球冠状胚团的临界半径为：

$$r^*_{非均匀}=-\frac{2\Omega_S\gamma_{SF}}{\Delta g} \tag{5-17}$$

显然，这个结果与均匀成核的结果式(5-9) 完全相同，这是不奇怪的，因为两式都是完全界面的相平衡条件所得到的结果。

再将式(5-17) 代入式(5-16)，可得胚团的临界形成能为：

$$\Delta G(r^*)_{非均匀}=\left[\frac{16\pi\Omega_S^2\gamma_{SF}^3}{3(\Delta g)^2}\right]f(m) \tag{5-18}$$

$$f(m)=\frac{(2+m)(1-m)^2}{4} \tag{5-19}$$

把式(5-18) 与均匀成核情况下形成能的表达式(5-10) 进行比较，可以发现两式只差一个因子 $f(m)$。

至于非均匀成核形成过程中成核率的计算和前述计算方法相同，若流体相为蒸气时，在衬底上的成核率为：

$$I_{V非均匀}=np(2\pi kT)^{-\frac{1}{2}}4\pi\left[\frac{2\Omega_S\gamma_{SV}}{kT\Delta\left(\frac{p}{p_0}\right)}\right]^2\exp\left[-\frac{16\pi\Omega_S^2\gamma_{SV}^3}{3k^3T^3\Delta\left(\frac{p}{p_0}\right)^2f(m)}\right] \tag{5-20}$$

若流体相为熔体时，在衬底上的成核率为：

$$I_{m非均匀}=nv_0\exp\left(-\frac{\Delta g}{kT}\right)\exp\left[-\frac{16\pi\Omega_S^2\gamma_{SL}^2}{3kT\Delta\left(\frac{L_{SL}\Delta T}{T_m}\right)^2}f(m)\right] \tag{5-21}$$

非均匀成核在工业结晶、铸件凝固过程、人工降雨操作、外延生长等方面起着很重要的作用，在晶体生长中必须给予足够的重视。在单晶生长过程中要保证单晶正常生长，就需要防止成核（包括均匀成核和非均匀成核）。其中容器材料的选择也很重要，如要获得大的过冷度，盛放过冷溶液、熔体或蒸气的容器材料应尽可能与结晶物质不浸润。石墨坩埚常能满足这一条件。

5.2.2 晶体生长的界面过程

晶体生长都是在晶体和环境相的界面上进行的，界面过程是晶体生长最重要的基本过程，也是晶体生长理论的核心，它是指生长基元在生长界面上通过一定机制进入晶体的过程。晶体生长速率与相变驱动力有关，而晶体生长的驱动力，即生长体系对平衡的偏离程度，又往往决定生长机制，而后者与界面相关。

人工基体通常在籽晶上生长，为了获得大单晶，必须在不形成新晶核的条件下（体系处于过饱和或过冷的亚稳区），使生长单元在已形成的晶体表面上不断堆砌而使晶体逐渐生长。晶体生长的机制还与生长环境有关，当晶体生长的母相介质是气相或液相时，如果母相介质与晶相的质点密度差别很大，我们把母相介质称为稀薄环境相。如果晶体生长的母相介质是该物质的熔体时，因为质点密度差别不是很大，则把它称为浓厚环境相。在浓厚环境相生长的晶体界面是原子级粗糙的表面，表面能较高。质点在其上的堆砌，可以在晶体表面的任何地方发生，其结果是在晶体生长过程中，每个点都沿着表面法线方向推移，这样的生长称为法线生长。在稀薄环境相生长的界面是原子光滑的低能面，生长单元在晶面上沿切线方向依次沉积，这样的生长称为切向生长或层向生长。稀薄环境相晶体生长动力学发展较早，也较为成熟。这种理论最早由 Kossel 提出，后来由 Stranski、Beker、Doring 和 Volmer 等进一步完善为完整晶面的晶体生长理论。在上述理论的基础上，Burton、Cabrera 和 Frank 进行了充实和修正，提出了不完整光滑界面生长机制（即 BCF 理论）。

（1）完整光滑界面生长机制　该机制也称成核生长理论模型。这一模型的关键问题是：在一个尚未生长完全的界面上找出最佳生长位置。一个处于生长中的界面，不是简单的一个平面，在其上有平台、台阶、台阶拐角及孤立生长单元，这些结构缺陷比完美晶面处于更高的能量状态，所以当生长单元附着于生长面的这些位置时，会释放出表面能，也就是说这些位置是最佳生长位置。在有些情况下，晶面上的孤立生长单元也会迁移到台阶、台阶拐角处释放出更多的表面能，通过填补台阶及台阶拐角处的位置，平台沿晶面生长。当将这一界面上的所有最佳位置都生长完后，如果晶体继续生长，就必须在这一光滑表面上形成一个二维核，由此来提供最佳生长位置。形成二维核需要较大的过饱和度，但实验中发现许多晶体在过饱和度很低的条件下也能生长。为了解决这一理论模型与实验的差异，Frank 于 1949 年提出了螺旋位错生长机制。

（2）不完整光滑界面生长机制　不完整光滑界面生长机制也称螺旋位错生长机制。实验表明，晶界、螺旋位错是重要的晶体生长因素，因为结构缺陷比完美晶面处于更高的能量状态，而且当晶体的化学组成不同于介质或母相时，生长速率会受扩散速率的影响。该模型认为，晶面上存在的螺旋位错可以作为晶体生长的源头，或者可以对光滑晶面的生长起到催化的作用。若生长的晶面上有螺旋位错存在，生长不需要新的晶核，位错提供了在低饱和度下能生长晶体的阶梯表面。这成功地解释了晶体在很低的过饱和度下仍能生长且生长出来的晶体质量和光滑表面几乎没什么区别这一实验现象。

由于有螺旋位错的存在，晶面生长速率大大加快。利用电子显微镜在许多从溶液中或气相中生长出的晶体上都能观察到螺旋位错生长丘，这有力地支持了这一模型。理论和实验都证实了这一理论是正确的，这是非常成功的一个晶体生长模型，许多实际晶体的生长都可以利用这一机制进行解释。

（3）其他位错生长机制　虽然 Frank 提出螺旋位错是晶体生长源，但能够提供永不消失生长源的位错不一定是螺旋位错。长期以来，人们提到位错理论时，总是提出螺旋位错而不考虑其他位错的作用。近年来的研究表明，刃型位错和层错都可以为晶体生长提供永不消失的生长源。

5.3　晶体生长的方法和技术

晶体生长技术在合成晶体中有极重要的地位。由于晶体可以从气相、液相和固相中生长，不同的晶体又有不同的生长方法和生长条件，加上应用对人工晶体的要求有时十分苛刻，如尺寸从直径在毫米以下的单晶纤维到直径为 50cm、重达数百千克的大单晶，这样就造成了合成晶体生长方法和技术的多样性以及生长条件和设备的复杂性。如何控制生长过程以制备具有大尺寸、高纯度和无缺陷的高质量晶体是晶体合成中必须面对的挑战，而控制生长过程和具体的晶体生长技术息息相关，因此晶体生长技术在人工合成晶体中有着非常重要的地位。

在晶体生长技术发展过程中，各种晶体生长技术互相渗透，不断改进和发展，一种晶体选择何种技术生长，主要取决于晶体的物化性质和应用要求。有的晶体只能用特定的生长技术生长；有的晶体则可采用不同的方法生长。选择的一般原则为：有利于提高晶体的完整性，严格控制晶体中的杂质和缺陷；有利于提高晶体的利用率，降低成本，因此大尺寸的晶体始终是晶体生长工作者追求的重要目标；有利于晶体的加工和器件化；有利于晶体生长的重复性和产业化，例如计算机控制晶体生长过程等。综合考虑上述因素，每一种晶体都有一种相应的、较适用的生长方法。如 Nd:YAG 宜用提拉法生长，KTP、BBO、LBO 一般均采用助熔剂生长技术等。

另外必须指出的是，除生长设备外，晶体生长的技艺在晶体生长技术中也起着举足轻重的作用。技艺即晶体生长工作者对生长设备和生长工艺的熟练掌握程度。从某种意义上说，技艺更显出其重要性，因为晶体生长是一项旷日持久的工作，加上晶体生长过程的复杂性，需要工作人员精力的投入和经验的积累，并不都是靠计算机控制所能代替的。只有先进设备加上技术熟练的、经验丰富的、耐心的晶体生长工作者，才有希望获得完美的合成晶体。

下面将重点介绍有关晶体生长的一些技术，其中包括一些实验室探索性的方法。

5.3.1　气相生长法

在晶体生长方法中，气相生长单晶材料是最基本和最常用的方法之一。所涉及的主要方法有升华法、气相外延法和化学气相传输法。由于此类方法包括大量变量，使生长过程较难控制，所以用气相法生长大块单晶通常仅适用于那些难以从液相或熔体中生长的材料，例如Ⅱ-Ⅵ族化合物和 SiC 等。

5.3.1.1　升华法

这种气相晶体生长方法十分简单，它是将生长物质通过升华手段从热源直接传输到冷生长区，这就要求待生长物质在一定温度下有足够高的蒸气压，晶体生长可以在真空或气流中进行。很多单质和化合物的晶体均适于用此法生长，如 Ag、Cd、Zn、SiC、ZnS、HgI_2 等。最近赵有文等利用此方法在 2200℃左右生长出了 AlN 晶体，其生长原理及设备结构如图 5-3 所示。AlN 的理论计算熔点为 2800℃，离解压为 20MPa，因此难以采用熔体直拉法或温度梯度凝固法技术来生长单晶。与 SiC 类似，这类材料一般使用高温升华法进行单晶生长。所

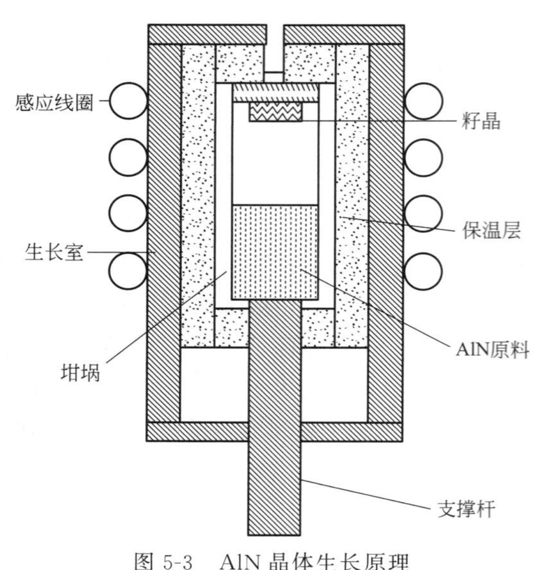

图 5-3　AlN 晶体生长原理及设备结构示意图

涉及的化学反应为：

$$2Al(g)+N_2(g)\longrightarrow 2AlN(s) \qquad (5\text{-}22)$$

而且在实验过程中发现，使用陶瓷 BN 坩埚，加热温度在 1900℃左右，生长结果为 AlN 晶须或致密多晶，难以生长出较大的 AlN 晶粒。用钨坩埚加热，生长温度达到 2200℃左右时，在 AlN 陶瓷片和 6H-SiC 片上生长了直径 22mm 的 AlN 晶体，最大的晶粒尺寸长 10mm、直径 5mm。

李娟等通过采用高纯 Si 粉和 C 粉在适宜的温度和压力下合成了多晶 SiC 粉末，在此基础上采用升华法在低压高温条件下生长了大直径 6H-SiC 单晶。生长过程中，生长室压力控制在 $1\times10^4\sim5\times10^5$Pa，生长温度为 2150～2250℃，温度梯度控制在 30～50℃。在 Ar 气氛中，经 100h 的生长，可获得厚度为 15～25mm 的 6H-SiC 单晶，原生晶体表面光亮，中心的生长面清晰可见，生长台阶平整光滑、交替有序，切割后的晶片有较高的透明度。

碘化汞（α-HgI_2）晶体是一种性能优异的室温核辐射探测器材料，具有禁带宽度大、原子序数高、吸收截面大、漏电流小、能量分辨率高等优点。α-HgI_2 单晶体制备的 X 射线及 γ 射线探测仪在核辐射探测、工业无损检测、核医学成像、荧光分析等方面具有广阔的应用前景。α-HgI_2 单晶体的制备通常采用气相沉积法和溶液法。由于溶液法生长晶体存在着溶剂分子的污染问题，得到的晶体体积很小，电荷收集效率低，难以应用于探测器制备。目前，气相沉积法是获得大体积 α-HgI_2 单晶体的主要制备方法。许岗等利用自行设计的垂直两温区透明油浴炉，采用升华法成功地生长了 α-HgI_2 单晶体，并且采用 XRD、透过光谱及 I-V 测试对所生长晶体的性能进行了表征。XRD 结果表明，所生长的晶体为单相的 α-HgI_2，晶体的最优生长面为（001）面；紫外-可见-近红外透过光谱分析发现，α-HgI_2 晶体的截至波长为 580nm，对应的禁带宽度为 2.12eV，晶体的近红外区内透过率约为 45%；所生长的 α-HgI_2 晶体电阻率约为 $10^{11}\Omega\cdot cm$。

5.3.1.2　气相外延法

气相外延技术是最早应用于半导体器件制备的一种比较成熟的外延生长技术，一般用于薄膜单晶的生长。外延是指在具有一定结晶取向的原有晶体衬底上延伸出并按一定晶体学方向生长薄膜的方法。外延出的薄膜单晶层被称为外延层，外延层与衬底保持着相同的晶格结构和晶向，衬底在外延生长中起籽晶的作用。外延生长技术最先应用于硅单晶薄膜的制备上，并且很快被广泛应用于化合物半导体的制备中。外延生长与从熔体中直接拉制单晶相比，有以下优点：可以在比衬底材料熔点低得多的温度下生长半导体单晶薄膜；可以生长同质和异质外延层及低维结构材料；可以生长组分或杂质分布陡变或渐变的外延层；可以在衬底指定区域内进行选择性外延生长。但是外延生长的速率太慢，典型为每小时 10μm 以内，如果用来生长单晶锭或厚层作为衬底，则费时太多。

外延分为同质外延和异质外延两种。如果外延层与衬底的化学组分相同，则是同质外延，一般用来生长纯度比衬底更高的薄膜，或者具有不同掺杂浓度的薄膜，通常被称为赝同质外延。如果外延层与衬底的化学组分相异，则是异质外延，通常用于生长难以获得单晶的晶体薄膜或者用作不同材料的晶体整合。

经过多年的发展，现在的外延技术有很多种，常用的几种外延技术有液相外延（LPE）、氯化物气相外延（Cl-VPE）、氢化物气相外延（H-VPE）、金属有机化合物气相外延（MOVPE）、分子束外延（MBE）和化学束外延（CBE）等。

（1）分子束外延（MBE） 分子束外延是一种高度精密复杂（与其超高真空、材料的高纯度、原位检测和控制等特点相关）的外延技术，是在超高真空条件下（真空度优于 10^{-11} Pa，分子平均自由程可达 1m），将外延层各元素源材料分别装入喷射炉，而对喷射炉相隔一定距离放置衬底，加热到 600～700℃，然后以可控的速率将源分子或原子束流喷射到衬底表面并沿表面迁移，在表面进行化学反应生长成单晶薄膜。这一方法是由美国 Bell 实验室的卓以和博士于 1970 年提出的。MBE 技术的特点是在超高真空条件下生长，高清洁度环境，杂质污染少，温度低，生长速率低，材料的纯度高，均匀性和重复性好，生长界面十分陡峭，没有渐变区域，反应室内可以配置多种原位分析仪器如反射高能电子衍射仪、俄歇电子谱和扫描隧道显微镜等，以实时监测单原子层晶体的生长过程。MBE 技术与能带工程结合，制备出一系列人工异质结、超晶格、量子阱、量子点等低维结构材料，为半导体器件物理学带来了革命性的突破，为新型半导体光电子器件的开发指明了方向。

这种技术的缺点是设备昂贵，维修费用高，生长周期长，不易大规模生产等。但近年来，分子束外延材料及器件日益走向实用化和产业化。尤其是其在 GaAs 基、InP 基和 GaN 基Ⅲ-Ⅳ族化合物材料及其微波器件、光电器件上取得了巨大的成就，最近在 Ge/Si 量子级结构和高性能 HgCdTe 探测器方面也取得了突破性进展。图 5-4 为分子束外延设备的结构。

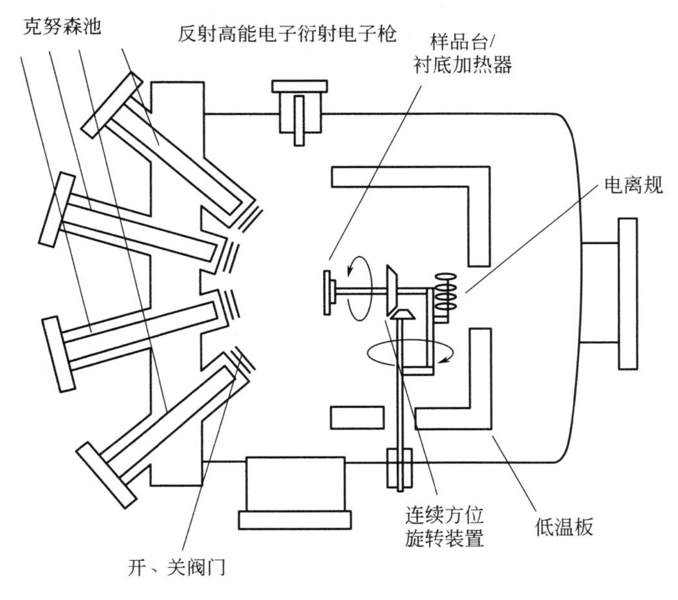

图 5-4 分子束外延设备的结构示意图

（2）金属有机化合物气相外延（MOVPE） 金属有机化合物气相外延是利用金属有机化合物进行金属源输运的一种气相外延生长技术，也被称为 OMVPE（organometallic vapor-phaseepitaxy）或者 MOCVD（metal-organic chemical vapor deposition），是将所需的化学元素以金属有机化合物蒸气的形式输送到热单晶衬底，在衬底上形成薄膜单晶的方法。在这种技术中晶体生长是在常压或低压下进行的，金属有机物源由氢气或氮气输运到反应器内。1968 年，美国罗克韦尔公司的 Manasevit 等用 TMGa 作 Ga 源，用 AsH_3 作 As 源，用 H_2 作载气，在绝缘衬底（α-Al_2O_3、$MgAl_2O_4$）上成功地气相沉积了 GaAs 外延层，首创 MOCVD 技术。MOCVD 技术强调的是利用金属有机化合物进行化学反应的气相沉积，而不强调生长出的外延层是单晶的、多晶的，还是无定形的，MOVPE 技术则强调一定是单晶薄膜的外延生长。

同 MBE 类似，MOCVD 能够生长出陡峭的界面（超晶格、量子阱、异质结等量子结构），能均匀可控地生长出高质量、高纯度的材料，能原位实时监测外延生长的过程，还能做选择性外延。而且，与 MBE（难以生长含 P 化合物）相比，MOCVD 系统更适合外延Ⅲ-Ⅳ族半导体化合物单晶层，具有更简单的反应腔，更具灵活性，更适合大规模生产，其系统结构如图 5-5 所示。

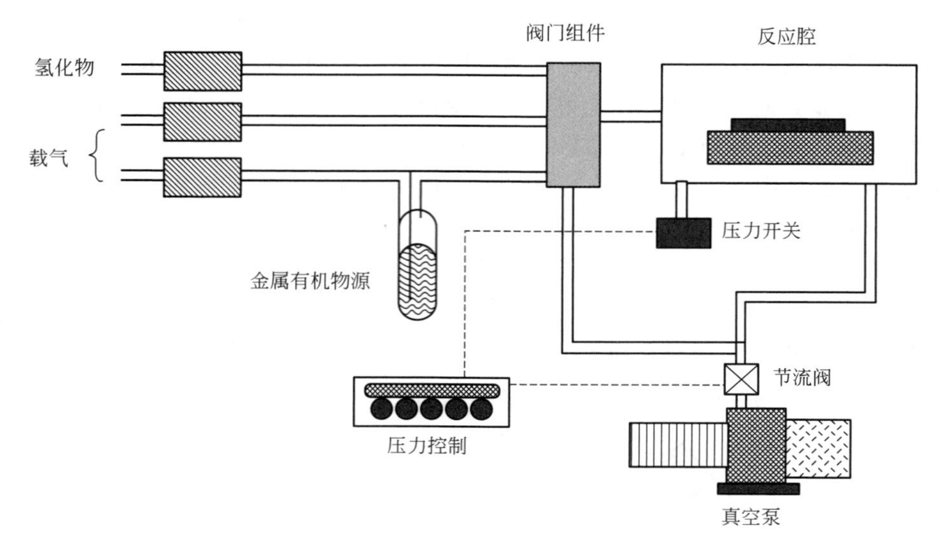

图 5-5　MOCVD 系统结构示意图

MOCVD 技术始于 20 世纪 60 年代末期，早期由于原材料的纯度不高和工艺粗糙等因素，限制了这一技术的发展。直到 1975 年，Seki 等提高了源纯度，并且改进了生长工艺，使得这一技术得以完善。后来，人们利用该技术研制出多种高性能的光电子器件，让 MOCVD 技术进入了飞速发展的时期。其中，利用 MOCVD 获得高质量 GaN 材料掀起了全球性的 GaN 基材料研究热潮。MOCVD 技术进一步得到推广，成为当今半导体光电子产业的主流外延技术。

以 GaN 的 MOCVD 为例，以 Ga 的烃基类化合物如 TMGa（三甲基镓）和 NH_3 作为 Ga 源和 N 源，在载气的驱使下，源气体进入反应室，发生复杂的反应，最终在衬底表面，Ga 原子与 N 原子结合成 GaN。整个过程可以用一个反应式概括：

$$(CH_3)_3Ga(g)+NH_3(g)\longrightarrow GaN(s)+3CH_4(g) \tag{5-23}$$

这个简化的反应式不能反映出反应室内复杂的生长机构。具体的生长过程涉及输运和多组分、多相的化学反应，如图 5-6 所示。载气将 MO 源和 NH_3 等反应剂带入反应室，混合气体以层流的方式流向加热的衬底，温度逐渐升高，在气相中可能发生如下反应：金属有机

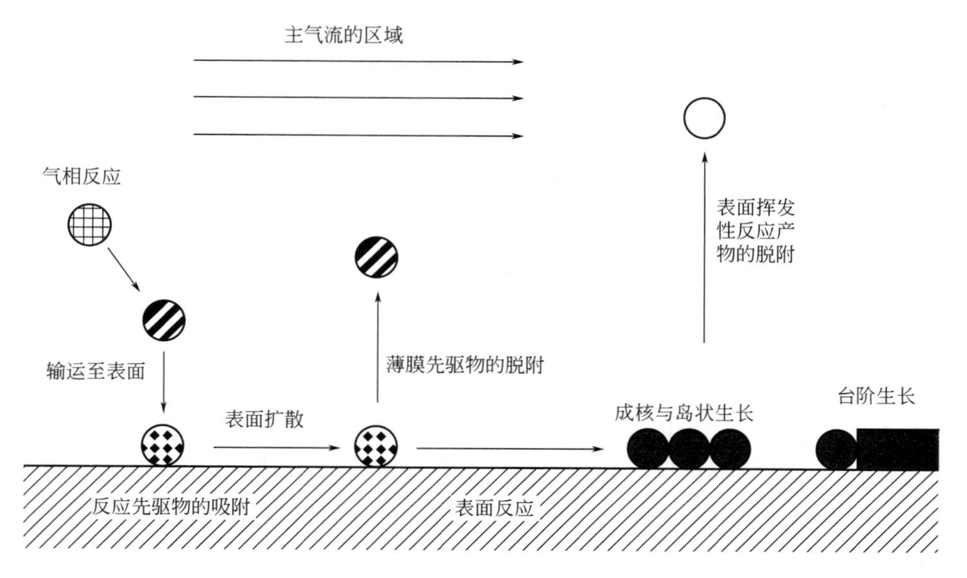

图 5-6　MOCVD 反应室内反应物的动力学过程

化合物（Lewis 酸）与非金属氢化物或有机化合物（Lewis 碱）之间形成加合物，当温度进一步升高，MO 源和氢化物及加合物等逐步热分解甚至气相成核，气相中的反应剂穿过一层很薄的边界层到达衬底表面，先吸附在表面，然后在表面扩散迁移并进一步发生反应，最终并入晶格、成核、岛状生长、台阶生长、形成外延层表面反应的副产物和部分未反应的反应物从表面脱附，通过扩散回到主气流，最后带出反应室。

这个复杂的生长过程是由多个参数共同影响着的，并且决定最终材料的质量。这些参数包括了总的气体流量、生长温度、压力、Ⅴ/Ⅲ比、生长速率、载气的性质（N_2、H_2 或混合气）等，缓冲层的特性和生长条件对外延层质量的影响也是至关重要的。所以要外延出均匀的、重复性可靠的高质量外延层，需要在生长过程中对多个参数进行严格控制，而这种参数的调整和控制很大程度上是经验性的，需要反复实验。

MOCVD 的缺点是设备比较昂贵，生产成本较高，并且需要使用大量有毒气体，基本上所有源材料都表现出毒性和腐蚀性，金属有机化合物在空气中还很容易自燃甚至爆炸，另外载气 H_2 与空气结合也会形成爆炸性混合物，因此需要特别注意安全防护措施。

（3）化学束外延（CBE）　化学束外延（chemical beam epitaxy，CBE）是将 MOCVD 技术对气态源的使用和控制与 MBE 技术的分子束性质相结合发展而成的一项新的外延技术，是由 Tsang 发展的一种外延生长技术，它具备了 MBE 和 MOCVD 的许多重要优点。在 MBE 中，采用的分子束是在高温下从元素源蒸发而来的；而在 CBE 中，所有的源在室温时都处于气态。在 MOCVD 中，化学药品是通过衬底上面的一个滞留荷载气体边界层扩散到衬底表面；而在 CBE 中，化学药品以“束”的形式进入高真空生长室。因此，与 MBE 相比，CBE 的优点是：利用室温气态Ⅲ族金属有机物源，简化了生长工艺过程；能精确控制具有瞬时流量响应的气流；单一的Ⅲ族束保证了材料组分的均匀性；没有卵形缺陷；具有较高的生长速率。

与 MOCVD 相比，CBE 的优点是：没有活动膜问题；自然产生突变异质界面和超薄层；生长环境清洁；能用各种仪器检测外延层的各种性质；容易与其他高真空薄膜工艺相配合，例如金属蒸发、离子束研磨和离子注入等。

目前，利用 CBE 技术已经生长出了高纯高质量的异质结构及超晶格材料，也生长出了大量的具有高性能的光电器件，例如 GaInAs-p-i-n 光电二极管、雪崩光电二极管、光电导探测器、光电晶体管、GaAs 双异质结构激光器、GaInAs/InP 量子阱激光器、超低能耗 GaInAs/InP 光波导、超晶格光逻辑校准器、GaInAs/InP 高迁移率二维电子气场效应晶体管、超薄基极双极晶体管、隧道二极管、分布式布拉格反射激光器、Fe 掺杂 InP/InGaAs 金属-半导体-金属光探测器、量子阱光调制器和量子开关异质结双极晶体管等。虽然某些器件在几年前已用其他技术制备出来了，但直到今天，还是用 CBE 技术制备的器件质量最好。

5.3.1.3 化学气相传输法

化学气相传输法是 20 世纪 70 年代由德国科学家 Schafer 提出来的技术。经过 40 多年的发展，该方法在固相合成、纯化以及晶体生长等方面都产生了重要的影响。在这种方法中，非挥发性的反应物或产物都可以在传输剂存在下在一定的温度梯度内发生传输。这种方法也可以用于将不挥发及易分解的物质在远低于它们直接挥发的温度下转化为优质单晶。

以单相物质的化学传输为例说明其原理，一个典型例子是 ZnS 的传输，在传输中发生如下化学反应：

$$ZnS(s)+I_2(g) \rightleftharpoons ZnI_2(g)+S(g) \tag{5-24}$$

I_2 为输运剂，所有的产物均为气体。由于反应是吸热的，平衡常数及 $ZnI_2(g)$、S(g) 分压随温度降低而降低，这就意味着，当 ZnS 传输到冷区时就会转化为 ZnS 单晶。

另一个例子是红色 Cu_2O 在痕量 HCl 存在下的化学传输：

$$Cu_2O(s)+2HCl(g) \rightleftharpoons \frac{2}{3}Cu_3Cl_3(g)+H_2O(g) \tag{5-25}$$

反应是放热的，Cu_2O 从 600℃的低温区传输到 900℃的高温区。许多元素可以氧化物和卤化物的形式传输，而且许多卤化物在形成复合卤化物时，与单独卤化物相比，能在更低的温度下传输。这种方法的特点是能获得亚稳相单晶。表 5-2 列出了化学气相传输法生长的单晶和所用的传输剂。

表 5-2 化学气相传输法生长的单晶和所用的传输剂

化合物	传输剂	化合物	传输剂
TiO_2	I_2+S	$CrTaO_4$	Cl_2
AlOCl	$NbCl_5$	MWO_4(M=Mg,Mn,Fe,Ni)	Cl_2
CrOCl	Cl_2	MFe_2O_4(M=Mg,Mn,Co,Ni)	HCl
SiO_2	HF	MNb_2O_6(M=Ca,Mg,Zn,Co)	HCl 或 I_2
IrO_2	O_2	ZrOS、ZrSiS	I_2
Be,WO_3	H_2O	Cu_3NbS_4、Cu_3TaS_4	I_2
Nb_5Sb_4	I_2	$LaTe_2$、La_2Te_3	I_2
TiS_2、NbS_2、TaS_2	S	MIn_2S_4(M=Mn,Zn,Co,Cd)	I_2
$RbNb_4Cl_{11}$	$NbCl_5$	$HgCr_2Se_4$	$AlCl_3+HgCl_2$
BiSBr	Br_2	$FeGaO_3$、$MnGaO_3$	NH_4Cl
$MgTiO_3$、$NiTiO_3$	Cl_2	Be_2SiO_4、$ZnSiO_4$	Li_2BeF_4

5.3.2 水溶液生长法

从溶液中生长晶体的方法历史最久，应用也很广泛。在工业结晶中，从食盐、食糖到各种可溶性固体化学试剂的生产都采用了这一技术，晶体生长可通过自发成核或加入籽晶来进行。这种方法的基本原理是：将晶体的组成元素（溶质）以原子、分子或离子状态分散于另一液体（溶剂）中，通过改变温度、蒸气压等状态参数，造成溶液的过饱和状态，然后通过控制析出条件可获得具有一定结构、尺寸和性能的晶体。溶液法晶体生长过程控制的核心问题是过饱和度的控制，而过饱和度的控制又是通过温度或蒸气压的控制实现的。

从该方法的原理可知，要使溶液达到过饱和状态，并且在晶体生长过程中始终维持过饱和度，一般有下列几个途径：根据溶液的溶解度曲线的特点升高或降低温度；采用蒸发等办法移去溶剂，使溶液浓度增加；利用某些物质的稳定相和亚稳相的溶解度差别，控制一定的温度，使亚稳相不断溶解，稳定相不断生长；通过化学反应。

从水溶液中生长晶体的优点有：晶体可在远低于其熔点的温度下生长，有许多晶体不到熔点就分解或发生不希望有的晶型转变，有的在熔化时有很高的蒸气压，溶液使这些晶体可能在较低的温度下生长，从而避免了上述问题；降低黏度，有些晶体在熔化时黏度很大，冷却时不能形成晶体而成为玻璃体，溶液法采用低黏度的溶剂则可避免这一问题；容易长成大块的、均匀性良好的晶体，并且有较完整的外形；在多数情况下，可以直接观察晶体生长过程，便于对晶体生长动力学进行研究。当然，此类方法也存在以下一些缺点：溶液的组成复杂，杂质很难避免；影响晶体生长的因素较多；生长速率慢，周期长；对控温精度要求较高等。

根据晶体的溶解度与温度系数的差别，从水溶液中生长晶体的常见方法有降温法、蒸发法、流动法、凝胶法和水热法等。以下对水溶液生长晶体的方法分别予以介绍。

5.3.2.1　降温法

降温法是从溶液中生长晶体的一种最常用的方法，在一些技术领域有着广泛应用的晶体（如 $NH_4H_2PO_4$、KH_2PO_4、DKDP）都是利用该方法进行生长的。

（1）基本原理　降温法生长晶体的基本原理是：利用物质大的溶解度和较大的正溶解度温度系数，在生长过程中逐渐降低温度，使析出的溶质不断在晶体上生长。整个生长过程是在非等温非等浓度条件下进行。用这种方法生长的物质，其溶解度温度系数最好不低于 1.5g/(kg·℃)。

降温法适用于溶解度和溶解度温度系数都较大的物质，并且需要一定的温度区间，而这一温度区间是有限制的，温度上限由于蒸发量过大而不宜过高，温度下限太低，也不利于晶体生长。一般来说，比较合适的起始温度是 50～60℃，降温区间以 15～20℃为宜。

（2）生长装置　降温法生长晶体的装置有很多种，但基本原理都是一样的。图 5-7 所示为降温法生长晶体较常用的装置。在降温法生长晶体的整个过程中，关键是要控制温度并按一定程序降温，使溶液始终处于亚稳态，并且维持适宜的过饱和度来促进晶体的正常生长。微小的温度波动就足以在生长的晶体中造成某些不均匀区域，从而带来晶体缺陷。因此育晶器要具有比较大的容量，以利于温度的稳定性，加热方式用水浴槽加热或内部加热，育晶器顶部要保持有冷凝水回流，底部设加热电炉，使溶液表面和底部都有不饱和层保护，以防止自发成核，温度控制精度一般在±0.5℃以内，温度控制灵敏度高，对生长优质晶体十分有益。

此外，还需要提供合适晶体生长的其他条件。在晶体生长过程中必须使育晶器严格密封，以防止溶剂的蒸发和对溶液的污染。为使晶体的各个面族能够自由生长，就要保证过饱和溶液对晶体各个面族的均匀供应，所以控制溶液温度的均匀性是十分重要和必要的，通常采用对溶液进行晃动或使籽晶旋转的方法。为了避免对向液流或背向液流影响一些晶面的发育，常采用正转与反转交替进行的方式，即用以下程序进行控制：

正转→停→反转→停→正转……

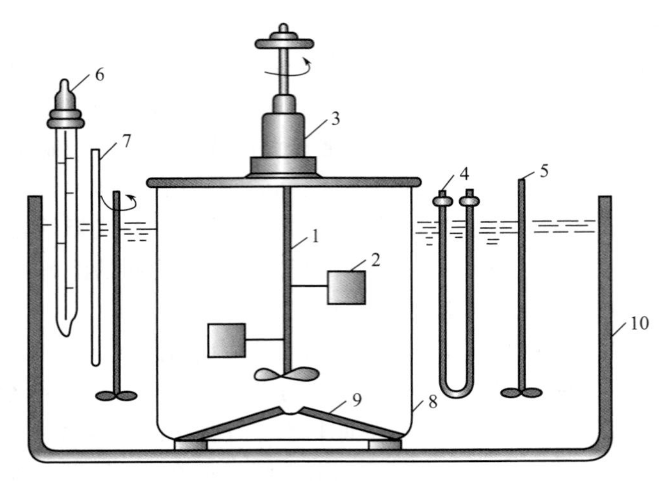

图 5-7　水浴育晶装置

1—掣晶杆；2—晶体；3—转动密封装置；4—浸没式加热器；5—搅拌器；6—控制器（接触温度计）；7—温度计；8—育晶器；9—有孔隔板；10—水槽

降温法生长晶体的一般过程为：配制适量的溶液，然后将溶液过热处理，以便提高溶液的稳定性；预热籽晶，放入籽晶使其微溶；根据溶解度曲线，设计降温程序，降温使籽晶生长恢复几何外形，然后使晶体正常生长；当降温到一定温度时，抽出溶液，取出晶体。

目前常用该方法生长的晶体种类很多，典型的例子见表 5-3。

表 5-3　从溶液中生长的一些重要晶体

名称及缩写	化学式	工艺要点
酒石酸钾钠	$KNaC_4H_4O_6 \cdot 4H_2O$	起始温度 45℃，降温先慢后快，1～2 月可生长出 10kg 单晶
罗谢尔盐		配制浓度为 130g/100mL 水溶液，加热至完全溶解，然后在密封容器中静置，冷却，结晶
钾矾、明矾	$K_2SO_4 \cdot Al_2(SO_4)_3 \cdot 24H_2O$	起始温度 48℃，降温速率 0.2℃/d，配制 24g/100mL 水溶液
铬矾	$K_2SO_4 \cdot Cr_2(SO_4)_3 \cdot 24H_2O$	与明矾类似
酒石酸乙二胺(EDT)	$(CH_2NH_2)C_4H_4O_6$	EDT 无水物在 40.6℃以上稳定，但也可在 40.6℃以下生长
酒石酸钾(DKT)	$K_2C_4H_4O_6 \cdot 0.5H_2O$	起始温度 60℃
磷酸二氢铵(ADP)	$NH_4H_2PO_4$	生长区间从 50℃到 30℃，以(011)切片为籽晶，成锥过程降温较快
磷酸二氢钾(KDP)	KH_2PO_4	起始温度 50～60℃，见 ADP
氯酸钠	$NaClO_3$	起始温度 51℃，降温速率 0.2℃/d，配制 117.4g/100mL 水溶液
蔗糖	$C_{12}H_{22}O_{11}$	静置降温
过硼酸钠	$NaBO_3$	密封，静置冷却，静置蒸发
五硼酸钾	KB_5O_8	起始温度 50～60℃，pH 值为 7
甲酸锂	$LiCOOH \cdot H_2O$	起始温度 45℃，pH 值为 6
六亚甲基四胺(HMTA)	$N_4(CH_2)_6$	起始温度约 50℃，乙醇为溶剂
邻苯二甲酸氢钾(KAP)	$KHC_8H_4O_4$	起始温度约 55℃
季戊四醇(PET)	$C(CH_2OH)_4$	生长区间从 87～92℃到 80～85℃
山梨六乙酸酯(SHA)	$C_6H_3O_6(COCH_3)_6$	生长区间从 56℃到 48℃，乙醇为溶剂

5.3.2.2　蒸发法

(1) 基本原理　蒸发法生长晶体的基本原理是将溶剂不断蒸发移去，而使溶液保持过饱和状态，从而使晶体不断生长。这种方法比较适合于溶解度较大而溶解度温度系数很小或是具有负溶解度温度系数的物质。蒸发法生长晶体的装置和降温法十分类似，所不同的是，降温法的育晶器中蒸发的冷凝水全部回流，而蒸发法则是部分回流；降温法通过控制降温速率来控制过饱和度，而蒸发法则是在恒温下通过控制回流比（蒸发量）来控制过饱和度的。

(2) 生长装置　蒸发法生长晶体的装置有许多种类型。图 5-8 是比较简单的一种，在严格密封的育晶器上方设置冷凝器（可通水冷却），溶剂自溶液表面不断蒸发，一部分在盖子上冷凝，沿器壁回流到溶液中，一部分在冷凝器上凝结并积聚在其下方的小杯内，再用虹吸管引出育晶器外。在晶体生长过程中，通过自动取水器不断取出一定量的冷凝水来控制蒸发量。应该注意的是，取水速率应始终小于冷凝速率。这种装置比较适合于高温（>60℃）晶体生长。

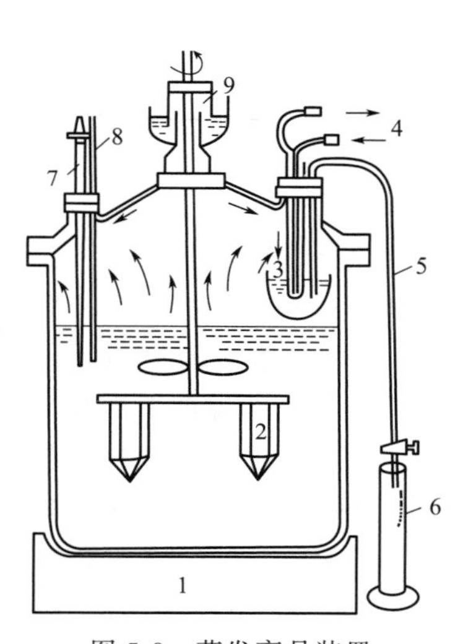

图 5-8　蒸发育晶装置

1—底部加热器；2—晶体；3—冷凝器；4—冷却水；5—虹吸管；6—量筒；7—接触控制器；8—温度计；9—水封

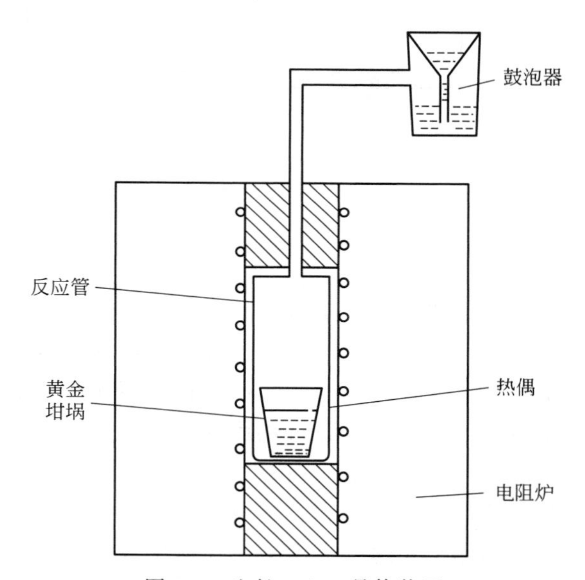

图 5-9　生长 NdPP 晶体装置

应该说明的是，有时体系中某一成分的蒸发并不是作为溶剂蒸发直接导致晶体生长，而是该成分蒸发引起化学反应，间接导致晶体生长。例如，在 Nd_2O_3-H_3PO_4 体系中可生长五磷酸钕（NdP_5O_{14}）晶体。生长 NdPP 晶体装置如图 5-9 所示。其形成机制一般认为是：

$$14H_3PO_4 + Nd_2O_3 \longrightarrow 2NdP_5O_{14} + 2H_4P_2O_7 + 17H_2O \tag{5-26}$$

NdP_5O_{14} 在焦磷酸（$H_4P_2O_7$）中有较大的溶解度，所以不会从溶液中析出。当温度升至 300℃以上时，焦磷酸逐渐脱水，形成多聚偏磷酸，NdP_5O_{14} 在其中溶解度很小，在升温和蒸发过程中，由于焦磷酸浓度降低而使 NdP_5O_{14} 在溶液中达到过饱和而结晶出来。

$$NdP_5O_{14} + nH_4P_2O_7 \longrightarrow 2(HPO_3)_n + NdP_5O_{14}\downarrow + nH_2O \tag{5-27}$$

据此机制，在一定的温度下，控制水的蒸发速率就可以生长出质量较好的 NdP_5O_{14} 晶体。

5.3.2.3 流动法

在降温法生长晶体过程中，不再补充溶液或溶质，故生长晶体的尺寸受到限制，要生长更大的晶体，可用流动法。该法装置如图 5-10 所示。

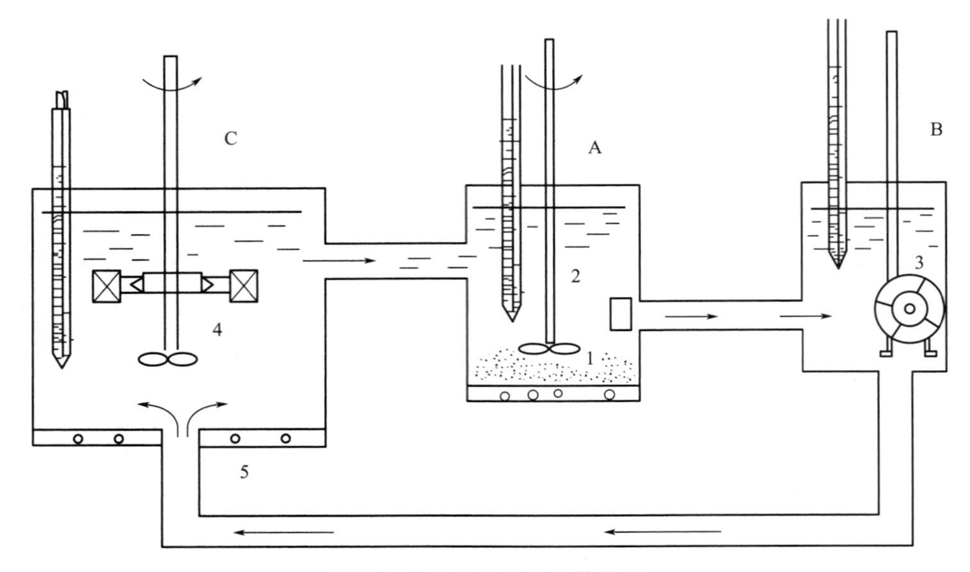

图 5-10　流动法生长晶体装置

1—原料；2—过滤器；3—泵；4—晶体；5—加热电阻丝

流动法的特点是将溶液配制、过热处理、单晶生长等操作过程分别在整个装置的不同部位进行，构成一个连续的流程。C 是生长槽（育晶器），A 是配制溶液的饱和槽，其温度高于 C 槽，B 是过滤槽。A 槽原料在不断搅拌下溶解，使溶液在较高的温度下饱和，然后经过滤器进入过滤槽，经过热后的溶液泵浦回 C 槽，溶液在 C 槽所控制的温度下，进入过饱和状态，使析出的溶质在籽晶上生长。因消耗而变稀的溶液流回 A 槽重新溶解原料，并且再在较高的温度下饱和。溶液如此循环流动，使 A 槽原料不断溶解，而 C 槽中的晶体不断生长。晶体生长速率靠溶液流动速率及 C 槽和 A 槽的温差来控制。使晶体始终在最有利的生长温度和最合适的过饱和度下恒温生长。该法的另一优点是晶体尺寸和生长量不受晶体溶解度和溶液体积的限制，而只受容器大小的限制，故该法适于生长均匀性较好的大晶体。日本大阪大学曾用这种方法生长出 400mm×400mm×600mm 的大 KDP 单晶，生长速率为 2mm/d。重达 20kg 的 ADP 优质单晶也已利用此法得以制备出来。还有的实验室中常利用该法的特点设计各种小型流动装置来进行晶体生长动力学的研究，测量晶体在不同温度和不同过饱和度下的生长速率等。

流动法的缺点是设备比较复杂，调节三槽之间的温度梯度与溶液流速之间的关系需要有一定的经验。

5.3.2.4 凝胶法

凝胶法就是以凝胶作为扩散和支持介质，使一些在溶液中进行的化学反应通过凝胶扩散缓慢进行，溶解度较小的反应产物在凝胶中逐渐形成晶体，所以凝胶法也是通过扩散进行的溶液反应法。该法适于生长溶解度十分小的难溶物质的晶体。由于凝胶生长是在室温条件下进行的，因此也适于生长对热很敏感的物质的晶体。此外，由于在这种生长方法中，晶体的支持物是柔软的凝胶，作用于晶体的约束力均匀分布，使得生长的晶体完整性较好，应力较小。而且由于凝胶中不发生对流，生长环境比较稳定。因此，尽管凝胶法有生长速率慢（以周计）、长成的晶体尺寸小（毫米量级）等不足之处，但是，由于这种方法有其独到之处，使之成为探索新晶体、研究晶体的生长过程、生长机制以及宏观缺陷形成的一种有效方法。表 5-4 列出了一些用该法生长晶体的实例。

表 5-4　在凝胶中生长的一些晶体

晶体	体系	生长时间	晶体尺寸
酒石酸钙($CaC_4H_4O_6$)	$H_2C_4H_4O_6+CaCl_2$		8～11mm
方解石($CaCO_3$)	$(NH_4)_2CO_3+CaCl_2$	6～8 周	6mm
碘化铅(PbI_2)	$KI+Pb(Ac)_2$	3 周	8mm
氯化亚铜(CuCl)	CuCl+HCl(稀)	1 个月	8mm
高氯酸钾($KClO_4$)	$KCl+NaClO_4$		20mm×10mm×6mm

凝胶法生长晶体的设备非常简单，可根据不同类型的反应来选择不同的生长装置。如先让一种反应物在试管中形成凝胶，然后加入另一种反应物的溶液；或者先在 U 形管内形成单纯凝胶，然后从 U 形管的两个端口加入不同的反应物溶液。

下面以生长酒石酸钙晶体为例对凝胶法的基本原理给予介绍。图 5-11 为凝胶法生长酒石酸钙晶体装置。图 5-11(a) 为试管单扩散系统，$CaCl_2$ 溶液进入含有酒石酸的凝胶，发生如下化学反应：

$$CaCl_2+H_2C_4H_4O_6+4H_2O \longrightarrow CaC_4H_4O_6\cdot 4H_2O\downarrow+2HCl \tag{5-28}$$

图 5-11(b) 为 U 形管双扩散系统，Ca^{2+} 和 $C_4H_4O_6^{2-}$ 分别扩散进入凝胶，同样可生成酒石酸钙晶体。

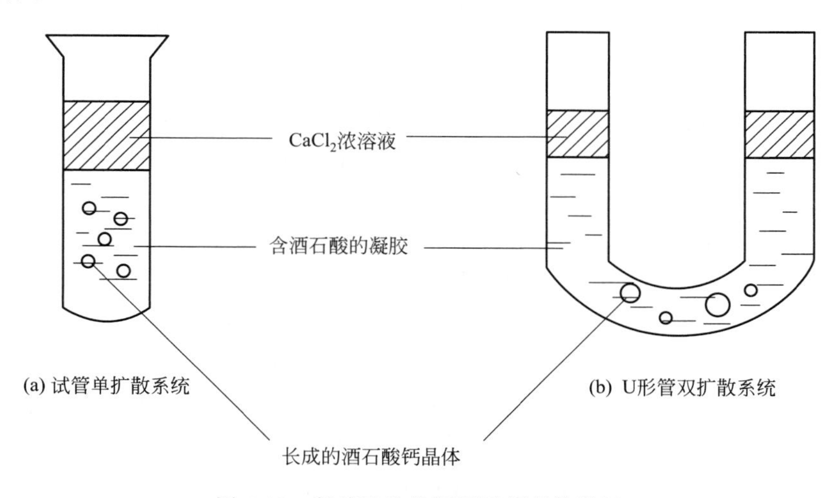

图 5-11　凝胶法生长酒石酸钙晶体装置

5.3.2.5　水热法

水热法就是在高温高压条件下，利用水溶液的温度梯度去溶解和结晶在通常条件下不溶于水的物质。因此，水热法可以称为高温高压下的水溶液温差法。水热法生长晶体在特制的高压釜内进行，其装置如图 5-12 所示。培养晶体的原料（培养料）放在高压釜温度较高的底部，籽晶悬挂在温度较低的上部。高压釜内填装一定程度的溶剂（填装程度常称为充满度）。容器内的溶液由于上下部溶液之间的温差而产生对流，将高温下的饱和溶液带至生长区成为过饱和溶液而在籽晶上结晶。过饱和度的大小取决于溶解区和生长区之间的温差以及

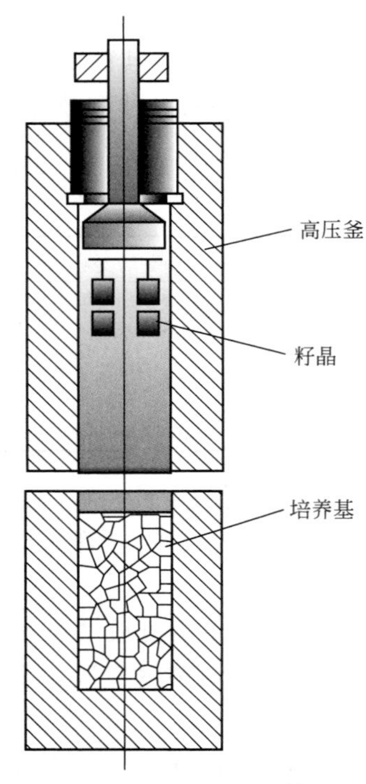

图 5-12　水热法生长晶体装置

结晶物质溶解度的温度系数。通过冷却析出部分溶质的溶液又流向下部，溶解培养料。如此循环往复，使籽晶不断地长大。

水热法主要用来合成水晶。因为水晶常压下不溶于水，而在高温下存在着多种多形体转变。熔体冷却凝固又形成石英玻璃，因此无法用其他方法合成，只能用水热法生长。由于电子工业发展需要大量压电水晶，水热生长技术也随之发展起来。除水晶外，水热法还可用来合成磷酸铝（$AlPO_4$）、磷酸镓（$GaPO_4$）、方解石、红锌矿、蓝石棉和许多宝石（如红宝石、蓝宝石、祖母绿等）以及磷酸钛氧钾（KTP）等近百种晶体。

5.3.3　助熔剂法

助熔剂法又称熔剂法或熔盐法，它是在高温下从熔融盐熔剂中生长晶体的一种方法，也是最早的炼丹术之一。利用助熔剂生长晶体的历史已近百年，也可算是一种古老的经典方法。但自从火焰法发明以后，该方法曾一度衰落，很少有人问津。直到 20 世纪 50 年代初期，由于生产和科学技术发展的需要，这个方法才重新发展起来。1954 年，Remeiks 从 PbO 中生长出 $BaTiO_3$ 单晶。1958 年，Nielsen 又从 PbO 中生长出钇铁石榴石（YIG）单晶。60 年代以后，助熔剂法已广泛应用于新材料的探索，培育小晶体样品。后来随着许多新技术的出现，如顶部籽晶技术、ACTR 技术，生长出了大块优质的 YIG、KTP、KN、$BaTiO_3$ 等一系列重要的技术晶体。现在用助熔剂生长的晶体类型很多，从金属到硫族及卤族化合物，从半导体材料、激光晶体、光学材料到磁性材料、声学晶体，也用于生长宝石晶体，如助熔剂法红宝石和祖母绿。

助熔剂法的基本原理是结晶物质在高温下溶解于低熔点的助熔剂溶液内，形成均匀的饱和溶液，然后通过缓慢降温或其他办法，进入过饱和状态使晶体析出。这个过程类似于自然界中矿物晶体在岩浆中的结晶。所以助熔剂法在原理上和溶液生长相似，但按其状态来说又像熔体（浓度很大的溶液和很不纯的熔体实质上是难以区分的），既可归入溶液生长一类，也可归入熔体生长一类。这里我们将它作为液-固生长中的一个独立生长方法来叙述。

助熔剂法根据晶体成核及生长的方式不同，可分为自发成核法和籽晶生长法两大类。自发成核法按照获得过饱和度方法的不同，又可分为缓冷法、反应法和蒸发法。这些方法中以缓冷法设备最为简单，使用最普遍。籽晶生长法是在熔体中加入籽晶的晶体生长方法。主要目的是克服自发成核时晶粒过多的缺点，在原料全部熔融于助熔剂中并成为过饱和溶液后，晶体在籽晶上结晶生长。根据晶体生长的工艺过程不同，籽晶生长法又可分为籽晶旋转法、顶部籽晶旋转提拉法、底部籽晶水冷法、坩埚倒转法及倾斜法等。

助熔剂法生长晶体有许多突出的优点。首先是适用性很强，几乎对所有材料都能找到一些适当的助熔剂，从中将其单晶生长出来。其次是降低了生长温度，特别是对于生长高熔点和非同成分熔化的化合物晶体，更显示出其优越性。此外，该法生长设备简单，是一种很方便的生长技术。缺点是生长周期较长，晶体一般较小，比较适合研究用。但经过 20 世纪 80

年代的发展，助熔剂法已不仅是一种晶体材料研究中十分重要的实验室生长方法，而且也成为一种能批量生产大尺寸晶体的实用技术，令人刮目相看。

5.3.3.1　助熔剂的选择

选择合适的助熔剂是助熔剂生长的关键，也是一项困难的工作。理想的助熔剂应该具有下列性质。

（1）对晶体材料应有足够的溶解能力，在生长温度范围内，溶解度要有足够大的变化，以便获得足够高的晶体产额。

（2）在尽可能宽的温度范围内，所要的晶体是唯一的稳定相，助熔剂在晶体中的固溶度应尽可能小。

（3）具有尽可能小的黏度，以使溶质晶体有较快的生长速率。

（4）具有尽可能低的熔点和尽可能高的沸点，以便选择方便的和较宽的生长温度范围。

（5）具有尽量小的挥发性、腐蚀性和毒性，并且不与坩埚起反应。

（6）易溶于对晶体无腐蚀作用的溶剂中，如水、酸、碱等，以便容易将晶体从助熔剂中分离出来。

（7）价格便宜。

实际上使用的助熔剂很难同时满足上述要求，但对大多数晶体总可以找到一些适当的助熔剂。近年来倾向于采用复合助熔剂，使各种成分取长补短，少量助熔剂添加物常会显著地改善助熔剂的性质。对于复合助熔剂，成分比例一般选择在低共熔点附近。在大多数情况下，使用时应使一种组分过量和选用包含共同离子的助熔剂，以便减少对晶体的污染。由于助熔剂中会发生复杂的化学反应，复合助熔剂组分过多，会使溶液中相关系复杂化。因此，搞清其中的相关系是十分重要的。

表 5-5 列出了一些常用的助熔剂及晶体生长的实例。

表 5-5　一些常用的助熔剂及晶体生长的实例

晶体	助熔剂	晶体	助熔剂
Al_2O_3	$PbF_2+B_2O_3$	$KTiOPO_4$	$K_6P_4O_{13}$
BaB_2O_4	Na_2O、$NaBO_2$、BaF_2	LiB_3O_5	Li_2O
$BaTiO_3$	KF、NaF、$BaCl_2$、BaF_2	$LiGaO_2$	$PbO+PbF_2$
$BeAl_2O_4$	PbO、Li_2MoO_4	$MgFe_2O_4$	PbP_2O_7
$Bi_4Ti_3O_{12}$	$Bi_2O_3+B_2O_3$	$Pb_3MgNb_2O_7$	$PbO+B_2O_3$
$CaLa_2B_{10}O_{19}$	CaB_4O_7 或 $CaB_4O_7+B_2O_3$	$PbZrO_3$	PbF_2
CeO_2	Li_2MoO_7、$Li_2W_2O_7$	SiC	Si
Fe_2O_3	$Na_2B_4O_7$	TiO_2	$Na_2B_4O_7+B_2O_3$、$PbO+B_2O_3$
GaAs	Sn、Ga	$Y_3Al_5O_{12}$	$PbO+B_2O_3$
GaP	Ga	$Y_3Fe_5O_{12}$	$PbO+B_2O_3$
$GaPO_4$	$Li_2CO_3+MoO_3$	ZnO	PbF_2、$Na_2B_4O_7+B_2O_3$
In_2O_3	$PbO+B_2O_3$	ZnS	ZnF_2、$KI+ZnCl_2$
$KNbO_3$	KF、KCl	$ZrSiO_4$	Li_2O+MoO_3

5.3.3.2　自发成核法

按照获得过饱和状态方法的不同，助熔剂法可分为缓冷法、助熔剂蒸发法和助熔剂反

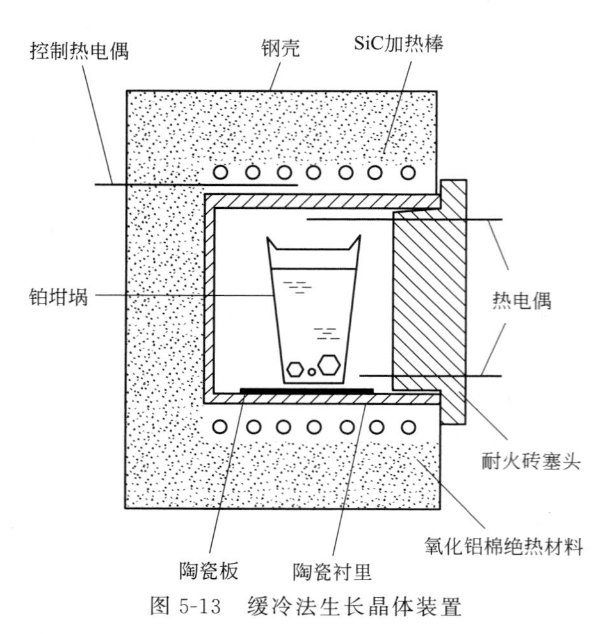

图 5-13　缓冷法生长晶体装置

应法。

（1）缓冷法　缓冷法是在高温下，在晶体材料全部熔融于助熔剂中之后，缓慢地降温冷却，使晶体从饱和熔体中自发成核并逐渐成长的方法。在自发成核法中以缓冷法设备最为简单，使用最为普遍。

典型的缓冷法生长晶体装置如图 5-13 所示。把所需原料装入坩埚并放入炉膛升温，温度高于原料的熔点几十摄氏度甚至100℃后保温，使原料充分熔化，而后缓慢降温，一般降温速率为 0.5～5℃/h。控制成核常采用两种方法：一种是在上部；另一种是在底部。控制成核是长出优质大单晶的关键。晶核是在低温区形成，通常是在底部通水冷却来控制成核。

下面以缓冷法生长祖母绿为例对此方法的具体合成工艺给予详细介绍。

早在 1888 年和 1900 年，科学家们就使用了自发成核法中的缓冷法生长出祖母绿晶体的技术。之后，德国的埃斯皮克（H. Espig）等进行了深入的研究（1924～1942 年），并且对助熔剂缓冷法做了许多改进，生长出了长达 2cm 的祖母绿晶体。缓冷法生长宝石晶体的设备为高温马弗炉和铂坩埚。合成祖母绿晶体的生长常采用最高温度为 1650℃的硅钼棒电炉。炉子一般呈长方体或圆柱体，要求炉子的保温性能好，并且配以良好的控温系统。坩埚材料常用铂，使用时要特别注意避免痕量的金属铋、铅、铁等的出现，以免形成铂合金，引起坩埚穿漏。坩埚可直接放在炉膛内，也可埋入耐火材料中，后者有助于增加热容量、减少热波动，并且一旦坩埚穿漏，对炉子损害不大。

合成祖母绿所使用的原料是纯净的绿柱石粉或形成祖母绿单晶所需的纯氧化物，成分为 BeO、SiO_2、Al_2O_3 及微量的 Cr_2O_3。常用的助熔剂有氧化钒、硼砂、钼酸盐、锂钼酸盐、钨酸盐及碳酸盐等，目前多采用锂钼酸盐和五氧化二钒混合助熔剂。具体工艺流程如下。

① 将铂坩埚用铂栅隔开，另有一根铂金属管通到坩埚底部，以便不断向坩埚中加料。

② 按比例称取天然绿柱石粉或二氧化硅（SiO_2）、氧化铝（Al_2O_3）、氧化铍（BeO）和助熔剂和少量着色剂氧化铬（Cr_2O_3）。

③ 将原料放入铂坩埚内，原料 SiO_2 以玻璃形式加入熔剂中，浮于熔剂表面，其他反应物 Al_2O_3、BeO、Cr_2O_3 通过导管加入坩埚的底部，然后将坩埚置于高温炉中。

④ 升温至 1400℃，恒温数小时，然后缓慢降温至 1000℃并保温。

⑤ 通常底部料 2 天补充一次，顶部料 2～4 周补充一次。

⑥ 当温度升至 800℃时，坩埚底部的 Al_2O_3、BeO、Li_2CrO_4 等已熔融并向上扩散，SiO_2 熔融向下扩散。熔化的原料在铂栅下相遇并发生反应，形成祖母绿分子。

⑦ 当溶液浓度达到过饱和时，便有祖母绿形成于铂栅下面悬浮祖母绿晶种上。

⑧ 生长结束后，将助熔剂倾倒出来，在铂坩埚中加入热硝酸进行溶解处理 50h，待温度缓慢降至室温后，即可得干净的祖母绿单晶。

该方法生长速率约为 0.33mm/月，在 12 个月内可生长出 2cm 的祖母绿晶体。缓冷法合成祖母绿装置如图 5-14 所示。在合成过程中必须严格控制原料的熔化温度和降温速率，以便祖母绿单晶稳定生长，并且抑制金绿宝石和硅铍石晶核的大量形成。另外，在祖母绿晶体生长过程中必须按时供应生长所需的原料，使形成祖母绿的原料自始至终都均匀地分布在熔体中。

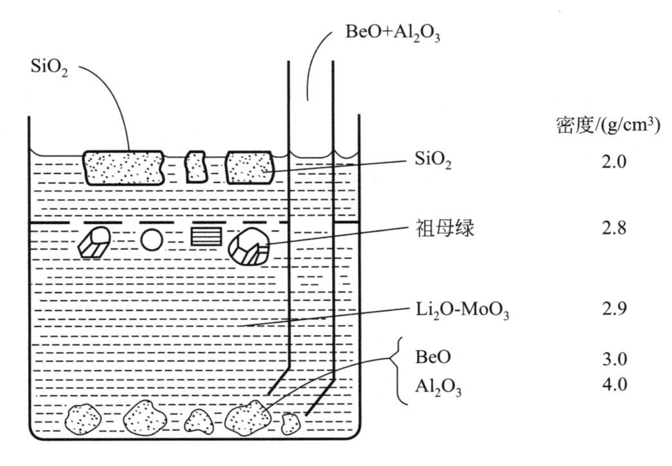

图 5-14　缓冷法合成祖母绿装置

（2）助熔剂蒸发法　助熔剂蒸发法是指借助助熔剂蒸发使熔液形成过饱和状态，得到析出晶体。助熔剂蒸发法生长晶体装置如图 5-15 所示。助熔剂蒸发法的生长设备比较简单，不需要降温程序。但要求助熔剂有足够的挥发性，不过易挥发的物质又大都带有毒性，因此要对挥发物进行冷凝回收。助熔剂蒸发法由于是恒温生长，晶体成分较均匀，避免了缓冷过程中遇到的外相干扰。常用于一些易相变的晶体，如 Cr_2O_3。Cr_2O_3 在 1000℃ 是稳定的，当温度降低后则相变为 CrO_3。为了晶体保证在稳定态则经常采用助熔剂蒸发法进行生长。由于该方法控制成核比较困难，所以很难生长出优质大单晶。因为成核是在溶液的表面，所以在晶体中很容易包裹助熔剂，若能控制在底部成核，晶体的质量将会有所改善。

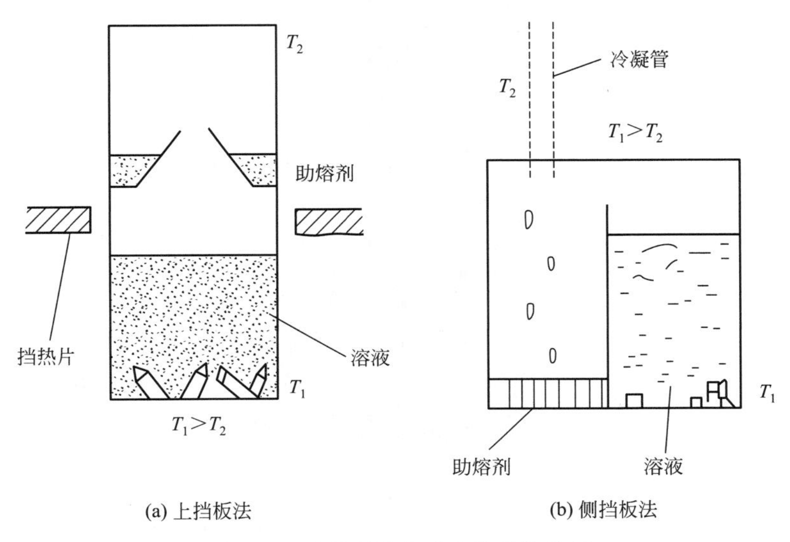

图 5-15　助熔剂蒸发法生长晶体装置

Grodkiewicz 和 Nitti 曾用此方法从 PbF_2-B_2O_3 中生长出 CeO_2 单晶，生长温度为 1300℃，

助熔剂每天蒸发35g，生长5d后得到10g晶体。Wanklyn从PbF_2-B_2O_3-PbO中生长出$YbCrO_3$晶体，生长温度为1260℃，持续蒸发9d，最大晶体的尺寸为3mm×3mm×2mm。

（3）助熔剂反应法 助熔剂反应法是通过助熔剂和溶质系统的化学反应（常常同时加上其他条件）产生并维持一定的过饱和度，使晶体成核并生长。Brixner和Babcock以$BaCl_2$作助熔剂，在$BaCl_2$-Fe_2O_3高温溶液中通入水蒸气，产生高温化学反应，生长出钡铁氧体单晶：

$$BaCl_2+6Fe_2O_3+H_2O \longrightarrow BaFe_{12}O_{19}+2HCl\uparrow \tag{5-29}$$

水汽的通入和HCl的挥发，控制反应向右进行。类似地，可从$CaCl_2$-Fe_2O_3、$SrCl_2$-Fe_2O_3、$SrCl_2$-TiO_2中生长出$SrFe_2O_4$、$SrFe_{12}O_{19}$、$SrTiO_3$等晶体。Weaver等用KF作助熔剂，生长出$K_2Ge_4O_9$单晶，采用的化学反应是：

$$2KF+4GeO_2+H_2O \longrightarrow K_2Ge_4O_9+2HF\uparrow \tag{5-30}$$

$$2KF+4.5GeO_2 \longrightarrow K_2Ge_4O_9+0.5GeF_4\uparrow \tag{5-31}$$

5.3.3.3 籽晶生长法

籽晶生长法是在熔体中加入籽晶的晶体生长方法。主要目的是克服自发成核时晶粒过多的缺点，在原料全部熔融于助熔剂中并成为过饱和溶液后，晶体在籽晶上结晶生长。

根据晶体生长的工艺过程不同，籽晶生长法又可分为籽晶旋转法、顶部籽晶法、底部籽晶法、坩埚倒转法及倾斜法。

（1）顶部籽晶法 顶部籽晶生长技术是助熔剂生长方法的最重大发展之一，它是熔体生长提拉技术与助熔剂生长方法的巧妙结合。原理是原料在坩埚底部高温区熔融于助熔剂中，形成饱和熔液，在旋转搅拌作用下扩散和对流到顶部相对低温区，形成过饱和熔液在籽晶上结晶生长。随着籽晶的不断旋转和提拉，晶体在籽晶上逐渐长大。该方法除具有籽晶旋转法的优点外，还可避免热应力和助熔剂固化加给晶体的应力。顶部籽晶法的装置如图5-16所示。

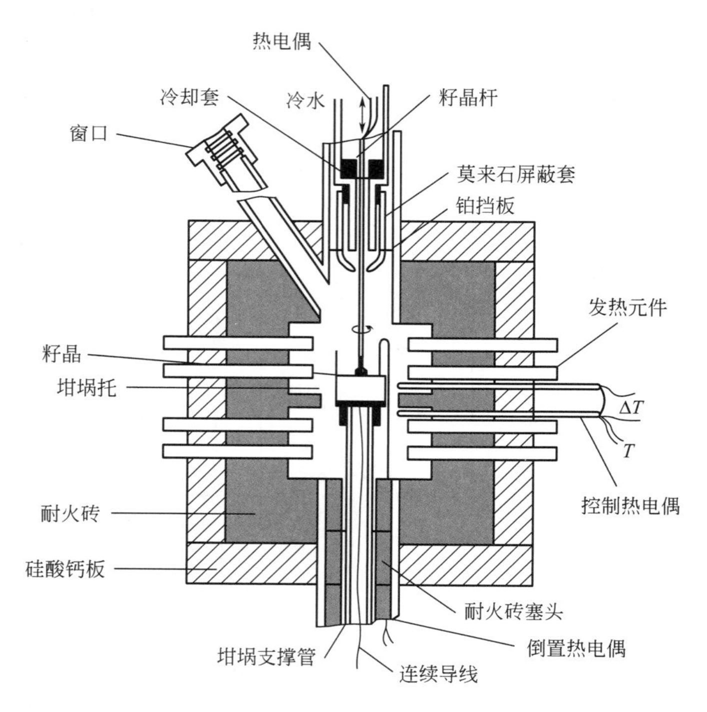

图5-16 顶部籽晶法的装置

现在一些很重要的非线性光学晶体，如 KDP、BBO、LBO、$BaTiO_3$、$KNbO_3$ 等，都是用该法生长的。如潘世烈等采用顶部籽晶法，以 BPO_4-NaF 为助熔剂，生长了 $BaBPO_5$ 单晶。具体生长参数为：液面以下温度梯度为 1.5℃/cm，液面以上温度梯度为 10℃/cm，晶体旋转速度为 30r/min，降温速率为 0.5～1℃/d，可获得尺寸为 30mm×20mm×15mm 的 $BaBPO_5$ 单晶。余雪松等以高纯硼酸、碳酸锂和碳酸铯为原料，摩尔比为硼酸：碳酸锂：碳酸铯＝11：1：1，采用顶部籽晶法生长出了尺寸为 65mm×22mm×12mm 的 $CsLiB_6O_{10}$ 单晶。

（2）底部籽晶法　底部籽晶法的基本原理是在坩埚底部放入籽晶，然后通过缓慢降温或者下降坩埚来实现接种生长，是坩埚下降法与助熔剂生长技术巧妙地结合起来的一种方法。图 5-17 为底部籽晶法的装置。该装置生长炉由高温区、梯度区和低温区三个温区组成。高温区主要用来熔化原料，低温区主要起到保温作用，同时在晶体生长后期可发挥后加热器的作用。梯度区处于高、低温区之间，温度梯度主要由中间隔热层的厚度、材质、炉体设计等因素决定，也可以通过上、下温区来调节。固液界面处的温度梯度是晶体能否成功生长的关键工艺参数。目前该方法在合成铌酸钾锂 $K_3Li_2Nb_5O_{15}$、PZNT 以及近化学计量比 $LiNbO_3$ 晶体的方面取得了一定的进展。例如，选择准同型相界成分的 PZNT91/9 和具有超声医学背景的 PZNT93/7 两种成分，按化学计量比配料，在 800℃附近煅烧，然后与 PbO 助熔剂按 1：1 的摩尔比混合均匀，装入铂坩埚中。将坩埚口密封，以防止有害的 PbO 组分在高温下挥发。根据 PZNT 的生长习性，设计了一个温度梯度大于 120℃/min 的垂直温度梯度炉。利用自发成核生长的 PZNT 晶块作为籽晶，通过工艺参数的优化，成功生长了直径 30mm、长度 30～50mm 的 PZNT 单晶。

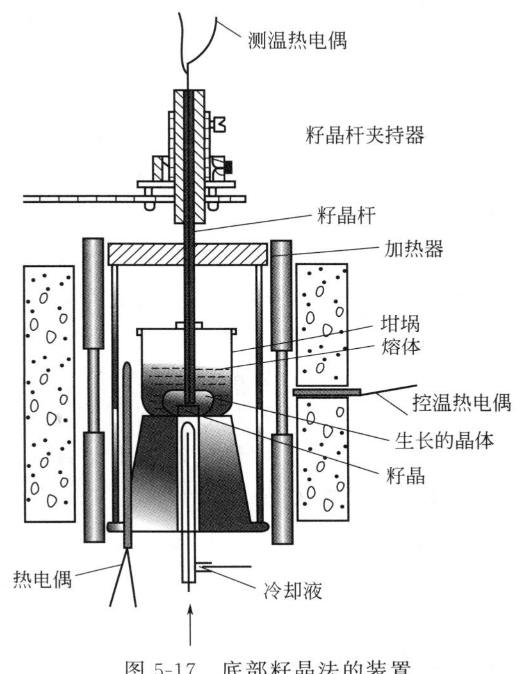

图 5-17　底部籽晶法的装置

钇铝石榴石也可采用底部籽晶法生长。所用原料为 Y_2O_3 和 Al_2O_3，并且加入少量 Nd_2O_3 作稳定剂，采用的助熔剂为 PbF_2-B_2O_3-PbO。另外，将原料及助熔剂混合后放入铂坩埚中，置于生长炉中加热升温至 1300℃并恒温 25h，将原料熔化；然后以 3℃/h 的速率降至 1260℃。此时，在底部加水冷却，将籽晶浸入坩埚底部中心水冷区。再按 20℃/h 的速率降至 1240℃，然后以 0.3～2℃/h 的速率降至 950℃至生长结束。

5.3.4　熔体生长法

熔体生长法生长晶体的研究历史悠久，从 19 世纪末到 20 世纪 20 年代，熔体生长的几种主要的生长方法陆续创立，其中焰熔法生长宝石的研究最早获得了工业应用。随着科学技术的发展，从熔体中生长晶体的工艺和科学理论逐渐完善，现已成为所有晶体生长方法中用得最多也是最重要的一种。现代电子和光电子技术应用中所需要的单晶材料，如 Si、GaAs、

$LiNbO_3$、BGO、Nd:YAG、Ti:Al_2O_3 及某些碱卤化物等，大部分是用该法制备的。

熔体生长法的原理是将结晶物质加热到熔点以上熔化（当然该物质必须是同成分熔化，即熔化时不分解），然后在一定温度梯度下进行冷却。用各种方式缓慢移动固液界面，使熔体逐渐凝固成晶体。熔体生长与溶液生长和助熔剂生长的不同之处在于，晶体生长过程中起主要作用的不是质量输运而是热量输运。结晶驱动力是过冷度而不是过饱和度。在熔体生长中过冷区集中在界面附近狭小的范围，而熔体的其余部分则处于过热状态。结晶过程释放出的潜热只能通过生长着的晶体输运出去。由于通过固体的热量传输过程远较通过扩散进行的质量传输过程为快，所以熔体生长速率要比溶液生长和助熔剂生长快得多。

从熔体中生长晶体有许多具体方法，名目繁多，但是没有统一和严格的分类方法。可以根据有无使用坩埚来分类，也可以根据熔区的特点来分类。前一种分类法是从技术和工艺角度来考虑的，有其方便之处；后一种分类方法对于讨论生长过程中的某些问题是方便的。根据熔区的特点，可将熔体生长法分为正常凝固法和区熔法两大类。正常凝固法的特点是在晶体开始生长时，全部材料处于熔融态（引入的籽晶除外），在生长过程中，材料体系由晶体和熔体两部分组成。生长时不向熔体添加材料，而是以晶体的长大和熔体的逐渐减少而告终。区熔法的特点是固体材料只有一小段区域处于熔融态，材料体系由晶体、熔体和多晶材料三部分组成。体系中存在两个固液界面，一个界面发生结晶过程，另一个界面发生多晶原料的熔化过程，熔区向多晶材料方向移动。尽管熔区的体积不变，但实际上是不断地向熔区中添加材料，生长过程以晶体的长大和多晶材料的耗尽而告终。

正常凝固法包括提拉法、坩埚下降法、晶体泡生法、弧熔法等；区熔法包括水平区熔法、浮区法、基座法、焰熔法等。本节只介绍其中比较重要的方法和装置。

5.3.4.1　提拉法

该法又称丘克拉斯基法，是 Gzochralski 在 1917 年发明的从熔体中提拉生长高质量单晶的方法，也称直拉法或引上法，这是熔体生长最常用的一种方法，许多重要的半导体和氧化物以及宝石晶体均已可利用此方法成功制备。

提拉法的基本原理是将原料在坩埚中加热熔化后，调整炉内温度场，使熔体上部处于过冷状态，引入籽晶（籽晶装在一根可以旋转和升降并通水冷却的提拉杆上），然后缓慢向上提拉和转动晶杆，同时缓慢降低加热功率，籽晶就逐渐长粗，小心调节加热功率就能得到所需直径的晶体。

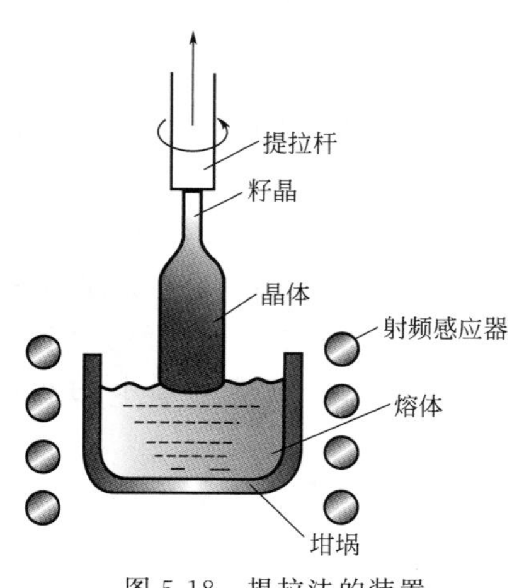

图 5-18　提拉法的装置

（1）提拉法的装置　整个生长装置在一个外罩里，以便使生长环境具有所需要的气氛和压强。其生长装置如图 5-18 所示。可以看出，提拉法的装置由以下五部分构成。

① 加热系统　加热系统由加热、保温、控温三部分构成。最常用的加热装置分为电阻加热和高频线圈加热两大类。电阻加热方法简单，容易控制。保温装置通常采用金属材料以及耐高温材料等做成的热屏蔽罩和保温隔热层。如用电阻炉生长钇铝石榴石、刚玉时，就采用该保温装置。控温装置主要由传感器、控制器等精密仪器进行操作和控制。

② 坩埚　坩埚材料要求化学性质稳定、纯度高、高温下机械强度高，熔点要高于原料

的熔点200℃左右。常用的坩埚材料为铂、铱、钼、石墨、二氧化硅或其他高熔点氧化物。

③ 传动系统和籽晶夹 为了获得稳定的旋转和升降，传动系统由籽晶杆、坩埚轴和升降系统组成。籽晶夹和籽晶杆用来装夹籽晶。籽晶要求选用无位错或位错密度低的相应单晶。

④ 气氛控制系统 不同晶体常需要在各种不同的气氛里进行生长。如钇铝石榴石和刚玉晶体需要在氩气气氛中进行生长。该系统由真空装置和充气装置组成。

⑤ 后热器 后热器放在坩埚的上部，生长的晶体经提拉逐渐进入后热器，在后热器中逐渐冷却至室温。后热器的主要作用是调节晶体和熔体之间的温度梯度，控制晶体的直径，避免组分过冷引起晶体破裂。

在晶体生长的整个过程中，为了获得更好的温度和浓度的均匀性，籽晶与坩埚应沿相反方向旋转，通过降低提拉速率或熔体温度增加晶体的直径，直到达到所需直径大小，同时补偿随晶体生长下降的熔体表面，生长出直径均匀的晶体。

（2）提拉法的改进 另外，在提拉法的发展过程中，其得到了不断发展和完善。通过改进，使得提拉法的技术多样，目前有几项重大改进技术非常值得关注。

① 晶体直径自动控制技术 在晶体直径自动控制技术中最常用的是称重法，即在晶体生长过程中，用称量元件、称量晶体的质量（上称重）或坩埚的质量（下称重），将称重元件的输出电压与一个线性驱动的电势计信号进行比较，差值作为误差信号。如果差值不为零，则有一个适当的信号变更递交给加热系统，从而不断调整温度（直径），以维持晶体的等径生长。晶体直径自动控制技术不仅使生长过程控制实现了自动化，而且提高了晶体质量和成品率。

② 液封提拉技术 液封提拉法实际上是一种改进了的直拉法，它是专为生长具有挥发性的Ⅲ-Ⅴ族化合物半导体材料而发展起来的。目前常用高压液封提拉法生长GaAs、InP单晶等，以未掺半绝缘GaAs为例，在高压单晶炉内，将高纯的Ga、As和B_2O_3覆盖剂同时置于热解氮化硼（PBN）坩埚中，在透明的B_2O_3包封下，在6MPa条件下原位合成GaAs，并且随即生长单晶。只要控制合适GaAs化学配比（如适当的富As），便可获得不掺杂半绝缘GaAs（Si-GaAs）单晶。

③ 导模技术 导模法实质上是控制晶体形状的提拉法，用这种技术可以按照所需的形状和尺寸来生长晶体。该法将一个高熔点的惰性模具置于熔体之中（图5-19），模具下部带有细的管道，熔体由于毛细作用被吸到模具的上表面，与籽晶接触后即随籽晶的提拉而不断凝固，而模具上部的边沿则限制着晶体的形状，用这种技术可成功地生长片状、带状、管状、纤维状以及其他形状的异形晶体。晶体品种有Ge、Si、Al_2O_3以及几种铌酸盐晶体等。

④ 磁场提拉技术 在提拉法生长晶体时加一磁场，可以使单晶中氧的含量和电阻率分布得到控制和趋于均匀，这项技术由Hirata等成功用于硅单晶的生长。

提拉法生长晶体发展到现在，各种人工晶体都可以制备。锗酸铋（$Bi_4Ge_3O_{12}$）单晶是一种重要的功能材料，广泛应用于高能物理及核医学等领域。徐洲采用电子称重中频感应加热提拉法生长锗酸铋单晶，经过长期的实验探索，在稳定原料混合和熔融均匀等工艺措施的同时，设计制作出具备小温度梯度（固液界面处1～4℃/cm）的温度场结构，并且随之确定合适的关键工艺参数，如提拉速率（0.5～3mm/h）、转速（10～40r/min）等，而且在锗酸铋单晶生长中对某些参数进行微调，确保晶体始终处于较平稳的界面状态下生长，从而提高晶体的内部质量，生长出ϕ40～50mm×80mm（001）、（110）向锗酸铋单晶。

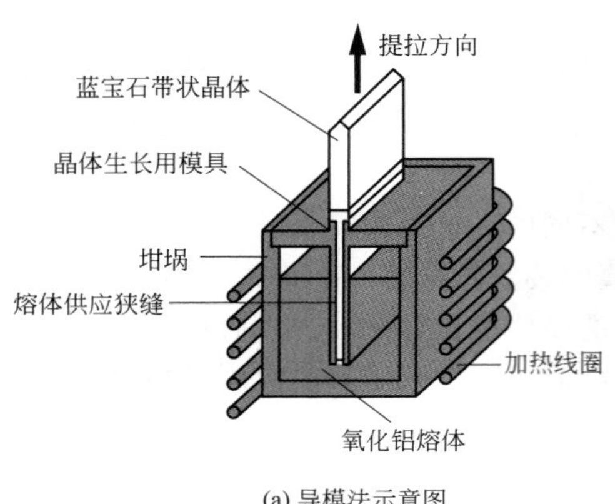

(a) 导模法示意图

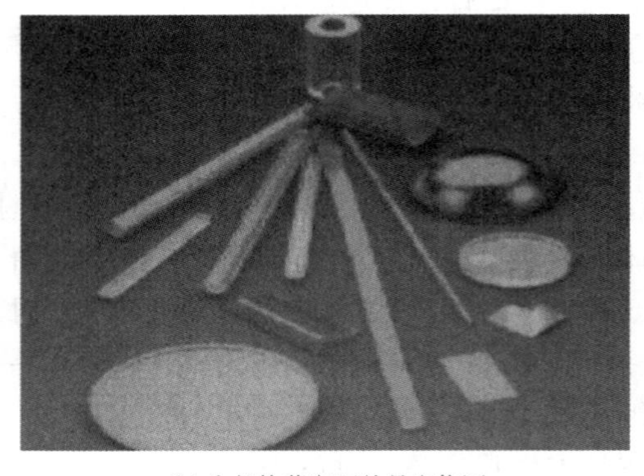

(b) 生长的蓝宝石单晶实物图

图 5-19　导模法示意图及生长的蓝宝石单晶实物图

钆镓石榴石（$Gd_4Ga_5O_{12}$，简称 GGG）晶体是 YIG 理想的外延衬底材料，又是重要的激光基质材料。陶德节等利用提拉法生长出了高质量的 GGG 晶体。具体工艺条件为：起始原料为高纯度的 Gd_2O_3（99.99%）和 Ga_2O_3（99.99%）；晶体生长时采用铱金坩埚，中频感应加热方式，炉内抽高真空后充以高纯氩气作为保护气体；采用（111）方向 GGG 籽晶，之后以此籽晶进行生长；生长过程中采用直径自动控制程序，提拉速率为 5～6mm/h，转速为 10～20r/min。生长出的晶体直径在 35mm 左右，长度约 70mm，晶体呈无色透明，无气泡、无散射、不开裂，质量优良。

Nd^{3+}:YAG 晶体是指在晶体生长的过程中掺杂了 Nd^{3+} 而生长出的钇铝石榴石晶体，具有增益高、热学特性和力学性能优良的特点，特别是优异的光学和激光性能而使其成为当前最重要的固体激光材料。侯恩刚采用 Nd^{3+} 置换晶体中的部分 Y^{3+}，用提拉法生长出了高光学质量的 Nd^{3+}:YAG 晶体，确定了 Nd^{3+}:YAG 晶体的生长工艺参数为：温度为 2070～2100℃，提拉速率为 0.6mm/h，转速在 17.5r/min 左右，晶体棒长度为 140mm，最大直径为 40mm，晶体呈美丽的淡紫色。

（3）提拉法的优点　提拉法生长晶体的主要优点有以下几个。

① 在生长过程中，可以直接观察晶体的生长状况，这为控制晶体外形提供了有利条件。

② 晶体在熔体的自由表面处生长，而不与坩埚相接触，能够显著减小晶体的应力并防止坩埚壁上的寄生成核。

③ 可以方便地使用定向籽晶和“缩颈”技术，得到不同取向的晶体，降低晶体中的位错密度，减少镶嵌结构，提高晶体的完整性。

④ 能够以较快的速率生长较高质量的晶体。

（4）提拉法的缺点　总之，提拉法生长的晶体完整性很高，而其生长率和晶体尺寸也是令人满意的。但同时其也有以下几个缺点。

① 一般要用坩埚作容器，导致熔体有不同程度的污染。

② 当熔体中含有易挥发物时，则存在控制组分的困难。

③ 适用范围有一定的限制。

5.3.4.2　坩埚下降法

坩埚下降法的创始人为 Bridgman，他在 1925 年发表的文章里首次开创了这一技术，后来 Stockbarger 对此技术的改善做出了重要推动，所以该法又称布列奇曼-斯托克巴杰

(Bridgman-Stockbarger) 法或 B-S 法。其基本原理是使盛料容器从高温区进入低温区，熔体逐渐得到冷却而凝固结晶，结晶过程由坩埚一端（可放籽晶）开始而逐渐扩展到整个熔体，在晶体生长初期，晶体不与坩埚壁接触，以减少缺陷。固液界面的移动一般采取移动坩埚（或垂直放置，或水平放置）的方式，当然，也可以让坩埚不动，而让结晶炉沿着坩埚上升，或者两者都不动，通过缓慢降温来实现生长。生长装置中一般使用尖底坩埚可以成功得到高质量单晶，也可以在坩埚底部放置籽晶。对于挥发性材料要使用密封坩埚。有时为了防止晶体黏附在坩埚壁上，可以使用石墨衬里或涂层。坩埚下降法也是一种应用广泛的重要生长技术，较适于生长大直径（可达 450mm）碱卤化物晶体。

图 5-20 是一种坩埚下降法中较常见到的生长装置。其结晶炉一般设计成由上下两部分组成，上部为高温区，原料在高温区充分熔化，下部为低温区，进行晶体生长。为造成上、下部之间有较大的温度梯度，上、下两炉一般分别独立控温，必要时可以在上、下炉之间加一块散热板。炉体设计是否合理，是保证能否得到足够的温度梯度以满足晶体生长需要的关键。

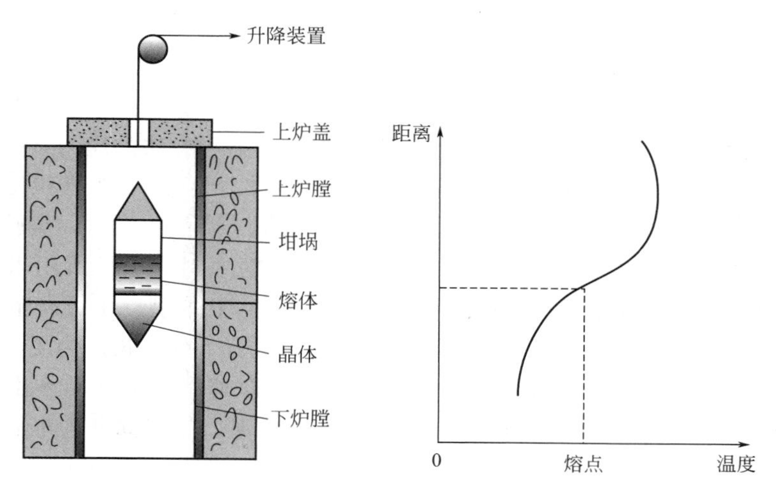

图 5-20　一种坩埚下降法生长装置

采用坩埚下降法进行晶体生长的情况较为复杂，只能在简化模型的基础上加以讨论。为简便起见，假设晶体的生长速率可以近似看成是热量在一维空间上的传导，则由热传导连续方程可以推导得出：

$$v=\frac{\Delta T(K_{\mathrm{S}}-K_{\mathrm{F}})}{\rho_{\mathrm{m}}L} \tag{5-32}$$

式中，ΔT 为固液界面处的温度梯度；K_{S}、K_{F} 分别为晶体和熔体的热导率；ρ_{m} 为熔点附近熔体的密度；L 为生长单位质量的晶体所释放出的结晶潜热。

由式(5-32) 可以看出，温度梯度 ΔT 越大，生长速率 v 也就越大。从经济省时的角度出发，v 越大越好。但若要考虑晶体的质量，情况就较为复杂了。可以做如下简单分析：固液界面处的温度梯度 ΔT 是由高温区和低温区之间的温差造成的，若要增加温度梯度，要么提高高温区的温度，要么降低低温区的温度。而过高地提高高温区的温度，会导致熔体的剧烈挥发、分解和污染，影响生长晶体的质量；如低温区的温度降得过低，生长的晶体在较短的距离内会经受很大的温差，由此会造成比较大的热应力。若坩埚的热膨胀系数比晶体大，冷却时坩埚的收缩也比晶体大，坩埚就要挤压晶体，使晶体产生比较大的压应力。低温区温度过低，这种压应力就很大，甚至引起晶体炸裂。所以，斯托克巴杰认为下降法生长晶体理想的轴向温度分布应满足以下几点要求：高温区的温度应高于熔点的温度，但也不要太高，以避免熔体的剧烈挥发；低温区的温度应低于晶体的熔点，但不要太低，以避免晶体炸裂；熔体结晶应在高温区和低温区之间温度梯度大的那段区间进行，即在散热板附近；高温区和低温区内部要求有不大的温度梯度，这样既避免了在熔体上部结晶，又避免了在低温区晶体内会产生较大的内应力。

坩埚下降法生长晶体的主要优点有：由于把原料密封在坩埚内，减少了挥发造成的泄漏和污染，使晶体的成分容易控制；操作容易，可以生长大尺寸的晶体，可生长的晶体品种也很多，且容易实现程序化生长；由于每一个坩埚中的熔体都可以单独成核，这样可以在一个结晶炉内同时放入若干坩埚，可大大提高成品率和工作效率。坩埚下降法生长晶体的主要缺点有：不适宜生长在冷却时体积增大的晶体；由于晶体在整个生长过程中直接与坩埚接触，往往会在晶体中引入较大的内应力和较多的杂质；在晶体生长过程中难以直接观察，生长周期也比较长；若在坩埚下降法中采用籽晶生长，如何使籽晶在高温区既不完全熔融，又必须使它有部分熔融以进行完全生长，是一个很难控制的技术问题。

总之，B-S法的最大优点是能够制备大直径（可达450mm）的晶体，主要用于生长碱金属和碱土金属的卤素化合物（如CaF_2、LiF、NaI等），也可用于闪烁晶体、光学晶体和其他一系列单晶材料的合成。下面提供几个实例，以期对这种方法的应用有更深的理解。

CaF_2是一种非常重要的功能材料，具有良好的光学性能、力学性能和化学稳定性，可以用作光学晶体、激光晶体和无机闪烁晶体。在使用坩埚下降法生长时，实验采用了特制的坩埚下降炉进行晶体生长，原料为99.9%的透明晶态颗粒原料，生长所用坩埚为多孔石墨坩埚，保温材料为复合碳纤维材料，控温仪表为日本岛电FP23型0.1级高精度PID调节数字控温仪，在坩埚下方有一根可升降的下降杆带动坩埚进行下降生长。为了有利于结晶潜热的释放，在下降杆内通冷却水，坩埚以2～7mm/h的下降速率下降，晶体生长在真空度达到10^{-2}Pa下进行，生长结束后以40℃/h的速率降至室温。为了防止生长的CaF_2晶体水解，装入3%的PbF_2。按照上述晶体生长条件和工艺方法，生长出了尺寸约为ϕ60mm×200mm、完整无色透明、无宏观缺陷、无裂纹的晶体。

钨酸镉（$CdWO_4$）单晶是综合性能优良的闪烁晶体，具有发光效率高、余辉时间短，X射线系数吸收大、抗辐射损耗性能强、材料密度大、无潮解等特性，可广泛应用于核医学成像、安全检查、工业计算机断层摄影（computer tomography，CT）、石油测井、高能物理等技术领域，尤其在医用X射线CT、集装箱检查系统领域具有非常重要的应用。宁波大学的肖华平等于2008年首次报道了采用垂直坩埚下降法生长$CdWO_4$单晶，生长的透明的$CdWO_4$单晶尺寸达ϕ40mm×70mm，并且用X射线衍射、透射光谱和X射线激发发射光谱等进行了单晶性能的表征。结果表明：$CdWO_4$单晶具有良好的晶格完整性；单晶的吸收边位于325nm左右，在380～900nm区域的光透过率达70%左右。$CdWO_4$单晶X射线激发发射光的峰值波长位于470nm。具体合成工艺条件为：以高纯CdO、WO_3为初始原料，应用高温固相反应合成$CdWO_4$多晶料。采用垂直坩埚下降法生长$CdWO_4$单晶，生长单晶时炉体温度为1350～1400℃，固液界面温度梯度为30～40℃/cm，坩埚下降速率为0.5～1.5mm/h。

硅酸铋（$Bi_{12}SiO_{20}$，简称BSO）晶体是一种宽带隙、高电阻率的非铁电立方半绝缘体，同时又具有电光、光电导、光折变、压电、声光、旋光等物理效应，是一种很有前途的多功能光信息材料，其制备方法主要有水热法和提拉法。上海硅酸盐研究所研究人员首次将坩埚下降法应用于 BSO 的生长并取得了初步成功。BSO 晶体的尺寸达到了 35mm×35mm×150mm，且晶体无核芯，应力小，位错密度低，没有提拉法生长的晶体中所出现的生长条纹。他们采用电阻加热，用 DWK-702 型精密温度控制仪控制炉温，通过热电偶来监测接种温度。生长过程中，炉温稳定性控制在±0.5℃以内，炉膛内轴线温度梯度为 20～30℃/cm，下降速率小于 1mm/h，坩埚中的熔体沿籽晶轴自下而上结晶，生长周期为 10～15d。

5.3.4.3　晶体泡生法

Kyropoulos 在其 1926 年发表的论文中首次开创了这一方法，因此该法又称基洛普罗斯(Kyropoulos)法。晶体泡生法的装置如图 5-21 所示，其原理与直拉法类似。首先将原料熔融，再将一根受冷的籽晶与熔体接触，如果界面的温度低于凝固点，则籽晶开始生长。为了使晶体不断长大，就需要逐渐降低熔体的温度，同时旋转晶体，以改善熔体的温度分布。也可以缓慢地（或分阶段地）上提晶体，以扩大散热面。晶体在生长过程中或生长结束时不与坩埚壁接触，这就大大减少了晶体的应力，不过，当晶体与剩余的熔体脱离时，通常会产生较大的热冲击。晶体泡生法是利用温度控制生长晶体，生长时只拉出晶体头部，晶体部分依靠温度变化来生长，而拉出颈部的同时，调整加热电压以使得熔融的原料达到最合适的生长温度范围。20 世纪 70 年代以后，该法已经较少用于生长同成分熔化的化合物，而多用于含某种过量组分的体系，如从含过量 K_2O 的熔体中生长 KNO_3 晶体、从含过量 TiO_2 的熔体中生长 $BaTiO_3$ 单晶等。另外，利用此方法也可生长出直径达 500mm 的碱卤化物光学晶体以及直径在 65～85mm 的蓝宝石晶体棒。可以认为，常用的高温溶液顶部籽晶法是该方法的改良和发展。

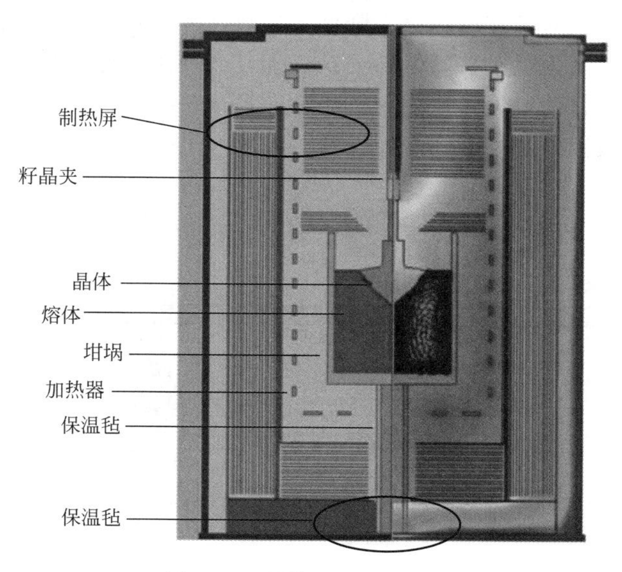

图 5-21　晶体泡生法的装置

5.3.4.4　弧熔法

这是一种很少采用的晶体生长方法。该方法是将压结的粉末原料装入耐火砖槽内，插入料块中的石墨电极放电，使料块中心熔化，熔体由周围未熔化的料块支持，然后降低加热功率，晶体自发成核并长大。实际上这是一种无坩埚技术，唯一的污染来自电极。

该方法的优点是可以生长熔点很高的氧化物晶体（如 MgO 单晶，熔点 2800℃），且生长方法比较简单快速。该方法的缺点是投料多，晶体完整性差，生长过程难以控制，因此很少使用。弧熔法的装置如图 5-22 所示。

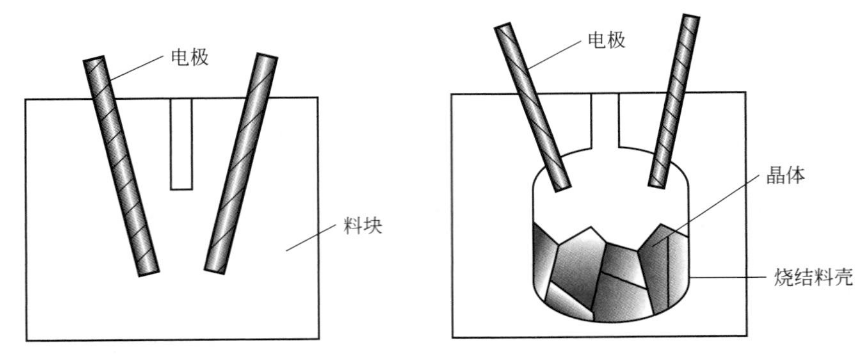

图 5-22　弧熔法的装置

5.3.4.5　区熔法

区熔法的基本原理是将一个多晶材料棒，通过一个狭窄的高温区，使材料形成一个狭窄的熔区，移动材料棒或加热体，使熔区移动而结晶，最后材料棒就形成了单晶棒。这种方法可以使单晶材料在结晶过程中纯化，并且也能使掺杂剂掺得很均匀。区熔技术有水平区熔法、浮区法和基座法三种。

(1) 水平区熔法　该生长方法是由 Pfanm 创始的，论文发表于 1952 年。水平区熔法与水平 B-S 法大体相同，只不过其熔区被限制在加热器加热的狭小范围内，绝大部分的原料处于固态。加热器从一端向另一端缓慢移动，熔区也缓慢移动，晶体逐渐生长。该方法与正常凝固法相比，减小了坩埚对熔体的污染，降低了加热速率。水平区熔法的主要用途在于材料的物理提纯。加热器不断地重复移动，杂质被逐渐赶到一边，原料从而得到提纯。硅单晶初期的提纯即采用此法。目前也可用于生长近化学计量比 $LiNbO_3$ 晶体以及部分难熔金属合金单晶。水平区熔法的装置如图 5-23 所示。

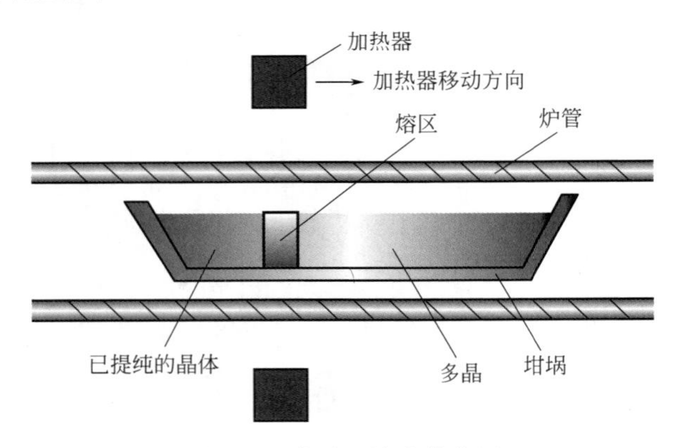

图 5-23　水平区熔法的装置

(2) 浮区法　该方法可以认为是一种垂直的区熔法，由 Keek 和 Golay 于 1953 年创立。在该法中，浮区是垂直向上通过晶锭的。将多晶试样两端保持垂直，在其中一小段上高温加热熔化形成熔区，由一端到另一端移动高温加热装置。在该方法中，一般要用籽晶或用有细颈的多晶。常用的加热方法有高频加热、电阻加热和辐射加热，也可以用电子束和 CO_2 激光加热。该方法中，熔区的稳定性非常重要，在悬浮区必须使熔区稳定而不塌落。熔区的稳定靠表面张力与重力的平衡来维持。熔区稳定条件还与生长的材料性质及设备等密切相关。浮区法生长晶体要求材料有较大的表面张力和较小的熔态密度，适用于熔点高于 1200K 的金属（特别是难熔金属）、氧化物、碱金属卤化物、碳化物和其他高熔点材料。此外，由于表面张力足以支撑熔区而不需要坩埚，因而它是一种生长高纯而完整的硅单晶较理想的方法，在半导体工业中有广泛应用。集成电路用的高纯而完整的硅单晶就是用这个方法生产出来的。此种方法对加热技术和机械传动装置也有很严格的要求，但浮区法的生长过程容易观察。浮区法的装置如图 5-24 所示。

（3）基座法　这种方法具有提拉法和浮区法的特点，但不使用坩埚，熔区仍由晶体和多晶材料支持。不同的是多晶原料棒的直径远大于晶体的直径。将一个大直径多晶材料的上部熔化，降低籽晶使其接触这部分熔体，然后向上提拉籽晶以生长晶体。基座法也是无坩埚技术的一种，利用此方法曾成功生长了无氧硅单晶。基座法的装置如图 5-25 所示。最近亦有利用此方法结合激光加热形成的激光加热基座技术的出现，可用于（$Mg_{0.95}Ca_{0.05}$）TiO_3 晶体材料的合成。

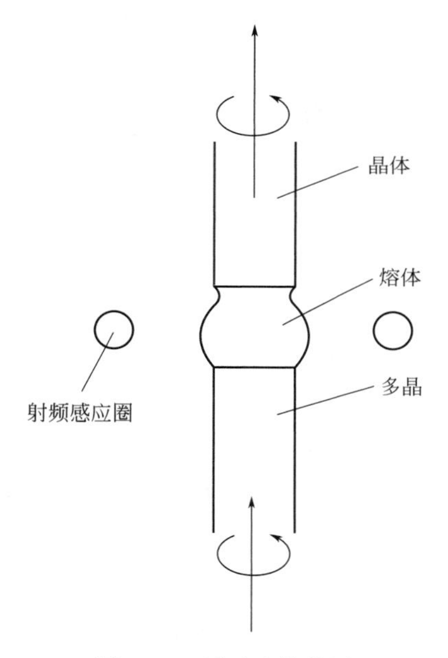

图 5-24　浮区法的装置

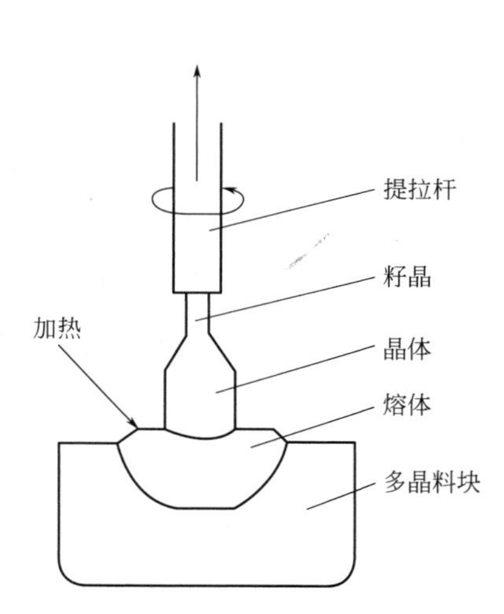

图 5-25　基座法的装置

5.3.4.6　焰熔法

焰熔法最早是 1885 年由弗雷米（E. Fremy）、弗尔（E. Feil）和乌泽（Wyse）一起，利用氢氧火焰熔化天然的红宝石粉末与重铬酸钾而制成了当时轰动一时的“日内瓦红宝石”。后来于 1902 年由弗雷米的助手法国的化学家维尔纳叶（Verneuil）改进并发展这一技术，使之能进行商业化生产。因此，这种方法又被称为维尔纳叶法。由于这种方法结晶温度非常高（1500℃以上），与其他生长晶体的方法不同，该方法不需要容器，所以适用于不便使用容器生长的晶体。焰熔法目前仍是工业化生产宝石晶体的主要方法。红宝石、蓝宝石以及金红石等人造宝石基本都是采用这种方法进行合成的。

焰熔法是从熔体中生长单晶体的方法。其原料的粉末在通过高温的氢氧焰后熔化，熔滴在下落过程中冷却并在籽晶上固结，逐渐生长形成晶体。下面结合焰熔法合成宝石的装置（图 5-26）对焰熔法合成晶体的生长过程及设备做一简单介绍。

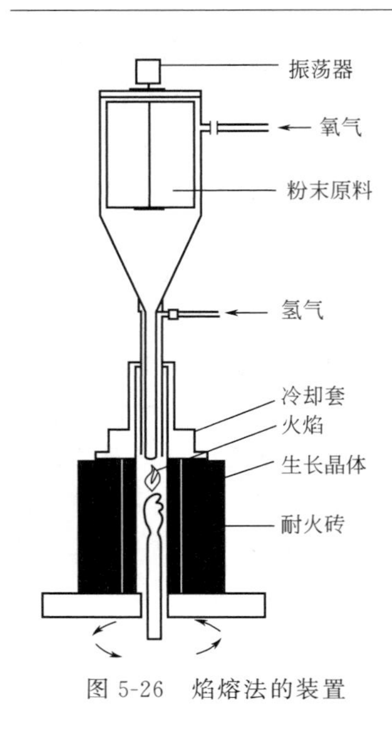

图 5-26　焰熔法的装置

焰熔法合成装置一般由供料系统、燃烧系统和生长系统组成，合成过程是在维尔纳叶炉中进行的。

（1）供料系统

① 原料　成分因合成品的不同而变化。原料的粉末经过充分拌匀，放入料筒。

② 料筒（筛状底）　圆筒，用来装原料，底部有筛孔；料筒中部贯通有一根振动装置，使粉末少量、等量、周期性地自动释放。

③ 振荡器　使料筒不断抖动，以便原料的粉末能从筛孔中释放出来。

（2）燃烧系统

① 氧气管　从料筒一侧释放，与原料粉末一同下降。

② 氢气管　在火焰上方喷嘴处与氧气混合燃烧。通过控制管内流量来控制氢氧比例，$O_2 : H_2 = 1 : 3$。氢氧焰燃烧温度为2500℃，Al_2O_3 粉末的熔点为2050℃。

③ 冷却套　吹管至喷嘴处有一个冷却水套，使氢气和氧气处于正常供气状态，保证火焰以上的氧气管不被熔化。

（3）生长系统

① 梨晶　生长出的晶体形态类似梨形，故称为梨晶。梨晶通常长度为23cm，直径为2.5～5cm。生长速率为1cm/h，一般6h即可完成生长。

② 旋转平台　安置籽晶棒，边旋转边下降；落下的熔滴与籽晶棒接触，称为接晶；接晶后通过控制旋转平台扩大晶种的生长直径，称为扩肩；然后，旋转平台以均匀的速度边旋转边下降，使晶体得以等径生长。

与其他方法相比，焰熔法生长单晶材料有如下优点：由于此方法生长单晶不需要坩埚，因此既节约了做坩埚的耐高温材料，又避免了晶体生长过程中坩埚污染的问题；氢氧焰燃烧时，温度可以高达2800℃，因此可以生长高熔点的单晶，一般来说，熔点在1500～2500℃之间，不怕挥发和氧化的材料都可以用这个方法来生长单晶；生长速率较快，短时间内可以得到较大的晶体，可以10g/h的速率生长宝石，故此方法非常适合工业化生产；此方法可以生长出较大尺寸的晶体，例如生长棒状的宝石，其直径可以达到15～20mm，长度达到500～1000mm，还可以生长盘状、管状、片状的宝石（图5-27），生长设备也比较简单。

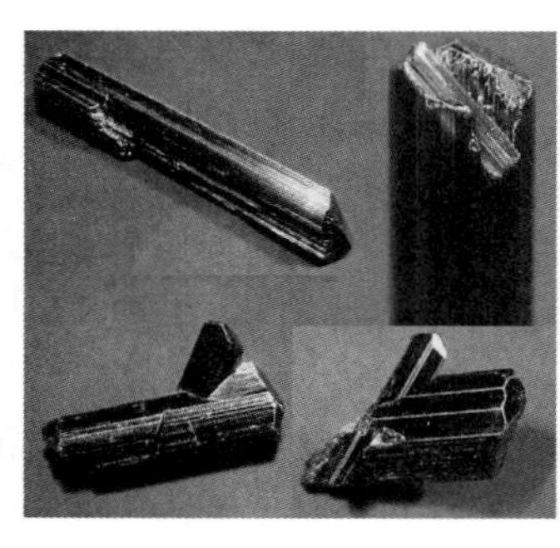

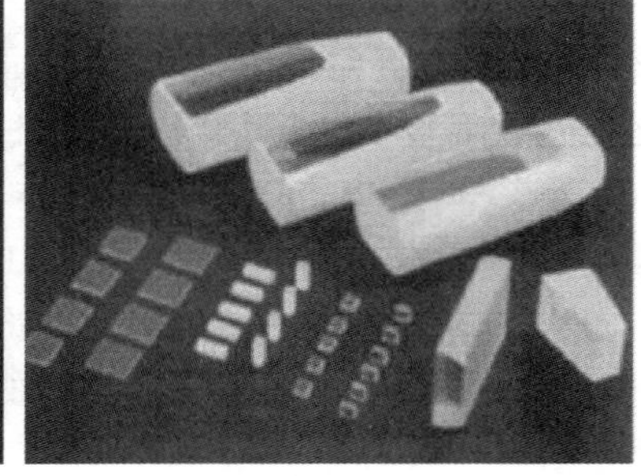

图 5-27　焰熔法生长的各种宝石

这种方法的主要缺点是：火焰中的温度梯度较大，一般情况下结晶层的纵向和横向温度梯度差别较大，生长出来的晶体质量欠佳；因为发热源是燃烧的气体，其温度不可能控制得非常稳定；生长出的单晶位错密度较高，内应力较大；对易挥发或易被氧化的材料，不适宜采用此方法生长。

焰熔法经过100多年的发展，除了可以生长种类繁多的宝石晶体以外，还可以生长ZrO_2、Y_2O_3、$MgAl_2O_4$、$SrTiO_3$、NiO、TiO_2、$CaWO_4$等多种晶体。例如，毕孝国等以氯化锶和氯化钛为原料，采用控制水解法制备$SrTiO_3$原料粉末，使用焰熔法生长了$SrTiO_3$单晶。晶体生长参数为：原料粉末粒度为－200＋250目，炉膛气氛的氢氧比H/O为6∶1，生长速率为12mm/h，获得了直径30mm、长度60mm的单晶。以自制TiO_2超微粉为原料，利用改进的焰熔炉成功制备了完整透明的金红石单晶，尺寸为ϕ30mm×50mm。并且发现［001］方向为金红石晶体焰熔法生长的最佳方向，得到了焰熔法晶体生长的最佳工艺条件为：采用三管燃烧器、梯度生长炉及通过加氢扩肩等设备条件；选用氢氧气体比例在1∶1附近生长；晶体的最佳生长气氛应在氢氧比为1∶1左右，具体到它们的设备要求：内管氧气300～450L/h，中间管氢气450～550L/h，外管氧气100～200L/h。

5.3.4.7　冷坩埚法

冷坩埚法是生产合成立方氧化锆晶体的方法。该方法是俄罗斯科学院列别捷夫固体物理研究所的科学家们研制出来的，并且于1976年申请了专利。由于合成立方氧化锆晶体良好的物理性质，无色的合成立方氧化锆迅速而成功地取代了其他的钻石仿制品，成为了天然钻石良好的代用品。合成立方氧化锆易于掺杂着色，可获得各种颜色鲜艳的晶体，因此受到了宝石商和消费者的欢迎。据1990年统计，我国有近90台设备生产合成立方氧化锆，但单炉产量仅10～15kg，年产量在100t左右。1998年前后，我国首次合资兴建了合成立方氧化锆厂，引进了每炉生长的120kg合成立方氧化锆的先进设备，年产量超过100t。现今，我国生产合成立方氧化锆的厂家已经超过20家，单炉产量最高可达800kg，而国外据说单炉产量已达到吨级水平。

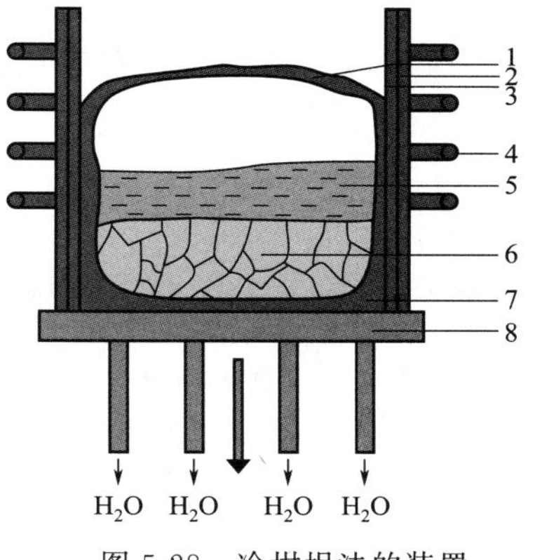

图5-28　冷坩埚法的装置

1—熔壳盖；2—石英管；3—铜管；4—高频线圈；5—熔体；6—晶体；7—未熔料；8—底座

冷坩埚法是一种从熔体中生长晶体的技术（图5-28），仅用于生长合成立方氧化锆晶体。其特点是晶体生长不是在高熔点金属材料的坩埚中进行的，而是直接用原料本身作坩埚，使其内部熔化，外部则装有冷却装置，从而使表层未熔化，形成一层未熔壳，起到坩埚的作用。内部已熔化的晶体材料，依靠坩埚下降脱离加热区，熔体温度逐渐下降并结晶长大。

合成立方氧化锆的熔点最高为2750℃。几乎没有什么材料可以承受如此高的温度而作为氧化锆的坩埚。该方法将紫铜管排列成圆杯状坩埚，外层的石英管套装高频线圈，紫铜管用于通冷却水，杯状坩埚内堆放氧化锆粉末原料。高频线圈处于固定位置，而冷坩埚连同水冷底座均可以下降。冷坩埚技术用高频电磁场进行加热，而这种加热方法只对导电体起作用。冷坩埚法的晶体生长装置采用引燃技术，解决一般非金属材料如金属氧化物MgO、CaO等因电阻率大、不导电而很难用高频电磁场加热熔融的问题。某些常温下不导电的金属氧化物，在高温下却有良好的导电性能，可以用高频电磁场进行加热。氧化锆在常温下不导电，但在1200℃以上时便有良好的导电性能。为了使冷坩埚内的氧化锆粉末熔融，首先要让它产生一个高于1200℃的高温区，将金属的锆片放在坩埚内的氧化锆材料中，用高频电磁场加热时，金属锆片升温熔融为一个高温小熔池，氧化锆粉末就能在高频电磁场下导电和熔融，并且不断扩大熔融区，直至氧化锆粉料除熔壳外全部熔融为止，此技术称为引燃技术。

具体工艺过程如下：首先将 ZrO_2 与稳定剂 Y_2O_3 按摩尔比 9∶1 的比例混合均匀，装入紫铜管围成的圆杯状冷坩埚中，在中心投入4～6g锆片或锆粉用于引燃。接通电源，进行高频加热。约8h后，开始起燃。起燃1～2min，原料开始熔化。先产生了小熔池，然后由小熔池逐渐扩大熔区。在此过程中，锆金属与氧气反应生成氧化锆。同时，紫铜管中通入冷水冷却，带走热量，使外层粉料未熔，形成冷坩埚熔壳。待冷坩埚内原料完全熔融后，将熔体稳定30～60min。然后坩埚以每小时5～15mm的速率逐渐下降，坩埚底部温度先降低，所以在熔体底部开始自发形成多核结晶中心，晶核互相兼并，向上生长。只有少数几个晶体得以发育成较大的晶块。

晶体生长完毕后，慢慢降温退火一段时间，然后停止加热，冷却到室温后，取出结晶块，用小锤轻轻拍打，一颗颗合成立方氧化锆单晶体便分离出来。整个生长过程约为20h。每一炉最多可生长60kg晶体，未形成单晶体的粉料及壳体可回收再次用于晶体生长。生长出的晶块呈不规则柱状体，无色透明，肉眼见不到包裹体和气泡。

合成立方氧化锆晶体易于着色，对于彩色立方氧化锆晶体的生长，需要在氧化锆和稳定剂的混合料中加入着色剂。将无色合成立方氧化锆晶体放在真空下加热到2000℃进行还原处理，还能得到深黑色的合成立方氧化锆晶体。

参考文献

[1] 徐如人，庞文琴，霍启升. 无机合成与制备化学. 北京：高等教育出版社，2009.

[2] 张克立，张乐惠. 晶体生长科学与技术. 北京：科学出版社，1997.

[3] 宋晓岚，黄学辉. 无机材料科学基础. 北京：化学工业出版社，2014.

[4] 崔春翔. 材料合成与制备. 上海：华东理工大学出版社，2010.

[5] 郑伟涛. 薄膜材料与薄膜技术. 北京：化学工业出版社，2003.

[6] 朱世富，赵北君. 材料制备科学与技术. 北京：高等教育出版社，2006.

[7] 刘海涛，杨郦，张树军，等. 无机材料合成. 北京：化学工业出版社，2003.

[8] 宁桂玲，仲剑初. 高等无机合成. 上海：华东理工大学出版社，2007.

[9] 郑昌琼，冉均国. 新型无机材料. 北京：科学出版社，2003.

[10] 江东亮. 中国材料工程大典（第9卷）：无机非金属材料工程（下）. 北京：化学工业出版社，2005.

[11] 蒋民华. 中国晶体生长和晶体材料五十年. 功能材料信息，2008，5（4）：11-16.

[12] 郑燕青，施尔畏. 晶体生长理论研究现状与发展. 无机材料学报，1999，14（3）：321-332.

[13] 蔡丽光，黄美松. 人工晶体材料的生长技术. 湖南有色金属，2008，24（3）：29-31.

[14] 赵有文，董志远，魏学成，等. 升华法生长AlN体单晶初探. 半导体学报，2006，27（7）：1241-1245.

[15] 李娟，胡小波，王丽，等. 升华法生长大直径的SiC单晶. 中国有色金属学报，2004，14（S1）：415-418.

[16] 周增圻. 化学束外延在光电子技术应用中的进展. 激光与红外，1995，（4）：6-10.

[17] 谭春华. InP-SiO_2 三维光子晶体的MOCVD法制备和表征. 广州：华南师范大学博士学位论文，2008.

[18] Petroff P M，Denbaars S P. MBE and MOCVD growth and properties of self-assembling quantum dot arrays in Ⅲ-Ⅳ semiconductor structures. Superlatt Microstruc，1994，15（1）：15.

[19] 董鑫. MgZnO薄膜材料的MOCVD法生长、退火及其发光器件研究. 大连：大连理工大学博士学位论文，2008 .

[20] 万松明，傅佩珍，吴以成，等. 助熔剂法生长 $CaLa_2B_{10}O_{19}$ 晶体. 人工晶体学报，2002，31（5）：432-435.
[21] 潘世烈，吴以成，傅佩珍. 非线性光学晶体 $BaBPO_5$ 的生长、结构研究. 人工晶体学报，2003，32（4）：281-285.
[22] 李静，梁曦敏，徐国纲. 助熔剂法生长 $GaPO_4$ 晶体. 压电与声光，2007，29（6）：695-696.
[23] 张书峰. 新型紫外、深紫外非线性光学晶体材料合成、生长和性能的研究. 北京：中国科学院研究生院博士学位论文，2008.
[24] 余雪松，岳银超，胡章贵，等. 顶部籽晶法生长大尺寸 $CsLiB_6O_{10}$ 晶体. 人工晶体学报，2008，39（4）：786-789.
[25] 徐家跃. 底部籽晶法：一种高温溶液晶体生长新方法. 人工晶体学报，2005，34（1）：1-6.
[26] 徐家跃. 新型弛豫铁电单晶（$1-x$）$Pb(Zn_{1/3}Nb_{2/3})O_{3-x}PbTiO_3$ 生长的技术创新. 硅酸盐学报，2007，35（S1）：82-88.
[27] 徐洲. 提拉法生长大尺寸 $Bi_4Ge_3O_{12}$ 单晶. 人工晶体学报，2000，29（5）：67.
[28] 陶德节，郗根祥，闫如顺，等. 提拉法生长钆镓石榴石（GGG）晶体. 量子电子学报，2003，20（5）：550-552.
[29] 侯恩刚. 提拉法掺 Nd^{3+}：YAG 晶体的生长及性能研究. 北京：中国地质大学硕士学位论文，2007.
[30] 梁晓娟，叶崇志，廖晶莹，等. CaF_2 掺杂钨酸铅晶体的生长与闪烁性能. 硅酸盐学报，2008，36（5）：704-707.
[31] 肖华平，陈红兵，徐方，等. 钨酸镉单晶的坩埚下降法生长. 硅酸盐学报，2008，36（5）：617-621.
[32] 徐学武，廖晶莹. 硅酸铋 $Bi_{12}SiO_{20}$ 晶体生长的研究进展. 无机材料学报，1994，9（2）：130-139.
[33] 蒋毅坚，Guo R，Bhalla A S.（$Mg_{0.95}Ca_{0.05}$）TiO_3 晶体的激光加热基座法生长及其性质测定. 功能材料，2003，34（2）：158-159.
[34] 毕孝国，黄菲，何风鸣，等. $SrTiO_3$ 单晶体生长过程中的溢流问题. 人工晶体学报，2005，34（2）：328-331.
[35] 毕孝国，修稚萌，马伟民，等. 金红石 TiO_2 单晶体的生长研究. 东北大学学报：自然科学版，2004，25（10）：977-979.
[36] 毕孝国，修稚萌，马伟民，等. 大尺寸金红石（TiO_2）单晶体生长条件的实验研究. 人工晶体学报，2004，33（2）：244-249.
[37] 承刚. 金红石的焰熔法生长及其辐照物性研究. 成都：四川大学硕士学位论文，2003.

第6章　非晶态材料的制备

凝聚态物质一般可分为晶态物质、准晶态物质和非晶态物质。晶体为典型的有序结构，其根本特征是它的周期性；准晶体介于晶体和非晶体之间，具有长程的取向序列而没有长程的平移对称序列(周期性)；非晶体的原子在空间排列呈长程无序，并且在一定温度范围内保持这种状态的稳定性，属于热力学亚稳结构。非晶体在结构上没有晶界与堆垛层错等缺陷，但原子的排列也不像理想气体那样的完全无序。

非晶态材料是一类新型的固体材料，从组成上说，主要包括非晶态金属、合金、半导体、超导体、电介质、离子导体及普通玻璃。从几何形态看，有非晶粉末、非晶薄膜以及大块非晶之分。由于结构不同，非晶态物质具有许多晶态物质所不具备的优良性质。玻璃就是非晶态物质的典型，对其结构的研究已有几十年的历史并奠定了相当的基础。玻璃和高分子聚合物等传统非晶态材料的广泛应用也早已为人们所熟悉，而近二三十年发展起来的各种新型非晶态材料由于具有优异的力学特性（强度高、弹性好、硬度高、耐磨性好等）、电磁学特性、化学特性（稳定性高、耐蚀性好等）、电化学特性及优异的催化活性，已成为一大类发展潜力很大的新材料，是目前材料科学中广泛研究的一个新领域，且由于其广泛的实际用途而备受人们青睐。

本章主要就非晶态材料的结构、形成规律、制备技术和某些应用做一阐述。

6.1　非晶态材料的结构

6.1.1　非晶态材料的结构特征

与晶体相比，非晶态固体具有如下结构特征。

（1）非晶态固体结构完全不具有长程有序，原子排列为长程无序的状态。晶体结构的根本特点在于它的点阵周期性。在非晶态结构中，这种点阵周期性消失了，晶格、晶格常数、晶粒等概念也都失去了固有的意义。长程无序包括位置无序和成分无序两种情况。位置无序是指原子在空间位置上的排列无序，又称拓扑无序；成分无序是指多元素中不同组元的分布为无规则的随机分布。

（2）非晶态固体中存在着短程有序。同样这种短程有序通常也有两种情况，即组分短程有序和拓扑短程有序。前者是指非晶体中原子周围的化学组分与其平均值不同，后者则是指非晶体中元素的局域结构的短程有序。

(3) 从热力学上讲，晶体结构处于平衡状态，而非晶态固体结构则处于亚稳态（非平衡状态），后者有向平衡状态转变的趋势。但通常由于动力学原因，此种转变需要的时间很长，甚至难以实现。

人们对非晶态固体结构的认识远不如对晶体结构深入。目前的结构测定技术还不能精确地测得玻璃和非晶态合金原子的三维排列状况，只能以模型的方法加以描述和研究。这一类方法主要是从原子间的相互作用和其他约束条件出发，确定一种可能的原子排布，然后将模型得出的各种性质与实验结果相比较，来判断模型的可靠程度。不同的非晶态材料有不同的模型。目前对玻璃和非晶态的结构模型的研究尚未取得一致的看法。最具代表性的是微晶子学说和无规则网络学说，而硬球无规则密堆学说则成为讨论非晶态合金的一种主要模型。此外，还有多面体无规则堆积和无规则线团结构学说等。

6.1.2 无机玻璃的结构

无机玻璃是采用液体急冷法制得的非晶态材料。有关玻璃结构的学说很多，但最主要的还是微晶子学说和无规则网络学说。

6.1.2.1 微晶子学说

前苏联学者列别捷夫于1921年提出了微晶子学说。他在研究硅酸盐玻璃时发现，无论温度升高或者降低，当达到573℃时，性质必然发生反常变化，而573℃正是石英由α型向β型转变的温度。他认为玻璃是高度分散晶体（晶子）的集合体。瓦连柯夫等进一步研究证明，普通石英玻璃中的石英晶子平均尺寸为1nm。又经其他学者的深入研究和完善，得出微晶子学说。其要点如下。

(1) 硅酸盐玻璃是由各种硅酸盐和二氧化硅等微晶体组成，玻璃中的金属离子和 SiO_4^{4-} 离子团或更复杂的硅氧阴离子团以一定的数量结合。

(2) 这些微晶体不是正常晶格构造的晶体，而是原子有序排列的微区。为了与正常的微小晶体相区别，称这些微晶为晶子或微晶子。晶子的化学性质取决于玻璃的化学组成。

(3) 晶子与晶子之间由无定形中间层相连，从晶子区到无定形区的过渡是逐步完成的，两者之间无明显界限。离开晶子部分越远，其不规则程度越大。也就是说，玻璃具有近程有序而长程无序的特性。

微晶子学说能很好地解释氧化物玻璃的结构，可以定性地解释非晶态材料的一些性质，如非晶态材料的密度常与晶态相近，衍射图形呈弥散的环。但是微晶子模型可能与玻璃及非晶态的实际结构有着较大的差异，根据这种模型计算得到的 $F(r)$ 或 $g(r)$ 常与实验符合得不好，晶粒间界处原子的分布情况也不清楚。

6.1.2.2 无规则网络学说

德国学者扎卡里阿森根据结晶化学观点，于1932年提出用三维无规则网络的空间构造来解释玻璃结构。他认为，凡是成为玻璃态的物质与相应的晶体结构一样，也是由一个三维空间网络所构成，这种网络是离子多面体（四面体或三角体）构筑起来的。晶体结构网络是由多面体无数次有规律的重复（周期性）而构成的，而玻璃中结构多面体的重复没有规律性。在无机氧化物玻璃中，网络是由氧离子多面体（如硅氧四面体、硼氧三角体等）构筑起来的。多面体中心总是被多电荷离子即网络形成离子（Si^{4+}、B^{3+}、P^{5+}）所占有。氧离子有两种类型，即桥氧离子（属 2 个多面体）和非桥氧离子（属 1 个多面体）。网络中心过剩的负电荷则由处于网络间隙中的网络变性离子来补偿。这些离子一般都是低正电荷、半径大的金属离子，如 Na^+、K^+、Ca^{2+} 等。玻璃结构模型无规则网络结构学说如图 6-1 所示。

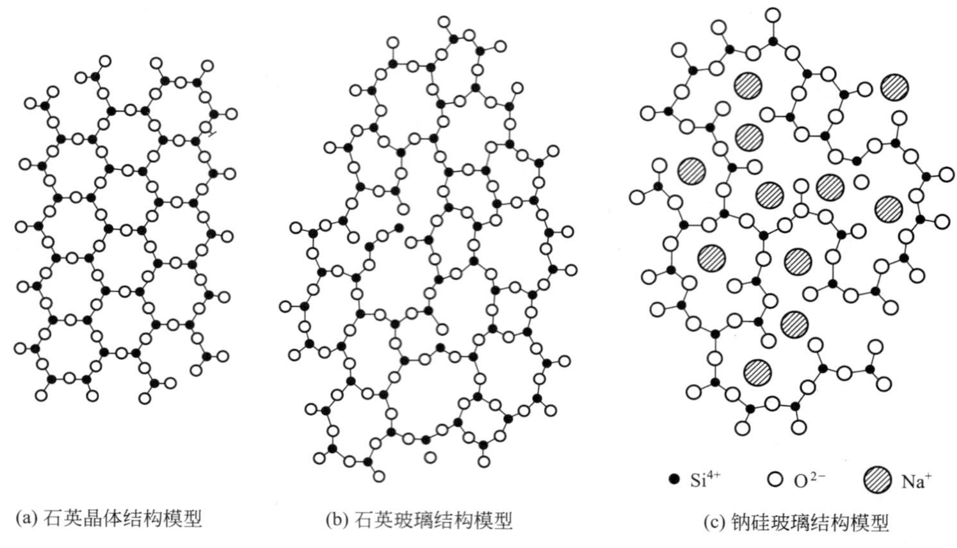

图 6-1 玻璃结构模型无规则网络学说结构示意图

由图 6-1 可以看出，多面体的结合程度甚至整个网络的结合程度都取决于桥氧离子的百分数。而网络改性离子则均匀而无序地分布在四面体骨架空隙中。

扎卡里阿森认为，玻璃和其相应的晶体具有相似的内能，并且提出形成氧化物玻璃的 4 条规则。

（1）每个氧离子最多与两个网络形成离子相连。

（2）多面体中阳离子的配位数必须是小的，即为 4 或更小。

（3）氧多面体相互共角而不共棱或共面。

（4）形成连续的空间结构网要求每个多面体至少有三个角是与相邻多面体共用的。

后来，瓦伦等利用 X 射线衍射的实验结果证实了扎卡里阿森的理论，并且用傅里叶分析法等方法进一步研究了许多无机玻璃的结构，证明玻璃的主要部分不可能以方石英晶体的形式存在。而每个原子周围的原子配位，对玻璃和方石英来说都是一样的。

无规则网络学说强调了玻璃中离子与多面体相互间排列的均匀性、连续性及无序性。这些结构特征可以在玻璃的各向同性、内部性质的均匀性和随成分变化时玻璃性质变化的连续性等基本特性上得到反映。因此，网络学说能解释一系列玻璃性质的变化，成为玻璃体主要的结构理论。但是近年来的实验及研究发现，硼酸盐玻璃等具有分相与不均匀现象，说明了网络学说也有自身的局限性。

由上面可以看出，微晶子学说和无规则网络学说对于描述玻璃的结构，各有自己的特点和局限性。随着研究的深入，彼此都在发展。无规则网络学派认为，阳离子在玻璃结构网络中所处的位置不是任意的，而是存在一定配位关系的。多面体的排列也有一定的规律，并且在玻璃中可能不止存在一种网络（骨架），因而承认了玻璃结构的近程有序和微观不均匀性。同时，微晶子学派也适当地估计了晶子在玻璃中的大小、数量以及晶子与无序部分中的玻璃的作用，认为玻璃是具有近程有序（晶子）区域的无定形物质。两者比较统一的看法是：玻璃是具有近程有序、远程无序结构特点的无定形物质。目前双方对于无序区与有序区的大小、比例和结构等仍有分歧，玻璃的结构理论还处在继续深入研究和发展之中。

6.1.3　非晶态合金的结构

（1）硬球无规密堆模型　伯纳尔等最早提出了硬球无规密堆模型，是为了模拟液态金属或分子液体几何结构而提出的。后来科亨和特思巴尔根据自由体积理论指出，伯纳尔模型也适用于非晶态金属和合金。该模型将所有原子看成紧密连接、难以压缩的刚性小球，它们在空间上无规排列而致密堆积，没有空隙以容纳多余的原子。伯纳尔观察硬球模型，并且证实这种结构中存在周期性重复的晶体有序区。他提出无规密堆硬球模型由五种多面体组成，通常称为伯纳尔多面体（图 6-2）。多面体的顶点是球心位置，多面体的面多为三角形。

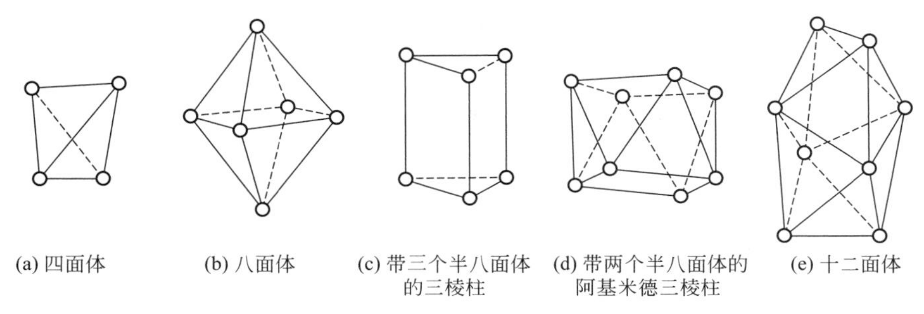

图 6-2　无规密堆硬球模型伯纳尔多面体

在这五种多面体中，前两种在密排晶体中也同样存在，但所占百分比不同。晶体中四面体比非晶体少，而八面体比非晶体多，这是非晶态结构的重要特征。后三种多面体为非晶态所特有。这三种类型的堆积方式，可以防止形成结晶。Cargill 利用这种模型计算得到一些非晶态金属（例如 NiP）的径向分布函数与实验结果相符。

无规密堆模型在一定程度上可以解释非晶态合金材料中不会出现长程有序结构的原因。但是，由于根本不考虑相异原子间（特别是含有非金属元素的体系）化学键也即化学势的影响，忽略了化学短程有序对材料内部结构的影响，具有一定的局限性。总体来说，硬球无规密堆模型过于简单化，它们可能代表非晶态合金材料中一类基本结构单元，却不能描述完全的微观原子结构。

（2）空间无规网络模型　在金属-非金属非晶态合金中，非金属原子往往占据各多面体空隙位置（如四面体空隙），从而产生类似于硅氧四面体的结构，在三维空间中无序延伸，并且保持其近邻键长和键角不变，形成网状无规连接而体现非晶体的长程无序性。Gaskell 用这种模型计算了 Pd-Si 非晶态样品的径向分布函数，与中子衍射结果符合得很好。但这种模型可能在材料内部引入大量空洞，导致密度偏小，背离了原子紧密堆垛原则，对大多数非晶态合金材料的模拟计算还存在着局限性。

（3）微晶堆积模型　早些时候，Bragg 认为无序态合金的基本单元为各种微小晶粒，其尺寸在几纳米以下，内部结构与对应晶体相似；同时，由于微晶是杂乱取向的，所以很难形成长程有序结构。结果表明，以此种模型来拟合非晶态合金的原子结构，其径向分布函数与实验数据难以符合，位于微晶界面上的原子排布也很难做到杂乱取向。目前，一般认为该模型不适合阐述非晶态合金的微观原子结构。

（4）团簇密堆模型　该模型认为由于原子与其近邻原子间具有拓扑连接和化学作用，从而形成了具有一定几何尺寸和对称性的多面体原子簇，即团簇，它们是构成非晶态合金的基本结构单元，非晶态合金的短程有序性主要来源于团簇内的拓扑和化学有序结构，有别于硅氧玻璃只以简单的四面体作为生长的基本结构单元，非晶态合金以各种团簇作为基元进行致密堆积，从而呈现出长程无序性。由这种结构模型推导出来的团簇除了五种 Bernal 多面体，还包括很多其他多面体，如十八面体（带双长方体帽的阿基米德三棱柱）、二十面体和二十四面体等，它们一般都是原子数超过 10 的大型多面体，属于 Kasper 多面体或 Voronoi 团簇（Voronoi 团簇涵盖所有标准的和一些畸变的 Kasper 多面体，范围更广）。Kasper 多面体均可通过若干四面体紧密堆积形成。相比以原子作为结构单位进行无规密堆且只具备五种基本形式的 Bernal 多面体来说，该模型的多面体团簇种类繁多，团簇之间的连接方式十分丰富，可更详细地表述非晶态合金的微结构信息。同时，团簇能形成密度较高、更加紧凑的空间排布。例如，在 $Zr_{41}Ti_{14}Cu_{12.5}Ni_{10}Be_{22.5}$ 等非晶态合金体系中发现的二十面体团簇，具有五次高对称性，不会形成周期性长程排列的晶体，符合非晶态短程有序而长程无序的结构原则。

6.1.4 非晶态的 X 射线散射特征

如前所述，和晶体相比，非晶态固体的结构是一种无序结构，但也不像气体那样完全没有规则，而是存在着短程有序。因此，采用怎样的方法来描述非晶态的结构是一个很重要也很复杂的问题。

晶态和非晶态物质的判定一般采用 X 射线衍射方法。图 6-3 用 X 射线衍射图给出了晶态和非晶态的区别。图 6-3 中的(a)、(b)、(c) 分别是石英玻璃、方石英、硅胶的 X 射线衍射图。图 6-3(a) 显示出晶态物质的尖锐的衍射峰，而图 6-3(b)、(c) 在 $2\theta=23°$ 附近呈现出非常宽幅的散射峰，这是非晶态的特征散射谱。在晶体中能够看到尖峰，是由于原子规则排列构成了一定间隔的晶面，而在那些晶面发生了 X 射线衍射。如果原子排列不规则，就不能产生这样的衍射现象，而将会从相隔某种间距存在的原子对产生 X 射线散射，形成图 6-3(b)、(c) 所示的 X 射线散射谱。图 6-3(c) 在 2θ 小于 3°～5°的小角能看到大的散射，被称为小角散射。它与原子排列无关，在数十埃以上的不均匀结构是由于密度的不同而引起的。

6.2 非晶态合金的形成理论

对非晶态合金的形成过程的认识需要从结构、热力学和动力学等方面考虑。在非晶态合金的发展历程中，Turnbull 的连续形核（CNT）理论在解释玻璃形成动力学和阐述玻璃转变的特征方面发挥了重要作用。根据 CNT 理论，Uhlmann 首先引入玻璃形成的相变理论。此后，Davis 将这些理论用于玻璃体系，估算了玻璃形成的临界温度。20 世纪 80 年代末，随着块体非晶态合金的出现，玻璃形成理论又有了新的发展，主要有以 Greer 为代表的混乱法则和 Inoue 的三个经验规律。近年来，人们又进一步认识到合金过冷熔液的结构及其演化行为是决定非晶态结构形成机制和玻璃形成能力的关键。

6.2.1 熔液结构与玻璃形成能力

当合金熔液冷却到熔点以下时，就存在结晶驱动力。但是结晶是通过形核与长大这两个过程来完成的，它们都需要合金组元按晶体相对化学及拓扑的要求进行长程输运和重排。合金组元的长程输运和重排需要一定的时间，如果冷却速率足够快，那么就可以使组元的长程

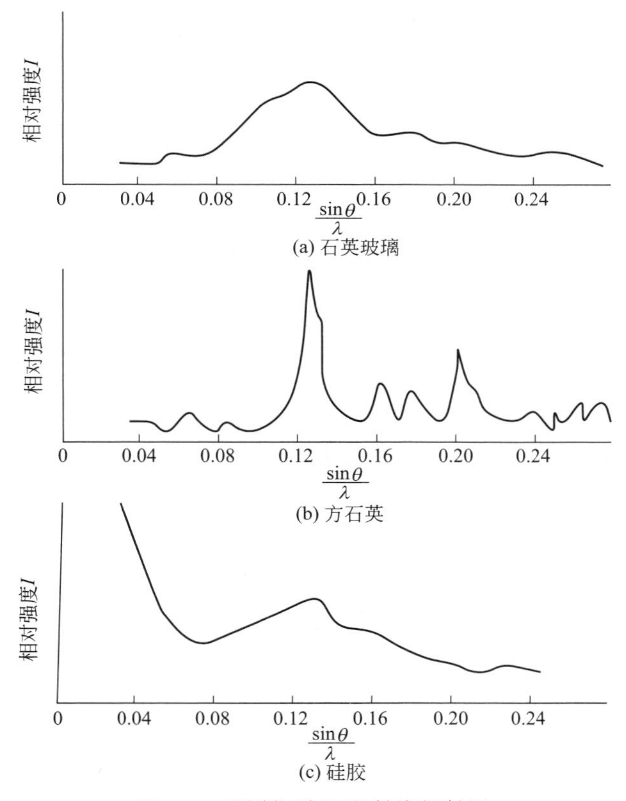

图 6-3　不同物质的 X 射线衍射图

输运和重排来不及进行，从而抑制晶体相的析出，使合金熔液被过冷到很低的温度。过冷熔液的黏度随温度的降低不断增大，当黏度达到 $10^{13} \sim 10^{15}$ Pa・s 时，就形成了保留有液体原子结构的非晶态固体。

一方面，理论上，只要冷却速率足够快，所有的合金都能形成非晶态合金；另一方面，如果合金熔液中组元的长程输运和重排的阻力较大，那么较低的冷却速率也能使合金形成非晶态合金。不同的合金系在形成非晶态合金时所需的临界冷却速率是相差很大的，其根本原因是它们的熔液结构及其演化行为存在很大的差异。

实际上，液态合金中的原子虽然不存在长程有序排列，但是，由于原子之间存在相互作用力，因此它们一般会形成短程有序原子团簇，其尺寸为 0.2～0.5nm。短程有序团簇中，原子是通过范德华力、氢键、共价键或离子键这些方式结合在一起的。有些短程有序是以化合物的形式结合存在的，具有一定的原子比例，如 $A_m B_n C_u \cdots$。这类短程有序称为化学短程有序。对于成分较复杂的多组元合金，除了存在化学短程有序外，还会由于不同组元的原子尺寸差别，通过原子的随机密堆垛方式形成几何短程有序（或拓扑短程有序）。如果这些短程有序团簇中的原子排列方式与平衡结晶相中的原子排列方式相差较大，并且短程有序中原子之间结合力较强，那么这些短程有序团簇在合金从液态向固态的快速冷却过程中不论是单原子还是原子团的重排都变得相当困难，因而位形十分稳定，导致凝固时结构重排和组分调整的动力学过程变得极其困难，使合金原子无法按照平衡晶体相对化学及拓扑的要求进行长程重排，进而能够抑制晶体相的形核和长大。

目前的实验技术还无法直接研究合金过冷液体的结构，但是，由于非晶态合金可以看成是被

“冻结”的合金熔液，因而，合金熔液的显微结构可以根据非晶态合金的显微结构推断出来。据此我们可以根据块体非晶态合金的显微结构来分析什么样的合金具有高的玻璃形成能力。

X射线衍射分析（对径向分布函数、原子距离和配位数的实验测定和计算）表明，GFA较低的传统非晶态合金的局域原子构型在结构和化学成分上都与相应的晶体化合物相似，因此，对于这些合金来说，冷却速率是抑制凝固过程中晶体相的形核与长大的最重要因素。与此相反，BMGs具有一种新型玻璃态结构，其特征是原子形成密度较高的随机密堆垛团簇。BMGs的局域原子结构不同于相应晶态合金的局域原子结构，它们是长程均质的，相互之间存在吸引力。BMGs在完全晶化前后的密度差一般为0.3%～1.0%，而需要极高冷速的传统非晶态合金在完全晶化前后的密度差一般在2%左右。如此低的密度差数值也可以说明BMGs具有高密度的随机堆垛原子团簇。非晶态合金晶化后，约化密度函数会发生变化，也就是说晶化对非晶态合金的化学和拓扑构型存在显著影响，这说明晶化时组元原子必须进行长程重组，也说明非晶态的局域原子结构和晶态的是不一样的。正是BMGs形成合金的这种特殊局域原子结构决定了它们具有较高的玻璃形成能力。

Inoue根据合金组元把BMGs分成三大类型，即金属-金属型、金属-类金属型和Pd-类金属型。这三类BMGs的短程有序原子团簇是不一样的。

对于像Mg基、La基、Zr基和Ti基等这样一些金属-金属型BMGs来说，高分辨率透射电镜、X射线衍射以及中子衍射研究揭示这类玻璃呈现二十面体团簇这一显微结构。从二十面体团簇转变成二十面体相的临界尺寸是8nm。这类BMGs在过冷液相温度范围内进行连续加热退火时，在温度较低的晶化初始阶段会析出二十面体准晶相（I相），随着温度升高，I相进一步转变成更稳定的晶体相。I相的形成是由于非晶基体中存在二十面体团簇，它为I相的析出提供形核基地。由此，我们可以推断在金属-金属型BMGs形成合金的熔液中存在二十面体团簇这种局域原子结构。

熔液中处于非晶态的二十面体团簇（也称二十面体短程有序）为晶体相的形核增加了额外的热力学障碍和动力学障碍。其原因是，具有五重旋转对称性的二十面体团簇与具有平移对称性的正常晶体相是不匹配的，要想形成晶体相，二十面体团簇必须首先发生分解，然后，组元再进行相当规模的输运和重新分布才能满足析出晶体相所要求的化学和拓扑环境要求，而这些过程的发生必须要有足够大的能量起伏来支持，这就形成了额外热力学障碍。另外，高密度随机堆垛结构使得过冷液态中的自由体积大大减少，熔液的黏度较高，原子的可移动性大大降低，使得大规模的原子输运和重新排布非常困难，这就形成了额外动力学障碍。

对于Fe基、Co基和Ni基这样一些金属-非金属型BMGs，它们的局域原子结构一般呈现由三棱柱型的小原子团簇通过Zr、Nb、Ta或La系稀土等原子相互连接起来而形成的复杂网状原子构型。这一点可以从Fe基BMGs在晶化时形成晶格尺寸高达1.1nm、单位体积中包含96个原子的复杂面心立方$Fe_{23}B_6$初生晶体相而得到证明。虽然，网状原子构型中每个小的三棱柱型原子团簇内部由于金属原子和类金属原子之间强烈的键合作用而具有较高的结合强度，但是，整个网状构型的结合强度比二十面体团簇的强度要弱，因此，网状构型随着过冷度的增加比二十面体团簇更容易被分离，形成一个个的小原子团簇，导致团簇对组元原子的束缚能力降低。所以，Fe基、Co基和Ni基这些合金系虽然具有可观的GFA，但是它们的GFA一般比La基、Zr基和Ti基等合金系的GFA要低。

Pd基BMGs的组元构成是不满足Inoue的三个经验准则的，因为Pd-Cu和Pd-Ni这两对原子之间的混合焓近乎为零，并且Pd原子与Cu原子或Ni原子之间的尺寸差小于10%。

但是，Pd 基合金往往具有较高的 GFA，尤其是 $Pd_{40}Cu_{30}Ni_{10}P_{20}$ 合金，它的 GFA 在目前已知的 BMGs 中是最大的。结构研究表明，Pd-Cu-Ni-P 块体非晶态合金的显微结构中包含两种尺寸较大的团簇化的结构单元：一种结构单元是由 Pd、Ni、P 构成的覆盖有三个半八面体的三棱柱团簇；另一种结构单元是由 Pd、Cu、P 构成的四角形二十面体团簇。这两种同时存在的、尺寸较大的、结构不同的原子团簇使得 Pd-Cu-Ni-P 合金的过冷熔液变得非常稳定，因而具有异常高的 GFA。其原因可以归结为团簇化结构单元中金属原子和类金属原子之间强烈的键合作用以及在这两种单元之间原子重新排布非常困难。

6.2.2　非晶态合金形成热力学

从热力学角度来说，降低合金过冷液相的结晶驱动力，即液固自由能差 $\Delta G_{\text{l-s}}$，可以提高合金的玻璃形成能力。利用热分析可以确定过冷液体与结晶固体相之间的 Gibbs 自由能之差，这可以通过对比热容差 $\Delta C_{\text{l-s}}$进行积分而计算出来，具体公式如下：

$$\Delta G_{\text{l-s}}(T)=\Delta H_{\text{f}}-\Delta S_{\text{f}}T_0-\int_T^{T_0}\Delta C_p^{\text{l-s}}(T)\text{d}T+\int_T^{T_0}\frac{\Delta C_p^{\text{l-s}}(T)}{T}\text{d}T \tag{6-1}$$

式中，ΔH_{f} 为温度为 T_0 时的熔化焓；ΔS_{f} 为温度为 T_0 时的熔化熵；T_0 为液相与结晶相处于平衡时的温度。

由式(6-1) 可知，降低 ΔH_{f} 或提高 ΔS_{f} 都可以使得 $\Delta G_{\text{l-s}}$减小。由于熔化熵 ΔS_{f} 是和微观状态数成正比的，所以大的 ΔS_{f} 应该与多组元合金相联系。合金组元数的增加以及组元之间较大的原子半径差和大的负混合焓会使液态合金中原子的随机堆积团簇的数量和堆积密度都增加，而高密度的原子堆垛团簇有利于降低合金的熔化焓 ΔH_{f}。由此可见，混乱法则及 Inoue 的三个经验规则是有坚实的热力学基础的。

6.2.3　非晶态合金形成动力学

非晶态合金的形成可以看成是熔体冷却到足够低的温度而未产生可以观测到的晶体相。Uhlmann 建议结晶相的体积分数值小于 10^{-6}的合金可以被认为是非晶态合金。当结晶相的体积分数值 x 很小时，它与形核速率 I、生长速率 U 及时间 t 的关系可以用下面的方程表示：

$$x=\frac{1}{3}\pi IU^3t \tag{6-2}$$

假设合金熔液符合球形均质形核条件，则温度 T 时的均质形核速率 I 与线性生长速率 U 可表示为：

$$I=\frac{NkT}{3\pi a_0^3\eta}\exp\left(-\frac{16\pi}{3}\times\frac{\alpha^3\beta}{T_{\text{r}}\Delta T_{\text{r}}^2}\right) \tag{6-3}$$

$$U=\frac{fkT}{3\pi a_0^2\eta}\left[1-\exp\left(-\frac{\beta\Delta T_{\text{r}}}{T_{\text{r}}}\right)\right] \tag{6-4}$$

$$T_{\text{r}}=\frac{T}{T_{\text{l}}}$$

$$\Delta T_{\text{r}}=1-T_{\text{r}}$$

$$\alpha=\frac{(NV^2)^{1/3}\sigma_{\text{SL}}}{\Delta H_{\text{f}}}$$

$$\beta=\frac{\Delta H_{\text{f}}}{RT_{\text{l}}}=\frac{\Delta S_{\text{f}}}{R}$$

式中 T_r——约化温度；

α——约化表面张力；

β——约化熔解焓；

k——玻耳兹曼常数；

N——阿伏伽德罗常数；

a_0——平均原子半径；

T_l——合金液相线温度；

f——界面上原子优先附着或者移去的位置分数；

V——摩尔体积；

R——气体常数；

η——温度 T 时的剪切黏度。

对于非晶体来说，一般采用下列方程计算其黏度：

$$\eta=10^{-3.3}\exp\left(\frac{3.34T_l}{T-T_g}\right) \tag{6-5}$$

Turnbull 等认为，在简化条件下，$\alpha=\alpha_m T_r$，其中，α_m 为一常数，是 $T=T_l$ 时的 α 值，取 $\alpha_m=0.86$，此时均匀形核速率也可简化为：

$$I=\frac{K_n}{\eta}\exp\left[-\frac{16\pi}{3}\alpha_m^3\beta\left(\frac{T_r}{\Delta T_r}\right)^2\right] \tag{6-6}$$

式中，K_n 为形核速率系数。

将式(6-4) 和式(6-6) 代入式(6-2) 就可以计算出晶体相的体积分数达到 x 时所需要的时间 t：

$$t=\frac{9.32\ \eta}{kT}\left\{\frac{a_0^9 x}{f^3 N}\frac{\exp\left(\frac{1.024}{T_r^3\Delta T_r^2}\right)}{\left[1-\exp\left(\frac{-\Delta H_f\Delta T_r}{RT}\right)\right]^3}\right\} \tag{6-7}$$

根据式(6-7)，取 $x=10^{-6}$，可以绘出时间-温度-转变曲线，即 TTT 曲线。这样形成玻璃的临界冷却速率 R_c 就可以根据 TTT 曲线由下式进行计算：

$$R_c\approx\frac{T_l-T_n}{t_n} \tag{6-8}$$

式中，T_n 和 t_n 分别为 TTT 曲线鼻尖处的温度和时间。

由式(6-7) 可知，ΔH_f 越小或η越大，x 达到 10^{-6} 所需的时间就越长，也就是说 TTT 曲线越向右移，临界冷却速率就越低。符合 Inoue 三个经验规则的合金，其熔液中的原子容易形成结合力很强的、堆积密度很高的紧密随机堆垛团簇，而这些团簇的存在会使 ΔH_f 减小，使η增大，从而使临界冷却速率降低。所以 Inoue 的经验规则也是有动力学基础的。

6.3 非晶态合金的形成规律

6.3.1 形成非晶态合金的合金化原则

不同金属或者合金形成非晶体的能力相差很远，人们在寻找新型块体非晶态合金时，由于没有成熟的、定量的理论来指导实践，因此需要对大量的、不同的合金元素组合进行筛选，耗费巨大的人力和物力。所以，分析总结已知 BMGs 的组元构成规律显得很有必要。

Inoue 总结了块体非晶态合金的组元构成规律，提出著名的有利于获得大的 GFA 的三条经验规则：由 3 个或 3 个以上的元素组成合金系；组成合金系的组元之间有较大的原子尺寸比；且满足大、中、小的原则，其中主要组元的原子尺寸比应大于 12%；组元之间存在大而负的混合焓。但是，这三条法则太一般化了，对实际研究的指导作用不是很直接。

Egami 根据合金原子占据基体元素的晶格所引起的局域体积应变模型，推导出二元合金形成非晶态结构所需的合金元素最低含量计算公式。Miracle 和 Senkov 对 Egami 的理论进行了完善，认为合金原子依据尺寸大小按不同百分比分别占据基体元素的晶格位置和间隙位置，并且提出了一个新的最低含量计算公式。Egami 后来将其理论推广到多组元合金系，提出 BMGs 形成合金的组元构成应该具有以下四个特点：组元原子的尺寸差较大；组元数目较多；原子半径小的组元与原子半径大的组元之间存在强烈的相互吸引；原子半径小的不同组元之间存在强烈的相互排斥。

Senkov 和 Scott 定义了原子尺寸分布曲线（ASDP 曲线，横坐标为合金原子与基体原子的半径比，纵坐标为合金原子的摩尔分数），研究发现传统非晶态合金（临界冷却速率大于 10^3K/s）的 ASDP 曲线是开口向下的，而块体非晶态合金（临界冷却速率小于 10^3K/s）的 ASDP 曲线是开口向上的。

我国学者董闯教授发现 Zr 基块体非晶态合金的最佳成分点在相图上位于等电子浓度面和等原子尺寸面的交线上，即符合“等电子浓度＋等原子尺寸”准则。

Li 等提出某合金体系能够形成块体非晶态合金的成分与该合金的深共晶区成分密切相关，因为存在深共晶区的合金可以过冷到较低温度而不发生结晶，因而 GFA 较高。他将深共晶成分区分为对称（symmetric）共晶区和非对称（asymmetric）共晶区两种类型。对于具有对称共晶区的体系，其最佳非晶成分即为共晶成分；对于非对称共晶系，其最佳非晶成分会偏离共晶成分，在相图上会偏向具有较大熵变的液相线一边，即液相线较陡的一侧。

Inoue 根据合金组元原子尺寸的差别、组元间的混合焓以及组元元素在元素周期表中的周期数，在前述的三大类基础上，将目前已经发现的 BMGs 进行了详细分类，形成 G1～G7 这 7 个组别。每个组别的组元构成如下。

G1 组：ETM/Ln-LTM/BM-Al/Ca，典型合金代表为 Zr/Ln-Al-Ni/Cu、Zr/Ln-Al-Ni-Cu、Zr-Ti-Al-Ni-Cu 以及 Zr/Ln-Ga-Ni。

G2 组：ETM/Ln-LTM/BM-类金属，典型合金代表为 Fe-Zr/Hf-B、Fe-Zr-Hf-B、Fe-Co-Ln-B、Co-Zr-Nb-B 以及 Co-Fe-Ta-B。

G3 组：Al/Ga-LTM/BM-类金属，典型合金代表为 Fe-(Al,Ga)-类金属。

G4 组：ⅡA-ETM/Ln-LTM/BM，典型合金代表为 Mg-Ln-Ni/Cu、Zr-Ti-Ni-Cu-Be、Ti-Cu-Ni-Sn-Be 以及 Zr-Ti-Cu-Ni-Sn-Be。

G5 组：LTM/BM-类金属，典型合金代表为 Pd-Ni-P、Pd-Cu-Ni-P 以及 Pt-Ni-P。

G6 组：ETM/Ln-LTM/BM，典型合金代表为 Cu-Zr-Ti、Ni-Nb-Ta/Sn、Ti-Zr-Cu-Ni、Ti-Ni-Cu-Sn 以及 Ti-Cu-Ni-Mo-Fe。

G7 组：ⅡA-LTM/BM，典型合金代表为 Ca-Mg-Cu/Zn。

前述中，ETM、LTM 和 BM 分别表示前过渡族金属、后过渡族金属和ⅢB 及ⅣB 族中的金属（In、Sn、Tl 以及 Pb）。ⅡA 表示碱金属，Ln 表示 La 系稀土金属。

不同组别中的合金组元构成特点是不同的。对于 G1、G5 和 G7 组中的合金，基体元素的原子半径最大，具有最大负混合焓的原子对由基体元素和其他组元元素构成；对于 G2 和 G4 组中的三元合金及 Mg 基多元合金，基体元素的原子半径居中，具有最大负混合焓的原子对与基体元素无关。G3 的合金至少具有 6 个组元，其中基体组元的原子半径居中间大小，并且和比它原子半径小的一个组元构成具有最大负混合焓的原子对。这个规律也适合于 G4 组中的 Zr 基和 Ti 基多元合金。对于 G6 组中的三元合金，基体组元的原子半径最小，而对于本组中的多元合金，基体组元的原子半径却是最大。但是，不管是三元还是多元，具有最大负混合焓的原子对都是由基体元素和其他组元元素构成的。

以现有的具有较高 GFA 的合金成分为基础，选择具有相似化学性质的同族元素部分替代原合金中的某一组元，可以得到 GFA 更高的多组元 BMGs 形成合金。Inoue 发现，选择替代元素时应该优先考虑元素的周期数差别，这个差别比原子尺寸的差别更重要。Inoue 关于 BMGs 的分类以及对各个组别中组元构成规律的总结有助于我们在开发新的 BMGs 时选择正确的合金化元素，因而具有重要的理论和实用价值。

6.3.2 合金的玻璃形成能力判据

不同的合金体系在凝固过程中被过冷到玻璃转变温度以下的难易程度是不同的，也就是说，不同合金系的玻璃形成能力（GFA）是不同的。GFA 在本质上是由合金内在物理性质所决定的。人们在研究便于使用、简单可靠的 GFA 表征参数方面做了大量工作，提出了各种各样的 GFA 表征参数或判据。

根据过冷液体相区球状晶体的均匀形核和长大理论，对于 GFA 来说，有几个因素起主要作用。

临界冷却速率 R_c 是公认的表征 GFA 最重要的参数。合金的 GFA 越强，那么其获得非晶态所需的 R_c 就越小。它被定义为刚好避开 CCT 或 TTT 曲线鼻尖时的冷却速率：

$$R_c=\frac{T_m-T_n}{t_n} \tag{6-9}$$

式中，T_m 为熔点；t_n 和 T_n 分别为鼻尖处所对应的时间和温度。

另一个表征 GFA 的参数是约化玻璃转变温度 T_{rg}（$T_{rg}=T_g/T_m$），其中，T_g 为玻璃化转变温度，T_m 为合金熔点。Uhalmann 指出 T_{rg}来源于对 $T_g \sim T_m$ 温度区间内黏度的要求。只有在冷却过程中，黏度随温度下降的增长率足够大，才能使金属原子没有足够时间重排，抑制结晶，获得非晶态。一般认为，在温度为 T_g 时，黏度等于常数（$\eta=10^{12}$ Pa·s），而且 T_{rg}越大，在 CCT 或 TTT 曲线鼻尖处η值越高，则 R_c 越低。

过冷液相区宽度 ΔT_x（$\Delta T_x=T_x-T_g$）作为 GFA 的经验判断，它表示非晶态合金被加热到高于温度时，其反玻璃化的趋势。也是衡量非晶态合金热稳定性的重要指标。一般来说，ΔT_x 越大，热稳定性越好，GFA 越强。

综上所述，得到强玻璃形成能力的主要因素有高 T_g/T_m、大 ΔT_x 两个。

（1）临界冷却速率 R_c　Takeuchi 等考虑非晶态合金形成时各组元间的混合热和原子尺寸差的影响，对 Sarjeant 和 Roy 提出的氧化物玻璃的 R_c 表达式进行修改，得出形成非晶态合金的临界冷却速率为：

$$R_c=Z\frac{kT_m^2}{a^3\eta_{T=T_m}}\exp\left[0.75\left(\frac{\Delta H-T_m\Delta S_{ideal}}{300R}\right)-1.2\left(\frac{T_mS_\sigma}{300R}\right)\right] \tag{6-10}$$

式中，Z 为常数；k 为玻耳兹曼常数；R 为气体常数；a 为原子间距；$\eta_{T=T_m}$ 为熔点的黏度；ΔH 为混合焓；ΔS_{ideal} 为理想位形熵；S_σ 为错配熵。

经分析、计算可知：T_m^2/η 项对 R_c 具有重要作用，低的熔点温度和高的熔点黏度明显降低 R_c 值；具有负混合热的多组元系使 R_c 降低 2～7 个数量级；原子尺寸比大于 12%的合金系使 R_c 降低 1～2 个数量级。

R_c 判据比较直观，但计算复杂，而且很难直接测试。

(2) 约化玻璃转变温度 T_{rg}　T_{rg}是由 Tumbull 首先在研究过冷液态合金形核时提出来的，他定义 $T_{rg}=T_g/T_m$，其中，T_g 为玻璃化转变温度，T_m 为合金熔点，比值越大，越易形成非晶。

Lu 等认为，随溶质原子浓度的增加，液相线温度 T_l 的变化比固相线温度（熔点温度）T_m 更加明显，特别是在共晶成分附近。与 T_g/T_m 相比，形成非晶的临界冷却速率 R_c 与 T_g/T_l 之间的对应关系更加明显。因此，用 T_g/T_l 代替 T_g/T_m 来定义约化玻璃转变温度 T_{rg}，能更好地反映 Zr 基、Mg 基、Pd 基、Re 基等大块非晶的玻璃形成能力。

对于在晶化前不出现玻璃转变和过冷液相区的非晶态合金，可用 T_x 代替 T_g 来计算 T_{rg}值，T_x/T_m 越大，玻璃形成能力越强。

T_{rg}值较好地反映了合金的玻璃形成能力，应用也比较普遍，但对 Ca 基、Sr 基及 Ba 基合金系的玻璃形成能力则难以解释。此外，在 $Pd_{40}Ni_{40-x}Fe_xP_{20}$ ($0\leqslant x\leqslant 20$)、Fe-(Co, Cr, Mo, Ga, Sb)-P-B-C、$Mg_{65}Cu_{15}M_{10}Y_{10}$ (M=Ni, Al, Zn, Mn)、Mg-Cu-Gd 等大块非晶态合金中，也发现 T_{rg}值与合金的玻璃形成能力并不完全一致。这说明决定玻璃形成能力的因素是比较复杂的。

(3) 过冷液相区宽度 ΔT_x　在非晶态合金晶化时的过冷液相区，$\Delta T_x=T_x-T_g$。由于块体非晶态合金多组元之间较大的原子尺寸差及负的混合热作用，使晶化相的形核与长大被抑制，从而导致合金在晶化前出现明显的玻璃转变和稳定的过冷液相区。一般来说，ΔT_x 越大，形成非晶所需的临界冷却速率 R_c 越小，玻璃形成能力越强。

实验表明，合金的玻璃形成能力与 ΔT_x 之间并不存在必然的联系。在研究玻璃形成能力时仅仅考虑过冷液体的稳定性是不够的，结合与玻璃相相互竞争的晶体相的稳定性或许能给出更合理的解释。另外，对于一些不具有过冷液相区的非晶态合金，其玻璃形成能力则无法用 ΔT_x 来表征。

虽然 ΔT_x 有一定的局限性，但其简单明了，与其他指标（如 T_{rg}、γ 等）结合使用可较好地说明大块非晶的玻璃形成能力。同时，ΔT_x 的大小对于大块非晶的超塑性变形和加工具有非常重要的意义。

(4) γ 判据　Lu 等通过对非晶态合金的形成及其晶化过程进行分析，提出了表征玻璃形成能力的新指标，即：

$$\gamma=\frac{T_x}{T_g+T_l} \tag{6-11}$$

通过对 49 种大块非晶及普通非晶态合金的分析表明，γ 值与合金的玻璃形成能力有很好的对应关系，可靠性优于 T_{rg}判据，且简单易测。并成功表征了 $Pd_{40}Ni_{40-x}Fe_xP_{20}$ ($0\leqslant x$

≤20）合金的玻璃形成能力。但有资料表明，与 Ca-Mg-M（M＝Cu，Ni，Ag）系合金相比，$Ca_{65}Mg_{15}Zn_{20}$具有最强的玻璃形成能力，但其 γ 值却不高。

应用回归分析法，得出过冷液体临界冷却速率 R_c 以及试样临界截面厚度 W_c 与 γ 之间的关系式为：

$$R_c = 5.1 \times 10^{21} \exp(-117.19\gamma) \tag{6-12}$$

$$W_c = 2.08 \times 10^{-7} \exp(41.70\gamma) \tag{6-13}$$

（5）参数 δ　2006 年，Chen 等根据经典形核与核长大理论，结合使临界冷却速率最小化这一思想，提出一个表征合金 GFA 的新参数 δ，$\delta = T_x/(T_l - T_g)$。合金的 δ 越大，其 GFA 越强。统计分析表明，δ 与 R_c 和 W_c 之间的关系比 T_{rg} 与 γ 更紧密，因而比它们更能准确地反映合金的 GFA。

（6）参数 Φ　Fan 等根据合金熔液的脆性理论，结合形核与核长大理论模型，提出一个表征合金 GFA 的最新参数 Φ，其数学表达式为：

$$\Phi = T_{rg}\left(\frac{T_x - T_g}{T_g}\right)^{0.143} \tag{6-14}$$

参数 Φ 包括了参数 T_{rg} 和 ΔT_x，因而能比这两个单独参数更好地反映合金的 GFA。另外，参数 Φ 不仅适用于金属玻璃，也同样适用于氧化物玻璃和高分子玻璃。但是对于不同的玻璃体系，式(6-14) 右边的指数要发生变化。

6.3.3　影响玻璃形成能力的因素

（1）原子尺寸效应　Egami 对含有 2 个不同原子尺寸因素的二元固溶体（化学上随机的固溶体），采用弹性连续体方法对局部应变效应进行简单分析，发现当小原子（A 原子）的浓度达到一个与原子尺寸比率 R_A/R_B 有关的临界值 C_A^* 时，固溶体在拓扑上变得不稳定。根据简单的近似，A 原子在 B 基体中的最大浓度为 $C_A^* = 2\lambda R_B^3/(R_B^3 - R_A^3)$，同样 B 原子在 A 基体中的最大浓度为 $C_B^* = 2\lambda R_A^3/(R_A^3 - R_B^3)$，式中，$\lambda$ 是一个常数。二元合金中有利于玻璃形成的体系是：$C_B^* < C_B < 1 - C_A^*$，其中，λ 为 0.07～0.09。当竞争的晶体固溶体变得不稳定时将形成非晶相，玻璃形成的成分边界就相应于竞争固溶体的开始失稳。组元之间具有较大原子尺寸差的合金有利于玻璃的形成，非晶相的热稳定性和合金的玻璃形成能力与合金组元的可动性有关，非晶态合金抵抗晶化的热稳定性与固态原子扩散有关。扩散是以原子跳跃的方式进行的，可以由 Arrhenius 扩散描述；而合金的玻璃形成能力与液态的原子扩散有关。在液态，由于原子有更大的平均自由体积，扩散更多地依赖于合金熔体的黏度，原子扩散系数与熔体的黏度成反比，因此固态和液态的原子扩散系数会显示不同的原子尺寸效应。研究表明，Zr-Al-Ni-Cu 合金的过冷液体中由于 Al 的原子尺寸较大，Al 的原子扩散系数比 Ni 小 3 个数量级，而在更高的温度，它们的扩散系数趋于一致。$Zr_{46.75}Ti_{8.25}Cu_{7.5}Ni_{10}Be_{22.5}$（V4）合金的准弹性中子散射实验证实，液相线温度以上各组元的原子扩散系数差小于 1 个数量级。因此，与固态原子扩散相比，高温时液态原子扩散与原子尺寸的关系较弱。然而，对于玻璃形成合金，当过冷到液相线温度以下时，合金熔体在热力学上是不稳定的，过冷液体的黏度与温度有密切的关系，即随温度的降低而迅速增加，导致原子的扩散行为在相当高的温度由类液态向类固态转变。当 V4 合金的过冷液体从液相线温度 1026K 冷却至 850K 时，不能用类液态的原子扩散描述，但可以由 Arrhenius 扩散很好地描述。因此，合金的原子尺寸因素对玻璃形成能力有非常重要的影响。而 Al 基非晶态合金，或别的非共晶

玻璃形成合金，在迅速过冷到玻璃态时，亚稳的液体必须在液相线温度以下经历相当宽的一段温度范围，因此Al基非晶态合金过冷液体的黏度随温度降低而增加的速度低于块体玻璃形成合金。在一个相当大的温度范围内，Al基非晶态合金过冷液体中类液态的原子扩散是主要的。与共晶玻璃形成合金相比，Al基非晶态合金中组元的原子尺寸对熔体的原子扩散，也就是对合金玻璃形成能力的影响较弱。

(2) 混合热　对于二元合金系，两个组元混合产生的系统自由能改变为ΔG_{mix}，其值由式$\Delta G_{mix}=\Delta H_{mix}-\Delta S_{mix}$得出，其中，$\Delta H_{mix}$为组元之间的混合热，$\Delta S_{mix}$为混合前后的熵变。$\Delta S_{mix}$大于0，当$\Delta H_{mix}$为较大的负值时，系统的吉布斯自由能总是降低。因此，合金中组元之间在液态存在大的负混合热时可以降低合金熔体的吉布斯自由能，从而稳定过冷液体。Chen和Park通过计算Pd-Cu-Si体系中各组元的偏摩尔体积，发现玻璃合金中Si的偏摩尔体积比纯Si小，但是仅比CuSi固溶体和PdSi晶体中Si的偏摩尔体积略小，因此玻璃合金中Si的电子部分填充到Pd原子的d轨道上，所以玻璃态合金具有短程有序的结构。因此组元之间的化学键对金属玻璃的形成与稳定是重要的。

(3) 黏度　黏度(η)是决定过冷液体中均质形核和长大的动力学参数，η与T_{rg}密切相关。合金熔体黏度的提高导致原子扩散的激活能增加，阻碍晶体的形核和长大，增强合金的玻璃形成能力。合金熔体的黏度与温度的关系，在$10^{-8}\sim10^{-3}$Pa·s的范围内可以由Fulcher公式很好地描述：

$$\eta=A\exp\left(\frac{B}{T-T_0}\right) \tag{6-15}$$

式中，A、B为与材料有关的参数；T为温度，K；T_0为VFT温度，K。

大部分液体，如水、乙醇、水银，在室温的黏度是10^{-3}Pa·s的数量级。

6.4　非晶态材料的制备技术

与晶态材料相比，非晶态材料的基本特征是其构成原子在很大程度上的混乱排布，体系的自由能比对应的晶态要高，处于热力学上的亚稳态。因此，获得非晶态材料必须解决下述两个关键问题：一个是形成原子的混乱排布；另一个是将这种热力学上的亚稳态在一定的温度范围内保存下来，使之不发生向晶态的转变。基于以上两点，人们开发出很多非晶态材料的制备方法。这些方法可以制备出不同几何形态的非晶态材料。本节将选一些主要制备方法加以介绍。

6.4.1　非晶粉末的制备

在非晶粉末的制备方法中，以气体雾化法应用最为广泛，另外还有机械合金化法和化学还原法等。

(1) 气体雾化法　气体雾化法是以惰性气体、氮气等为冷却介质，用高速气流撞击金属液流，使其粉碎成液滴，而后这些液滴通过对流冷却或辐射冷却的途径凝固。气体雾化法的冷却速率可高达10^5K/s，适宜于制备非晶形成能力低的铝基非晶等。

图6-4所示为雾化法。在亚声速范围内，克服液流低的切阻，变成雾化粉末，对高性能易氧化材料往往用氩气雾化法，但气体含量仍高，一般高温合金的含氧量在$100\sim200\mu g/g$。冷却速率也不高，在$10^2\sim10^3$K/s。粉末质量不高主要是因为有较高的气孔率，密度较低，

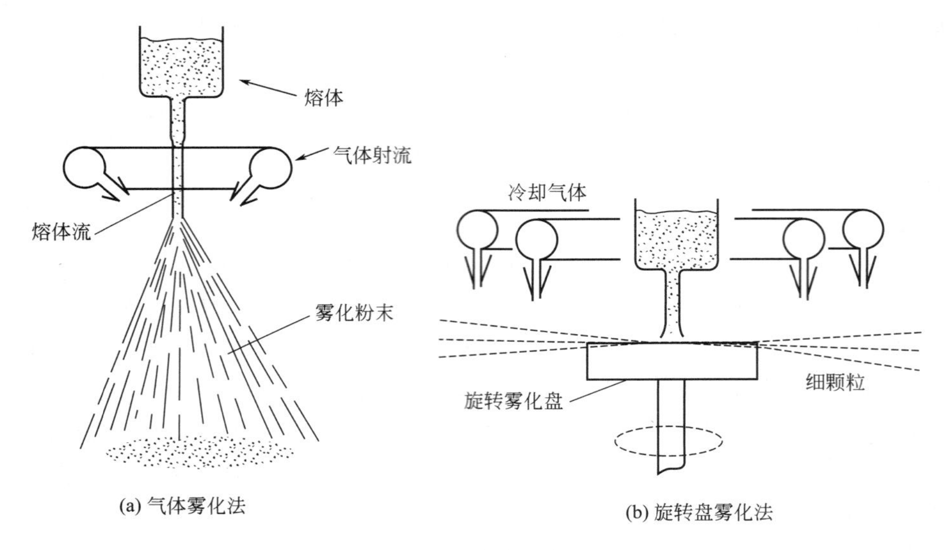

(a) 气体雾化法
(b) 旋转盘雾化法

图 6-4 雾化法示意图

粉末颗粒有卫星组织，即大粉末颗粒上沾了小颗粒，使组织不一致，筛分困难，增加气体沾污。后来又发展氦气下强制对流离心雾化法，使冷却速率提高至 10^5K/s。在氦气下可比在氮气下获得大 1 个数量级的冷却速率。目前又发展到超声雾化法，它是采用速度为 2～2.5 马赫[1]和频率为 20000Hz 和 100000Hz 的脉冲超声氩气或氦气流直接冲击金属液流，从而获得超细的雾化粉末。其原理是利用一个带锥体喷嘴的 Hartmann 激波管，超声波在液体中的传播是以驻波形式进行的，在传播的同时，形成周期交替的压缩与稀疏，当稀疏时在液体中形成近乎真空的空腔，在压缩时空腔受压又急剧闭合，同时产生几百兆帕的冲击波，把熔液打碎。一般是频率越大，液滴越小，冷却速率可达 10^5K/s。表 6-1 为不同雾化工艺的冷却速率和粉末质量。

表 6-1 不同雾化工艺的冷却速率和粉末质量

工艺	粉末粒度/μm	平均粒度/μm	冷却速率/(K/s)	包裹气体	粉末质量
亚声速雾化	1～500	50～70	$1\sim10^2$	无	球形,有卫星
超声速雾化	1～250	20	$10^4\sim10^5$	无	球形,卫星很少
旋转电极雾化	100～600	200	10	无	球形,无卫星
离心雾化	1～500	70～80	10^5	无	球形,卫星很少
气体溶解雾化	1～500	40～70	10^2	无	不规则,有卫星
电流体动力学雾化	$10^{-3}\sim40$	$10^{-2}\sim10^{-1}$	$10^7\sim10^8$	无	球形,无卫星
电火花剥蚀雾化	$10^{-3}\sim75$	$10^{-2}\sim10^{-1}$	$10^7\sim10^8$	无	球形,无卫星

$Fe_{69}Ni_5Al_4Sn_2P_{10}C_2B_4Si_4$ 合金具有强的非晶形成能力，陆曹卫等通过水雾化方法获得粒度小于 75μm 的非晶态合金粉末。用粒度 45～75μm 的水雾化粉末制备的磁粉芯具有优异的磁性能，磁导率大于 60，且具有良好的频率特性、高的品质因数和低的损耗。最近发展起来的紧耦合气雾化是批量制备高性能球形微细金属及合金粉末的主流技术，具有快速冷凝的特征，可以形成非晶等亚稳态组织。中南大学的陈欣等利用此方法制备出了 Al 基非晶合

[1] 1 马赫＝340m/s。

金粉末，并且得出 Al-Ni-Ce-Fe-Cu 合金的非晶化临界冷却速率大致为 10^6K/s，Al-Ni-Y 合金非晶化的临界冷却速率大致为 10^3K/s。雾化中熔体的破碎和冷却是两个相互耦合（矛盾）的过程。快速冷却（大于 10^4K/s）极大地阻碍熔体的充分雾化，熔滴的破碎模式对其冷却行为具有显著的影响，而不同（相同）直径熔滴可能经历相同（不同）的冷却行为。但目前的紧耦合气雾化技术还只能制得非晶/晶态混合的 Al 基合金粉末。

（2）高能球磨法　高能球磨是 20 世纪 60 年代由美国人 Benjamin 首先提出的一种制备合金粉末的非平衡制备技术，它包括机械合金化（简称 MA）和机械研磨（简称 MM）两种形式。其过程是对单一粉末或混合粉末进行高能球磨，最终形成具有不同于原料粉末结构的新型合金粉末。高能球磨可以制备超饱和固溶体、金属间化合物、纳米晶、准晶以及非晶等合金粉末。某些合金体系用传统液淬法很难得到非晶态，而用高能球磨却可以实现非晶化，甚至单质也能球磨成非晶状态，所以它已成为一种制备非晶态合金的重要手段，并且被人们重视和研究。人们已经通过高能球磨制备出了 Mg 基、Al 基、Zr 基、Cu 基、Nb 基以及属于磁性材料的 Ni 基、Fe 基和 Co 基非晶态合金，这些合金体系包括二元、三元甚至四元合金。用高能球磨机进行研制非晶的研究，可使 Se 非晶化，用五个 9 纯度的晶体 Se，在氩气气氛（0.8mL/s），球与金属质量比为 10∶1 的条件下球磨 5h 就转变成非晶 Se。如果球磨罐在干冰、乙醇和液氮的混合物中，温度控制在（−100±5)℃，Se 只要经过 2h 球磨就能转变成非晶态，如图 6-5 所示。

张静等研究了 Ni 基非晶软磁合金粉末在 Ni-Zr 二元相图上三个稳定化合物成分配方 Ni_7Zr_2、$Ni_{21}Zr_8$、NiZr 和两个共晶点 $Ni_{64}Zr_{36}$、$Ni_{36}Zr_{64}$ 组分在机械合金化条件下的非晶态合金形成能力和热稳定性。发现五种配方在一定的时间内都能形成非晶态合金，其中 $Ni_{64}Zr_{36}$ 的过冷液相区间 ΔT_x 达到 69.9K。张富邦等以纯度>99.65%、粒度<56μm 的 Co 粉以及纯度>99.8%、粒度<71μm 的 Zr 粉为原料，采用行星式高能球磨机，通过室温下球磨单质混合粉末制备出原子分数比为 $Co_{80}Zr_{20}$ 的非晶合金粉末。应用 X 射线衍射(XRD)、差示扫描量热分析仪（DSC)、扫描电镜及透射电镜对不同球磨时间的混合粉末进行了研究。结果发现，球磨时间对混合粉末的结构及颗粒形貌存在显著影响。原始混合粉末由密排六方的 β-Co 和 α-Zr 组成，经过 0.5h 球磨，β-Co 转变为同素异构的面心立方的 α-Co，随着球磨时间的增加，Co、Zr 颗粒都发生严重塑性变形，并且通过冷焊团聚起来，形成具有层状结构的复合颗粒。球磨导致基体元素 Co 晶格中的晶体缺陷密度大大增加，使得合金元素 Zr 原子向 Co 晶格中扩散迁移，扩散迁移到 Co 晶格中的 Zr 原子数量随球磨时间的增加而增加，导致 Co 元素的晶格常数单调增大。当球磨时间达到 8h 时，形成 $Co_{80}Zr_{20}$ 固溶体，继续球磨 10～20h，固溶体转变为非晶。

形成非晶的驱动力可以认为有两个：一是当成分移向非计量时自由能的急剧升高；二是提高缺陷浓度。另有一种适合薄膜扩散偶法的判据，即两种纯金属要形成非晶，必须要有一个很大的负混合热以及彼此间扩散有大的差别，在机械合金化法中也适用。有些合金在非晶形成前，先形成一种金属间化合物，然后再转化为非晶，如 $Nb_{75}Ge_{25}$ 合金和 $Nb_{75}Sn_{25}$ 合金，是通过形成 A15 结构的 Nb_3Ge 或 Nb_3Sn，最后形成非晶。对用 Cu、Ni 和 P 粉机械合金化制 $Cu_{71}Ni_{11}P_{18}$ 三元系非晶态合金，球磨第一阶段是粉末颗粒的进一步细化和发生互扩散，在中间阶段生成 Cu_3P 金属间化合物，但不生成 Ni_3P，由于反应激活能较 Cu_3P 高，第三阶段 Cu_3P 和 Ni 进一步合成 $Cu_{71}Ni_{11}P_{18}$ 非晶态合金。

许多负混合焓较大的二元系如 Fe-Nb、Cu-Ti 和 Ti-Fe 系都可以用球磨法制备成非晶，

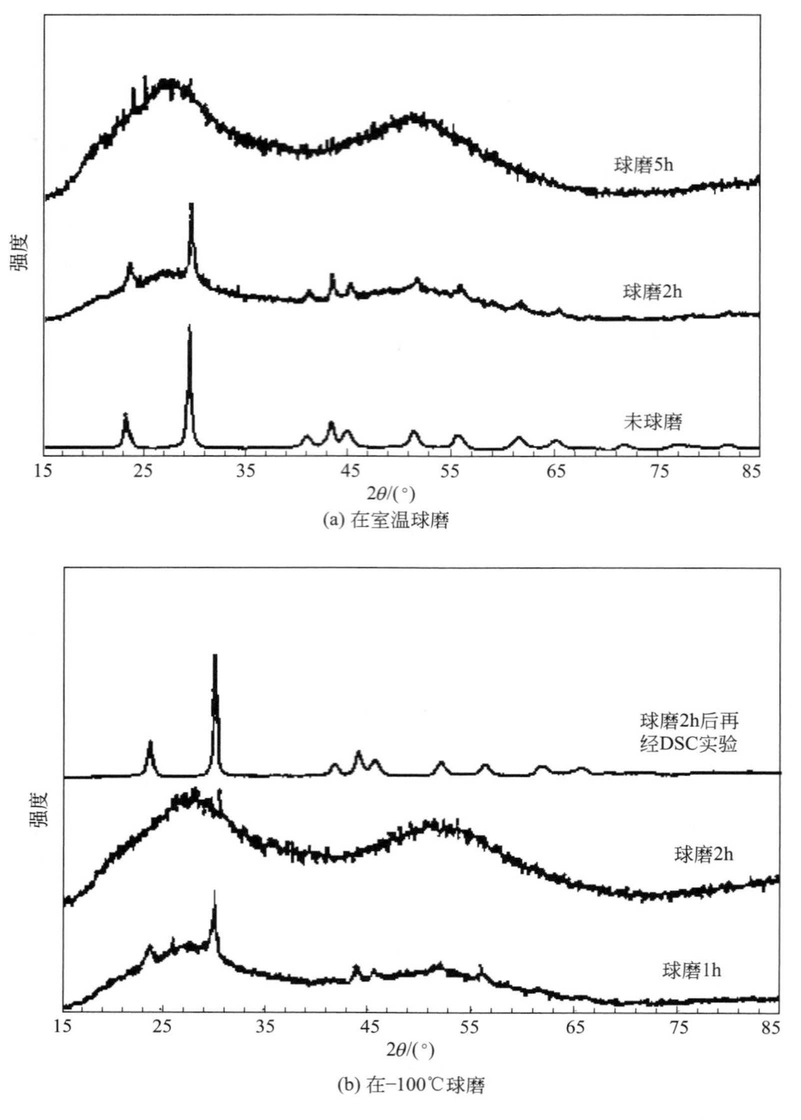

(a) 在室温球磨

(b) 在-100℃球磨

图 6-5 Se 的 XRD 图

而较小的体系如 Cu-Fe、Ti-Nb 和 Cu-Nb 系则难以用球磨法制备成非晶。二元金属混合粉末通过机械合金化形成非晶态合金必须满足两个条件：二者具有大的负混合焓，其中一种在另一种金属中是快的扩散元，前者为非晶化反应提供了驱动力，而后者保证了非晶相的形成速率。娄太平等做了一个有趣的实验，他们把 $Cu_{60}Ti_{40}$ 和 $Fe_{50}Nb_{50}$ 两种非晶态合金的混合体球磨时很快晶化为纳米结构的固溶体，但是按 38.4Cu-25.6Ti-18Fe-18Nb 原子配比混合，在球磨初期就形成非晶，因为前者两个非晶态合金都已释放出其能量，因此混合焓负值很小，不利于非晶的形成，后者不同，整个四种金属的混合体系的混合焓负值较大，因而具有较大的驱动力，有利于非晶的形成。

机械合金化技术不仅工艺简单，而且合成的非晶态合金成分范围宽，许多用快淬法无法实现非晶化的合金系，都可以用这种方法获得相应的非晶态材料，它的设备简单、成本低廉、体系广、产率高，而且不受非晶态合金的几何尺寸和合金成分限制，适宜工业化生产。

（3）其他方法　日本秋田县资源技术开发机构和秋田大学矿山学部以通过非晶化提高电子元件用金属微粉末的功能为目标，已证实金属元素采用Ni，产生非晶化的合金化剂采用P，用液相还原法能制造出非晶态Ni-P合金球形颗粒。在用金属微粉末制造优良的电子元件时考虑了各种条件，特别重要的是要将粒度控制在一定的范围内。因此，研究了改变还原条件是否能控制生成的非晶态Ni-P合金粉末球形颗粒的粒度。实验中，作为Ni源的金属盐使用$NiCl_2 \cdot 6H_2O$，作为P源的还原剂使用$NaPH_2O_2 \cdot H_2O$，为调整反应系的pH值使用NaOH。在设定的反应条件下，生成物的平均颗粒度在0.1～2.5mm范围内。

徐惠等采用化学还原法，利用硼氢化钠还原氯化钴水溶液中的Co^{2+}，得到超细Co-B非晶粉末。相对于熔体骤冷法来说，化学还原法制备超细非晶粉体具有工艺流程短、成本低、易于批量制备以及成分范围宽、产物比表面积大、悬浮性好、易于被压制成所要求的形状等优点。

厚度薄的扁平状非晶合金粉末具有比一般粉末更为优异的性能，作为工业材料有其广阔的应用前景。为此，开发了过冷液滴快淬法，其原理是把母合金在坩埚中熔化，将坩埚底部的浇铸水口打开而合金熔体流出时以压力高于0.98MPa的高压气体（Ar或N_2）使熔体雾化，雾化液滴则与设于水口下方的高速旋转铜制锥形冷却体碰撞，从而使液滴变形扁平化。雾化液滴被喷雾气体冷却，即使冷却到熔点以下仍保持过冷液滴状态，同时雾化的液滴具有200～1000m/s的飞行速度，由于与高速回转的冷却体相撞而变成扁形，并且以高于10^4K/s的冷却速率凝固，故能获得纵横尺寸（长径/厚度）比很大的扁平状非晶合金粉末。利用此法生产的$Co_{70.3}Fe_{4.7}Si_{10}B_{15}$钴基非晶合金粉末，具有极佳的软磁特性；利用此法生产的$Fe_{69}Cr_8P_{13}C_{10}$扁平状非晶粉末，与环氧树脂等配合作为涂料使用，具有优异的耐蚀、耐磨、耐划伤和耐候性能，是极佳的涂层保护材料。$Cu_{71}Ni_{11}P_{18}$扁平状非晶粉末与氯化橡胶树脂混合，作为船底涂料使用具有很好的防污效果，这种新型防污涂料颜料已受到人们的关注。

6.4.2　非晶薄膜的制备

鉴于大块非晶态材料的难得，有时也无必要，可以采取在材料加工成零件后，再使其表面非晶化的方法。可采用离子束、电子束等的高能密度（约100kW/cm²），将表面快速熔化，基体快速导热将表面凝固，使表面非晶化。或用其他的化学方法使表面非晶化，甚至干脆将非晶粉末喷涂至工件表面形成非晶层。工件表层的非晶薄膜可大大提高其耐蚀性和耐磨性，电子工业则利用非晶优异的磁性能，制备出性能优良的功能器件。

6.4.2.1　蒸发法和溅射法

（1）蒸发法　在真空（1.33×10^{-4}Pa）中将预先配制好的材料加热，并且使从表面蒸发出来的原子沉积在衬底上，从而制得非晶薄膜，这就是蒸发法制备非晶。原料加热可以采用电阻加热、高频加热和电子束轰击等方法，衬底可根据用途选用适当的材料，在蒸发生长非晶态半导体Si、Ge时，衬底一般保持室温或高于室温的温度；但在蒸发晶化温度很低的过渡金属Fe、Co、Ni时，一般要将衬底降温，例如保持在液氮温度，才能实现非晶化。蒸发制备合金薄膜时，大都用各组元同时蒸发的方法。1954年，德国哥廷根大学的Buckel和Hilsch就是采用真空蒸发沉积，辅之以液氦冷底板，首先获得了具有超导特性的非晶态金属铋和镓薄膜。

（2）溅射法　溅射法是在位于低压气氛中的两个电极上加上电压，将气体电离，离子冲击原材料表面，使其释放出原子，这些原子在冷却板上无规则地沉积而形成非晶态材料。加在电极上的电压很高，到达衬底的原子动能可达10eV左右，因此，即使对于组元蒸气压相差较大的合金，薄膜也比较致密且与衬底的黏附性较好。溅射的方法很多，以二极式的最简单，还有三极式、四极式、磁控溅射、高频溅射等。还可采用离子溅射的方法来制备氮化硅等薄膜。

6.4.2.2 化学反应法

化学反应法分为化学还原法和化学气相沉积法。将各种金属盐溶液进行混合，在一定的温度下搅拌，将反应产物过滤、洗涤后干燥，可制得非晶态合金。用化学还原法已制得了多种非晶颗粒，如Fe-P-B、Co-P-B、Ni-P-B、Fe-Zr-B、TM-B、Fe-Ni-B等。化学气相沉积法是将反应气体通过加热的衬底，使之在衬底表面上发生异质反应，或者在衬底上的气流中发生均匀反应，生成物在衬底上沉积的过程。化学气相沉积法适于制备非晶态Si、Ge、Si_3N_4、SiC、SiB等薄膜。与蒸发法和溅射法相比，这种方法工艺简单，成本低廉，适用于制备大面积的非晶态薄膜材料。

6.4.2.3 离子注入法

很多种类的原子可以用离子注入法注入多种材料的表面而获得非晶态表层。离子注入法不受组成成分相图的限制而具有很大的成分自由度，相近的成分规律对离子注入法和一般急冷法的合金都有效。把单个原子注入的过程作为热脉冲来考虑，可以得到约10^{14}K/s的有效冷却速率，把离子注入看成是一种表面改善技术，仅仅是因为和靶材料的表层原子连续相碰撞时穿透的离子经受能量的损失。离子注入适于制备非晶态薄膜材料。用离子注入法不仅可以注入金属元素，而且还可以注入类金属或非金属元素，不失为一种探索新型非晶态表面层的好方法。

6.4.2.4 等离子喷涂法

将基材表面经除锈、除氧化皮、除油等清洁化处理和喷砂粗化活化处理后备用。喷涂设备为等离子喷涂机。向兴华等选用铁基非晶合金粉末喷涂制得了厚度在0.1mm左右的非晶涂层，其涂层的等离子喷涂工艺参数见表6-2。

表6-2 铁基非晶合金涂层的等离子喷涂工艺参数

电弧电流/A	电弧电压/V	工作气体组成	Ar流量/(L/h)	H_2流量/(L/h)	送粉率/(g/min)	喷涂距离/mm
500	62	$Ar+H_2$	45	8	35	120

6.4.2.5 激光束或离子束辐射法

由结晶材料通过激光束辐射或离子束辐射可获得表层为非晶态的材料。以退火态45号钢作为基体材料，将Fe、Zr、Ni、Al、Si、B粉末按$Fe_{70}Zr_{10}Ni_6Al_4Si_6B_4$（摩尔分数）均匀混合，将混合粉末覆盖在基体材料上，利用10kW连续波横流CO_2激光器在高纯氩气气氛中进行单道熔覆，优化熔覆工艺参数后可获得很厚的非晶态表层。

6.4.2.6 电沉积法和微弧氧化技术

采用电刷镀技术可以刷镀出含磷9.00%（质量分数）左右、含铜3.50%（质量分数）左右的Ni-Cu-P非晶态合金镀层。刷镀的Ni-Cu-P非晶态合金镀层有良好的耐蚀性、耐磨性，通过热处理可以改变其组织结构，提高硬度。将镁合金在硅酸盐系电解液中进行电解，在阳极表面会产生微区弧光放电，在基体金属表面会生成一层含非晶的陶瓷层，从而极大地提高镁合金的耐蚀性。

6.4.3　薄带非晶态合金的制备

非晶薄带的制备通常采用熔体急冷法，即将液态金属或合金熔体急冷，从而把液态的结构冻结下来以获取非晶。熔体急冷法包括单辊法（甩带法）、双辊法以及锤砧法等。以单辊法应用最为广泛。

图 6-6 所示为单辊法制备非晶薄带。首先将破碎并清洗后的母合金置于底部开孔的石英管里，在真空背底的高纯氩气保护下，采用高频感应线圈加热使其熔化，利用氩气将熔融状态的合金液体喷射到高速旋转的铜辊上，迅速凝固并借助离心力抛离辊面，得到厚度几微米到几十微米的连续薄带。单辊法可以获得 $10^5 \sim 10^6$ K/s 的冷却速率，因此能大大抑制晶化，从而得到完全非晶态合金材料。

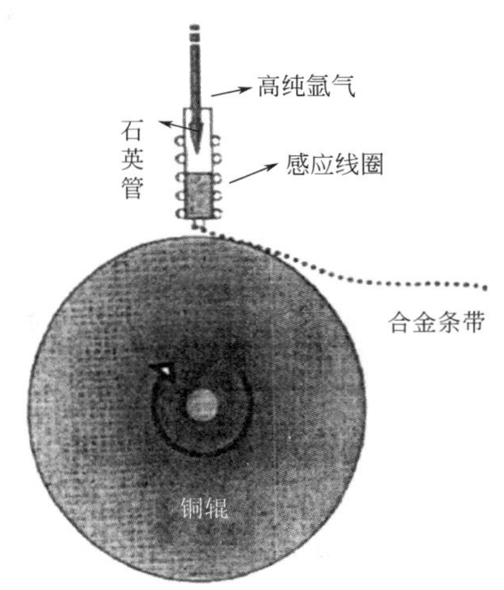

图 6-6　单辊法制备非晶薄带示意图

6.4.4　大块非晶态合金的制备

通常，金属熔体的三维体积越大，凝固时散热就越慢，因此大块非晶态合金（bulk amorphous alloys，BMGs）的制备是目前遇到的最大困难之一。而减少冷却凝固过程中的非均匀形核是制备大块非晶的技术关键，故块体非晶态合金的制备有下列共同的特征：对合金母材的纯度要求很高，以消除非均匀形核点；采用高纯惰性气体保护，尽量减少含氧量。常见的制备块体非晶态合金的主要方法有水淬法、悬浮熔炼法、固态反应法、吸铸法、金属模浇铸法、铜模铸造法、射流成形法等。

6.4.4.1　水淬法

熔体水淬属于直接凝固的一种。最初是由日本东北大学的 Inoue 和美国加州理工大学的 Johnson 研究小组直接将液态合金制备成块体合金的。

水淬法通常与熔融玻璃包覆合金法结合使用。常用的包覆剂为 B_2O_3，它既是吸附剂，吸附熔体内的杂质颗粒，又是包覆剂，隔离合金熔体，避免其与冷却器壁直接接触而诱发非均匀形核。通过对金属熔体进行水淬就可以得到非晶态合金棒材或丝材。但是这种方法使得某些与石英管壁有强烈反应的合金受到限制，如 Mg-Cu-Y 非晶态合金就不能用这种方法。因为水的比热容比铜高，导热性不如铜，因此，冷却效率比铜模要差。该法的冷却速率不太大，只适于制备非晶形成能力较强的合金，如 Zr-Al-Cu-Ni、La-Al-Ni、Pd-Cu-Ni-P 等。

6.4.4.2　铜模铸造法

该法是目前制备大块非晶态合金最常用的方法。由于铜的导热性好，故很早就用铜模来制备大块非晶了。传统的铜模铸造是将金属液直接浇注到金属型（铜模）中使其快速冷却获得 BMGs，金属型冷却方式分为水冷和无水冷两种。浇注方式有压差铸造、真空吸铸和挤压铸造等。试块的形状则可以是楔形、阶梯形、圆柱形或片状等。楔形铜模在单个铸锭中得到不同的冷速，组织分析对比性强，通过非晶态合金的临界厚度可以度量合金的玻璃形成能力。

这里的挤压铸造在提高铸件质量及其近终成形等方面是一种极具潜力的成形方法。它是利用水压将熔体压入水冷铜型腔，等型腔完全被填满后，在密闭的型腔内加压至 100MPa 并

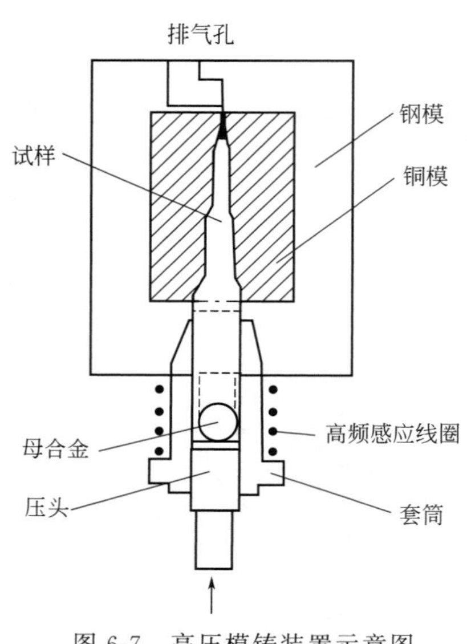

图 6-7　高压模铸装置示意图

保压一段时间，直到金属完全凝固。挤压铸造制备 BMGs 的优点如下。

（1）高压作用使整个凝固期内液态金属与模具型壁之间更加紧密地接触，增加了熔融金属与模具表面的换热系数，有利于热量的快速排出。

（2）压力的作用可使大部分金属和合金的平衡凝固温度升高，导致液态合金的深过冷。

（3）能有效地避免气孔和收缩等铸造缺陷。

高压模铸装置如图 6-7 所示。实验时，先将纯金属组元在纯净氩气保护下置于电弧炉中熔化，制得块状母合金，将其置于套管内，经高频感应线圈加热熔化，再用压头以一定的压强和速度持续加压，将合金压入铜模，铜模外通循环冷却水，将合金冷却成形。

20 世纪 80 年代后期，Inoue 等用铜模铸造法先后制备出了直径为 5mm 的 $La_{55}Al_{25}Ni_{20}$ 非晶圆棒和直径为 9mm 的 $La_{55}Al_{25}Ni_{10}Cu_{10}$ 非晶圆棒。Johson 等用此法制备的 $Zr_{41}Ti_{14}Cu_{12.5}Ni_{10}Be_{22.5}$ 大块非晶态合金的直径达到了 25mm，1995 年又获得了两类铁磁性大块非晶态合金，即具有软磁性能的 Fe-(Al，Ga)-(P，C，B，Si，Ge)和具有硬磁性的 Nd-Fe-Al 系非晶态合金。在低冷速（$v \leqslant 10K/s$）条件下可以制备出直径为 30mm 的 $Zr_{14.2}Ti_{13.8}Cu_{12.5}Ni_{10.0}Be_{22.5}$ 非晶态合金。对于 Pd-Ni-Cu-P 非晶态合金，样品直径已高达 72mm。样品直径与合金的种类密切相关。到目前为止，使用常规的水冷模铸造方法，所能制备的 Fe 基非晶如 $Fe_{48}Cr_{15}Mo_{14}Er_2C_{15}B_6$ 和（$Fe_{44.3}Cr_{10}Mo_{13.8}Mn_{11.2}C_{15.8}B_{5.9}$）$_{98.5}Y_{1.5}$（摩尔分数），试棒最大直径为 12mm。而使用工业纯铁为原料，在低真空下制备的非晶样品如 $Fe_{69}C_{7.0}Si_{3.5}B_{4.8}P_{9.6}Cr_{2.1}Mo_{2.0}Al_{2.0}$（原子分数），最大直径为 5mm。

6.4.4.3　吸铸法

吸铸法是制备大块金属玻璃的主要工艺之一，如图 6-8 所示。通过选择不同尺寸和形状的铜模可以铸造出各种直径的柱状及其他形状样品。一般认为，由于吸铸法所产生的强吸力

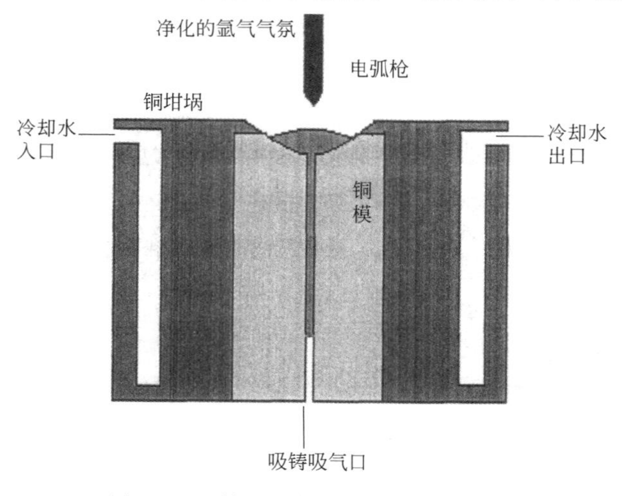

图 6-8　吸铸法制备非晶态合金示意图

和被吸熔体的快速移动而产生的快速凝固过程，可以避免样品表面上出现孔洞。通常，吸铸系统同氩弧熔炼腔的底部相连。当锭子制备完成后，可以直接进行吸铸。首先，重新熔炼锭子至完全熔化。然后，迅速按下阀门开关以连通铜模和机械泵。熔炼腔与铜模之间的气压迅速将熔化的合金液体吸入水冷的铜模中。吸铸法所产生的较高的冷却速率将有助于铸造出大尺寸的 BMGs。

6.4.4.4　吹铸法

如图 6-9 所示，首先将母合金破碎后置于底部开孔的石英管里，在真空背底的高纯氩气保护下，采用高频感应线圈加热使其熔化，然后利用氩气将熔融状态的合金液体喷射入铜模中。与吸铸法相比，吹铸法适合制备形状简单的块体样品，如合金圆棒等。对一些流动性较差的合金体系，吹铸法容易引入气孔。采用吹铸法可以制备出直径为 1～6mm 的非晶合金棒。

6.4.4.5　射流成形法

利用铜模的优良导热性能和高压水流强烈的散热效果，以及吸取吸铸、压铸的特点，可设计用于制备不同厚度的非晶薄板和不同直径的非晶圆棒的设备，如图 6-10 所示。将母合金置于底部具有直径 0.08～0.5mm 小孔的石英管中，带有不同孔径型腔的铜模置于石英管下面。型腔的孔径为 2mm、3mm、5mm、7mm、8mm、10mm 或者型腔的尺寸（长×宽×高）为 30mm×2mm×50mm、30mm×3mm×50mm、30mm×4mm×50mm。采用中频感应炉加热熔化母合金，整个装置放在一个密闭的真空系统中，真空度为 1.33×10^{-3}Pa。从石英管上端导入压力为 p_1 的氩气，在压力 Δp（$\Delta p=p_1-p_0$）的作用下，液态母合金从石英管下端小孔中射出，注入水冷铜模型腔中。液态母合金在水冷铜模型腔中快速冷却形成金属玻璃。

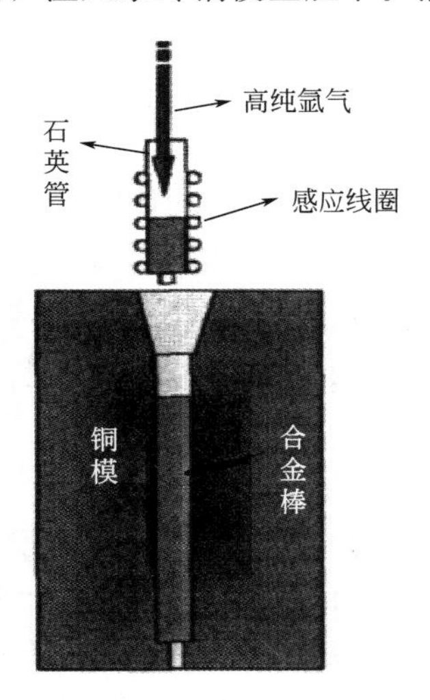

图 6-9　吹铸法制备非晶态合金示意图

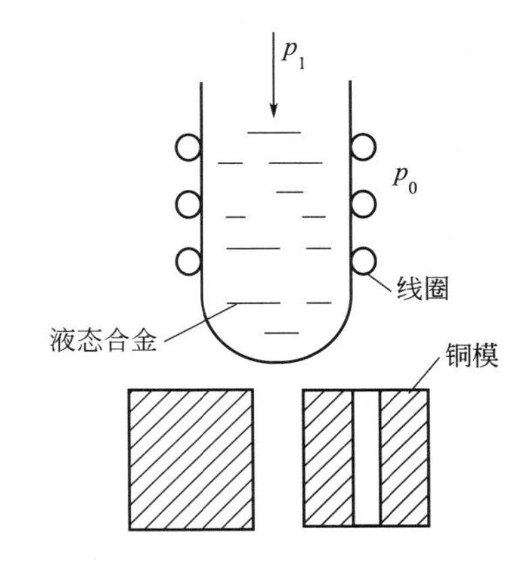

图 6-10　射流成形法制备大块非晶示意图

6.4.4.6　落管技术

落管技术是一种微重力、无容器处理技术。将合金锭的表层氧化皮去除后放于落管顶部的带喷嘴的石英坩埚内，落管连同石英坩埚一起被抽真空，用纯净的氮气将整个落管系统清洗后，再抽真空。使用加热炉将合金加热熔化，然后将熔态合金分散成液滴使之自由下落，下落样品由位于落管底部的装有冷却剂的容器收集。用落管技术已成功地制备出了 Cu-Zr、Pd-Ni-P、Zr-Ti-Ni-Cu-Be 等非晶态合金。

6.4.4.7 悬浮熔炼法

悬浮熔炼的优点在于液态合金与器壁不接触，避免了非均质形核。按悬浮方式可分为电磁悬浮和声悬浮。

（1）电磁悬浮 在电磁悬浮中，将试样置于特定结构线圈形成的电磁场中，通过电磁感应产生的悬浮力以克服重力来实现对合金样品的磁悬浮，在悬浮无容器条件下熔化样品，再吹入冷气（惰性气体）进行快速凝固。但是试样在冷却时必须克服悬浮涡流带来的热量，故冷却速率不可能很快，增加了制备难度。样品尺寸不宜过大。

（2）声悬浮 声悬浮是高声强条件下的一种非线性效应，利用声驻波与物体的相互作用产生竖直方向的悬浮力以克服物体的重力，同时产生水平方向的定位力将物体固定于声压波节处。和电磁悬浮技术相比，它不受材料导电与否的限制，且悬浮和加热分别控制，因而可用以研究非金属材料和低熔点合金。

6.4.4.8 金属模浇铸法

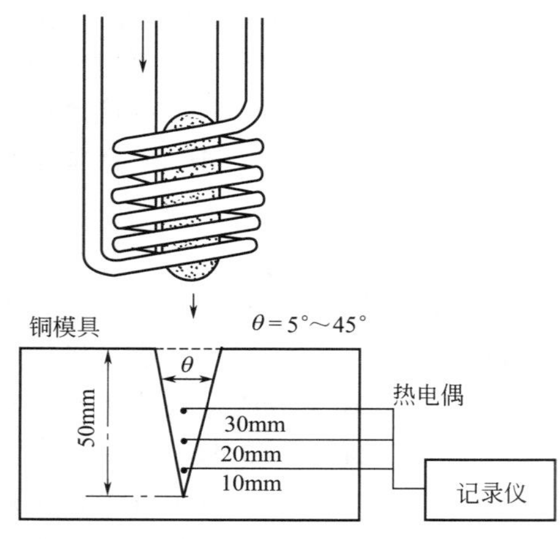

图 6-11 金属模浇铸法示意图

图 6-11 所示为金属模浇铸法。将高纯度的组元组分（纯度为 99.99%～99.9999%的块状或粉末）按所需要的原子成分配比，在高真空下熔融，混合均匀。再浇铸到用水冷却的铜模内，即得到所需形状的大块非晶态合金。在制备的每一个环节，精确测定样品的质量，样品的损失少于 0.1%，因而实际合金的成分与配比成分的差别可忽略不计。这种方法可制备直径最大达十几厘米、重达几十千克的非晶态合金。

6.4.4.9 固态反应法

固态反应制备块体非晶体的方法是利用扩散反应动力学对固态晶体进行各种无序化操作，使之演变为非晶相，从而实现由固态晶体直接转化为固态非晶体。如把两种组分的 25μm 厚的纯金属薄片一层层交叠起来，再将叠片卷成一种螺旋构造，然后在外面套上钢套进行模锻，再进行冷拉拔，直到原始薄片减薄至原始厚度的 1/25 左右，最后把许多根丝捆成一把，重新套上钢套冷拉拔，直到直径达到 1mm 左右，此时原始薄片的厚度变为 0.1μm 量级，经过 X 射线衍射和透射电镜分析证明达到了非晶态。它的优点在于可以不考虑金属玻璃形成对熔体冷却速率和形核条件等较为苛刻的要求。从原理上讲，固态反应可以制备出任意尺寸、形状的非晶态合金块，但并不是任何一种金属都可以制备成非晶态合金块体，有些合金是不易制备且生产的效率有待进一步的提高。固态反应法除了可用来制备非晶态合金外，还可以被用来在理论上模拟其他固相反应（如机械球磨）的热力学条件和动力学过程。

6.5 非晶态合金的性能及应用

6.5.1 非晶态合金的性能

6.5.1.1 力学性能

目前已经发现的非晶态合金体系主要有 Pd 基、Zr 基、Mg 基、Cu 基、Ni 基、Fe 基、

Co 基、Ti 基及 Re 基。虽然 Al 基合金系在很早就获得玻璃条带，但是到现在还没有突破毫米尺度。根据大量的性能研究报道，可以总结出 BMGs 具有以下力学性能特征。

（1）极高的断裂强度　非晶态合金的压缩断裂强度比成分相近的晶态合金高得多，这是非晶态合金最为显著的力学性能特征。几乎所有合金系的非晶态合金的最高强度都达到了同类合金系晶态材料的数倍。例如，经过挤压后获得的含纳米晶强化的 Al-Ni-Y-Co 块体非晶的强度可达 1420MPa。Zr-Al-Cu-Ni-Ta 和 Mg-Cu-Ag-Gd 的压缩断裂强度分别为 2114MPa 和 1000MPa，而普通晶态 Mg 合金的强度仅为 20MPa。$Mg_{80}Cu_{10}Y_{10}$ 非晶态合金的室温抗拉强度超过 600MPa，比 Mg 基晶态合金强度高出近 3 倍。

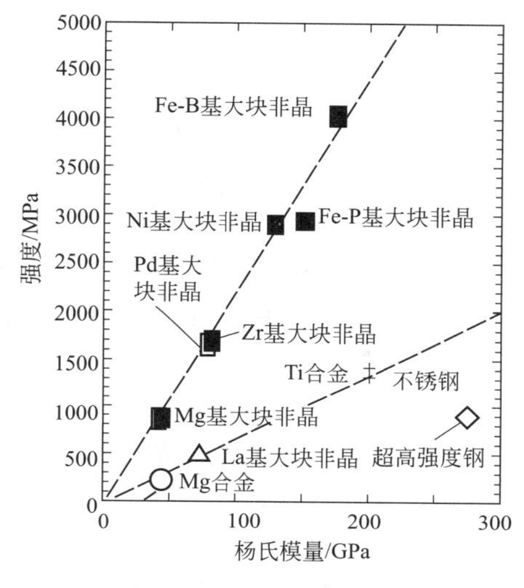

图 6-12　大块非晶态合金和晶态合金的力学性能

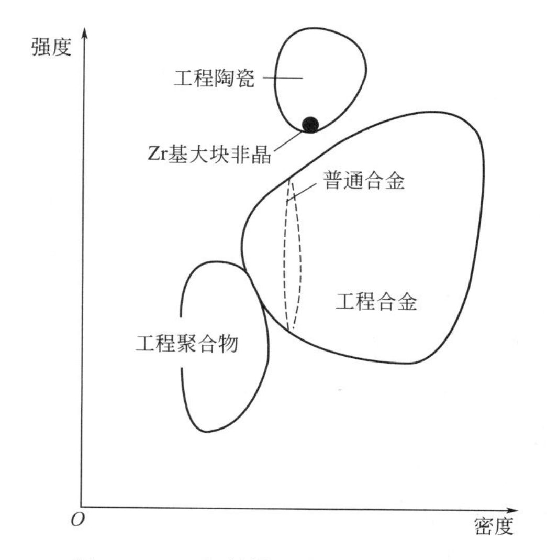

图 6-13　工程材料强度与密度的关系

从图 6-12 还可以看到，大块非晶态合金具有较高的抗拉强度，远高于 Mg 合金、Al 合金、Ti 合金、不锈钢及超高强度钢。图 6-13 将 Zr 基大块非晶态合金的强度与工程聚合物、工程合金、普通合金、工程陶瓷的强度进行了示意性对比，可以看出 Zr 基大块非晶态合金的强度接近于工程陶瓷，而远高于其他材料。

特别是以过渡族元素 Fe、Co 和 Ni 为基的非晶态合金的强度更是令人吃惊，例如 Fe-Co-Ni-Nb-B-Si、Co-Fe-Ta-B 和 Ni-Ti-Zr-Al 的断裂强度分别达到了 2400MPa、5185MPa 和 2370MPa。Co 基 BMGs 的力学性能创造了自然界金属材料强度的最高纪录。与此同时，Cu 基和 Ti 基非晶态合金的最高强度也均超过了 2400MPa。

（2）高硬度和低杨氏模量　非晶态合金的硬度很高，例如 Fe 基、Ti 基、Zr 基和 Mg 基大块非晶态合金的硬度 H_v 分别达到 1200、650、500 和 250，Co 基合金硬度 H_v 更是达到惊人的 1400，是同类晶态合金的 2.5～4 倍。$Zr_{60-x}Ti_xAl_{10}Cu_{10}Ni_{20}$（$x=0\sim5$）大块非晶态合金的冲击断裂能高达 120～135kJ/m^2。Zr 基大块非晶态合金的三点弯曲强度高达 3000～3900MPa。Zr-Al-Ni-Cu 和 Zr-Ti-Al-Ni-Cu 等大块 Zr 基非晶态合金的缺口断裂韧性均可达到 60～70MPa・m$^{1/2}$。

杨氏模量是表征材料弹性性质的一个重要物理量。从图 6-12 可以看出，大块非晶态合金的杨氏模量由于成分的不同而有较大差别。总的来说，Mg 基、La 基非晶态合金的杨氏模量与 Mg 合金的杨氏模量相近，Pd 基、Zr 基非晶态合金的杨氏模量与 Al 合金的杨氏模量相近，Fe-B 基、Fe-P 基非晶态合金的杨氏模量高于 Ti 合金并接近于钢铁材料的杨氏模量。

表 6-3 中列出了目前研究中得出的大块非晶态合金杨氏模量的具体数值。

表 6-3 大块非晶态合金的杨氏模量

大块非晶态合金	杨氏模量/GPa	大块非晶态合金	杨氏模量/GPa
$Zr_{60}Al_{10}Co_{3}Ni_{9}Cu_{18}$	97	$Zr_{55}Ti_{5}Al_{10}Ni_{10}Cu_{20}$	86
$Pd_{40}Cu_{30}Ni_{10}P_{20}$	80	$Fe_{72}Al_{5}Ga_{2}P_{10}C_{6}B_{4}Si_{1}$	150
$Zr_{41.25}Ti_{13.75}Ni_{10}Cu_{12.5}Be_{22.5}$	93	$Fe_{63}Co_{7}Ni_{7}Zr_{8}Nb_{2}B_{20}$	175
$Zr_{65}Al_{7.5}Ni_{10}Cu_{7.5}Pd_{10}$	85	$La_{55}Al_{15}Ni_{10}Cu_{20}$	43
$Ti_{50}Cu_{25}Ni_{25}$	93	$Mg_{65}Y_{15}Cu_{20}$	41
$Zr_{52.5}Ti_{2.5}Al_{15}Ni_{10}Cu_{20}$	92	$Zr_{55}Al_{10}Ni_{15}Cu_{20}$	80
$Zr_{55}Al_{15}Co_{3}Ni_{10}Cu_{20}$	86		

同晶态合金相比，大块非晶态合金的杨氏模量值较低，但其最大弹性应变量很大，可达 2.2%（高碳弹簧钢为 0.46%）。另外，大块非晶态合金的弹性极限值很高，接近屈服强度值。由此可知，大块非晶态合金具有极高的弹性比功。例如，Zr 基大块非晶态合金的弹性比功为 $19.0MJ/m^2$，比性能最好的弹簧钢的弹性比功（$2.24MJ/m^2$）高出 8 倍以上。

（3）过冷液相区内的超塑性行为　由于大块非晶态合金中不存在晶体中的滑移，在高温下具有很大的黏滞流动，可发生塑性应变，因此 $La_{55}Al_{25}Ni_{20}$ 非晶态合金在过冷液相区表现出突出的变形能力，其应变率敏感系数达到 1.0，延伸率可达 15000%。这种在其他任何晶态合金中都得不到的良好超塑性特性的发现对于过冷液相作为一种超塑性介质的未来发展具有重要意义。采用大块非晶态合金和超塑性成形技术，可望制备高性能、高精度和大深宽比的微细机械零部件和光学精密仪器。例如，这类合金在过冷液相区像玻璃一样，可被吹成表面非常光滑的非晶态合金球，加工成表面非常光滑的微型齿轮，这是一般超塑性晶态合金所无法实现的。除了 La 基合金系外，其他合金也都表现出了不同程度的超塑性变形行为。其中研究较多的是 Zr 基块体非晶态合金。

（4）断裂韧性　Conner 和 Rosakis 等最早对大块 $Zr_{41.25}Ti_{13.75}Cu_{12.5}Ni_{10}Be_{22.5}$ 非晶的断裂韧性（K_{Ic}）进行了测试，其结果为 $K_{Ic}=(57.2\pm2.3)MPa\cdot m^{1/2}$。Gilbert 等测得 $Zr_{41.2}Ti_{13.8}Cu_{12.5}Ni_{10}Be_{22.5}$ 的 K_{Ic} 为 $(55\pm5.0)MPa\cdot m^{1/2}$。Lowhaphandu 和 Lewandowski 则得到了颇让人感到意外的结论：$Zr_{62.58}Ti_{10.1}Cu_{14.2}Ni_{9.65}Be_{3.47}$ 的 K_{Ic} 只有 $(18.4\pm1.4)MPa\cdot m^{1/2}$。原因在于：首先，三种试样之间成分有所差别；其次，含氧量的不同具有极大影响，Conner 等采用的试样含氧量仅为 0.08%（质量分数），而 Lowhaphandu 等的试样的含氧量为 0.16%（质量分数）；最后，也是最主要的一点，前两种三点弯曲试样的缺口是由利刃直接切割出来的，尺寸较宽大的缺口较钝，试样在裂开时裂纹倾向于向多个方向同时扩展。在第三种情况下，试样被切出缺口后还通过适量疲劳预制了裂纹，这样可以保证试样在断裂时只沿预制裂纹方向扩展，因而前两者试样的断裂韧性测量值远高于第三者。

（5）冲击断裂强度与断裂能　图 6-14 所示为采用铜模铸造法生产的大块 $Zr_{55}Al_{10}Cu_{30}Ni_{5}$ 和 $Pd_{40}Cu_{30}Ni_{10}P_{20}$ 非晶态合金板的摆锤冲击断裂载荷-位移曲线。最大冲击断裂应力分别估算为 1615MPa（Zr 基非晶态合金）和 1740MPa（Pd 基非晶态合金）。此外，最大冲击断裂能分别为：Zr 基非晶态合金 $63kJ/m^2$，Pd 基非晶态合金 $70kJ/m^2$。实验研究还表明，Zr 基非晶态合金的摆锤冲击断裂能值与制备方法有关。压铸法制备的 Zr 基大块非晶态合金的冲击断裂能有显著增加。通过对摆锤冲击断裂表面的形貌进行观察发现，断面由 U 形缺口区

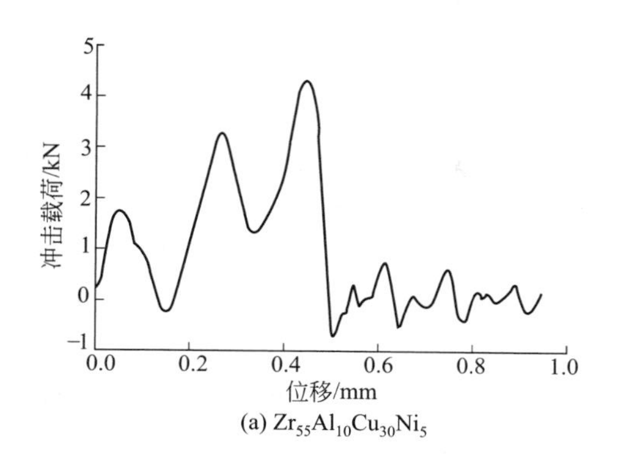

(a) $Zr_{55}Al_{10}Cu_{30}Ni_5$

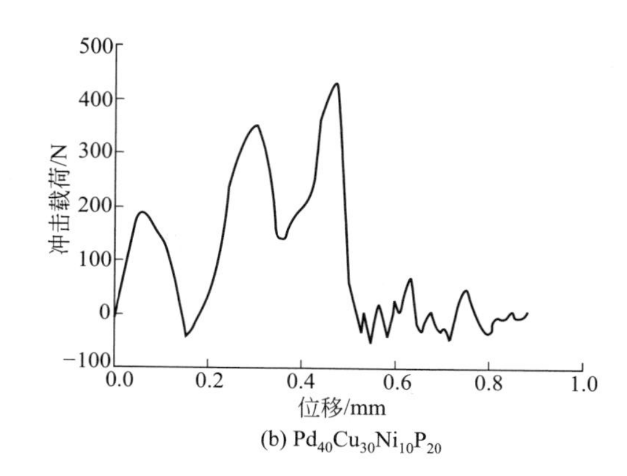

(b) $Pd_{40}Cu_{30}Ni_{10}P_{20}$

图 6-14　摆锤冲击断裂载荷-位移曲线

附近的典型脉纹状形貌和大部分表面的等轴类韧窝形貌组成。整个断面既无贝壳状形貌，也没有类解理形貌等典型脆性非晶态合金形貌。

6.5.1.2　磁性能

（1）软磁性能　软磁大块非晶态合金体系主要有 Fe 基非晶态合金如 Fe-(Al-Ga)-(P,C,B,Si)、F-TM-B 和 Co 基非晶态合金如 Co-Fe-(Zr-Nb-Ta)-B、Co-Cr-(Al,Ga)-(P,B,C) 等。研究结果表明，这类 Fe 基大块非晶态合金的饱和磁化强度（I_s）、矫顽力（H_c）分别为 1.1T、2～6kA/m，在 1kHz 条件下，磁导率（μ_e）为 7000，具有很好的软磁特性。表 6-4 总结了新型大块非晶态合金 Fe-(Co,Ni)-(Zr,Nb,Ta)-B 和 Fe-Co-Zr-(Mo,W)-B 在 800K 退火 300s 后的一些力学性能和磁性能。结果进一步表明，非晶形成能力很高的 Fe 基软磁大块非晶态合金在具有良好软磁特性的同时，还具有很高的强度、抗腐蚀能力和热稳定性，这是其他非晶态和晶态合金通常所不具备的，也使得这类材料的应用前景更为广泛。

表 6-4　大块非晶态合金 Fe-(Co,Ni)-(Zr,Nb,Ta)-B 和 Fe-Co-Zr-(Mo,W)-B 的最大样品尺寸、热稳定性、维氏硬度和磁性能

合金	t_{max} /mm	T_g/K	ΔT_x/K	T_x/T_g	H_V	$\sigma_{c,f}$ /MPa	I_s/T	H_c/(A/m)	μ_e(1kHz)	λ_s
$Fe_{56}Co_7Ni_7Zr_{10}B_{20}$	2	814	73	0.6	370	—	0.96	2.0	19100	10×10^{-6}
$Fe_{56}Co_7Ni_7Zr_8Nb_2B_{20}$	2	828	86	—	1370	—	0.75	1.1	25000	13×10^{-6}
$Fe_{61}Co_7Ni_7Zr_8Nb_2B_{15}$	2	808	50	—	1340	—	0.85	3.2	12000	14×10^{-6}
$Fe_{56}Co_7Ni_7Zr_8Ta_2B_{20}$	2	827	88	—	1360	—	0.74	2.6	12000	14×10^{-6}
$Fe_{60}Co_8Zr_{10}Mo_5W_2B_{15}$	6	898	64	0.63	1360	3800	—	—	—	14×10^{-6}

（2）硬磁性能　目前发现的大块硬磁非晶态合金体系主要有 Nd 基和 Pr 基非晶态合金，如 $Nd_{60}Fe_{40-x}Al_x$、$Pr_{60}Fe_{40-x}Al_x$ 等合金体系。其硬磁特性有以下特征：矫顽力可达 300kA/m，其中 $Nd_{60}Fe_{30}Al_{10}$ 和 $Pr_{60}Fe_{30}Al_{10}$ 大块非晶态合金的矫顽力和居里温度比对应的二元非晶薄带分别高出 100～150kA/m、45～120K。铸态大块非晶态合金的硬磁性能与薄带非晶态合金明显不同，前者矫顽力更高；对于同一合金体系而言，无论是 Nd 基还是 Pr 基，只有以大块非晶态合金形式出现才具有硬磁特性，而其晶化后或以薄带形式存在时则不具有硬磁特性。表 6-5 总结了这两类大块非晶态合金的硬磁特性和热稳定性。实验结果表明，这类大块硬磁非晶态合金具有弛豫态的原子结构，并且具有很高的热稳定性。

表 6-5　$Nd_{60}Fe_{30}Al_{10}$ 和 $Pr_{60}Fe_{30}Al_{10}$ 大块非晶态合金的硬磁性能和热稳定性

合金	T_g/K	T_x/K	ΔT_m/K	T_x/T_m	B_r/T	H_c/(kA/m)	BH_{max}/(kJ/m³)	T_c/℃
$Nd_{60}Fe_{30}Al_{10}$	775	859	84	0.90	0.089	300	13	515
$Pr_{60}Fe_{30}Al_{10}$	784	921	137	0.85	0.120	277	19	660

6.5.1.3　其他性能

与力学性能和磁性能相比，块体非晶态合金的其他一些物理性能研究得相对较少。实际上，BMGs 的耐腐蚀性能也是相当优异的。即使在极端严重的腐蚀环境下，BMGs 的耐腐蚀性能也非常令人满意。

例如，将 $Zr_{52.5}Cu_{17.9}Ni_{14.6}Al_{10}Ti_5$ 非晶态合金与 304L 不锈钢一起置于几种腐蚀剂中，比较它们的腐蚀情况。结果表明，$Zr_{52.5}Cu_{17.9}Ni_{14.6}Al_{10}Ti_5$ 非晶态合金在 NaCl、H_2SO_4 和 HNO_3 中耐腐蚀性能好于 304L 不锈钢，只是在 HCl 溶液中的耐腐蚀性能稍差一些。若在 Zr-Al-Ni-Cu 非晶态合金中添加少量的 Nb，能显著提高在 HCl 溶液中的耐腐蚀性能。

Mg 和 Mg 合金由于其自身的耐腐蚀性较低，以至于严重限制了它们的广泛应用。研究证明，如果制成化学成分均匀且含有足够浓度钝化合金元素的单相合金，即可得到理想的抗蚀 Mg 合金，而非晶态合金正是符合这一要求的合金。Gebert 研究了 $Mg_{65}Cu_{25}Y_{10}$ 非晶薄带和同样成分的多晶 Mg 合金试样在 NaOH 溶液中的腐蚀行为，结果发现非晶态 Mg 合金的腐蚀速率较低，钝化电流也很低。这种腐蚀行为上的差别反映了玻璃结构效应对材料耐腐蚀性能的影响。

Ni 基块体非晶态合金的耐腐蚀性能也极为优异。Kawashimal 研究了 Ta 含量对 $(Ni_{60}Nb_{40-x}Ta_x)_{95}P_5$ 块体非晶态合金在 HCl 溶液中极化行为的影响，发现当 Ta 含量为 30%～40%时，合金发生自发钝化现象。浸泡实验显示，腐蚀速率几乎为零。Fe 基块体非晶态合金也表现出足够高的抗腐蚀能力，完全可以作为实际抗蚀材料来使用。

BMGs 在低温、高压及微重力等极端条件下的性能具有特殊的重要性，然而，截至目前，这方面的研究工作还做得非常少。对 Vit1 和 Vit4 合金的超导性能研究表明，在没有磁场存在的情况下，Vit4 合金在制备态的超导临界温度 T_c 是 1.84K，而退火后的 T_c 为 3.76K。对 Vit1 合金在不同结构状态时的德拜温度 θ_D 和低温比热容 C_p 研究发现，随着晶化程度的增加，或者说随着合金内部结构有序度的增加，θ_D 逐渐增加而 C_p 逐渐降低。

随着对块体非晶态合金的深入研究，块体非晶态合金的许多特殊性能将会不断被发现，也必然会在各种工业产品上得到应用。

6.5.2　非晶态合金的应用

块体非晶态合金独特的不同寻常的性能使得这类材料可以被用于各种领域。在不远的将来，随着研究的进一步发展，BMGs 这种材料在基础研究和实际应用方面将变得越来越重要。

(1) 体育用品　BMGs 作为高性能材料而首先得到商业化应用的是制作高尔夫球拍。除了低密度、高比强度等优点之外，BMGs 的其他一些性能，比如低的弹性模量和振动响应，使得球手在击球时手感更舒适，更便于对球的控制。另外，BMGs 制作的球头的能量传递效率非常高。钢制球拍只能把 60%的打击能量传递给球，钛合金球拍能把 70%的能量传递给球，其余的能量则因球头形变而被吸收。BMGs 制作的球头能把 99%的能量传递给球，正是由于非晶态合金特殊的回弹与振动吸收性能，以至于不得不规定用非晶态合金制成的高尔夫球头不能用于高尔夫球职业赛。BMGs 的这些优异特性，使得它在某些高端体育用品上也会得到应用，比如网球拍、棒球棒、自行车车架、滑雪和滑冰用具等。

（2）高性能结构材料　将 BMGs 模铸成截面很薄的元器件已经成为可能，这使得 BMGs 对镁合金在电子领域的应用提出挑战。随着个人电子产品的不断小型化，人们迫切要求将外壳做得小而薄，同时又具有足够的机械强度，在这方面，BMGs 比高分子聚合材料和传统轻合金存在明显优势。人们已经开发出用 BMGs 制作外壳的手机和数码相机。

块体非晶态合金具有超过常规材料 2 倍以上的高比强度，使这种材料在航空领域很有竞争力。特别是对铝合金来说，当非晶基体上析出纳米晶颗粒时，由 Al 基非晶/纳米晶相组成的复合材料其抗拉强度可达普通晶态铝合金数倍，成为目前航空、航天材料中比强度最高的材料，是理想的航空、航天器的结构材料。

BMGs 的一些特殊性能能够明显地提高许多军工产品的性能和安全性。美国的研究人员正在开发非晶态合金穿甲弹，以取代目前的贫铀穿甲弹，因为贫铀弹对生态环境具有一定的污染性，其使用受到谴责。用钨丝增强的块体非晶态复合材料制造的穿甲弹和氧化物玻璃一样具有自锐性，而且在穿甲时效率很高。BMGs 高的比强度使得军用器件在小型化和轻量化的同时不降低其可靠性。

（3）生物医学材料　高生物兼容性是非晶态合金用于医学上修复移植和制造外科手术器件的一个非常重要的性能。目前块体非晶态合金在生物医学上可以预见的用途有外科手术刀、人造骨头、用于电磁刺激的体内生物传感、人造牙齿等。在微型医疗设备、微型摄像机、微型机器人等方面，过去这些设备的关键零件，如微型齿轮、传动轴等，大都采用不锈钢材料制造，不仅强度和耐磨性达不到要求，而且加工非常困难。使用块体非晶态合金不但可以制造更小的金属齿轮（直径小于 1mm），同时其力学性能远远高于常见金属材料制造的零件。

（4）空间探测材料　由于非晶态合金的特殊性能，它将在未来的太空探索中发挥独特的作用。例如，美国宇航局在 2001 年发射的起源号宇宙飞船上安装了用 Zr-Al-Ni-Cu 块体非晶态合金制成的太阳风收集器。当飞船接近太阳风暴时，高能粒子撞击非晶盘并进入盘中，由于非晶中的原子是随机密堆排列，不存在晶体结构中的通道效应，因而能够有效地截留住高能粒子。由于非晶的低摩擦、高强度和高抗磨损特性，块体非晶态合金已经被美国宇航局选为下一个火星探测计划中钻探岩石的钻头保护壳材料。另外，利用块体非晶态合金制造的航天轴承滚珠正在研制中。

（5）抗蚀催化材料　燃料电池是当今材料领域研究的热点。日本经济产业省曾将块体非晶态合金作为燃料电池隔板候选材料。催化电极是制备氯碱的关键材料，而块体非晶态合金在结构上是长程无序而近程有序的亚稳材料，每个短程有序的原子团可以视为一个高活性点，所以，这种高活性、高耐腐蚀性材料是最理想的电极催化材料。

（6）软磁材料　目前具有优异软磁性能的非晶带材已经广泛用于各种变压器、电感器和传感器，成为电力、电子和信息领域不可缺少的重要基础材料。在中国，非晶连续带材生产线早已建成并投入生产。但是薄带的形状特征在某些方面也始终限制着它的许多应用。尽管目前市场上尚未正式推出块体非晶软磁产品，但很多专家预测，块体非晶软磁合金制品将很快应用于快速发展的高新技术领域。

在计算机、网络、通信和工业自动化等信息领域，开关电源是各种电子设备必备的部件，轻、薄、小和高度集成化是这类部件的必然发展趋势，因此近年来高频电子技术越来越受到重视，这就要求其中变压器和电感器的软磁铁芯具有良好的高频特性。目前常用的高频软磁材料主要是具有高电阻的铁氧体和非晶合金带材。铁氧体因饱和磁感和磁导率低，对小型化不利。而非晶合金带材难以制备成异形和微型铁芯。因此从块体非晶态合金的软磁性能和易加工成形来看，它们可以直接熔铸或加工成各种复杂结构的微型铁芯，应用于笔记本电脑和手机等电子或通信设备中。

钕基非晶薄带是顺磁的，而被制成块体非晶态合金时则具有硬磁性，当把它加热晶化成晶态时又变为顺磁性。由于这种材料很容易实现非晶态和晶态之间的相互转变，也就意味着可实现硬磁性和顺磁性之间的转化。因此，是具有特殊用途的功能材料。

各种不同成分的非晶纳米晶带材的典型性能及主要应用领域见表 6-6。

表 6-6　非晶纳米晶带材的典型性能及主要应用领域

性能指标	非晶纳米晶带材			
	铁基非晶	铁镍基非晶	钴基非晶	铁基纳米晶
饱和磁感/T	1.56	0.77	0.6～0.8	1.25
矫顽力/(A/m)	<4	<2	<2	<2
B_r/B_s	—	—	>0.96	0.94
最大磁导率	4.5×10^5	>200000	>200000	>200000
铁损/(W/kg)	$P_{50Hz,1.3T}<0.2$	$P_{20kHz,0.5T}<90$	$P_{20kHz,0.5T}<90$	$P_{20kHz,0.5T}<30$
磁致伸缩系数	2.7×10^{-5}	1.5×10^{-5}	$<1\times10^{-6}$	$<2\times10^{-6}$
居里温度/℃	415	360	>300	560
电阻率/$\mu\Omega\cdot$cm	130	130	130	80
应用	配电变压器、中频变压器、功率因素校正器	磁屏蔽、防盗标签	磁放大器、高频变压器、扼流圈、脉冲变压器、饱和电抗器	磁放大器、高频变压器、扼流圈、脉冲变压器、饱和电抗器、互感器

(7) 非晶态合金泡沫材料　非晶态合金泡沫材料是结合金属泡沫与非晶态合金两者优点而发展起来的一类新型结构材料。作为轻质与强韧的完美统一，使其在航空航天、武器装备、交通运输以及生物医学等领域表现出广泛的应用前景，近年来受到国内外学者越来越多的关注。如可望用于制造飞船起落架、非晶态合金泡沫材料为骨架的复合装甲材料、汽车的缓冲减振器、小汽车衰减消音器以及热交换器等，而且还可以制作无线电录音室、高速列车发电室及气动工具的降噪装置和电磁屏蔽室、高速磨床防护罩和电子仪器外壳等多种部件。另外，非晶态合金泡沫材料作为一种新型特殊的多孔复合材料，不仅保留了单相非晶态合金的优异性能，如非晶态合金具有很低的弹性模量、耐腐蚀性，同时还具有复合材料的变形特征和可使手术后的新组织长入孔隙中的能力，增强了与机体组织的结合力和血液循环能力。因此，在医学上也有着较好的应用前景。

但是，总体来看非晶态合金泡沫材料的研究还刚刚起步，不论从制备技术还是其性能研究进而实现其应用等方面都还存在一系列问题。在制备技术方面，从制作材料的成本以及对环境友好两方面出发，对新实验方法、实验设备、工艺成形性以及造孔剂的选择等方面还有待展开深入的研究。

(8) 首饰材料　珠宝行业是最近对 BMGs 非常感兴趣的领域之一。BMGs 可以得到极好的表面光泽，这吸引了全世界高端珠宝市场的注意。BMGs 制品的表面硬而耐磨，同时它的耐腐蚀性使得它的表面光泽可以长久保持。另外，BMGs 的精密净形铸造性能很好，这使得珠宝设计者在进行艺术构思时不必顾虑材料的加工性能，而设计出独具匠心的、传统金属很难做出的艺术造型。

参 考 文 献

[1] 徐如人，庞文琴. 无机合成与制备化学. 北京：高等教育出版社，2001.
[2] 刘光华. 现代材料化学. 上海：上海科学技术出版社，2000.
[3] 季惠明. 无机材料化学. 天津：天津大学出版社，2007.
[4] 卢安贤. 无机非金属材料导论. 长沙：中南大学出版社，2004.
[5] 宋晓岚，黄学辉. 无机材料科学基础. 北京：化学工业出版社，2006.
[6] 殷俊，雷福军，谭和苗. 块状金属玻璃的分类综述. 热加工工艺，2016，45（14）：9-13.
[7] 汪卫华. 金属玻璃研究简史. 物理，2011，40（11）：701-709.
[8] Inoue A，Takeuchi A. Recent development and applications of bulk glassy alloys. Int J Appl Glass Sci，2010，1（3）：273-295.
[9] Chen M. A brief overview of bulk metallic glasses. NPG Asia Mater，2011，3（9）：82-90.
[10] 危洪清，张平. 块体非晶合金的结构研究进展. 邵阳学院学报：自然科学版，2017，14（2）：69-74.
[11] Hirata A，Kang L，Fujita T. Geometric frustration of icosahedron in metallic glasses. Science，2013，341（6144）：376-379.
[12] 赵春志，蒋武锋，郝素菊，等. 非晶合金的性能与应用. 南方金属，2015，203（4）：1-9.
[13] 李翔，吕方，陈晨，等. 非晶合金的性能、形成机理及应用. 有色金属材料与工程，2016，37（5）：233-237.
[14] 袁子洲. 钴基非晶合金的晶化行为及玻璃形成能力研究. 兰州：兰州理工大学博士学位论文，2008.
[15] Lu Z P，Liu C T，Thompson J R，et al. Structural amorphous steels. Phys Rev Lett，2004，92（24）：245-503.
[16] 黄兴民. Fe-Y-B 基块体非晶合金的制备、性能与结构. 杭州：浙江大学博士学位论文，2008.
[17] Inoue A. Bulk amorphous alloys. Zurich：Trans Tech Publications，1999.
[18] Zhang T，Inoue A，Chen S J. Amorphous $(Zr\text{-}Y)_{60}Al_{15}Ni_{25}$ alloy with two supercooled liquid regions. Mater Tran，JIM，1992，33（2）：143-145.
[19] 孙军，张国君，刘刚. 大块非晶合金力学性能研究进展. 西安交通大学学报，2001，35（6）：640-645.
[20] 王庆，夏雷，肖学山，等. 大块非晶合金的研究进展. 自然杂志，2001，23（3）：145-148.
[21] 陈欣，欧阳鸿武，黄誓成，等. 紧耦合气雾化制备 Al 基非晶合金粉末. 北京科技大学学报，2008，30（1）：35-39.
[22] 欧阳鸿武，陈欣，余文焘，等. 紧耦合气雾化制备 Al 基合金非晶粉末的研究. 稀有金属材料与工程，2006，35（6）：866-870.
[23] Fan G J，Guo F Q，Hu Z Q，et al. Amorphization of selenium induced by high-energy ball milling. Phys Rev B，1997，（55）：11010-11013.
[24] 陆曹卫，卢志超，郭峰，等. 水雾化 $Fe_{69}Ni_5Al_4Sn_2P_{10}C_2B_4Si_4$ 非晶合金粉末及其磁粉芯的性能. 钢铁研究学报，2007，19（9）：33-35.
[25] 张富邦，陈学定，郝雷，等. 机械合金化制备 $Co_{80}Zr_{20}$ 非晶合金粉末. 粉末冶金技术，2006，24（5）：340-344.
[26] 张静，陈学定，王翠霞，等. 机械合金化法制备 Ni-Zr 非晶软磁合金粉末的研究. 金属功能材料，2009，16（1）：4-8.
[27] 袁子洲，王冰霞，梁卫东，等. 高能球磨制备非晶粉末的形成机理及形成能力的研究综述. 粉末冶金工业，2006，16（1）：30-34.
[28] 徐惠，曲晓丽，袁子洲，等. Co-B 非晶粉末的化学还原法制备及晶化研究. 兰州理工大学学报，2006，32（4）：5-9.

第7章　新能源材料的制备及应用

7.1　概述

广义地说，凡是能源工业及能源技术所需的材料都可称为能源材料。但在新材料领域，能源材料往往指那些正在发展的、可能支持建立新能源系统以满足各种新能源及节能技术的特殊要求的材料。

能源材料可以按材料种类来分，也可以按使用用途来分。大体上可分为燃料（包括常规燃料、核燃料、合成燃料、炸药及推进剂等）、能源结构材料、能源功能材料等几大类。按其使用目的又可以把能源材料分成能源工业材料、新能源材料、节能材料、储能材料等大类。为叙述方便也经常使用混合的分类方法。

目前比较重要的新能源材料有锂离子电池材料、太阳能电池材料、燃料电池材料和超级电容器材料等。

7.1.1　锂离子电池材料

锂离子电池的发展方向为：发展电动汽车用大容量电池；提高小型电池的性能；加速聚合物电池的开发以实现电池的薄型化。这些都与所用材料的发展密切相关，特别是与正极材料、负极材料和电解质材料的发展有关。

（1）负极材料　最早使用金属锂作为负极，但由于此种电池在使用中曾突发短路使用户烧伤，因此被迫停产并收回出售的电池，这是由于金属锂在充放电过程中形成树枝状沉积而造成的。现在实用化的电池是用碳负极材料，靠锂离子的嵌入和脱嵌实现充放电的，从而避免了上述不安全问题。通过对不同碳素材料在电池中的行为进行研究，使碳负极材料得到优化。随着研究的深入，目前负极材料已经发展为合金类、氧化物类等负极材料。

（2）正极材料　目前使用的正极材料有 $LiCoO_2$。此化合物的晶体结构、化学组成、粉末粒度以及粒度分布等因素对电池性能均有影响。为了降低成本，提高电池的性能，还研究了一些金属取代金属钴。目前研究较多的正极材料是 $LiMn_2O_4$、$LiFePO_4$ 和双离子传递型聚合物。

（3）电解质材料　研究集中在非水溶剂电解质方面，这样可以得到高的电池电压。重点是针对稳定的正负极材料调整电解质溶液的组成，以优化电池的综合性能。还发展了在电解液中添加 SO_2 和 CO_2 等方法以改善碳材料的初始充放电效率。三元或多元混合溶剂的电解质可以提高锂离子电池的低温性能。

7.1.2　太阳能电池材料

太阳能是人类最主要的可再生能源。但是这一巨大的能量却分散到整个地球表面，单位面积接受的能量强度不高，所以制约太阳能电池发展的因素有：接受面积的问题；能量按照时间分布不均匀的问题；电池材料的资源问题；成本问题。综合上述因素，太阳能电池材料的发展主要围绕着提高转换效率、节约材料成本等问题进行研究。主要有以下进展。

(1) 发展新工艺、提高转换效率　材料工艺包括材料提纯工艺、晶体生长工艺、晶片表面处理工艺、薄膜制备工艺、异质结生长工艺、量子阱制备工艺等。通过以上的研究进展，使得太阳能电池的转换效率不断提高。单晶硅电池转换效率已经达到 23.7%，多晶硅电池转换效率已达 18.6%。

(2) 发展薄膜电池、节约材料消耗　目前大量应用的是晶体硅电池。此种材料属于间接禁带结构，需较大的厚度才能充分地吸收太阳能。而薄膜电池如砷化镓电池、碲化镉电池、非晶硅电池，则只需 1～2μm 的有源层厚度。而多晶硅薄膜电池的有源层厚度为 50μm，同时使用衬底剥离技术，使衬底可以多次使用。

(3) 材料大规模的加工技术　提高太阳能电池成本竞争力的途径之一是扩大生产规模。其中材料制备与加工技术是关键的因素。为此研究开发大规模生产的工艺与设备。目前生产的太阳能电池的 70%～80%是晶体硅太阳能电池，它们使用的原料为生产半导体器件用晶体的头尾料。

(4) 与建筑相结合　解决太阳能电池占地面积问题的方向之一是与建筑相结合。除了建筑物的屋顶可架设太阳能电池板之外，将太阳能电池嵌在建筑材料上是值得重视的。

7.1.3　燃料电池材料

研究开发燃料电池的目的是使其成为汽车、航天器、潜艇的动力源或组成区域供电。现针对上述不同用途开发的燃料电池有碱性燃料电池（AFC）、磷酸型燃料电池（PAFC）、质子交换模型燃料电池（PEMFC）、熔融碳酸盐燃料电池（MCFC）和固体氧化物燃料电池（SOFC）。燃料电池材料的发展主要围绕提高燃料发电的效率、延长电池的工作寿命、降低发电成本等方面。

(1) SOFC 材料　固体氧化物燃料电池材料的优点是电解质为固体，无电解液流失问题，而且燃料的适用范围广、燃料的综合利用率高。对于平板型的 SOFC，由于工作温度高造成选择材料困难，通过发展氧化钇稳定氧化锆（YSZ）薄膜技术以及探索新兴的中温电解质，有可能使中温 SOFC 走向实用化。对于管式 SOFC，目前正在探索廉价的 YSZ 膜制备工艺，以降低电池成本。

(2) PEMFC 材料　PEMFC 开始用于宇航，由于其结构材料昂贵及高的铂用量而阻碍了民用发展。最近 PEMFC 材料获得了突破性进展，有望取代汽车现有动力源。现在 PEMFC 均使用 Pt/C 或 Ru/C 作电催化剂，以提高 Pt 分散度，并且向电催化层中浸 Nafion 树脂，实现电极的立体化以提高铂的利用率，使铂用量降至原来的 1/20～1/10。另一项发展是试图用金属双极板取代目前使用的无孔石墨板，这要靠金属板表面改性技术来实现。

(3) MCFC材料　熔融碳酸盐燃料电池的工作温度约为650℃，余热利用价值高，电催化剂以镍为主，不使用贵金属。现在的问题是成本高，降低成本的重要途径是延长电池的使用寿命。在材料方面主要是解决在电池使用过程中阴极材料发生溶解、阳极材料发生蠕变、双极板材料发生腐蚀等问题。目前正在探索新的阳极材料，如金属间化合物。

7.1.4　超级电容器材料

超级电容器又称电化学电容器，是一种介于传统电容器与电池之间、具有特殊性能的新型储能装置，其主要依靠双电层和氧化还原赝电容电荷储存电能。它具有充电时间短、使用寿命长、温度特性好、节约能源和绿色环保等优点，具有广泛的应用前景。

超级电容器作为一种新型的储能元件，具有以下特点。

(1) 高能量密度　超级电容器的能量密度比传统电容器大10～100倍，达到了1～10W·h/kg。

(2) 高功率密度　超级电容器具有2kW/kg左右的功率密度，达到电池的10倍以上，可以在短时间内放出几百安培到几千安培的电流，特别适合用于需要短时间内提供高功率输出的场合。

(3) 使用寿命长　超级电容器在充放电过程中所发生的是具有良好可逆性的电化学反应，因而其理论循环使用寿命为无穷，实际为10万次以上，比电池寿命高10～100倍。

(4) 使用温度范围宽　其使用温度范围一般为－40～70℃，而一般传统电池仅为－20～60℃。

(5) 充电速度快　超级电容器具有大电流充电的特性，能在几十秒内完成充电过程。而电池则需要数小时才能完成充电，即使采用快速充电方式也需要几十分钟。

(6) 放置时间长　由于自放电的存在，超级电容器的电压会随着放置时间延长而逐渐降低，但能够通过充电重新回到原来的状态，即使几年不用也可以保持原来的性能指标。

7.2　锂离子电池材料

7.2.1　概述

7.2.1.1　锂离子电池的工作原理及发展

锂离子电池是指分别用两个能可逆地嵌入与脱嵌锂离子的化合物作为正负极构成的二次电池。锂离子电池的充放电工作机理十分独特，是靠锂离子在正负极之间的转移来完成的，人们将其形象地称为“摇椅式电池”，俗称“锂电”。

图7-1　锂离子电池的工作原理

锂离子电池的工作原理如图7-1所示，以$LiCoO_2$为例：

充电　$LiCoO_2 \longrightarrow xLi^+ + Li_{1-x}CoO_2 + xe^-$

$xLi^+ + xe^- + 6C \longrightarrow Li_xC_6$

放电　$xLi^+ + Li_{1-x}CoO_2 + xe^- \longrightarrow LiCoO_2$

$Li_xC_6 \longrightarrow xLi^+ + xe^- + 6C$

锂离子电池的工作原理就是指其充放电原理。当对电池进行充电时，电池的正极上有锂离子生成，生成的锂离子经过电解液运动到负极。而作为负极的碳呈层状结构，它有很多微孔，到达负极的锂离子就嵌入碳层的微孔中，嵌入锂离子电池的锂离子越多，充电容量越高。表 7-1 为锂离子电池的发展历程。

表 7-1　锂离子电池的发展历程

年份	电池组成的发展			体系
	负极	正极	电解质	
1970 年	金属锂、锂合金	过渡金属硫化物、过渡金属氧化物	液体有机电解质、固体无机电解质（Li_3N）	Li/LE/TiS_2、Li/SO_2
1980 年	Li 的嵌入物（$LiWO_2$）、Li 的碳化物（LiC_{12}，焦炭）	聚合物正极、FeS_2 正极、$LiCoO_2$、$LiNiO_2$、$LiMn_2O_4$	聚合物电解质	Li/聚合物二次电池、Li/LE/$LiCoO_2$、Li/PE/V_2O_5，V_6O_{13}、Li/LE/MnO_2
1990 年	Li 的碳化物（LiC_6，石墨）	尖晶石氧化锰锂（$LiMn_2O_4$）	聚合物电解质	C/LE/$LiCoO_2$、C/LE/$LiMnO_4$
1994～1995 年	无定形碳	氧化镍锂	PVDF 凝胶电解质	凝胶锂离子电池
1997 年至今	锡的氧化物、新型合金	$LiFePO_4$	PVDF 凝胶电解质	

7.2.1.2　锂离子电池的分类

锂离子电池的分类方法很多。根据温度可分为高温锂离子电池和常温锂离子电池；根据所用电解质的状态可分为液体锂离子电池、凝胶锂离子电池和全固态锂离子电池；根据正极材料的不同可分为锂离子电池、锂/聚合物离子电池和 Li/FeS_2 离子电池；依据使用方向的不同可分为便携式电子设备提供电源的小型锂离子电池和为交通工具提供动力的动力锂离子电池；按形状分为圆柱形锂离子电池、方形锂离子电池和扣式锂离子电池。当然还有别的分类方法，同时在这些分类的基础上，也可以再进行细分。

7.2.1.3　锂离子电池的优缺点

锂离子电池与其他电池相比，其性能比较见表 7-2。

表 7-2　几种二次电池的性能比较

技术参数	镍镉电池（Ni/Cd）	镍氢电池（Ni/MH）	锂离子电池（LiB）
工作电压/V	1.2	1.2	3.6
质量比能量/（W・h/kg）	40～50	80	100～160
体积比能量/（W・h/L）	150	200	270～300
能量效率/%	75	70	＞95
充放电寿命/次	500	500	1000
自放电率/（%/月）	25～30	15～20	6～8
充电速率	1C	1C	1C
记忆效应	有	少许	无
相对价格（以镍镉电池为 1）	1	1.2	2
形状	圆形或方形	圆形或方形	圆形或方形
毒性	有	无	无

(1) 优点　锂离子电池具有许多显著特点，它的优点表现如下。

① 工作电压高。锂离子电池的工作电压为3.6V，是镍镉电池和镍氢电池工作电压的3倍。在许多小型电子产品上，1节电池即可满足使用要求。

② 比能量高。锂离子电池比能量目前已达150W·h/kg，是镍镉电池的3倍，是镍氢电池的1.5倍。

③ 循环寿命长。目前锂离子电池循环寿命已达1000次以上，在低放电深度下可达几万次，超过了其他几种二次电池。

④ 自放电率小。锂离子电池月自放电率仅为6%～8%，远低于镍镉电池（25%～30%）及镍氢电池（15%～20%）。

⑤ 无记忆效应。

⑥ 对环境无污染。锂离子电池中不存在有害物质，是名副其实的“绿色电池”。

(2) 缺点　锂离子电池也有一些不足之处，主要表现如下。

① 成本高，主要是正极材料$LiCoO_2$的价格高。

② 必须有特殊的保护电路，以防止过充电。

③ 与普通电池的相容性差，因为一般要在用3节普通电池的情况下才能用锂离子电池替代。

7.2.2 负极材料

7.2.2.1 锂离子电池材料的发展

锂离子电池的负极材料主要是作为储锂的主体，在充放电过程中实现锂离子的嵌入和脱嵌。从锂离子电池的发展来看，负极材料的研究对锂离子电池的出现起着决定作用，正是由于碳材料的出现解决了金属锂电极的安全问题，从而直接导致了锂离子电池的应用。已经产业化的锂离子电池的负极材料主要是各种碳材料，包括石墨化碳材料、无定形碳材料和其他的一些非碳材料。纳米尺度的材料由于具有特殊的性能，也在负极材料的研究中受到广泛关注，而负极材料的薄膜化是高性能负极和近年来微电子工业发展堆化学电源特别是锂离子二次电池的要求。各种锂离子电池负极材料见表7-3。

表7-3　各种锂离子电池负极材料

材料	种类	特点
金属锂及其合金负极材料	Li_xSi、Li_xCd、SnSb、AgSi、Ge_2Fe等	锂具有最负的电极电位和最高的质量比容量，锂作为负极会形成枝晶，锂具有大的反应活性，合金化是能使充放电寿命改善的关键
氧化物负极材料（不包括和金属锂形成的合金）	氧化锡、氧化亚锡等	循环寿命较高，可逆容量较好，比容量较低，掺杂改性则性能有较大的提高
碳负极材料	石墨、焦炭、碳纤维、MCMB等	广泛使用，充放电过程中不会形成锂枝晶，避免了电池内部短路，但易形成SEI膜（固体电介质层），产生较大的不可逆容量损失
其他负极材料	钛酸盐、硼酸盐、氟化物、硫化物、氮化物等	此类负极材料能提高锂离子电池的使用寿命和充放电比容量，但制备成本高，离实际应用尚有距离

作为锂离子电池的负极材料，首先是金属锂，然后才是合金，但是锂离子电池商品化以后主要是其他负极材料。

作为锂离子电池的负极材料，所必须具备的条件如下。

（1）低的电化当量。

（2）锂离子的脱嵌容易且高度可逆。

（3）锂离子的扩散系数大。

（4）有较好的电子电导率。

（5）热稳定性及其电解质相容性较好，容易制成适用电极。

7.2.2.2　金属锂及其合金

人们最早研究的锂离子二次电池的负极材料是金属锂，这是因为锂具有最负的电极电位（−3.045V）和最高的质量比容量（3860mA·h/g）。但是，以锂为负极时，充电过程中金属锂在电极表面不均匀沉积，导致锂在一些部位沉积过快，产生树枝状的结晶。当枝晶发展到一定程度时，一方面会发生折断，产生死锂，造成不可逆的锂；另一方面更为严重的是，枝晶刺破隔膜，引起电池内部短路和电池爆炸。除此之外，锂有极大的反应活性，可能与电解液反应，也可能消耗活性锂和带来安全问题。为了解决上述问题，目前研究者主要在以下三个方面展开研究。

（1）寻找替代金属锂的负极材料。

（2）采用聚合物电解质来避免金属锂与有机溶剂的反应。

（3）改进有机电解液的配方，使金属锂在充放电循环中保持光滑而均一的表面。

前两个方面已经取得重大进展。已有的工作表明，金属锂在以二甲基四氢呋喃为溶剂、$LiAsF_6$ 为盐的电解质溶液中有较好的循环性。金属锂与 $LiAsF_6$ 反应生成的 Li_3As 使锂的表面均一而光滑。有机添加剂如苯、氟化表面活性添加剂、聚乙烯醇二甲醚均可以改善金属锂的循环性。研究发现，添加 CO_2 使金属锂在 PVDF-HFP 凝胶电解质中的充放电效率达95%。进一步的研究有望使金属锂作为负极的锂离子二次电池在 21 世纪初开发成功。

7.2.2.3　合金类负极材料

为了克服锂负极高活泼性引起的安全性差和循环性差的缺点，人们研究了各种锂合金作为新的负极材料。相对于金属锂，锂合金负极避免了枝晶的生长，提高了安全性。然而，在反复循环的过程中，锂合金将经历较大的体积变化，电极材料逐渐粉化失效，合金结构遭到破坏。目前的锂合金主要有 LiAlFe、LiPb、LiAl、LiSn、LiIn、LiZn、LiSi 等。为了解决维度不稳定问题，采用了多种复合体系。

（1）采用混合导体全固态复合体系，即将活性物质均匀分散在非活性的锂合金中，其中活性物质与锂反应，非活性物质提供反应通道。

（2）将锂合金与相应金属的金属间化合物混合，如将 Li_xSi 与 Al_3Ni 混合。

（3）将锂合金分散在导电聚合物中，如将 Li_xAl、Li_xPb 分散在聚乙炔或聚并苯中，其中导电聚合物提供了一个弹性、多孔、有较高电子和离子电导率的支撑体。

（4）将小颗粒的锂合金嵌入一个比较稳定的网络体系中。

这些措施在一定程度上提高了锂合金的维度稳定性，但是仍达不到实用化的程度。近年来出现的锂离子电池，锂源是正极材料 $LiMO_2$（M 代表 Co、Ni、Mn），负极材料可以不含金属锂。因此，合金类材料在制备上有了更多的选择。

而纳米尺寸的金属氧化物材料也是一种较好的锂离子电池的负极材料。2001 年，NaichaoLi 等用纳米结构的 SnO 作负极材料，结果发现，这种材料具有很高的容量（在 8℃时，一般大于 700mA·h/g），而且经过 800 次循环后仍然具有充分的电性能。

7.2.2.4 碳负极材料

性能优良的碳材料具有充放电可逆性好、容量大和放电电位平台低等优点。近年来研究的碳材料包括石墨、碳纤维、石油焦、无序碳和有机裂解碳。目前，对所使用哪种碳材料作锂离子电池负极的看法并不完全一致。如日本索尼公司使用的硬碳、三洋公司使用的天然石墨、松下公司使用的中间相碳微球等。

（1）石墨材料　石墨作为锂离子电池负极时，锂发生嵌入反应，形成不同阶数的化合物 Li_xC_6。石墨材料导电性好，结晶度较高，有良好的层状结构，适合锂的嵌入和脱嵌，形成锂与石墨层间化合物 Li-GIC，充放电比容量可达 300mA·h/g 以上，充放电效率在 90%以上，不可逆容量低于 50mA·h/g。锂在石墨中脱嵌反应发生在 0～0.25V（vs. Li^+/Li），具有良好的充放电电位平台，可与提供锂源的正极材料 $LiCoO_2$、$LiNiO_2$、$LiMn_2O_4$ 等匹配，组成的电池平均输出电压高，是目前锂离子电池应用最多的负极材料。石墨包括人工石墨和天然石墨两大类。人工石墨是将石墨化碳（如沥青焦炭）在氮气气氛中于 1900～2800℃经高温石墨化处理制得。石墨结构如图 7-2 所示。

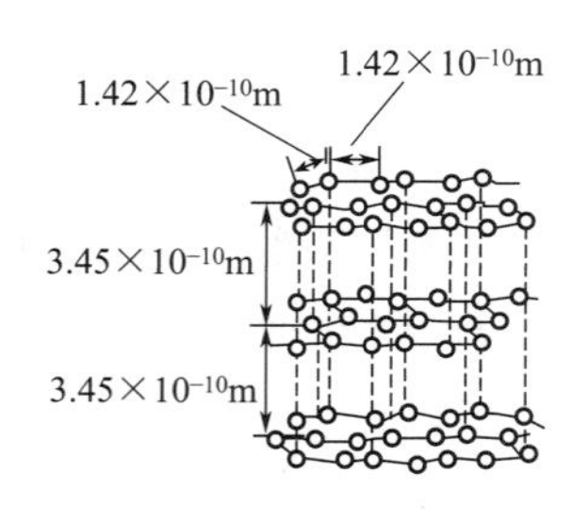

图 7-2　石墨结构示意图

常见人工石墨有中间相碳微球（MCMB）和石墨纤维。

天然石墨有无定形石墨和鳞片石墨两种。无定形石墨纯度低，石墨晶面间距（d_{002}）为 0.336nm。主要为 2H 晶面排序结构，即按 ABAB…顺序排列，可逆比容量仅 260mA·h/g，不可逆比容量在 100mA·h/g 以上。鳞片石墨晶面间距（d_{002}）为 0.335nm，主要为 2H+3R 晶面排序结构，即石墨层按 ABAB…及 ABCABC…两种顺序排列。含碳 99%以上的鳞片石墨，可逆容量可达 300～350mA·h/g。

（2）MCMB 系负极材料　20 世纪 70 年代，日本的 Yamada 首次将沥青聚合过程的中间相转化期间所形成的中间相小球体分离出来并命名为中间相碳微球（MCMB 或 MFC），随即引起材料工作者极大的兴趣并进行了较深入的研究。

由于 MCMB 具有独特的分子层片平行堆砌结构，又兼具微球形特点和自烧结性能，已成为锂离子电池的负极材料、高密度各向同性碳石墨材料、高比表面积活性碳微球及高效液相色谱柱的填充材料的首选原料。MCMB 由于具有层片分子平行堆砌的结构，又兼有球形的特点，球径小而分布均匀，已经成为很多新型碳材料的首选基础材料，如锂离子二次电池的电极材料、高比表面积活性碳微球、高密度各向同性碳石墨材料、高效液相色谱柱的填充材料等。

（3）SEI 膜的形成机理　SEI 膜是指在电池首次充放电时，电解液在电极表面发生氧化还原反应而形成的一层钝化膜。SEI 膜的形成一方面消耗有限的 Li^+，减小了电池的可逆容量；另一方面，增加了电极、电解液的界面电阻，影响电池的大电流放电性能。对于 SEI 膜的形成有下面两种物理模型。

① Besenhard 认为：溶剂能共嵌入石墨中，形成三元石墨层间化合物（graphite intercalated compound，GIC），它的分解产物决定上述反应对石墨电极性能的影响；EC 的还原产物能够形成稳定的 SEI 膜，即使在石墨结构中；PC 的分解产物在石墨电极结构中施加一个层间应力，导致石墨结构的破坏，简称层离。

② Aurbach 在 Peled 的基础上，是基于对电解液组分分解产物光谱分析的基础上发展起来的。他提出下面的观点：初始的 SEI 膜的形成，控制了进一步反应，宏观水平上的石墨

电极的层离，是初始形成的 SEI 膜钝化性能较差及气体分解产物造成的。

7.2.2.5　氧化物负极材料

在摇椅式电池刚提出时，可充放锂离子电池负极材料首先考虑的是一些可作为 Li 源的含锂氧化物，如 $LiWO_2$、$Li_6Fe_2O_3$、$LiNb_2O_5$ 等。当碳负极材料逐渐发展成为主流方向时，仍有部分小组进行研究。其他氧化物负极材料还包括具有金红石结构的 MnO_2、TiO_2、MoO_2、IrO_2、RuO_2 等材料。

近期锂钛复合氧化物 $Li_4Ti_5O_{12}$是研究的重点。由于锂钛氧结构稳定，其结构为尖晶石型，在充放电过程中几乎不发生任何变化，因此具有非常好的循环性能，同时钛资源丰富、清洁环保。但是 $Li_4Ti_5O_{12}$的嵌锂电位偏高（1.55V），若直接以 $LiCoO_2$ 作正极组装电池，势必会降低电池的输出电压。$Li_4Ti_5O_{12}$作为电池的负极材料，有着较好的高温性能，这是因为 $Li_4Ti_5O_{12}$的导电性不好，提高电池的使用温度，可以提高材料的本征导电性，从而使材料有更好的倍率性能。通常改善 $Li_4Ti_5O_{12}$的电导率的方法是进行掺杂改性，对材料进行金属离子的体相掺杂，形成固溶体，或者是引入导电剂以提高导电性。研究人员通过用 Mg 取代 Li 可得到固溶体 $Li_{4-x}Mg_xTi_5O_{12}$（$0.1\leqslant x\leqslant 1.0$），由于镁是二价金属，而锂为一价，这样部分的钛由四价转变为三价，混合价态的出现提高了材料的电子导电能力。当 $x=1.0$ 时，材料的电导率可提高到 10^{-2} S/cm。三价铬离子取代锂同样有相同的作用。当 $Li_4Ti_5O_{12}$与 4V 的正极材料（$LiMn_2O_4$、$LiCoO_2$）组成电池时，工作电压接近 2.5V，是镍氢电池的 2 倍。与 $LiFePO_4$ 可以组成性能优异的动力锂离子电池。在 25℃下，$Li_4Ti_5O_{12}$的化学扩散系数为 $2\times10^{-8}m^2/s$，比碳负极材料中的扩散系数大 1 个数量级。高的扩散系数使得 $Li_4Ti_5O_{12}$可以在快速、多次循环脉冲电流的设备中得以应用。$Li_4Ti_5O_{12}$作为电池负极材料，相对于石墨等碳材料来说，具有安全性好、可靠性高和使用寿命长等优点，因此在电动汽车、储能电池等方面得以应用。

7.2.2.6　其他负极材料

过渡金属氮化物是另一类引起广泛关注的负极材料。A. Takeshi 等在 1984 年就报道了 $Li_{3-x}Cu_xN$ 的制备和离子电导性质，通过 Li_3N 中的部分阳离子替代得到 $Li_{3-x}Cu_xN$。由于铜原子和氮原子之间存在部分共价键，导致活化能降低为 0.13eV。另外，由于替代导致锂空位减小，从而锂离子电导降低。含锂负极在目前的锂离子电池体系中并不适用，由于其他因素如制备成本以及对空气敏感等，目前其离实际应用还有一段距离，但它提供了电极材料的另一种选择。它与别的电极材料复合补偿首次不可逆容量损失，也不失为一种很好的尝试。

7.2.3　正极材料

7.2.3.1　正极材料概述

正极材料是锂离子电池的重要组成部分，在锂离子充放电过程中，不仅要提供正负极嵌锂化合物往复嵌入和脱嵌所需要的锂，而且还要负担负极材料表面形成 SEI 膜所需的锂。表 7-4 所列为基本的正极材料的类型。

此外，正极材料在锂离子电池中占有较大比例（正、负极材料的质量比为 3∶1～4∶1），故正极材料的性能在很大程度上影响着电池的性能，并且直接决定着电池的成本。大多数可作为锂离子电池的活性正极材料是含锂的过渡金属化合物，而且以氧化物为主。目前已用于锂离子电池规模生产的正极材料为 $LiCoO_2$。

表 7-4 基本的正极材料的类型

材料	理论比容量/(mA·h/g)	实际比容量/(mA·h/g)	电位平台/V	特点
$LiCoO_2$	275	130～140	4	性能稳定,高比容量,放电平台平稳
$LiNiO_2$	274	170～180	4	高比容量,价格较低,热稳定性较差
$LiMn_2O_4$	148	100～120	4	低成本,高温循环和存放性能较差

7.2.3.2 $LiCoO_2$ 正极材料

（1）$LiCoO_2$ 基本性质　层状结构 $LiCoO_2$ 是锂离子电池中一种较好的正极材料，具有工作电压高、放电平稳、比能量高、循环性能好等优点，适合大电流放电和锂离子的嵌入和脱出，在锂离子电池中得到率先使用。此外，由于它较易制备而成为目前唯一已实用于生产的锂离子电池正极材料。$LiCoO_2$ 的实际容量约为 140mA·h/g，只有理论容量（275mA·h/g）的约 50%，且在反复的充放电过程中，因锂离子的反复嵌入和脱出，使活性物质的结构在多次收缩和膨胀后发生改变，导致 $LiCoO_2$ 内阻增大，容量减小。$LiCoO_2$ 结构如图 7-3 所示。高温制备的 $LiCoO_2$ 具有理想层状的 α-$NaFeO_2$ 型结构，属于六方晶系，空间群为 R3m，晶格参数 $a=0.282$nm，$c=1.406$nm。氧原子以 ABCABC 方式立方密堆积排列，Li^+ 和 Co^{2+} 交替占据层间的八面体位置。Li^+ 在 $LiCoO_2$ 中的室温扩散系数在 $10^{-12}\sim10^{-11}m^2/s$。$Li^+$ 的扩散活化能与 $Li_{1-x}CoO_2$ 中的 x 密切相关。在不同的充放电态下，其扩散系数可以变化几个数量级。层状的 CoO_2 框架为锂原子的迁移提供了二维隧道。电池在充放电时，活性材料中的 Li^+ 的迁移过程可用下式表示：

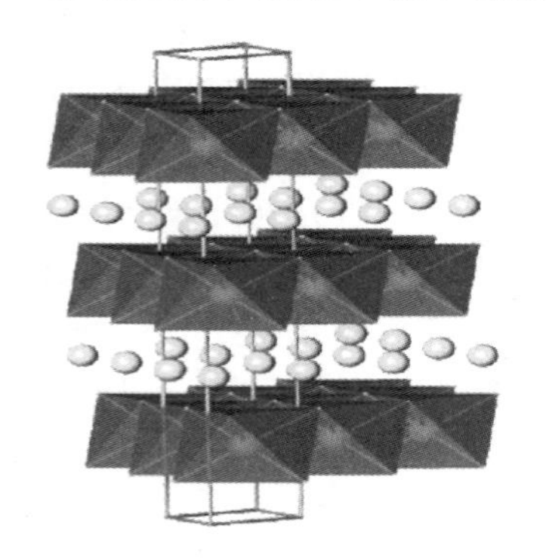

图 7-3　$LiCoO_2$ 结构示意图

充电　　$LiCoO_2 \longrightarrow xLi^+ + Li_{1-x}CoO_2 + xe^-$

放电　　$Li_{1-x}CoO_2 + xLi^+ + xe^- \longrightarrow LiCoO_2$

（2）$LiCoO_2$ 的制备方法

① 高温固相合成法　传统的高温固相反应以锂、钴的碳酸盐、硝酸盐、乙酸盐、氧化物或氢氧化物等作为锂源和钴源，混合压片后在空气中加热到 600～900℃甚至更高的温度，保温一定时间。为了获得纯相且颗粒均匀的产物，需将焙烧和球磨技术结合进行长时间或多阶段加热。高温固相合成法工艺简单，利于工业化生产。但它存在着以下缺点：反应物难以混合均匀，能耗巨大；产物粒径较大且粒径范围宽，颗粒形貌不规则，调节产品的形貌特征比较困难。导致材料的电化学性能不易控制。

② 低温固相合成法　为克服高温固相合成法的缺陷，近年来发展了多种低温合成技术。如将钴、锂的碳酸盐按照化学计量比充分混合，在已烷中研磨，升温速率控制在 50℃/h 左右，在空气中加热到 400℃，保温 1 周，形成单相产物。结构分析表明，约有 6%的钴存在于锂层中，具有理想层状和尖晶石结构的中间结构。

7.2.3.3 $LiNiO_2$ 正极材料

与 $LiCoO_2$ 相比，$LiNiO_2$ 因价格便宜且具有高的可逆容量，被认为最有希望成为第二代商品锂离子电池材料。按 $LiCoO_2$ 制备工艺合成 $LiNiO_2$ 所得到材料的电化学性能极差，原因在于 $LiCoO_2$ 属于 R3m 群，其晶格参数 $a_h=0.29$nm，$c_h=1.42$nm，$c_h/a_h=4.9$，属于六方晶系，且和立方晶系相应值接近，说明镍离子的互换位置与 $LiCoO_2$ 相比，对晶体结构影响很小，如图 7-4 所示。而 3a、3b 位置原子的互换，严重影响材料的电化学活性。应用中的主要问题是脱锂后的产物分解温度低，分解产生大量的热量和氧气，造成锂离子电池过充电时容易发生爆炸、燃烧，因此限制了大规模的应用。$LiNiO_2$ 属于三方晶系，Li 与 Ni 隔层分布占据于氧密堆积所形成的八面体空隙中，因此具有二维层状结构，充放电过程中该结构稳定性的好坏决定其化学性能的优劣。层状化合物的稳定性与其晶格能的大小有关。理论比容量为 274mA・h/g，实际可达到 180mA・h/g 以上，远高于 $LiCoO_2$，具有价廉、无毒等优点，不存在过充电现象。

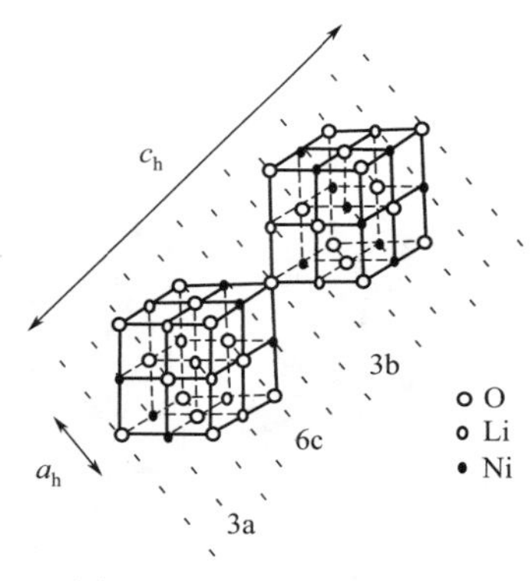

图 7-4　$LiNiO_2$ 结构示意图

合成 $LiNiO_2$ 比 $LiCoO_2$ 要困难得多，合成条件的微小变化会导致非化学计量的 Li_xNiO_2 生成，其结构中锂离子和镍离子呈无序分布。这种氧离子交换位置的现象使电化学性能恶化，比容量显著下降。用改进的 Rietveld 精细 XRD 分析可以评估 Li 和 Ni 离子位置的错乱程度。结构和分析结果表明，化学计量的 $LiNiO_2$ 阳离子交换位置较少。

$LiNiO_2$ 首次的不可逆容量较大，与生成 NiO_2 非活性区有关。这种非活性区的形成及性质与 $LiNiO_2$ 颗粒的表面形貌、颗粒尺寸以及 $LiNiO_2$ 与导电剂之间的界面接触有关。研究表明，如果非活性区随机分布，整个正极将成为非活性区。为了改善正极的利用率，应减少非活性区。非活性区主要在高压区产生，因此应限制充电上限。

7.2.3.4　$LiMn_2O_4$ 正极材料

（1）$LiMn_2O_4$ 的结构　$LiMn_2O_4$ 具有尖晶石结构，属于 Fd3m 空间群，氧原子呈立方密堆积排列，位于晶胞的 32e 位置，锰占据一半八面体空隙 16d 位置，而锂占据 1/8 四面体 8a 位置。锂离子在尖晶石中的化学扩散系数在 10^{-14}～10^{-12} m^2/s，Li^+ 占据四面体位置，Mn^{3+}/Mn^{4+} 占据八面体位置，如图 7-5 所示。空位形成的三维网络，成为 Li^+ 的输运通道，利于 Li^+ 脱嵌。$LiMn_2O_4$ 在 Li^+ 完全脱去时能够保持结构稳定，具有 4V 的电压平台，理论比容量为 148mA・h/g，实际可达到 120mA・h/g 左右，略低于 $LiCoO_2$。

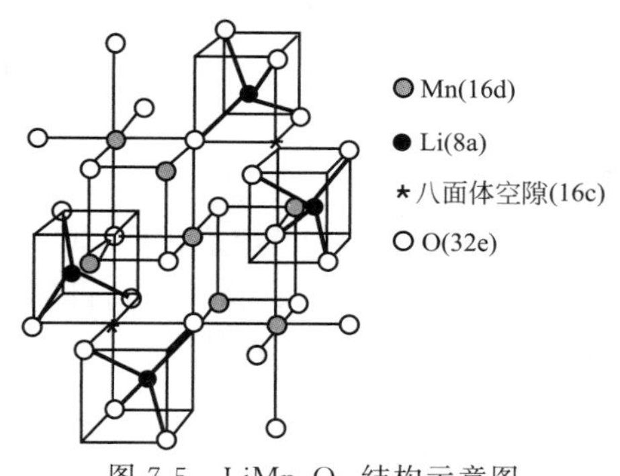

图 7-5　$LiMn_2O_4$ 结构示意图

（2）$LiMn_2O_4$ 制备方法　$LiMn_2O_4$ 制备主要采用高温固相反应法　固相反应合成方法是以锂盐和锰盐或锰的氧化物为原料，充分混合后在空气中焙烧，制备出正尖晶石 $LiMn_2O_4$ 化合物，再经过适当球磨、筛分以便控制粒度大小及其分布，工艺流程可简单表述为：原料→混料→焙烧→研磨→筛分→产物。

一般选择高温下能够分解的原料。常用的锂盐有 LiOH、Li_2CO_3 等。使用 MnO_2 作为锰源。在反应过程中，释放 CO_2 和氮的氧化物气体，消除碳和氮元素的影响。原料中锂、锰元素的摩尔比一般选取 1∶2。通常是将两者按一定的比例混合研磨，加入少量环己烷、乙醇或水作分散剂，以达到混料均匀的目的。焙烧过程是固相反应的关键步骤，一般选择的合成温度范围是 600～800℃。

7.2.3.5 $LiFePO_4$ 正极材料

（1）$LiFePO_4$ 的结构　$LiFePO_4$ 晶体是有序的橄榄石型结构，属于正交晶系，空间群为 Pnma，晶胞参数 $a=1.0329nm$，$b=0.60072nm$，$c=0.46905nm$。在 $LiFePO_4$ 晶体中氧原子呈微变形的六方密堆积，磷原子占据的是四面体空隙，锂原子和铁原子占据的是八面体空隙。$LiFePO_4$ 具有 3.5V 的电压平台，理论容量为 170mA·h/g。图 7-6 为 $LiFePO_4$ 结构。

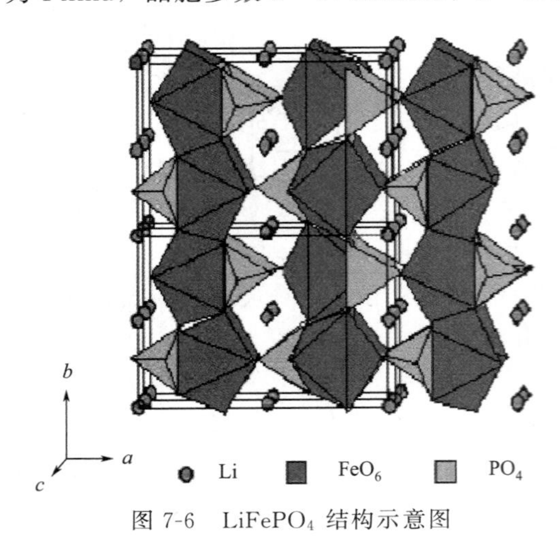

图 7-6　$LiFePO_4$ 结构示意图

$LiFePO_4$ 中强的 P—O 共价键形成离域的三维立体化学键，使得 $LiFePO_4$ 具有很强的热力学和动力学稳定性，密度也较大（$3.6g/cm^3$）。由于 O 原子与 P 原子形成较强的共价键，削弱了与 Fe 的共价键，稳定了 Fe^{3+}/Fe^{2+} 的氧化还原能级，使 Fe^{3+}/Fe^{2+} 电位变为 3.4V（vs. Li^+/Li）。此电压较为理想，因为它不至于高到分解电解质，又不至于低到牺牲能量密度。

$LiFePO_4$ 具有较高的理论比容量和工作电压。充放电过程中，$LiFePO_4$ 的体积变化比较小，而且这种变化刚好与碳负极充放电过程中发生的体积变化相抵消。

因此，$LiFePO_4$ 正极锂离子电池具有很好的循环可逆性，特别是高温循环可逆性，而且提高使用温度还可以改善它的高倍率放电性能。

（2）$LiFePO_4$ 的合成方法

① 固相合成法　固相合成法是制备电极材料最为常用的一种方法。Li 源采用碳酸锂、氢氧化锂或磷酸锂；Fe 源采用乙酸亚铁、乙二酸亚铁、磷酸亚铁；P 源采用磷酸二氢铵或磷酸氢二铵，经球磨混合均匀后按化学比例进行配料，在惰性气氛（如 Ar、N_2）的保护下经预烧研磨后高温焙烧反应制备 $LiFePO_4$。

② 水热法　水热法也是制备 $LiFePO_4$ 较为常见的方法。

它是将前驱体溶成水溶液，在一定温度和压强下加热合成的。以 $FeSO_4$、H_3PO_4 和 LiOH 为原料用水热法合成 $LiFePO_4$。其过程是先把 H_3PO_4 和 $FeSO_4$ 溶液混合，再加入 LiOH 搅拌 1min，然后把这种混合溶液在 120℃保温 5h、过滤后，生成 $LiFePO_4$。

7.2.3.6 钒系正极材料

目前，锂钒化合物系列已引起了人们的关注。钒为典型的多价（V^{2+}、V^{3+}、V^{4+}、V^{5+}）过渡金属元素，有着非常活泼的化学性质，钒氧化物既能形成层状嵌锂化合物 VO_2、V_2O_5、V_3O_7、V_4O_9、V_6O_{13}、$LiVO_2$ 及 LiV_3O_8，又能形成尖晶石型 LiV_2O_4 及反尖晶石型 $LiNiVO_4$ 等嵌锂化合物。与已经商品化的钴酸锂材料相比，上述锂钒系列材料具有更高的比容量，且具有无毒、价廉等优点，因此成为了新一代绿色、高能锂离子蓄电池的备选正极材料。

7.2.4 电解质材料

7.2.4.1 电解质

电解质是制备高功率密度和高能量密度、长循环寿命和安全性能良好的锂离子电池的关键材料之一。用于锂离子电池的电解质一般满足以下要求。

(1) 离子电导率　电解质必须具有良好的离子导电性，而不能具有电子导电性。一般温度范围内，电导率要达到 $2\times10^{-3}\sim10^{-1}$S/cm。

(2) 锂离子迁移数　阳离子是运载电荷的重要工具。高的离子迁移数能减小电池在充放电过程中的浓度极化。使电池产生高的能量密度和功率密度。较理想的锂离子迁移数应该接近于 1。

(3) 稳定性　电解质一般存在于两个电极之间，当电解质与电极直接接触时，不希望有副反应发生，这就需要电解质有一定的化学稳定性。为得到一个合适的操作温度范围，电解质必须具有好的热稳定性。另外，电解质必须有一个 0～5V 的电化学稳定窗口，满足高电位电极材料充放电电压范围内电解质的电化学稳定性和电极反应的单一性。

(4) 机械强度　当电池技术从实验室到中试或最后的生产时，需要考虑的一个最重要问题就是可生产性。虽然许多电解质可装配成一个无支架膜，能获得可喜的电化学性能，但还需要足够高的机械强度来满足常规的大规模生产包装过程。

7.2.4.2　电解质材料

(1) 有机电解质材料　目前，人们对无机锂盐水溶液的性质和作用机理比较了解，它们在锂离子二次电池中虽有过应用，但平均电压较低。如 $LiMnO_4/LiNO_3/VO_2$ 锂离子二次扣式电池，其平均电压只有 1.5V。若以锂盐为溶质溶于有机溶剂制成非水有机电解质，电池的电压大大提高。常用溶剂的主要物理性质见表 7-5。

表 7-5　锂离子二次电池用的有机溶剂及其在 25℃ 时的物理性质

溶剂	熔点/℃	沸点/℃	介电常数	黏度/$\times10^{-4}$Pa・s	密度/(g/m^3)	偶极矩/C・m	施主数	受主数	闪点/℃
碳酸乙烯酯(EC)	40	248	89.6	18.5	1.38	4.8	16.4	—	160
碳酸丙烯酯(PC)	−49	241	64.4	25.3	1.19	5.21	15.1	18.3	132
二甲亚砜(DMSO)	18.6	189	46.5	19.9	1.10	3.96	29.8	19.3	—
二甲基碳酸酯(DMC)	3	90	3.12	6.0	1.07	—	16	—	—
二乙基碳酸酯(DEC)	−43	127	2.82	7.5	0.97	—	14.6	—	—
甲乙基碳酸酯(EMC)	−55	—	2.4	0.65	1.007	—	—	—	—
二甲氧基乙烷(DME)	−58	83	7.2	0.455	0.866	1.07	20.0	—	−9
乙酸乙酯(EA)	−84	71.1	6.02	0.426	0.894	—	17.0	—	—
丙腈(AN)	−45	82	36.0	3.4	0.78	3.94	14.1	18.9	5

电解质的一个重要指标是电导率。理论上，锂盐在电解质中离解成自由离子的数目越多，离子迁移越快，电导率就越高。溶剂的介电常数越大，锂离子与阴离子之间的静电作用力越小，锂盐就越容易离解，自由离子的数目就越多。但介电常数大的溶剂其黏度也高，致使离子的迁移速率减慢。对溶质而言，随着锂盐浓度的增高，电导率增大，但电解质的黏度也相应增大。锂盐的阴离子半径越大，由于晶格能变小，锂盐越容易离解，但黏度也有增大的趋势。

(2) 聚合物电解质材料　聚合物电解质按其形态可分为凝胶聚合物电解质 (GPE) 和固体聚合物电解质 (SPE)，其主要区别在于前者含有液体增塑剂而后者没有。用于锂离子二次电池中的聚合物电解质必须满足化学与电化学稳定性好、室温电导率高、高温稳定性好、不易燃烧、价格合理等特性。聚合物电解质的基体类型主要有同种单体的聚合物、不同单体的共聚物、不同聚合物的共混物及其他对聚合物改性的聚合物等，常见的聚合物基体有

PEO、PPO、PAN、PVC、PVDC 等。基体的结构、分子量、玻璃化转变温度（T_k）、结晶度等都会影响聚合物电解质离子电导率、电化学稳定性、力学性能等。如 T_k 较低、结晶度不高的聚合物电解质会有较高的离子电导率，而增加基体的 T_k 或分子量、聚合物共混可提高聚合物电解质的力学性能。

（3）增塑剂　增塑剂是聚合物电解质中重要一环。一般是将增塑剂混溶于聚合物溶液中，成膜后将它除去，留下微孔用于吸附电解液。要求增塑剂与高聚物混溶性好，增塑效率高，物理化学性能稳定，挥发性小且无毒，不与电池材料发生反应。一般应选择沸点高、黏度低的低分子溶剂或能与高聚物混合的低聚体。凝胶聚合物电解质的增塑剂类似液体电解质体系的溶剂。

7.2.5　锂离子电池的应用

通常来说，锂离子电池按照体积和容量的大小可分为小型锂离子电池和锂离子动力电池两类。前者主要用于 3C 电子产品领域，如智能手机、笔记本电脑、平板电脑等；后者主要用于电动工具、电动自行车、电动汽车、智能电网等领域。在此我们主要介绍锂离子电池在电子产品方面的应用和动力电池在新能源汽车方面的应用。

（1）在电子产品方面的应用　应用的 3C 电子产品包括通信、便携式计算机和消费电子产品，具体产品有手机、笔记本电脑、平板电脑、数码相机、MP3、MP4 等。目前这些电子产品几乎全部采用锂离子电池作为电源。图 7-7 为 2010 年全球锂离子电池应用各领域市场占比图。从图 7-7 中可以看出，3C 电子产品的总份额占到 87.55%，具有绝对的优势，其中手机和笔记本电脑分别占了 41.28% 和 41%。以手机为例，2005 年达到 2.6 亿部，2006 年达到 4.5 亿部，2007 年达到近 5 亿部，2008 年达到 5.6 亿部，2009 年达到 6.19 亿部，2010 年达到了 10 亿部，后来 5 年的增长率依然居高不下。其次是笔记本电脑，也是锂离子电池消费的一大领域。随着电子产品的快速更新换代和向小型化、薄形化发展，需要有体积更小、重量更轻、比能量更高的锂离子电池的出现。

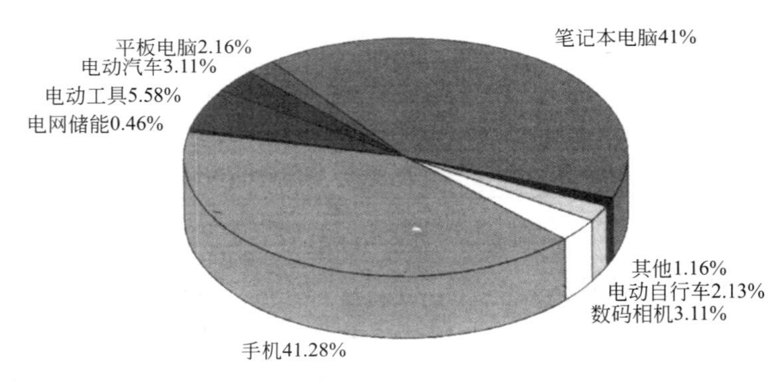

图 7-7　2010 年全球锂离子电池应用各领域市场占比图

（2）在新能源汽车方面的应用　由于全球性的石油资源迅速减少和大气环境污染的不断恶化，各个国家都在致力于寻找高效的节能环保方法和技术来解决能源和环境问题。电动汽车的研究与开发可被认为是目前缓解能源危机和环保问题最现实、有效的途径，电动汽车的推行和普及不仅可以缓解国家进口石油的压力，而且消除或减轻了汽车尾气给环境带来的污染问题。中国国务院于 2012 年 7 月 9 日对外公布由工信部主导制定的《节能与新能源汽车产业发展规划(2012—2020)》，提出的目标是：到 2015 年，EV 和 PHEV 累计产销量超过

50 万辆；到 2020 年，EV 和 PHEV 生产能力达 200 万辆，累计产销量达 500 万辆。

2015 年，我国锂离子电池行业迎来了难得的发展机会，各家动力锂离子电池厂家都出现供不应求的局面。在国家各种支持政策的刺激下，我国新能源汽车产量快速增长。全年新能源汽车销售 331092 辆，同比增长 3.4 倍。其中纯电动汽车销量完成 247482 辆，同比增长 4.5 倍；插电式混合动力汽车销量完成 83610 辆，同比增长 1.8 倍。新能源乘用车中，纯电动乘用车销量完成 146719 辆，同比增长 3 倍；插电式混合动力乘用车销量完成 60663 辆，同比增长 2.5 倍。新能源商用车中，纯电动商用车销量完成 100763 辆，同比增长 10.6 倍；插电式混合动力商用车销量完成 22947 辆，同比增长 88.8%。

如果按照纯电动乘用车每辆 20kW·h、插电式乘用车每辆 15kW·h、纯电动商用车每辆 100kW·h、插电式商用车每辆 40kW·h 电池用量计算，纯电动乘用车电池需求量为 2934MW·h，插电式乘用车电池需求量为 910MW·h，纯电动商用车电池需求量为 10076MW·h，插电式商用车电池需求量为 917MW·h，2015 年我国新能源汽车对动力电池总需求量为 14837MW·h。其他欧美国家以及日本、韩国等对此同样是雄心勃勃。而动力锂离子电池作为新能源电动汽车的关键部件受到了极大的关注，动力电池技术也是电动汽车的关键技术之一，全球各大汽车公司都在致力于开发电池新技术。虽然新能源汽车会是将来的大势所趋，但就目前来看还有很长的一段路要走，有许多问题要解决。尤其近来屡次出现纯电动公交车充电时着火事件，让很多消费者望而却步。所以开发安全性好、可靠性高、稳定性强的动力锂离子电池是一项迫在眉睫的重任，中国现阶段应重点发展动力锂离子电池技术。

7.3　太阳能电池材料

7.3.1　概述

太阳能电池是通过光电效应或者光化学效应直接把光能转化成电能的装置。太阳光照在半导体 p-n 结上，形成新的电子-空穴对，在 p-n 结电场的作用下，空穴由 n 区流向 p 区，电子由 p 区流向 n 区，接通电路后就形成电流。图 7-8 为太阳能电池构型图。

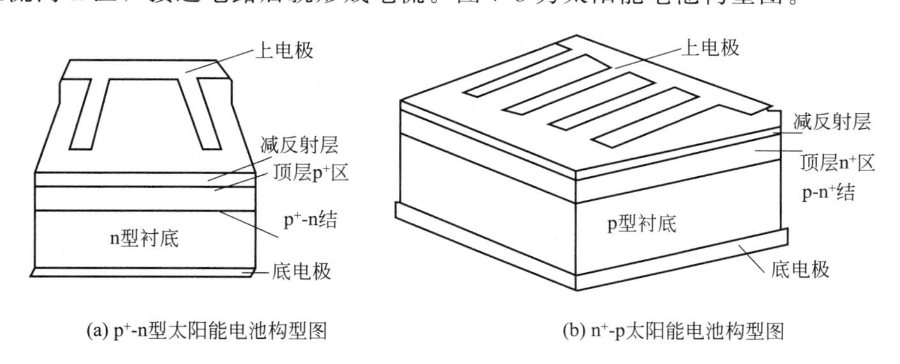

(a) p^+-n型太阳能电池构型图　　(b) n^+-p太阳能电池构型图

图 7-8　太阳能电池构型图

太阳能利用涉及的技术问题很多，但根据太阳能的特点，具有共性的技术主要有四项，即太阳能采集、太阳能转换、太阳能储存和太阳能传输，将这些技术与其他相关技术结合在一起，便能进行太阳能的实际利用——光热利用、光电利用和光化学利用。作为地面电源，太阳能电池的最主要制约因素是成本。解决这一问题主要靠材料科学与技术的进步。因为在太阳能电池成本中，材料费用是最大的支出，同时材料特别是半导体材料的选择、制备工艺与质量直接影响太阳能电池的转换效率和成品率。

7.3.1.1　太阳能电池的分类

太阳能电池可分为硅系太阳能电池（单晶硅太阳能电池、多晶硅薄膜太阳能电池、非晶硅薄膜太阳能电池）、多元化合物薄膜太阳能电池（砷化镓、硫化镉、铜铟硒）、聚合物多层修饰电极型电池、纳米晶化学太阳能电池。

7.3.1.2　太阳能电池发电的优缺点

（1）优点

① 属于可再生能源，不必担心能源枯竭。

② 太阳能本身并不会给地球增加热负荷。

③ 运行过程中低污染、平稳无噪声。

④ 发电装置需要极少的维护，寿命可达20年。

⑤ 所产生的电力既可供家庭单独使用，也可并入电网，用途广泛。

（2）缺点

① 受地域及天气影响较大。

② 由于太阳能分散、密度低，发电装置会占去较大的面积。

③ 光电转化效率低，致使发电成本较传统方式偏高。

7.3.2　晶体硅太阳能电池材料

硅系列太阳能电池中，单晶硅太阳能电池转换效率最高，技术也最为成熟。高性能单晶硅电池是建立在高质量单晶硅材料和相关成熟的加工处理工艺基础上的。在电池制作中，一般都采用表面织构化、发射区钝化、分区掺杂等技术，开发的电池主要有平面单晶硅电池和刻槽埋栅电极单晶硅电池。提高转化效率主要是靠单晶硅表面微观结构处理和分区掺杂工艺。通常的晶体硅太阳能电池是在厚度350～450μm的高质量硅片上制成的，这种硅片从提拉或浇铸的硅锭上锯割而成。目前制备多晶硅薄膜电池多采用化学气相沉积法，包括低压化学气相沉积（LPCVD）和等离子体增强化学气相沉积（PECVD）工艺。此外，液相外延法（LPPE）和溅射沉积法也可用来制备多晶硅薄膜电池。研究发现，在非硅衬底上很难形成较大的晶粒，并且容易在晶粒间形成空隙。解决这一问题的办法是先用LPCVD在衬底上沉积一层较薄的非晶硅层，再将这层非晶硅层退火，得到较大的晶粒，然后再在这层籽晶上沉积厚的多晶硅薄膜。因此，再结晶技术无疑是很重要的一个环节，目前采用的技术主要有固相结晶法和区熔再结晶法。

7.3.2.1　单晶硅太阳能电池材料

单晶硅太阳能电池是当前开发得最快的一种太阳能电池，产品已广泛用于空间和地面。以高纯的单晶硅棒为原料，纯度要求在99.999%以上，其结构和生产工艺已经定型，单晶硅太阳能电池转换效率最高，但对硅的纯度要求高，而且复杂工艺和材料价格等因素致使成本较高。单晶硅材料制造要经过如下过程：石英砂→冶金级硅→提纯和精炼→沉积多晶硅锭→单晶硅→硅片切割。

生长单晶硅的两种最常用的方法为丘克拉斯法以及区熔法。

丘克拉斯法又称直拉法。是将硅料在石英坩埚中加热熔化，籽晶与硅液面进行接触然后开始向上提升以长出棒状的单晶硅。直拉法的研究发展方向是设法增大硅棒的直径。目前直拉法的直径达到 100～500nm。坩埚的加料量一般已经达到 60kg。研究改进方向主要是控制晶体中的杂质含量和碳含量、减少晶体硅的缺陷，同时也要考虑其生长速率。

区熔法主要用于材料提纯，也用于生长单晶。区熔法生长单晶硅的成本较高，但得到单晶硅的质量却最佳。

7.3.2.2　多晶硅太阳能电池材料

随着电池制备和封装工艺的不断改进，在硅太阳能电池总成本中，硅材料所占比重已由原先的 1/3 上升到 1/2。因此，生产厂家迫切希望在不降低光电转换效率的前提下，找到替代单晶硅的材料。目前，比较适用的材料就是多晶硅。因为熔铸多晶硅锭法比提拉单晶硅锭法的工艺简单，设备易做，操作方便，耗能较少，辅助材料消耗也不多，尤其是可以制备任意形状的多晶硅锭，便于大量生产大面积的硅片。同时，多晶硅太阳能电池的生产成本却低于单晶硅太阳能电池。多晶硅太阳能电池的出现主要是为了降低成本，其优点是能直接制备出适于规模化生产的大尺寸方形硅锭，设备比较简单，制造过程简单、省电、节约硅材料，对材质要求也较低。

根据生长方法的不同，多晶硅可分为等轴晶、柱状晶。通常在加热过冷及自由凝固的情况下会形成等轴晶，其特点是晶粒细，物理机械性能各向同性。如果在凝固过程中控制液固界面的温度梯度，形成单方向热流，实行可控的定向凝固，则可形成物理机械性能各向异性的多晶柱状晶，太阳能电池多晶硅锭就是采用这种定向凝固的方法生产的。在实际生产中，太阳能电池多晶硅锭的定向凝固生长方法主要有浇铸法、热交换法、布里曼法、电磁铸锭法，其中热交换法与布里曼法通常结合在一起。

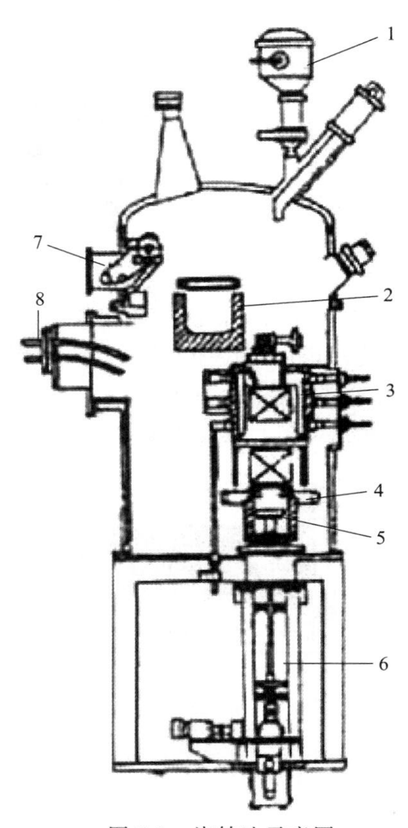

图 7-9　浇铸法示意图

1—硅原料装入口；2—感应炉；3—凝固炉；4—硅锭搬运机；5—冷却机；6—铸型升降台；7—感应炉翻转机构；8—电极

浇铸法将熔炼及凝固分开，熔炼在一个石英粉砂炉衬的感应炉中进行，熔融的硅液浇入一个石墨模型中，石墨模型置于一个升降台上，周围用电阻加热，然后以 1mm/min 的速度下降（图 7-9）。浇铸法的特点是熔化和结晶在两个不同的坩埚中进行，从图 7-9 中可以看出，这种生产方法可以实现半连续化生产，其熔化、结晶、冷却分别位于不同的地方，可以降低能源消耗。缺点是因为熔融和结晶使用不同的坩埚，会导致二次污染，此外因为有坩埚翻转机构及引锭机构，使得其结构相对较复杂。

热交换法及布里曼法都是把熔化及凝固置于同一坩埚中（避免了二次污染），其中热交换法是将硅料在坩埚中熔化后，在坩埚底部通冷却水或冷气体，在底部进行热量交换，形成温度梯度，促使晶体定向生长。图 7-10 为布里曼法结晶炉。该炉型采用顶底加热，在熔化过程中，底部用一个可移动的热开关绝热，结晶时则将它移开以便将坩埚底部的热量通过冷却台带走，从而形成温度梯度。布里曼法则是在硅料熔化后，将坩埚或加热元件移动使结晶好的晶体离开加热区，而液态硅仍然处于加热区，这样在结晶过程中液固界面形成比较稳定的温度梯度，有利于晶体的生长。其特点是液相温度梯度 dT/dX 接近常数，生长速率受工作台下移速度及冷却水流量控制趋近于常数，生长速率可以调节。实际生产所用结晶炉大都是采用热交换法与布里曼法相结合的技术。

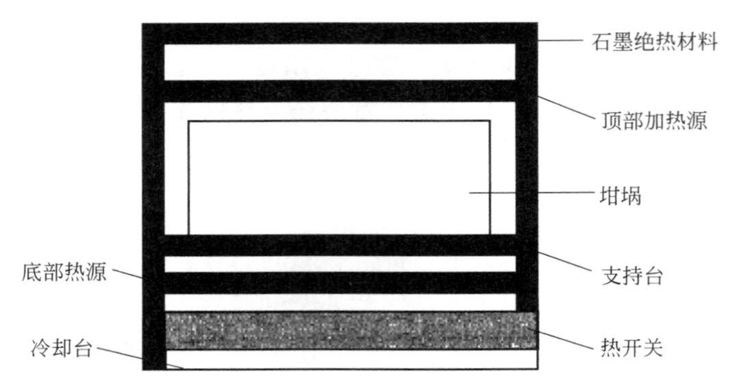

图 7-10 布里曼法结晶炉示意图

图 7-11 为热交换法与布里曼法相结合的结晶炉。图 7-11 中，工作台通冷却水，上置一个热开关，坩埚则位于热开关上。硅料熔融时，热开关关闭，结晶时打开，将坩埚底部的热量通过工作台内的冷却水带走，形成温度梯度。同时坩埚工作台缓慢下降，使凝固好的硅锭离开加热区，维持液固界面有一个比较稳定的温度梯度。

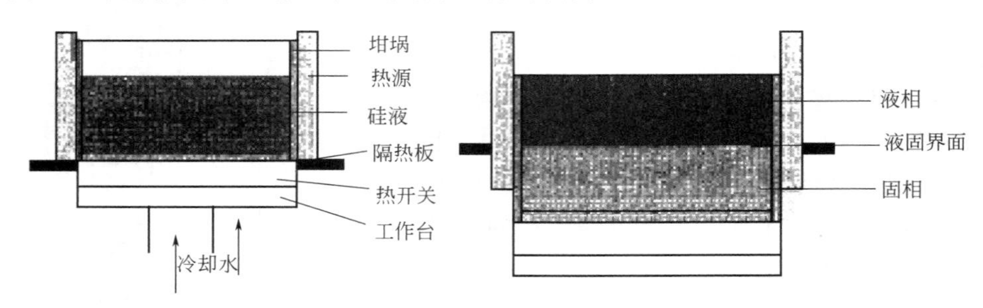

图 7-11 热交换法与布里曼法相结合的结晶炉示意图

晶体硅电池效率不断提高，技术不断改进，加上晶体硅稳定、无毒、材料资源丰富，人们开始考虑开发多晶硅薄膜电池。一方面，多晶硅薄膜电池既具有晶体硅电池的高效、稳定、无毒和资源丰富的优势，又具有薄膜电池工艺简单、节省材料、大幅度降低成本的优点，因此多晶硅薄膜电池的研究开发成为近几年的热点。另一方面，采用薄片硅技术，避开拉制单晶硅或浇铸多晶硅、切片的昂贵工艺和材料浪费的缺点，达到降低成本的目的。

7.3.2.3 多晶硅薄膜电池

各种 CVD（PECVD、RTCVD 等）技术被用来生长多晶硅薄膜，在实验室内有些技术获得了重要的结果。德国 Fraunhofer 太阳能研究所使用 SiO_2 和 SiN 包覆陶瓷或 SiC 包覆石墨为衬底，用快速热化学气相沉积（RTCVD）技术沉积多晶硅薄膜，硅膜经过区熔再结晶（ZMR）后制备太阳能电池，两种衬底的电池效率分别达到 9.3%和 11%。

在多晶硅材料作为衬底的条件下，PECVD 也可用于多晶硅薄膜材料的制备。但由于 PECVD 设备的沉积温度一般都不能超过 600℃，因此利用 PECVD 法直接沉积的多微晶硅薄膜的晶粒尺寸都比较小，通常小于300nm。尽管晶粒较小，但由于属于原位生长，该方法所制得的多晶硅薄膜的晶界得到了很好的钝化。多晶硅薄膜材料的制备方法可分为两大类：一类是高温工艺，即制备过程中温度高于600℃，衬底只能用昂贵的石英，但是制备工艺简单；另一类是低温工艺，整个加工工艺温度低于600℃，采用低温工艺可用廉价的玻璃作衬底，因此可大面积制作，但是制备工艺相对较复杂。目前制备多晶硅薄膜的方法主要有以下几种。

（1）低压化学气相沉积（LPCVD）法　低压化学气相沉积法是一种能够直接生成多晶硅的方法。该方法生长速率快，成膜质量好。多晶硅薄膜可采用硅烷气体通过LPCVD法直接沉积在衬底上。典型的沉积参数是：硅烷压力p为13.3～26.6Pa；沉积温度T_d为580～630℃；生长速率v为5～10nm/min。由于沉积温度较高，不能采用廉价的玻璃作衬底材料，而必须使用昂贵的石英衬底。LPCVD法生长的多晶硅薄膜，晶粒具有择优〈110〉趋向，其形貌呈现V字形，内含高密度的微孪晶。此外，减小硅烷压力有助于增大晶粒尺寸，但这往往伴随着表面粗糙度的增加，而粗糙度的增加对载流子的迁移率与器件的电学稳定性会产生不利影响。

（2）催化化学气相沉积（CCVD）法　催化化学气相沉积法在低于410℃的温度下直接沉积多晶硅薄膜，晶粒大小在100nm左右，霍尔迁移率为8～100cm^2/(V·s)，电阻率为10^3～10^6Ω·cm。催化方法就是在基片下方4cm处放置一个直径0.35mm的钨丝盘，盘的面积为16cm^2。钨丝盘的表面温度为1300～1390℃，加热功率为300～1000W，沉积气体在流向基片的途中受到钨丝盘的高温催化作用而发生分解反应，衬底的实际温度低于410℃，这样就可以在常规的玻璃基片上直接沉积出多晶硅薄膜。

（3）固相晶化（SPC）法　固相晶化法是一种间接生成多晶硅薄膜的方法。即先用LPCVD等方法在600℃下由硅烷分解沉积非晶硅，然后在530～600℃之间经10～100h热退火获得多晶硅。固相晶化过程包括成核与长大，一旦晶核超过临界尺寸就可进一步长大。采用非晶硅固相晶化方法可以获得比直接化学气相沉积更好的膜质量，因此可制备出性能更好的多晶硅薄膜器件。对于SPC法来说，一个明显的缺点就是热退火时间太长，这对于实现批量生产是极为不利的。

（4）准分子激光晶化法　准分子激光晶化法是所有退火方式中最理想的。其主要优点为短脉冲宽度（15～50nm），浅光学吸收深度（在308nm波长下为几十纳米），短光波长和高能量，使硅烷熔化时间短（50～150ns），衬底发热小。常用的激光器有ArF、KrF、XeCl三种，相应的波长为193nm、248nm、308nm，由于激光晶化时初始材料部分熔化，结构大致分为上晶化层和下晶化层两层。能量密度增大，晶粒增大。薄膜的迁移率相应增大。太大的能量密度反而使迁移率下降，激光波长对晶化效果影响较大，波长越长，激光能量注入硅膜越深，晶化效果越好。

玻璃衬底多晶硅薄膜的制备，以玻璃基片为衬底的无定形硅太阳能电池为例，其制造工序是：洁净玻璃衬底→生长TCO膜→激光切割TCO膜→依次生长非晶薄膜→激光切割a-Si膜→蒸发或溅射Al电极→激光切割或掩膜蒸发Al电极。TCO膜的种类有铟锡氧化物（ITO）、二氧化锡（SnO）和氧化锌（ZnO）。

通常，人们将玻璃作为薄膜太阳能电池的理想衬底，其原因包括几个方面：玻璃具有优良的透射特性；玻璃可以耐一定的温度；玻璃具有一定的强度；玻璃的成本低廉。因此，人们将玻璃衬底作为主攻方向，并视其为薄膜电池商业化的最具潜力的选项。但是，利用玻璃作为衬底时，其最大缺点是由于其软化温度的限制，薄膜的沉积温度以及相关的后续处理温度都不能太高。多晶硅薄膜材料的质量（或缺陷密度）与沉积温度以及相关的后续处理温度有极大的关系。一般来说，温度越高，所制得的薄膜材料的质量越好（或缺陷密度越低）。

7.3.3 非晶硅太阳能电池材料

非晶硅太阳能电池又称无定形硅太阳能电池，简称 a-Si 太阳能电池。它是太阳能电池发展中的后起之秀。它是最理想的一种廉价太阳能电池。作为一种弱光微型电源使用，如小型计算器、电子手表等。非晶硅科技已转化为一个大规模的产业，世界上总组件生产能力每年在 50MW 以上，组件及相关产品销售额在 10 亿美元以上。应用范围小到手表、计算器电源，大到 10MW 级的独立电站，涉及诸多品种的电子消费品、照明和家用电源、农牧业抽水、广播通信台站电源及中小型联网电站等。a-Si 太阳能电池成了光伏能源中的一支生力军，对整个洁净可再生能源发展起了巨大的推动作用。非晶硅太阳能电池的最大特点是薄，不同于单晶硅或多晶硅太阳能电池需要以硅片为底村，而是在玻璃或不锈钢带等材料的表面镀上一层薄薄的硅膜，其厚度只有单晶硅片的 1/300。因此，可以大量节省硅材料。加之可连续化大面积生产，能耗也低，成本自然也低。由于电池本身是薄膜型的，太阳的光可以穿透，所以还可做成叠层式的电池，以提高电池的电压。通常单晶硅太阳能电池每个单体只有 0.5V 左右的电压，必须几个单体串联起来，才能获得一定的电压。非晶硅太阳能电池一个就能做到几伏电压，使用比较方便。

7.3.3.1 非晶硅太阳能电池的工作原理及结构

非晶硅太阳能电池同单晶硅电池的工作原理类似，都是利用半导体的光伏效应实现光电转换。与单晶硅电池不同的是非晶硅中光生载流子只有漂移运动而无扩散运动，原因是由于非晶硅结构中的长程无序和无规网络引起的极强散射作用使载流子的扩散长度很短，光生载流子由于扩散长度的限制将会很快复合而不能被收集。为了能有效地收集光生载流子，电池设计成 p-i-n 型，其中，p 层是入射光层，i 层是本征吸收层，处在 p 层和 n 层产生的内建电场中，当入射光通过 p 层进入 i 层后，产生电子-空穴对，光生载流子一旦产生后就由内建电场分开，空穴漂移到 p 边，电子漂移到 n 边，形成光生电流和光生电压。

非晶硅太阳能电池可以玻璃、不锈钢、柔性衬底（塑料等）、陶瓷等为衬底。图 7-12 为几种典型的薄膜太阳能电池的结构。

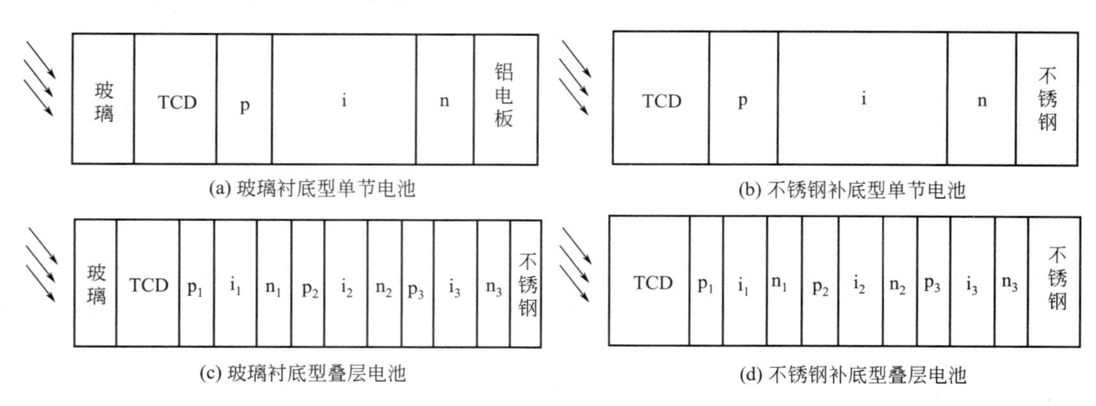

图 7-12 几种典型的薄膜太阳能电池的结构

双叠层结构有两种：一种是两层结构使用相同的非晶硅材料；另一种是上层使用非晶硅

合金，下层使用非晶硅锗合金以增加对长波光的吸收，三叠层与双叠层类似。上层电池使用宽能隙的非晶硅合金作本征层，吸收蓝光光子，光从玻璃面入射，电流从透明导电膜和电极铝引出。不锈钢衬底非晶硅电池同单晶硅 a-Si 电池类似，在透明导电膜上制备梳状银电极，电池电流从银电极和不锈钢引出。

7.3.3.2　非晶硅太阳能电池的制备工艺

非晶硅是由气相沉积法制备的，气相沉积法可分为辉光放电分解法、溅射法、真空蒸发法、光化学气相沉积法和热丝法等。等离子体增强化学气相沉积（PECVD）法已经普遍被应用，在以 PECVD 沉积非晶硅时，PECVD 的原料气体一般采用 SiH_4 和 H_2，制备叠层电池时用 Si 和 GeH_4，加入 SiH_4 和 GeH_4 可同时实现掺杂。SiH_4 和 GeH_4 在低温等离子体的作用下分解产生 a-Si 或 a-SiGe 薄膜。PECVD 法具有许多优点，如低温工艺和大面积薄膜的生产等，适合于大面积生产。

把硅烷（SiH_4）等原料气体导入真空度保持在 10～1000Pa 的反应室中，由于射频电场的作用，产生辉光放电，原料气体被分解，在玻璃或者不锈钢等衬底上形成非晶硅薄膜材料。此时如果原料气体中混入硼烷（B_2H_6）即能生成 p 型非晶硅，混入磷烷（PH_3）即能生成 n 型非晶硅。仅仅用变换原料气体的方法就可生成 p-i-n 结，做成电池。为了得到重复性好、性能良好的太阳能电池，避免反应室内壁和电极上残存的杂质掺入电池中，一般都利用隔离的连续等离子体反应制造装置，即 p、i、n 各层分别在专用的反应室内沉积。图 7-13 为非晶硅太阳能电池制备方法。

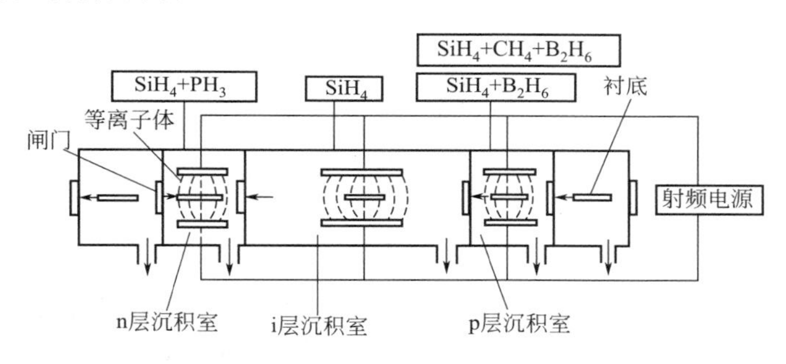

图 7-13　非晶硅太阳能电池制备方法示意图

（1）提高非晶硅电池转换效率的措施　提高非晶硅太阳能电池转换效率的措施如下。

① 改进 p 型窗口材料及其前后界面特性。用 p 型 a-SiC∶H 材料代替 p 型 a-Si∶H 材料。前者具有较高的光学带隙，能提高电池的短路电流。常规的 p 型 a-SiC∶H 窗口材料 B_2H_6 以一定配比（一般的流量比为 SiH_4 ∶ CH_4 ∶ B_2H_6 = 1 ∶ 1 ∶ 0.01）的混合气体经辉光放电分解沉积而成。

② 采用陷光结构以增加太阳能电池的短路电流。光入射到太阳能电池的表面时总会有反射损失，即使光进入 i 层有源区，也会由于吸收系数和 i 层厚度的限制造成部分光的透射损失。为了减少损失，一般在太阳能电池的表面加一层减反射膜或采用多层背反射电极。

③ 获得高质量的 i 层。i 层是非晶硅太阳能电池的有源区，因此其光电特性对太阳能电池的转换效率有决定性的影响。

④ 为了进一步提高电池的开路电压和填充因子，除了提高 p 层的掺杂浓度外，还需要提高 n 层的掺杂浓度，以进一步增加内建电势和减少串联电阻。为了提高掺杂效率，人们曾采用各种方法生长微晶硅材料，如提高衬底温度、加大射频功率、加大氢稀释率等。

⑤ 采用叠层电池结构以扩展光谱响应范围。对叠层电池结构，需要调节电池各层材料的带隙、各个异质结之间的带隙匹配、异质结过渡以及各 i 层的厚度等，以获得最大的能量输出，达到提高转换效率的目的。

(2) 非晶硅电池的优点　非晶硅电池是目前最适于进行大面积自动化生产的薄膜电池，它具有以下优点。

① 在可见光范围内，非晶硅比单晶硅有更大的吸收系数，电池活性材料厚度为 0.3～0.45mm，是常规电池的 1/100～1/10，可节约大量材料。

② 可直接沉积出薄膜，没有切片损失。

③ 可采用集成技术在电池制备过程中一次完成组件，省去材料、器件、组件各自单独的制作过程。

④ 可采用多层技术，降低对材料品质要求等。

⑤ 非晶硅电池由于适合于沉积在不锈钢、塑料薄膜等衬底上，所以在与建筑物一体化方面也会有很大的作为。

(3) 非晶硅电池的缺点　非晶硅电池的缺点如下。

① 效率较低。引起效率低的主要原因是光诱导衰变或称 Staebler-Wronski 效应，用氢稀释硅烷方法生长的 a-Si 和 a-SiGe 薄膜可以有效地抑制光诱导衰变，提高效率。

② 沉积速率低。目前主要采取以下措施提高沉积速率：适当地提高射频功率；适当地控制加工气氛的保持时间；提高衬底温度，可提高沉积速率，但同时会降低太阳能电池的效率。

③ Ag 电极问题。Ag 电极昂贵、质软，在后续加工中易产生问题。采用 Al 代替 Ag 作背反射层，这样可以降低成本、优化可靠性，但却降低了转化效率。

④ 薄膜沉积过程中的杂质。沉积过程中 O、N、C 等杂质浓度高，存在表面反应，影响薄膜质量和电池性能的稳定性。

7.3.3.3 多晶薄膜太阳能电池

制作薄膜太阳能电池的新材料有 $CuInSe_2$ 薄膜、CdTe 薄膜、晶体硅薄膜和有机半导体薄膜等，近 20 年来大量的研究人员在该领域中所做的工作取得了可喜的成绩。薄膜太阳能电池以其低成本、高转换效率、适合规模化生产等优点，引起生产厂家的兴趣，薄膜太阳能电池的产量得到迅速增长。如果以 10 年为一个周期进行分析，世界薄膜太阳能电池市场年增长率为 22.5%。

(1) Cu_2S/CdS 太阳能电池　CdS 是非常重要的半导体材料，CdS 薄膜具有纤锌矿结构，是直接带隙材料，带隙较宽，为 2.42eV。实验证明，由于 CdS 层吸收的光谱损失不仅与 CdS 薄膜的厚度有关，还与薄膜的形成方式有关。CdS 薄膜广泛应用于太阳能电池窗口层，并作为 n 层与 p 型材料形成 p-n 结，从而构成太阳能电池。

Cu_2S/CdS 是一种廉价太阳能电池，它具有成本低、制备工艺十分简单的优点。在多种衬底上使用直接和间接加热源的方法沉积多晶 CdS 薄膜。用喷涂法制备 CdS 薄膜，其方法主要是将含有 S 和 Cd 的化合物水溶液，用喷涂设备喷涂到玻璃或具有 SnO_2 导电膜的玻璃及其他材料的衬底上，经热分解沉积成 CdS 薄膜。

(2) $CuInSe_2$ 多晶薄膜材料与 CdS/$CuInSe_2$ 太阳能电池　$CuInSe_2$ 材料具有高达 $6\times10^5cm^{-1}$的吸收系数，是到目前为止所有半导体材料中的最高值。

$CuInSe_2$ 的光学性质主要取决于材料的元素组分比、各组分的均匀性、结晶程度、晶格结构及晶界的影响。大量实验表明，材料的元素组分与化学计量比偏离越小，结晶程度越好，元素组分均匀性越好，温度越低，其光学吸收特性越好。

(3) $CdS/CuInSe_2$ 薄膜太阳能电池 $CuInSe_2$ 是一种三元Ⅰ-Ⅲ-Ⅵ族化合物半导体，是直接带隙材料，77K时的带隙为1.04eV，300K时为1.02eV，带隙对温度的变化不敏感。$CuInSe_2$ 具有黄铜矿、闪锌矿两个同分异构的晶体结构。其高温相为闪锌矿结构，属于立方晶系。低温相为黄铜矿结构，属于正方晶系。由于 $CuInSe_2$ 薄膜材料具备十分优异的光伏特性，近20年来，出现了多种以 $CuInSe_2$ 薄膜材料为基础的同质结和异质结太阳能电池。主要有 n-$CuInSe_2$/p-$CuInSe_2$、$(InCd)S_2/CuInSe_2$、$CdS/CuInSe_2$、ITO/CuInSe、$GaAs/CuInSe_2$、$ZnO/CuInSe_2$ 等。其中最为人们重视的是 $CdS/CuInSe_2$ 电池。由28个39W组件构成的1kW薄膜太阳能电池方阵，面积为 $3665cm^2$，输出功率达到40.6W，转换效率为11.1%。

(4) 多晶薄膜CdTe材料与CdTe/CdS太阳能电池 在薄膜光伏材料中，CdTe为人们公认的高效、稳定、廉价的薄膜光伏器件材料。CdTe多晶薄膜太阳能电池转换效率理论值在室温下为27%，目前已制成面积为 $1cm^2$、效率超过15%的CdTe太阳能电池，面积为 $706cm^2$ 的组件，效率超过10%。

由于CdTe是直接带隙材料，带隙为1.45eV，所以对波长小于吸收边的光，其光吸收系数很大。它的光谱响应与太阳光谱十分吻合，且电子亲和势很高，为4.28eV。具有闪锌矿结构的CdTe，晶格常数 $a=0.16477nm$。在CdTe/CdS太阳能电池中，要想得到高的短路电流密度，CdS膜必须极薄，由于CdS带隙为2.42eV，能通过大部分可见光，而且薄膜厚度小于100nm时，CdS薄膜可使波长小于500nm的光通过。

制备方法主要有电镀、丝网印刷、化学气相沉积、物理气相沉积、分子束外延、喷涂、溅射、真空蒸发、电沉积等。

7.3.3.4 砷化镓太阳能电池材料

砷化镓是一种典型的Ⅲ-Ⅴ族化合物半导体材料，具有与硅相似的闪锌矿结构。不同的是Ga和As原子交替占位。GaAs具有直接的带隙，带隙宽度为1.42eV。GaAs还具有很高的光发射效率和光吸收系数，已经成为当今光电子领域的基础材料。GaAs的带隙宽度正好位于最佳太阳能电池材料所需要的能隙范围。由于能量小于带隙的光子基本上不能被电池材料吸收；而能量大于带隙的光子，多余的能量基本上会热释给晶格，很少再激发光生电子-空穴对而转变为有效电能。GaAs和Si都是有效的光生伏特材料，但是GaAs比Si具有更高的转换效率。

7.3.3.5 有机半导体太阳能电池

由于半导体太阳能电池是基于肖特基结或p-n结的光生伏打效应，利用取之不尽、用之不竭的太阳能，再不产生空气污染，因而自1954年第一块单晶硅太阳能电池问世后，人们对用半导体太阳能电池解决将来由于矿物燃料的枯竭而引起的能源危机寄予很大希望。特别是自1973年的石油危机以来，许多国家都加紧了开发和研究太阳能电池的速度，使其得到了迅猛发展，新型太阳能电池的开发与应用也就成了各国争相研究的重点。目前发展的有机半导体太阳能电池主要有肖特基型和p-n结型两种，肖特基型电池的基本结构为衬底玻璃/M_1(Au、Ag或ITO)/有机半导体/M_2(In或Al)。其中，M_1 为高功函数金属，M_2 为低功函数金属。金属与有机半导体形成肖特基势垒的情况与无机半导体情况类似。对于p型半导体，它与 M_2 形成整流接触，而与 M_1 形成欧姆接触。对于n型有机半导体的情况与p型完全相反。在 M_1/p 型材料/M_2 的电池中，随着金属 M_2 功函数降低，U_{oc}增加。在光辐射情况下，U_{oc}值不会超过 M_2 与有机半导体功函数之差，由于有机半导体费米能级的位置与掺杂有关，通常可以通过掺杂的方法提高 U_{oc}。

7.3.3.6 多元化合物太阳能电池

多元化合物太阳能电池是指不是用单一元素半导体制成的太阳能电池，以区别于各种硅太阳能电池。目前，国内外研制的多元化合物太阳能电池品种繁多，较有代表性的有硫化镉太阳能电池和砷化镓太阳能电池。

7.3.3.7 p-n 结型有机电池

与肖特基型有机电池相比，p-n 结型有机电池被认为是比较有前途的电池，其结构为玻璃/ITO/p 型半导体/n 型半导体/Au 或 Ag，或者玻璃/ITO/n 型半导体/p 型半导体/Au 或 Ag。这种电池的特性不仅要优于肖特基型，而且在空气中也有高的稳定性，填充因子为 0.3～0.5，转换效率为 0.1%～0.9%。

7.3.4 太阳能电池的应用与展望

7.3.4.1 太阳能电池的应用

近年来太阳能利用在技术上的不断突破，使太阳能光电池的商业化应用要比人们原先预期的快得多。目前，全世界总共有 23 万座光伏发电设备，以色列、澳大利亚、新西兰居于领先地位。技术上的不断突破使光电池以高速度进入市场。20 世纪 80 年代后期，由于多晶薄膜光电池的出现，使光电池的光电转换效率达 16%，而生产成本降低了 50%，极利于在缺能少电的发展中国家推广。美国拥有世界上最大的光伏发电厂，其功率为 7MW。日本也建成了发电功率达 1MW 的光伏发电厂。最初太阳能电池主要是广泛应用于人造卫星和航空航天领域，因为在太空中只有白天，没有黑夜，太阳光强度也不受天气变化和季节更替的影响。如人造卫星、宇宙空间站上的能源都是由太阳能电池提供。目前，太阳能电池已在民用电力、交通以及军用航海、航天等诸多领域发挥着越来越大的作用。大型的可用于电话通信系统、卫星地面接收站、微波中继站等；中型的可用于电车、轮船、卫星、宇宙飞船等；小（微）型的可用于太阳能手表、太阳能计算器、太阳能充电器、太阳能手机等。

太阳能的热利用，是将太阳的辐射能转换为热能，实现这个目的的器件称为集热器。例如太阳灶、太阳能热水器、太阳能干燥器等。太阳能热利用是可再生能源技术领域商业化程度最高、推广应用最普遍的技术之一。1998 年，世界太阳能热水器的总保有量约 5400 万平方米。按照人均使用太阳能热水器面积，塞浦路斯和以色列居世界第一、第二位，分别为 1m^2/人和 0.7m^2/人。日本有 20%的家庭使用太阳能热水器，以色列有 80%的家庭使用太阳能热水器。

太阳能的热利用主要有以下方面。

（1）太阳能空调降温　太阳能制冷及空调降温研究工作的重点是寻找高效吸收和蒸发材料，优化系统热特性，建立数学模型和计算机程序，研究新型制冷循环等。

（2）太阳能热发电　太阳能热发电是利用集热器将太阳辐射能转换成热能并通过热力循环过程进行发电，是太阳能热利用的重要方面。

（3）太阳房　太阳房是直接利用太阳辐射能的重要方面。通过建筑设计把高效隔热材料、透光材料、储能材料等有机地集成在一起，使房屋尽可能多地吸收并保存太阳能，达到房屋采暖目的。太阳房可以节约 75%～90%的能耗，并且具有良好的环境效益和经济效益，成为各国太阳能利用技术的重要方面。被动式太阳房平均每平方米建筑面积每年可节约20～40kg 标准煤，用于蔬菜和花卉种植的太阳能温室在中国北方地区较多采用。全国太阳能温室面积总计约 700 万亩，具有较好的经济效益。在我国，相关的透光隔热材料、带涂层的控光玻璃、节能窗等没有商业化，使太阳房的发展受到限制。

(4) 太阳灶和太阳能干燥　我国目前大约有 15 万台太阳灶在使用中。太阳灶表面可以加涂一层光谱选择性材料，如二氧化硅之类的透明涂料，以改变太阳光的吸收与发射，最普通的反光镜为镀银或镀铝玻璃镜，也有铝抛光镜面和涤纶薄膜镀铝材料等，提高太阳灶的效率。每台太阳灶每年可节约 300kg 标准煤。

太阳能干燥是热利用的一个方面。目前我国已经安装了 1000 多套太阳能干燥系统，总面积约 2 万平方米。主要用于谷物、木材、蔬菜、中草药干燥等。

7.3.4.2　太阳能电池的展望

对太阳能电池的展望如下。

(1) 砷化镓及铜铟硒等是由稀有元素所制备，但从材料来源看，这类太阳能电池将来不可能占据主导地位。

(2) 从转换效率和材料的来源角度讲，多晶硅和非晶硅薄膜电池将最终取代单晶硅电池，成为市场的主导产品。

(3) 今后研究的重点除继续开发新的电池材料外，应集中在如何降低成本上来，近来国外曾采用某些技术制得硅条带作为多晶硅薄膜太阳能电池的基片，以达到降低成本的目的，效果还是比较理想的。

7.4　燃料电池材料

7.4.1　概述

(1) 燃料电池基础　燃料电池（fuel cell）是一个电池本体与燃料箱组合而成的动力装置。燃料电池具有高能效、低排放等特点，近年来受到了普遍重视，在很多领域展示了广阔的应用前景。20 世纪 60～70 年代期间，美国的“Gemini”与“Apollo”宇宙飞船均采用了燃料电池作为动力源，证明了其高效与可行性。燃料的选择性非常高，包括纯氢气、甲醇、乙醇、天然气，甚至现在运用最广泛的汽油，都可以作为燃料电池的燃料。这是目前其他所有动力来源无法做到的。以氢气为燃料、环境空气为氧化剂的质子交换膜燃料电池（PEMFC）系统近十年来在汽车上成功地进行了示范，被认为是后石油时代人类解决交通运输用动力源的可选途径之一。再生质子交换膜燃料电池(RFC)具有高的比能量，近年来也得到航空航天领域的广泛关注。直接甲醇燃料电池(DMFC)在电子器件电源如笔记本电脑、手机等上得到了演示，已经进入到了商业化的前夜。以固体氧化物燃料电池（SOFC）为代表的高温燃料电池技术也取得了很大的进展。但是，燃料电池技术还处于不断发展进程中，燃料电池的可靠性与寿命、成本与氢源是未来燃料电池商业化面临的主要技术挑战，这些也是燃料电池领域研究的焦点问题。

(2) 燃料电池工作原理　燃料电池通过氧与氢结合成水的简单电化学反应而发电。燃料电池的基本组成有电极、电解质、燃料和催化剂。两个电极被一个位于它们之间的携带有充电电荷的固态或液态电解质分开。在电极上，催化剂如铂常用来加速电化学反应。图 7-14

为燃料电池工作原理。反应式如下：

阳极反应　　$2H_2+4OH^- \longrightarrow 4H_2O+4e^-$

阴极反应　　$4e^-+O_2+2H_2O \longrightarrow 4OH^-$

总反应　　$2H_2+O_2 \longrightarrow 2H_2O$

（3）燃料电池的分类　燃料电池包括碱性燃料电池（AFC）、质子交换膜燃料电池（PEMFC）、磷酸燃料电池（PAFC）、熔融碳酸燃料电池（MCFC）、固态氧燃料电池（SOFC）。

7.4.2　质子交换膜燃料电池材料

质子交换膜燃料电池（PEMFC）以磺酸型质子交换膜为固体电解质，无电解质腐蚀问题，能量转换效率高，无污染，可室温快速启动。质子交换膜燃料电池在固定电站、电动车、军用特种电源、可移动电源等方面都有广阔的应用前景，尤其是电动车的最佳驱动电源。它已成功地用于载人的公共汽车和轿车上。图 7-15 为质子交换膜燃料电池原理。

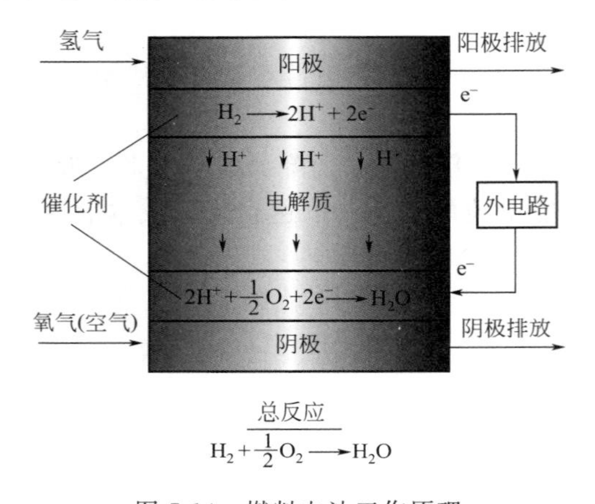

图 7-14　燃料电池工作原理

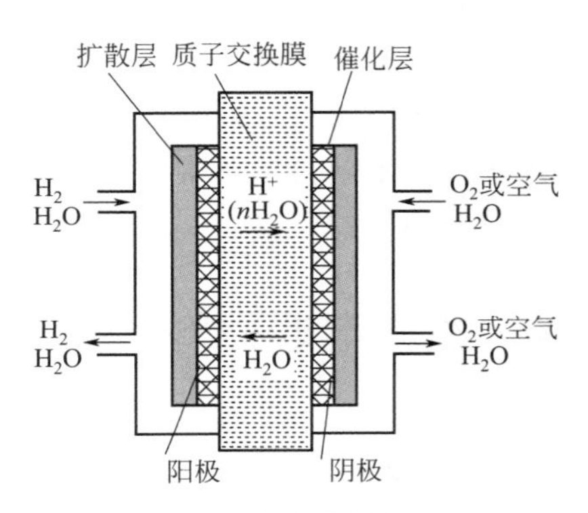

图 7-15　质子交换膜燃料电池原理

7.4.2.1　电催化剂

（1）电催化　电催化是使电极与电解质界面上的电荷转移反应得以加速的催化作用。电催化反应速率不仅由电催化剂的活性决定，而且与双电层内电场及电解质溶液的本性有关。

（2）电催化剂的制备　至今，PEMFC 所用电催化剂均以 Pt 为主催化剂组分。为提高 Pt 利用率，Pt 均以纳米级高分散地担载到导电、抗腐蚀的碳担体上。所选碳担体以炭黑或乙炔黑为主，有时它们还要经高温处理，以增加石墨特性。最常用的担体为 Vulcan XC-72R，其平均粒径约 30nm，比表面积约 $250m^2/g$。

采用化学方法制备 Pt/C 电催化剂的原料一般采用铂氯酸。制备路线分为两大类。

① 先将铂氯酸转化为铂的络合物，再由络合物制备高分散 Pt/C 电催化剂。

② 直接从铂氯酸出发，用特定的方法制备 Pt 高分散的 Pt/C 电催化剂。

为提高电催化剂的活性与稳定性，有时还添加一定的过渡金属，支撑合金型的电催化剂。

（3）多孔气体扩散电极及其制备方法

① 多孔气体电极　燃料电池一般以氢气为燃料，以氧气为氧化剂。由于气体在电解质溶液中的溶解度很低，因此在反应点的反应剂浓度很低。为了提高燃料电池实际工作电流密

度，减小极化，需要增加反应的真实表面积。此外，还应尽可能地减小液相传质的边界层厚度。因此，按此种要求研制多孔气体电极。多孔气体扩散电极的比表面积不但比平板电极提高了 3～5 个数量级，而且液相传质层的厚度也从平板电极的 10^{-2}cm 压缩到 10^{-6}～10^{-3}cm，从而大大提高了电极的极限电流密度，减小了浓差极化。

② 电极制备工艺　PEMFC 电极是一种多孔气体扩散电极，一般由扩散层和催化层组成。扩散层的作用是支撑催化层、收集电流，并且为电化学反应提供电子通道、气体通道和排水通道；催化层是发生电化学反应的场所，是电极的核心部分。电极扩散层一般由碳纸或碳布制作，厚度为 0.2～0.3mm。制备方法为：首先将碳纸或碳布多次浸入聚四氟乙烯乳液（PTFE）中进行憎水处理，用称量法确定浸入的 PTFE 的量；再将浸好的 PTFE 的碳纸置于 330～340℃烘箱内进行热处理，除掉浸渍在碳纸中的 PTFE 所含有的表面活性剂，同时使 PTFE 热熔结，并且均匀分散在碳纸的纤维上，从而达到优良的憎水效果。

（4）经典的疏水电极催化层制备工艺　催化层由 Pt/C 催化剂、PTFE 及其导体聚合物（Nafion）组成。制备工艺为：将上述三种混合物按照一定比例分散在 50％的蒸馏水中，搅拌，用超声波混合均匀后涂布在扩散层或质子交换膜上烘干，并且热压处理。得到膜电极三合一组件。催化层的厚度一般在几十微米左右。

在薄层亲水电极催化层中，气体的传输不同于经典疏水电极催化层中在由 PTFE 憎水网络形成的气体通道中传递，而是利用氧气在水或 Nafion 类树脂中扩散溶解。因此这类电极催化层厚度一般控制在 5μm 左右。

该催化层一般制备工艺如下。

① 将 5％的 Nafion 溶液与 Pt/C 电催化剂混合均匀，Pt/C 与 Nafion 质量比为 3∶1。

② 加入水与甘油，控制质量比为 Pt/C∶H_2O∶甘油＝1∶5∶20。

③ 超声波混合，使其成为墨水状态。

④ 将上述墨水状态物质分几次涂到已经清洗的 PTFE 膜上，在 135℃下烘干。

⑤ 将带有催化层的 PTFE 膜与经过储锂的质子交换膜热压处理，将催化层转移到质子交换膜上。

7.4.2.2　质子交换膜

根据 PEMFC 的制造和工作过程，PEMFC 对质子交换膜的性能要求如下：具有优良的化学、电化学稳定性，保证电池的可靠性和耐久性；具有高的质子导电性，保证电池的高效率；具有良好的阻气性，以起到阻隔燃料和氧化剂的作用；具有高的机械强度，保证其加工性和操作性；与电极具有较好的亲和性，减小接触电阻；具有较低成本，满足使用要求。

（1）全氟磺酸质子交换膜　最早在 PEMFC 中得到实际应用的质子交换膜是美国 Du Pont 公司于 20 世纪 60 年代末开发的全氟磺酸质子交换膜（Nafion 膜），在此之后，又相继出现了其他几种类似的质子交换膜，它们包括美国 Dow 化学公司的 Dow 膜、日本 Asahi Chemical 公司的 Aciplex 膜和 Asahi Glass 公司的 Flemion 膜，这些膜的化学结构与 Nafion 膜一样，都是全氟磺酸结构。在全氟磺酸膜内部存在相分离，磺酸基团并非均匀分布于膜中，而是以离子簇的形式与碳-氟骨架产生微观相分离，离子簇之间通过水分子相互连接形成通道（图 7-16），这些离子簇间的结构对膜的传导特性有直接影响。

因为在质子交换膜相内，氢离子是以水合质子 H^+（xH_2O）的形式，从一个固定的磺酸根位跳跃到另一个固定的磺酸根位，如果质子交换膜中的水化离子簇彼此连接时，膜才会传导质子。膜离子簇间距与膜的 EW 值和含水量直接相关，在相同水化条件下，膜的 EW

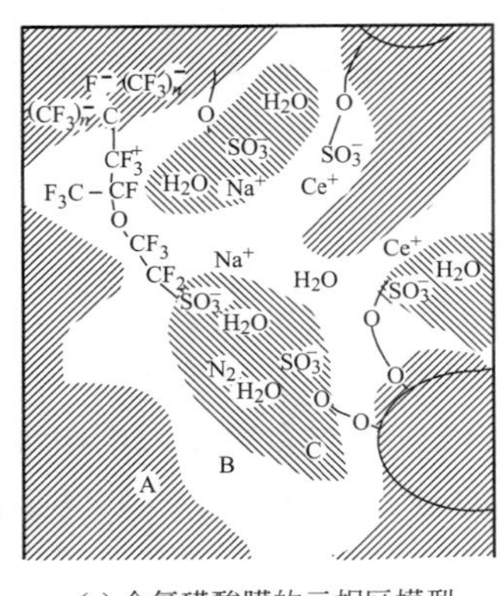

(a) 全氟磺酸膜的三相区模型

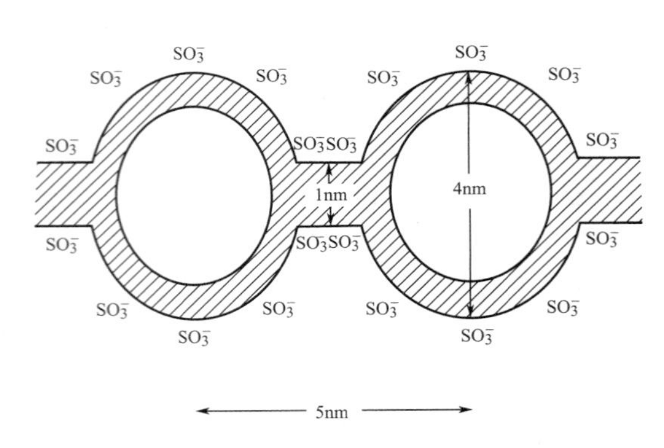

(b) 全氟磺酸膜的离子簇网络结构模型

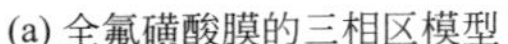

图 7-16　全氟磺酸膜结构示意图

值增加，离子簇半径增加。对同一个质子交换膜，含水量增加，离子簇的直径和离子簇间距缩短，这些都有利于质子的传导。

（2）耐热型质子交换膜　目前 PEMFC 的发电效率在 50%左右，燃料中化学能的 50%是以热能的形式放出，现采用全氟磺酸膜的 PEMFC 由于膜的限制，工作温度一般在 80℃左右，由于工作温度与环境温度之间的温差很小，这对冷却系统来说难度很大。一方面，工作温度越高，冷却系统越容易简化，特别是当工作温度高于 100℃时，便可以借助于水的蒸发潜热来冷却；另一方面，重整气通常是由水蒸气重整法制得的，如果电催化剂的抗 CO 能力增强，即重整气中 CO 的容许浓度增大，则可降低水蒸气的使用量，提高系统的热效率。

由此可见，随着质子交换膜工作容许温度区间的提高，给 PEMFC 带来一系列的好处，在电化学方面表现如下。

① 有利于 CO 在阳极的氧化与脱附，提高抗 CO 能力。

② 降低阴极的氧化还原过电位。

③ 提高催化剂的活性。

④ 提高膜的质子导电能力。

在系统和热利用方面表现如下。

① 简化冷却系统。

② 可有效利用废热。

③ 降低重整系统水蒸气使用量。

随着人们对中温质子交换膜燃料电池认识的加深，开发新型耐热的质子交换膜正在被越来越多的研究工作者所重视。

目前开发的耐热型质子交换膜大致分为中温和高温两种。前者是指工作温度区间在 100～150℃的质子交换膜，质子在这种膜中的传导仍然依赖水的存在，它是通过减小膜的脱水速率或者降低膜的水合迁移数使膜在低湿度下仍保持一定质子传导性。后者的工作温度区间则为 150～200℃，对于这种体系，质子传导的水合迁移数接近于零，因此它可以在较高的温度和脱水状态下传导质子，这对简化电池系统非常重要。

开发耐高温质子交换膜的根本途径是降低膜的质子传导水合迁移数，使膜的质子传导不依赖水的存在。在这方面的研究工作中，一方面有人采用高沸点的质子传导体如咪唑或吡唑代替膜中的水，使膜在高温下保持质子导电性能；另一方面引人注目的工作是聚苯并咪唑

（PBI）/H_3PO_4 膜，由浸渍方法制成的磷酸 PBI 膜在高温时具有良好的电导率。

（3）膜电极三合一组件的制备　膜电极三合一组件（MEA）是由氢阳极、质子交换膜和氧阴极热压而成，是保证电化学反应能高效进行的核心，膜电极三合一组件制备技术不但直接影响电池性能，而且对降低电池成本、提高电池比功率与比能量均至关重要。

PEMFC 电极为多孔气体扩散电极，为使电化学反应顺利进行，电极内需具备质子、电子、反应气体和水的连续通道。对采用 Pt/C 电催化剂制备的 PEMFC 电极，电子通道由 Pt/C 电催化剂承担；电极内加入的防水黏结剂如 PTFE 是气体通道的主要提供者；催化剂构成的微孔为水的通道；向电极内加入的全氟磺酸树脂，构成 H_2 通道。MEA 性能不仅依赖于电催化剂活性，还与电极中四种通道的构成即各种组分配比、电极孔分布与孔隙率、电导率等因素密切相关。在 PEMFC 发展进程中，已发展了多种膜电极制备工艺。

其制备工艺主要包括下面几点。

① 膜的预处理。

② 将制备好的多孔气体扩散型氢氧电极浸入或喷上全氟磺酸树脂，在 60～80℃烘干。

③ 在质子交换膜两面放好氢、氧多孔气体扩散电极，置于两块不锈钢平板中间，放入热压机中。

④ 在温度 130～135℃、压力 6～9MPa 下热压 60～90s，取出后冷却降温。

为了改进 MEA 的整体性，可采用下述方法。

① 制备电极时，加入少量 10%的聚乙烯醇。

② 提高热压温度。为此，需将 Nafion 树脂和 Nafion 膜用 NaCl 溶液煮沸，使其转化为钠型，此时热压温度可提高到 160～180℃。还可将 Nation 溶液中的树脂转化为季铵盐型（如用四丁基氢氧化铵处理），再与经过钠型化的 Nation 膜压合，热压温度可提高到 195℃。

（4）质子交换膜燃料电池的特点及研发现状　燃料电池种类较多，PEMFC 以其工作温度低、启动快、能量密度高、寿命长、重量轻、无腐蚀性、不受二氧化碳的影响、能量来源比较广泛等优点特别适宜作为便携式电源、机动车电源和中小型发电系统。

由于膜的结构、工艺和生产批量等问题的存在，到目前为止，质子交换膜的成本是非常高的，约为每平方米 600 美元。其中膜的成本占 20%～30%，因此降低膜的成本迫在眉睫。据研究计划报道，其第三代质子交换膜 BAM3G，价格将为每平方米 50 美元。质子交换膜燃料电池的工作温度约为 80℃。在这样的低温下，电化学反应能正常地缓慢进行，通常用每个电极上的一层薄的铂进行催化。

质子交换膜燃料电池拥有许多特点，因此成为汽车和家庭应用的理想能源，它可代替充电电池。它能在较低的温度下工作，因此能在严寒条件下迅速启动。其电力密度较高，因此其体积相对较小。此外，这种电池的工作效率很高，能获得 40%～50%的最高理论电压，而且能快速地根据用电的需求而改变其输出。

目前，能产生 50kW 电力的示范装置业已在使用，能产生高达 250kW 电力的装置也正在开发。当然，要想使该技术得到广泛应用，仍然还有一系列的问题尚待解决。其中最主要的问题是制造成本，因为膜材料和催化剂均十分昂贵。不过人们的研究成果使成本不断降低，一旦能够大规模生产，经济效益将会充分显示出来。

另一个大问题是这种电池需要纯净的氢方能工作，因为它们极易受到一氧化碳和其他杂质的污染。这主要是因为它们在低温条件下工作时，必须使用高敏感的催化剂。

7.4.3 固体氧化物燃料电池材料

7.4.3.1 固体氧化物燃料电池工作原理

固体氧化物燃料电池（solid oxide fuel cell，SOFC）属于第三代燃料电池，是一种在中高温下直接将储存在燃料和氧化剂中的化学能高效、环境友好地转化成电能的全固态化学发电装置。被普遍认为是在未来会与质子交换膜燃料电池（PEMFC）一样得到广泛普及应用的一种燃料电池。固体氧化物燃料电池是一个将化石燃料（煤、石油、天然气以及其他碳氢化合物等）中的化学能转换为电能的发电装置，其工作原理如图 7-17 所示。能量转换是通过电极上的电化学过程来进行的，阴极和阳极反应分别为：

$$O_2 + 4e^- \longrightarrow 2O^{2-}$$

$$2O^{2-} + 2H_2 \longrightarrow 2H_2O + 4e^-$$

其中的 H 来自于化石燃料，而 O 来源于空气。

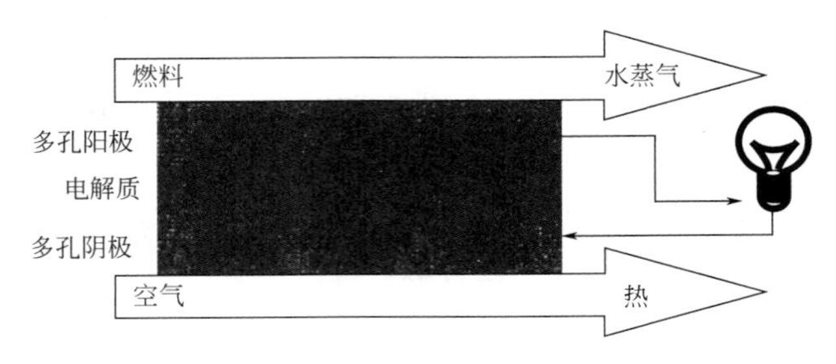

图 7-17 固体氧化物燃料电池工作原理

从理论上讲，固体氧化物燃料电池是最理想的燃料电池类型之一。它不仅具有其他燃料电池高效和环境友好的优点，而且还具备下列优点。

（1）SOFC 是全固态的电池结构，避免了因为使用液态电解质所带来的腐蚀和电解液流失的问题。

（2）电池在高温下（800～1000℃）工作时，电极反应过程相当迅速，无须采用贵金属电极，因而电池成本大大降低，同时在高的工作温度下，电池排出的高质量余热可以充分利用，既能用于取暖，也能与蒸汽轮联用进行循环发电。

（3）燃料的适用范围广，不仅用 H_2、CO 等作为燃料，而且可以直接用天然气、煤气、碳氢化合物及其可燃烧物质作为燃料发电。

7.4.3.2 固体氧化物燃料电池材料

（1）固体氧化物电解质　固体氧化物电解质通常为萤石结构的氧化物，常用的电解质是 Y_2O_3、CaO 等掺杂的 ZrO_2、CeO_2 或 Bi_2O_3 氧化物形成的固溶体。目前最广泛应用的氧化物电解质为 6%～10%（摩尔分数）Y_2O_3 掺杂的 ZrO_2，常温下 ZrO_2 属于单斜晶系，1150℃时不可逆转变为四方结构，到 2370℃时转变为立方萤石结构，并且一直保持到熔点（2680℃）。8%（摩尔分数）Y_2O_3 稳定的 ZrO_2（YSZ）是 SOFC 中普遍采用的电解质材料，其电导率在 950℃下约为 0.1S/cm。虽然 YSZ 的电导率比其他类型的固体电解质小 1～2 个数量级，但它有突出的优点，即在很宽的氧分压范围内呈纯氧离子导电特性，电子导电和空穴导电只在很低和很高的氧分压下产生。因此，YSZ 是目前少数几种在 SOFC 中具有实用价值的氧化物固体电解质。目前 YSZ 电解质薄膜的制备方法很多，按其成膜原理可以分为陶瓷粉末法、化学法和物理法。

陶瓷粉末法分为流延成形法和浆料涂覆法两种。

① 流延成形法　流延成形法是在陶瓷粉料中添加溶剂、分散剂、黏结剂和增塑剂等，制得分散均匀的稳定浆料，经过筛、除气后，在流延机上制成具有一定厚度的素坯膜，再经过干燥、烧结得到致密薄膜的一种成形方法。流延成形法制备 YSZ 薄膜工艺的关键在于制备性能合适的流延浆料。为了使成膜致密，通常采用细颗粒的球形粉料，但是如果粉料过细，浆料中黏结剂和增塑剂的用量也要相应增加，以保证浆料的黏度，这会给干燥和烧结带来困难，从而影响烧结膜的质量。浆料中溶剂、分散剂、黏结剂和塑性剂等添加剂的种类和含量很重要，并且添加剂的添加次序对流延浆料的黏度及流变性影响很大。一般先在粉料中加入溶剂和分散剂，用球磨或超声波分散的方法混合均匀后，再加入塑性剂和黏结剂，这主要是因为黏结剂和分散剂在粉体颗粒上的吸附具有竞争性，分散剂先吸附在颗粒表面后不易被解吸，可增强粉体的分散效果，有利于提高膜的致密度。图 7-18 为流延成形法制备 YSZ 薄膜的工艺流程。

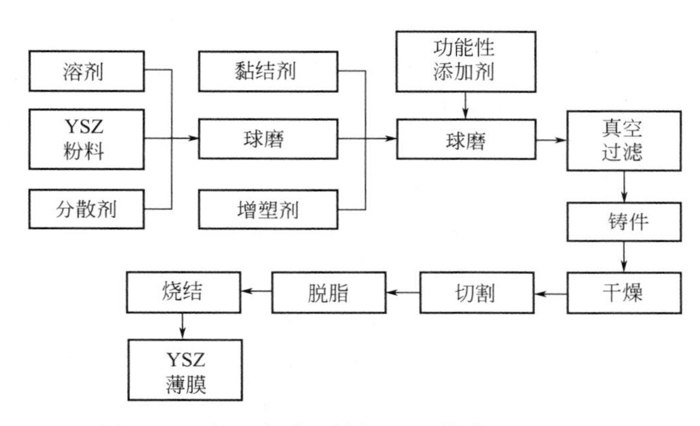

图 7-18　流延成形法制备 YSZ 薄膜的工艺流程

② 浆料涂覆法　浆料涂覆法是将 YSZ 粉末分散在溶剂中，加入助剂配成浆状悬浮液，然后采用不同涂覆方式将 YSZ 浆料涂覆在基片表面，再经干燥、烧结得到电解质薄膜的方法。图 7-19 为浆料涂覆法制备 YSZ 薄膜的工艺流程。浆料涂覆法设备成本低，工艺简单，成膜较薄，但所用的浆料一般是 YSZ 含量 10%（质量分数）左右的稀悬浮液，为了得到气密性良好的电解质膜，浆料的涂覆、干燥、预烧过程一般需要重复 3～10 次，既费时又费力。针对稀浆涂覆法的不足，一般将浆料中 YSZ 含量提高到 40%（质量分数），用刷子将浆料刷到电极上后再用匀胶机甩平，只进行一次涂覆，烧结后得到 8μm 厚的均匀致密的 YSZ 薄膜。也可以将 NiO-YSZ 片放在布氏漏斗底部，向漏斗中加入 YSZ 纳米粉和异丙醇及乙烯醇缩丁醛混合悬浮液，通过控制溶液的浓度和液面下沉速度，得到 7μm 厚的致密 YSZ 薄膜。

YSZ 作为电解质时，由于电导率较低，必须在 900～1000℃的温度下工作才能使 SOFC 获得较高的功率密度，这样给双极板、高温密封胶的选材和电池组装带来一系列的困难。目前国际上 SOFC 的发展趋势是，适当降低电池的工作温度至 800℃左右。

(2) 电极材料

① 阴极材料　在高温 SOFC 中，要求电极必须具备下列特点：多孔性，高的电子导电性，与固体电解质有高的化学和热相容性以及相近的热膨胀系数。

SOFC 中的阴极、阳极可以采用 Pt 等贵金属材料，但由于 Pt 价格昂贵，而且高温下易

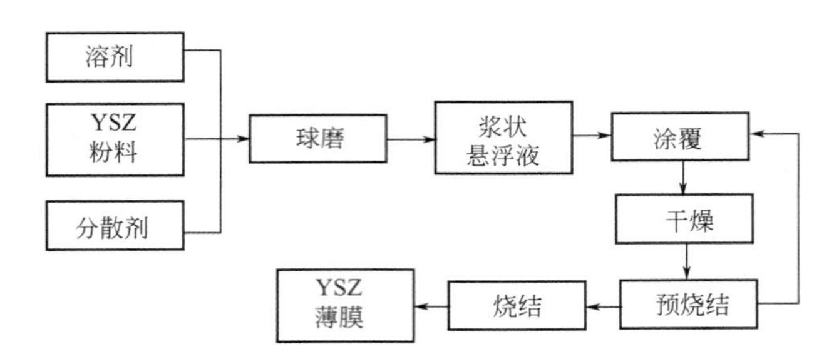

图 7-19　浆料涂覆法制备 YSZ 薄膜的工艺流程

挥发，实际已很少采用。目前发现钙钛矿型复合氧化物 $Ln_{1-x}A_xMO_3$（Ln 为镧系元素，A 为碱土金属，M 为过渡金属）是性能较好的一种阴极材料。不同过渡金属的钙钛矿型的氧化物 $La_{1-x}Sr_xMO_{3-\delta}$（M 为 Mn、Fe、Co，$0\leqslant x\leqslant 1$）的阴极电化学活性的顺序为：$La_{1-x}Sr_xCoO_{3-\delta}>La_{1-x}Sr_xMnO_{3-\delta}>La_{1-x}Sr_xFeO_{3-\delta}>La_{1-x}Sr_xCrO_{3-\delta}$。

目前，SOFC 中空气电极广泛采用锶掺杂的亚锰酸镧（LSM）钙钛矿材料。原因是 LSM 具有较高的电子导电性、电化学活性和与 LSM 相近的热膨胀系数等优良综合性能。在 $La_{1-x}Sr_xMnO_3$ 中，随 Sr 掺杂量的变化，导电性连续增大，但热膨胀系数也不断增加，为了保证和 YSZ 膨胀系数相匹配，一般 Sr 掺杂量取 0.1%～0.3%。

② 阳极材料　SOFC 通过阳极提供燃料气体，阳极又称燃料极。从阳极的功能和结构考虑，必须满足以下一系列要求：好的化学稳定性和性能稳定性；有足够的电子电导率，减小欧姆极化，能把产生的电子及时传导到连接板，同时具有一定的离子电导率，以实现电极的立体化；与其相接触的材料的化学兼容性和热膨胀匹配性；适当的气孔率，使燃料气体能够渗透到电极-电解质界面处参与反应，并且将产生的水蒸气和其他的副产物带走，同时又不严重影响阳极的结构强度；良好的催化活性和足够的表面积，以促进燃料电化学反应的进行；良好的催化性能，较高的强度和韧性，易加工性和低成本。

a. 金属电极　阳极曾用过具有电子导电性的材料，如 Pt、Ag 等贵金属，石墨，过渡金属铁、钴、镍等，都曾作为阳极加以研究。贵金属不仅成本太高，而且在较高的温度下还存在 Ag 的挥发问题，Pt 电极在 SOFC 运行中，反应产生的水蒸气会使阳极和电解质发生分离。过渡金属也有一定的局限性，如铁也可以作为阳极材料，但是铁在高温下容易被氧化而失去活性。后来人们用廉价的 Ni 代替了 Pt、Ag 等贵金属。但 Ni 颗粒的表面活性高，容易烧结团聚，不仅会降低阳极的催化活性，而且由于电极烧结、孔隙率降低，会影响燃料气体向三相界面扩散，增加电池的阻抗。Co 也是一种很好的阳极材料，其电催化性能比 Ni 好，但是 Co 的价格比较贵，限制了它在实际中的应用。因此，纯金属阳极都不能为 SOFC 技术所采用。

b. Ni-YSZ 金属陶瓷电极　金属陶瓷复合材料是通过将具有催化活性的金属分散在电解质材料中得到的，这样既保持了金属阳极的高电子电导率和催化活性，同时又增加了材料的离子电导率和改善了阳极与电解质热膨胀系数不匹配的问题。复合材料中的陶瓷相主要是起结构方面的作用，即保持金属颗粒的分散性和长期运行时阳极的多孔结构。金属 Ni 因其便宜的价格及较高的稳定性，常与电解质氧化钇稳定的氧化锆（yttria stabilized zirconia，YSZ）混合制成多孔金属陶瓷 Ni-YSZ。它是目前应用最广泛的 SOFC 阳极材料，首先需要制备 NiO-YSZ 复合材料，然后在 SOFC 工作环境中还原，得到 Ni-YSZ 金属陶瓷。

Ni-YSZ 金属陶瓷阳极的电导率与其中的 Ni 含量密切相关。Ni-YSZ 的电导率随 Ni 含量呈 S 形变化（图 7-20），说明了 Ni-YSZ 中导电机理随 Ni 含量不同而发生变化。在 Ni-YSZ 金属陶瓷中存在两种导电机制：电子导电相 Ni 和离子导电相 YSZ。Ni-YSZ 的电导大小由混合物中二者的比例决定，当 Ni 含量超过 30%（体积分数）时，电导率骤增，高出以前的 3 个数量级，说明此时起作用的主要是 Ni 中的电子电导，其电导率还与电极的微观结构密切相关。Ni 含量越大，欧姆电阻越小，极化电阻随 Ni 的体积含量变化有一个最小值，往往在 50%左右。

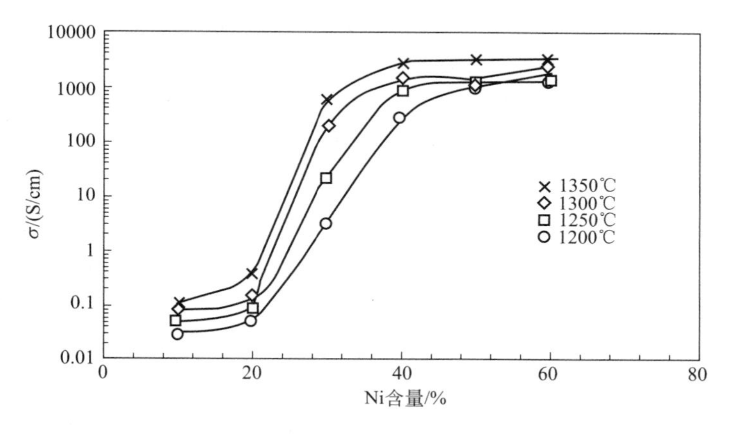

图 7-20　不同的温度时 Ni-YSZ 阳极电导率与 Ni 含量的关系

Ni-YSZ 金属陶瓷阳极的热膨胀系数随组成不同而发生变化。随着 Ni 含量的增加，Ni-YSZ 阳极的热膨胀系数增大。但是当 Ni 含量超过 30%时，Ni-YSZ 金属陶瓷的热膨胀系数将比 YSZ 电解质的高。综合考虑阳极材料的各方面性能，Ni 含量一般取 30%左右。除了组成外，Ni-YSZ 的粒径比会直接影响到阳极的极化和电导率。对于 Ni 含量和孔隙率都固定的阳极来说，粒径比越大，电导率就越高。

Ni-YSZ 的粒径比会直接影响到阳极的极化和电导率。对于 Ni 含量和孔隙率都固定的阳极来说，粒径比越大，电导率就越高。粗的 YSZ 颗粒在烧结和还原 NiO 时，更容易收缩，此时产生的应力会造成微裂纹和电池性能的快速衰减。另外，从电催化活性角度考虑，使用粗的 YSZ 颗粒会减小燃料发生氧化反应的三相界面，增加极化电阻。现在，一种新的微观结构被提出，即原始粉料由粗 YSZ、细 YSZ 和 NiO 颗粒构成。这种新型阳极与传统阳极相比，它的优越性主要体现在电池的长期性能上。整个阳极由多层具有不同粒径和 Ni 含量的阳极层构成，由里向外，粒径和 Ni 含量逐渐增大，从而阳极的孔隙率、电导率和热膨胀系数也呈梯度分布。Koide 等的研究表明，采用具有不同 Ni 含量的双层阳极能够有效地降低电池的欧姆和极化电阻。实验结果表明，在 600～800℃之间，其电导率高达 103.3S/cm。所以，可以被用作中低温固体氧化物燃料电池的阳极材料。

c. Cu 基金属陶瓷　人们考虑用一种惰性金属来代替 Ni 形成金属陶瓷阳极。Gorte 等用金属 Cu 代替或取代部分 Ni，Cu-YSZ 阳极在 SOFC 的工作温度和环境下保持稳定，没有碳沉积，但是，并没有获得很好的电池性能，这可能是因为 Cu 没有足够的催化活性，减弱了对甲烷催化生成碳的反应，显著减少了阳极积碳。研究发现，Cu、Ni、CeO_2-YSZ 复合阳极对多种碳氢化合物（例如甲烷、乙烷、丁烷、丁烯、甲苯等）的直接电化学催化有良好的催化活性，而且没有积碳现象。有人合成 Cu-CeO_2-YSZ 阳极材料，发现与 Ni-YSZ 相比，其对燃料的适应性更强，还可以得到更加稳定的电池性能。所以这类 Cu 基阳极对碳氢化合物的直接电化学氧化有很好的发展潜力。

d. CeO_2 基复合材料　目前阳极的材料体系和微观结构设计已是多种多样。在传统的 Ni-YSZ 材料的基础上，发展出了 Ni-DCO 材料。研究表明，采用掺杂 CeO_2 的 Ni-YSZ 阳极，用潮湿的 CH_4 为燃料，工作温度在 850℃时工作 3h，阳极没有发现出现碳沉积。在中低温下具有较好的性能，而且 Ni-DCO 阳极对碳氢燃料有更好的催化活性和稳定性。现已被广泛用于中低温 SOFC。

CeO_2 是具有萤石结构的氧化物，空间群为 Fm3m，熔点高，不容易烧结。目前已有实验室开展了以 CeO_2 作燃料电池电催化剂的研究。CeO_2 在许多反应，包括碳氢化合物的氧化和部分氧化中，可以作为催化剂。同时，CeO_2 还具有阻止碳沉积和催化碳的燃烧反应的能力。因此，它被研究用作以合成气、甲醇、甲烷为燃料的 SOFC 阳极材料或复合阳极材料的组成部分。掺杂和不掺杂的 CeO_2 基材料在低氧分压下都能够表现出混合导体的性能，是很有潜力的 SOFC 阳极材料。氧化铈的电导率也随着掺杂元素的离子大小、价态和掺杂量的变化而变化。在所有三价掺杂元素中，Gd^{3+}、Sm^{3+}、Y^{3+} 的半径与 Ce^{4+} 最接近，因而这三种元素掺杂的氧化铈的阳空位缔合能最低。纯 CeO_2 的电导率并不高，600℃时的离子电导率只有 10^{-5} S/cm。但掺杂碱金属氧化物（如 CaO）或稀土氧化物（如 Y_2O_3、Sm_2O_3、Gd_2O_3）后，其氧离子电导率会大大提高。

为了降低采用阳极支撑结构的 SOFC 的成本，研究了钙掺杂的氧化铈（CDC）。结果表明，掺杂 20%钙的材料的电导率最高，850℃时在氢气气氛下的电导率可以达到 1.1S/cm，远大于在空气气氛下的电导率；同样我们研究了钆掺杂的氧化铈，掺杂 20%钆的材料在 850℃时氢气气氛下的电导率可以达到 0.39S/cm。分别以 Ni-20CDC 作为阳极、Sm0.5Sr0.5Co-SDC 作为阴极、SDC 作为电解质的单电池，在 650℃时氢气气氛下的最大输出比功率可以达到 623mW/cm^2。

③ 双极连接材料　双极连接板在 SOFC 中起到连接阴、阳电极的作用，特别是平板式 SOFC 中同时起分隔燃料和氧化剂及构成流场与导电作用，是平板 SOFC 中关键材料之一。双极连接板在高温和氧化、还原气氛下必须具备良好的力学性能、化学稳定性、高的电导率和接近 YSZ 的热膨胀系数，目前 $La_{1-x}CaCrO_3$（简称 LCC）和 Cr-Ni 合金材料能满足平板式 SOFC 连接材料的要求。

7.4.4 熔融碳酸盐燃料电池材料

熔融碳酸盐燃料电池（MCFC）概念的提出最早在 20 世纪 40 年代。目前，MCFC 实验与研究集中在以下方面：应用基础研究主要集中在解决电池材料抗熔盐腐蚀方面，以期望延长电池寿命；实验电厂的建设正在全面展开，主要集中在美国、日本与西欧一些国家，实验电厂的规模已经达到 1～2MW。MCFC 的工作温度约 650℃，余热利用价值高；电催化剂以镍为主，不用贵金属，并且可用脱硫煤气、天然气为燃料；电池隔膜与电极均采用浇铸方法制备，工艺成熟，容易大批量生产。

熔融碳酸盐燃料电池具有能量转换率高、无公害、在 600～700℃高温下工作不需价格昂贵的催化剂、一氧化碳、煤气等气体均可作为燃料等优点。

作为第二代燃料电池，目前很多国家如美国、荷兰、意大利、日本等都很重视这项研究工作。美国 IFC 于 1986 年已运转 25kW 级电池组。熔融碳酸盐燃料电池主要由燃料电极

(阳极)、空气电极(阴极)、熔融碳酸盐电解质及隔板等组成，这些材料的好坏直接影响燃料电池的性能。因此很多国家都很重视这些材料的研究工作。

7.4.4.1　燃料电极

燃料电极经常与燃料气体 H_2 及 CO 等接触，所以对这些气体要求具有稳定性。对燃料电极材料的基本要求如下。

(1) 导电性能好。

(2) 耐高温特性好。

(3) 对电解质(熔融碳酸盐)具有耐腐蚀性。

(4) 在燃料气体等还原性气氛中很稳定。

(5) 在高温下不发生烧结现象和蠕变现象，机械强度高。

目前解决这些问题的主要方法是采用电极特性比较好的 Ni 系材料，进行合金化处理或用氧化物弥散强化的 Ni-Cr、Ni-Co、Ni-$LiAlO_2$ 等。

7.4.4.2　空气电极

空气电极经常与高温的氧化气氛接触，所以需要抗氧化的性能。目前常用的空气电极材料是掺 1%～2%Li 的 NiO。这种电极用纯 Ni 粉末进行烧结而制成，具有多孔性结构。它组成电池时被氧化成黑色的 NiO。NiO 单体本身是一种绝缘体，但在电解质中的 Li 掺到这里后就形成导电性高的空气电极。目前存在的最大问题是，在电池运转中电极中的 Ni 逐渐被溶解在电解质中，使长期运转时电解质中析出 Ni。因此燃料电极和空气电极有时发生短路现象。

7.4.4.3　电解质

熔融碳酸盐燃料电池的电解质部分，主要由基体材料和熔融碳酸盐电解质两部分组成。电解质部分又按其结构可分为基体型电解质及膏型电解质两种。

基体型电解质主要由 $LiAlO_2$ 或 MgO 烧结体组成，一般具有 50%～60%的空隙率，其中浸有熔融碳酸盐电解质。在基体型电解质中，对基体材料的要求如下。

(1) 绝缘性能好。

(2) 机械强度高。

(3) 在高温下对熔融碳酸盐稳定。

(4) 能浸入及保持电解质。

膏型电解质主要由 $LiAlO_2$ 及 ZrO_2 组成。它是在比熔融碳酸盐熔点低的基础上经过热压法制备的。膏型电解质在机械强度方面不如基体型电解质，但其气密性及内部电阻方面比基体型好。因为气密性好，所以内电阻小。膏型电解质的缺点是：反复操作及热循环时，容易出现裂纹。为了防止这种现象，可在其中加入 Fe-Cr-Al 合金组成补强剂加以避免。

7.4.4.4　燃料电池隔膜

隔膜是 MCFC 的核心部件，要求温度高、耐高温熔盐腐蚀、浸入熔盐电解质后能阻气并具有良好的离子导电性能。早期的 MCFC 隔膜由氧化镁制备，然而氧化镁在熔盐中微弱熔解并容易开裂。研究表明，偏铝酸锂($LiAlO_2$)具有很强的抗碳酸熔盐腐蚀的能力，因此目前广泛采用。

在 MCFC 中，碳酸盐电解质被保持在多孔的偏铝酸锂结构中，通常称为电解质板。$LiAlO_2$ 的结构形态和物理特性(即粒子大小和比表面积等)强烈地影响着电解质板的强度及保持电解质的能力。$LiAlO_2$ 有三种结构形态，见表 7-6。研究表明，γ-$LiAlO_2$ 在 MCFC 工作环境中是最稳定的结构形态，因为 $LiAlO_2$ 在高温下具有良好的化学稳定性、热稳定性和力学稳定性。与其他材料的相容性好，尤其是有极好的辐射行为，并且该材料锂的含量相对较高，所以它引起了学者们广泛的兴趣。偏铝酸锂粉料的合成方法很多，通常有固相合成法、溶胶-凝胶法、共沉淀法等。后两者的制备过程复杂，成本高，且反应周期较长，另外反应后存在副产物。

表 7-6　$LiAlO_2$ 的三种结构形态

晶体类型	晶系	颗粒外形	粒子细度	密度/(g/cm^3)	比表面积	稳定性
α- $LiAlO_2$	六方	球形	高	3.400	大	高压稳定
β- $LiAlO_2$	正交	针状	中	2.610	中	亚稳
γ- $LiAlO_2$	正方	片状、双锥	低	2.615	小	高温稳定

(1) $LiAlO_2$ 粉体的制备　将 Al_2O_3 和 Li_2CO_3 混合（摩尔比 1∶1），以去离子水为介质，长时间充分球磨后经过 600～700℃ 高温焙烧制备出 $LiAlO_2$。其反应式为：

$$Al_2O_3 + Li_2CO_3 \longrightarrow 2LiAlO_2 + CO_2\uparrow$$

将粉体与一定量的黏合剂和增塑剂混合，滚压成膜，以滚压制得的 $LiAlO_2$ 膜作电池隔膜，以烧结 Ni 作对电极，组装成了电极面积 $28cm^2$ 的小型 MCFC，电池性能良好，放电电流密度为 $125mA/cm^2$，电池电压为 0.91V。

(2) $LiAlO_2$ 隔膜的制备　国内外已经开发了多种 $LiAlO_2$ 隔膜的制备方法，有热压法、电沉积法、真空铸造法、冷热滚法和带铸法。带铸法制备的 $LiAlO_2$ 隔膜，不但性能好、重复性好，而且适用于大批量生产。带铸法制备隔膜的过程是：在 γ-$LiAlO_2$ 粗料中掺入 5% 的 γ-$LiAlO_2$ 细料，同时加入一定比例的黏结剂、增塑剂和分散剂；用正丁醇和乙醇的混合物作溶剂，经长时间球磨制备出适于带铸的浆料，然后将浆料用带铸机铸膜，在制膜的过程中要控制溶剂的挥发速率，使膜快速干燥；将制得的膜数张叠合，热压成厚度为 0.5～0.6mm、堆密度为 1.75～1.85g/cm^3 的电池用隔膜。

国内开发了流铸法制膜技术。用该技术制膜时，浆料的配方与带铸法相似，但是加入的溶剂量大，配成的浆料具有很大的流动性。将制备好的浆料脱气至无气泡，均匀铺摊于一定面积的水平玻璃板上，在饱和溶剂蒸气中控制膜中溶剂挥发速率，让膜快速干燥，然后将数张这种膜叠合，热压成厚度为 0.5～1.0mm 的电池隔膜。

7.4.4.5　熔融碳酸盐燃料电池需要解决的关键技术

(1) 阴极熔解　MCFC 电极为锂化的 NiO。随着电极长期工作运行，阴极在熔盐电解质中将要发生熔解，熔解产生的 Ni^{2+} 扩散进入电池隔膜中，被隔膜阳极一侧渗透的 H_2 还原成金属 Ni，而沉积在隔膜中，严重时导致电池短路。

(2) 阳极蠕变　MCFC 阳极最早采用烧结 Ni 作电极，由于 MCFC 属于高温燃料电池，在高温下还原气氛中的 Ni 将蠕变，从而影响了电池的密封性能和电池性能。为提高阳极的抗蠕变性能和力学性能，国外采用以下方法：向 Ni 阳极中加入含有 Cr、Al 等元素的物质，形成 Ni-Cr、Ni-Al 合金，以达到弥散强化的目的；向 Ni 阳极中加入非金属氧化物，利用非金属氧化物良好的抗高温蠕变性能对阳极进行强化。

(3) 熔盐电解质对电极双极板材料的腐蚀　MCFC 双极板通常用的材料是 SUS310 或 SUS316 等不锈钢，长期工作后，会造成电极双极板材料的腐蚀，为提高双极板的耐腐蚀性能，一般国外采取在双极板表面包覆一层 Ni 或 Ni-Cr-Fe 耐热合金，或者在双极板表面上镀

Al 或 Co。目的是提高耐腐蚀性能。

（4）电解质流失问题　随着 MCFC 运转工作时间的加长，熔盐电解质将按照以下的途径发生部分流失：阴极熔解导致流失；阳极腐蚀导致流失；双极板腐蚀导致流失；熔盐电解质蒸发损失导致流失；电解质迁移导致流失。

为了保证 MCFC 内部有足够的电解质，一般在电池结构上增加补盐设计，如在电极或基板上加工一部分沟槽，用在沟槽中储存电解质的方法补盐，使盐流失的影响降为最低。

7.4.5　燃料电池的应用

（1）军事上的应用　军事应用应该是燃料电池最主要，也是最适合的市场。高效，多面性，使用时间长，以及安静工作，这些特点极适合于军事工作对电力的需要。燃料电池可以多种形态为绝大多数军事装置，如从战场上的移动手提装备到海陆运输，来提供动力。

在军事上，微型燃料电池要比普通的固体电池具有更大的优越性，其更长的使用时间就意味着在战场上无须麻烦的备品供应。此外，对于燃料电池而言，添加燃料也是轻而易举的事情。

同样，燃料电池的运输效能极大地减少活动过程中所需的燃料用量，在进行下一次加油之前，车辆可以行驶得更远，或在遥远的地区活动更长的时间。这样，战地所需的支持车辆、人员和装备的数量便可以显著地减少。自 20 世纪 80 年代以来，美国海军就使用燃料电池为其深海探索的船只和无人潜艇提供动力。

（2）移动装置上的应用　伴随燃料电池的日益发展，它们正成为不断增加的移动电器的主要能源。微型燃料电池因其具有使用寿命长、重量轻和充电方便等优点，比常规电池具有得天独厚的优势。

如果要使燃料电池能在电脑、移动电话和摄录影机等设备中应用，其工作温度、燃料的可用性以及快速激活性将成为人们考虑的主要参数，目前大多数研究工作均集中在对低温质子交换膜燃料电池和直接甲醇燃料电池的改进。正如其名称所示，这些燃料电池以直接提供的甲醇-水混合物为基础工作，不需要预先重整。

由于使用甲醇作为燃料，直接甲醇燃料电池要比固体电池具有更大的优越性。其充电仅仅涉及重新添加液体燃料，不需要长时间地将电源插头插在外部的供电电源上。当前，这种燃料电池的缺点是用来在低温下生成氢气所需的铂催化剂的价格比较昂贵，其电力密度较低。如果这两个问题能够解决，应该说没有什么问题能阻挡它们的广泛应用了。目前，美国正在实验以直接甲醇燃料电池为动力的移动电话。

（3）空间领域的应用　在 20 世纪 50 年代后期和 60 年代初期，美国政府为了替其载人航天飞行寻找安全可靠的能源，对燃料电池的研究给予了极大的关心和资助，使燃料电池取得了长足的进步。重量轻，供电供热可靠，噪声轻，无振动，并且能生产饮用水，所有这些优点均是其他能源不可比拟的。

General Electric 生产的 Grubb-Niedrach 燃料电池是 NASA 用来为其 Gemini 航天项目提供动力的第一个燃料电池，也是第一次商业化使用燃料电池。从 20 世纪 60 年代起，飞机制造商 Pratt & Whitney 赢得了为阿波罗项目提供燃料电池的合同。Pratt & Whitney 生产的燃料电池是基于对 Bacon 专利的碱性燃料电池的改进，这种低温燃料电池是最有效的燃料电池。在阿波罗飞船中，3 组电池可产生 1.5kW 或 2.2kW 电力，并行工作，可供飞船短期飞行。每组电池重约 114kg，装填有低温液氢和液氧。在 18 次飞行中，这种电池共工作

10000h，未发生一次飞行故障。

在20世纪80年代航天飞机开始飞行时，Pratt & Whitney的姊妹公司国际燃料电池公司继续为NASA提供航天飞机使用的碱性燃料电池。飞船上所有的电力需求由3组12kW的燃料电池存储器提供，无须备用电池。国际燃料电池公司技术的进一步发展使每个飞船上使用的燃料电池存储器能提供约等于阿波罗飞船上同体积的燃料电池10倍的电力。以低温液氢和液氧为燃料，这种电池的效率在70%左右，在截至现在的100多次飞行中，这种电池共工作了超过80000h。

（4）运输上的应用　当前，以内燃机提供动力的汽车已成为有害气体排放的主要排放源。在世界各地，国家和地方机构都在立法强迫汽车制造商生产能极大限度地降低排放的车辆，燃料电池可为这种要求带来实质的机遇。加拿大位于阿尔伯塔的Pembina设计研究所指出：当一辆小车使用以氢气为燃料的燃料电池而不用汽油内燃机时，其二氧化碳的排放量可以减少高达72%。然而，如果用燃料电池代替内燃机，燃料电池技术不仅要符合立法对车辆排放的严格要求，还要能对终端用户提供同样方便灵活的运输解决方案。驱动车辆的燃料电池必须能迅速地达到工作温度，具有经济上的优势，并且能提供稳定的性能。

应该说质子交换膜燃料电池最有条件满足这些要求，其工作温度较低，在80℃左右，它们能很快地达到所需的温度。由于能迅速地适应各种不同的需求，与内燃机的效率25%左右相比，它们的效率可高达60%。Pembina设计研究所近来的研究表明，以甲醇为燃料的燃料电池，其燃料利用率是用汽油内燃机提供动力的车辆的1.76倍。在现有的燃料电池中，质子交换膜燃料电池的电力密度最大。当人们在车辆设计中重点考虑空间最大化时，这一因素则至关重要。另外，固态聚合物电解质能有助于减少潜在的腐蚀和安全管理问题。唯一的潜在问题是燃料的质量，为了避免在如此低温下催化剂受到污染，质子交换膜燃料电池必须使用没有污染的氢气燃料。

现在，大多数车辆生产商视质子交换膜燃料电池为内燃机的后继者，General Motors、Ford、Daimler-Chrysler、Toyota、Honda以及其他许多公司都已生产出使用该技术的样机。在这一进程中，运用不同车辆和使用不同地区的实验进展顺利，用质子交换膜燃料电池为公共汽车提供动力的实验已在温哥华和芝加哥取得成功。德国的城市也进行了类似的实验，今后，还有另外十个欧洲城市也将在公共汽车上进行实验，伦敦和加利福尼亚州也将计划在小型车辆上进行实验。

在生产商能够有效地、大规模地生产质子交换膜燃料电池之前，需要解决的主要问题包括生产成本、燃料质量以及电池的体积。但愿技术的进一步发展和扩大生产的共同作用将会运用经济的规模性而降低生产成本。目前，人们也在对直接使用甲醇为燃料和从环境空气中取得氧气的另一解决方案进行研究，它也可以避免燃料的重整过程。

7.5　超级电容器材料

7.5.1　概述

超级电容器（supercapacitor或ultracapacitor），又称双电层电容器（electrical double-layer capacitor）、电化学电容器（electrochemcial capacitor，EC），通过极化电解质来储能。它是一种电化学元件，但在其储能的过程中并不发生化学反应，这种储能过程是可逆的，也正因为此超级电容器可以反复充放电数十万次。超级电容器可以被视为悬浮在电解质中的两个无反应活性的多孔电极板，在极板上加电，正极板吸引电解质中的负离子，负极板吸引正离子，实际上形成两个电容性存储层，被分离开的正离子在负极板附近，负离子在正极板附近（图 7-21）。

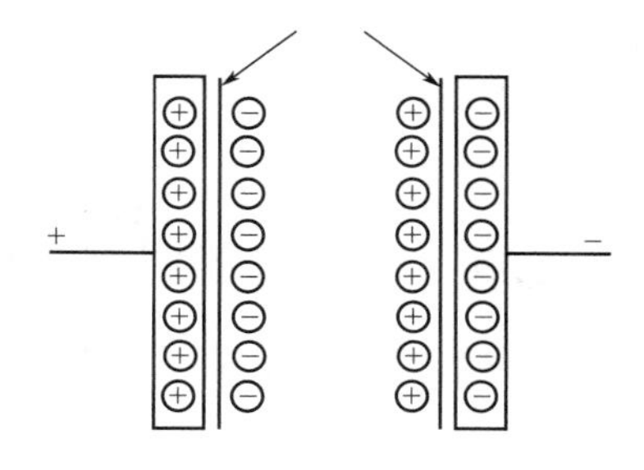

图 7-21　超级电容器的结构

超级电容器是建立在德国物理学家亥姆霍兹提出的界面双电层理论基础上的一种全新的电容器。众所周知，插入电解质溶液中的金属电极表面与液面两侧会出现符号相反的过剩电荷，从而使相间产生电位差。那么，如果在电解液中同时插入两个电极，并且在其间施加一个小于电解质溶液分解电压的电压，这时电解液中的正、负离子在电场的作用下会迅速向两极运动，并且分别在两个电极的表面形成紧密的电荷层，即双电层，它所形成的双电层和传统电容器中的电介质在电场作用下产生的极化电荷相似，从而产生电容效应，紧密的双电层近似于平板电容器，但是，由于紧密的电荷层间距比普通电容器电荷层间的距离要小得多，因而具有比普通电容器更大的容量。

双电层电容器与铝电解电容器相比，内阻较大，因此可在无负载电阻情况下直接充电，如果出现过电压充电的情况，双电层电容器将会开路而不致损坏器件，这一特点与铝电解电容器的过电压击穿不同。同时，双电层电容器与可充电电池相比，可进行不限流充电，且充电次数可达 100 万次以上，因此双电层电容器不但具有电容的特性，同时也具有电池特性，是一种介于电池和电容之间的新型特殊元器件。

7.5.2　超级电容器的工作原理

超级电容器是利用双电层原理的电容器。当外加电压加到超级电容器的两个极板上时，与普通电容器一样，极板的正电极存储正电荷，负极板存储负电荷，在超级电容器的两极板上电荷产生的电场作用下，在电解液与电极间的界面上形成相反的电荷，以平衡电解液的内电场，这种正电荷与负电荷在两个不同相之间的接触面上，以正负电荷之间极短间隙排列在相反的位置上，这个电荷分布层称为双电层，因此电容量非常大。

当两极板间电势低于电解液的氧化还原电极电位时，电解液界面上电荷不会脱离电解液，超级电容器为正常工作状态（通常为 3V 以下）；如电容器两端电压超过电解液的氧化还原电极电位时，电解液将分解，为非正常工作状态。由于随着超级电容器放电，正负极板上的电荷被外电路泄放，电解液的界面上的电荷相应减少。由此可以看出，超级电容器的充放电过程始终是物理过程，没有化学反应。因此性能是稳定的，与利用化学反应的蓄电池是不同的。

超级电容器在分离出的电荷中存储能量，用于存储电荷的面积越大，分离出的电荷越密集，其电容量越大。

传统电容器的面积是导体的平板面积，为了获得较大的容量，导体材料卷制得很长，有时用特殊的组织结构来增加它的表面积。传统电容器是用绝缘材料分离它的两极板，一般为塑料薄膜、纸等，这些材料通常要求尽可能薄。

超级电容器的面积是基于多孔炭材料，该材料的多孔结构允许其比表面积达到 $2000m^2/g$，通过一些措施可实现更大的比表面积。超级电容器电荷分离开的距离是由被吸引到带电电极的电解质离子尺寸决定的。该距离（<10Å）比传统电容器薄膜材料所能实现的距离更小。这种庞大的比表面积再加上非常小的电荷分离距离使得超级电容器较传统电容器而言有非常大的静电容量，这也是其“超级”所在。

7.5.3 超级电容器制备的工艺流程

超级电容器制备的工艺流程为：配料→混浆→制电极→裁片→组装→注液→活化→检测→包装。

超级电容器在结构上与电解电容器非常相似，它们的主要区别在于电极材料。早期的超级电容器的电极采用炭，炭电极材料的比表面积很大，电容的大小取决于比表面积和电极的距离，这种炭电极的大比表面积再加上很小的电极距离，使超级电容器的电容值可以非常大，大多数超级电容器可以做到法拉级，一般情况下电容值范围可达1～5000F。

超级电容器通常包含双电极、电解质、集流体、隔离物四个部件。超级电容器是利用活性炭多孔电极和电解质组成的双电层结构获得超大的电容量的。在超级电容器中，采用活性炭材料制作成多孔电极，同时在相对的两个多孔炭电极之间填充电解质溶液，当在两端施加电压时，相对的多孔电极上分别聚集正负电荷，而电解质溶液中的正负离子将由于电场作用分别聚集到与正负极板相对的界面上，从而形成双集电层。

7.5.4 超级电容器的分类

超级电容器的类型比较多，按原理分为双层超级电容器和赝电容型超级电容器。

7.5.4.1 双层超级电容器

（1）活性炭电极材料　采用了高比表面积的活性炭材料经过成形制备电极。

（2）碳纤维电极材料　采用活性炭纤维成形材料，如布、毡等经过增强，喷涂或熔融金属增强其导电性制备电极。

（3）碳气凝胶电极材料　采用前驱材料制备凝胶，经过炭化活化得到电极材料。

（4）碳纳米管电极材料　碳纳米管具有极好的中空性能和导电性能，采用高比表面积的碳纳米管材料，可以制得非常优良的超级电容器电极。

以上电极材料可以制成平板型超级电容器和绕卷型溶剂电容器。平板型超级电容器在扣式体系中多采用平板状和圆片状的电极，另外也有Econd公司产品为典型代表的多层叠片串联组合而成的高压超级电容器，可以达到300V以上的工作电压。绕卷型溶剂电容器采用电极材料涂覆在集流体上，经过绕制得到，这类电容器通常具有更大的电容量和更高的功率密度。

7.5.4.2 赝电容型超级电容器

该类超级电容器电极材料为金属氧化物或导电聚合物。金属氧化物材料包括NiO_x、MnO_2、V_2O_5等；导电聚合物材料包括PPY、PTH、PANI、PAS、PFPT等，经p型或n型或p/n型掺杂制取电极，以此制备超级电容器。这一类型超级电容器具有非常高的能量密度，目前除NiO_x型外，其他类型多处于研究阶段，还没有实现产业化生产。

7.5.5 超级电容器的应用

超级电容器因为具有大容量、高能量密度、大电流充放电和长循环寿命等特点，在国防、航空航天、汽车工业、消费电子、通信、电力和铁路等各方面得到了成功的应用，并且其应用的范围还在不断拓展中。根据其电容量大小、放电时间长短和放电量大小，超级电容器主要被用作辅助电源、备用电源、主电源与替换电源。

（1）辅助电源　超级电容器在军事方面的应用备受关注。例如，“致密型超高功率脉冲电源”就是通过电池和超级电容器结合组成的，其能够为激光武器与微波武器提供达到兆瓦级的特大运行功率。另外，巨型载重卡车和装甲车在极端恶劣条件下的启动也可以由电池与超级电容器构成的复合电源来保证，亦可用于军队与武警部队用武器、通信设备，大大降低了每个士兵的负担。

超级电容器在辅助电源领域的另一个重要应用是与电池的联用，组成电动汽车的电力电源系统。由铅酸、镍镉、镍氢以及锂离子等作为代表的二次电池与燃料电池的功率密度普遍较低（一般不会超过500W/kg），在单独使用时无法达到电动汽车对电源功率性能的要求。通过将超级电容器与动力型二次电池相互结合组成的复合电源系统，在纯电动汽车正常行驶时，可以通过动力型二次电池为汽车提供行驶所需要的电能，同时也可以为与其相结合使用的超级电容器进行充电；在汽车需要高的功率比如启动、爬坡和加速时，则由超级电容器为电动汽车提供大功率的脉冲电流；在电动汽车减速刹车时，再由自动充电系统对超级电容器进行快速充电，起到回收能量的效果。

同样，目前市场上虽然已推出电动助力车、电动自行车、电动摩托车，但都因为其动力电源充电一次所行驶里程较短、充电时间较长、使用寿命较短、成本较高，成为了其致命的缺陷。目前制约着电动车辆发展的瓶颈主要是动力电源的性能无法满足市场的需求，但以超级电容器为辅助电源，与二次电池构成复合电源则可非常好地解决目前电动车辆的实用化问题。

（2）备用电源　目前市场上超级电容器主要是作为消费电子产品的备用电源使用，主要由于超级电容器价格要比二次电池低，循环寿命要比二次电池长得多，充电快，环境适应性强，同时报废时对环境无污染等。在这方面主要是应用在录像机、卫星电视接收器、汽车视屏设备、出租车的计程器和计价器、计算器、家用烤箱、光学或者电子照相机、编程计算器、电子台历以及移动电话等方面。

（3）主电源　在这类应用中，主要是由于超级电容器可以提供几毫秒至几秒的脉冲大电流，之后又能够被其他电源小功率充电。如电动玩具，采用超级电容器作为电源，则可以在一两分钟之内完成充电，再重新投入使用，且超级电容器有着极长的循环寿命，相比电池更合算。其他的家用电器如电子钟、相机、录音机、摄影机等都可采用超级电容器作为电源，甚至手机、笔记本电脑等的电池也能用超级电容器取代，市场应用前景十分广阔。

（4）替换电源　超级电容器拥有循环使用寿命长、效率高、使用温度范围广、自放电率低和免维护等优点，因而非常适合与太阳能电池、发光二极管相结合，在太阳能灯、太阳能手表、路标用灯、交通警示灯、公交站时刻表用灯中应用等。

参 考 文 献

[1] Byoungwoo K, Gerbrand C. Battery materials for ultrafast charging and discharging. Nature, 2009, 458: 190-193.

[2] Nam K T. Virus-enabled synthesis and assembly of nanowires for lithium ion battery electrodes. Science, 2008, 322: 44-44.

[3] Zhang W M, Hu J S, Guo Y G. Tin-nanoparticles encapsulated in elastic hollow carbon spheres for high-performance anode material in lithium-ion batteries. Adv Mater, 2008, 20: 1160-1165.

[4] Kushiya K. Improvement of electrical yield in the fabrication of CIGS-based thin-film modules. Thin Solid Films,

2001，387：257-261.
[5] Gary L Miessler，Donald A Tarr. Inorganic Chemistry. 3rd Edition. Upper Saddle River：Pearson Prentice Hall，2003.
[6] Wada T，Kinoshita H，Kawata S. Preparation of chalcopyrite-type $CuInSe_2$ by non-heating process. Thin Solid Films，2003，11：431-432.
[7] Peter G Bruce. Energy materials. Solid State Sciences，2005，7：1456-1463.
[8] Bach S，Pereira-Ramos J P，Baffier P N. Electrochemical properties of sol-gel $Li_{1/3}Ti_{5/3}O_4$. Power Sources，1999，81-82：273-276.
[9] Conway B E. Transition from "supercapacitor" to "battery" behavior in electrochemical energy storage. Journal of the Electrochemical Society，1991，138 (6)：1539-1548.
[10] Conway B E. Electrochemical characteristics of new electric double layer capacitor with acidic polymer hydrogel electrolyte. Electrochem Acta，1993，38 (2)：1294-1299.
[11] 黄可龙，王兆翔，刘素琴. 锂离子电池原理与关键技术. 北京：化学工业出版社，2007.
[12] 唐致远，武鹏，杨景雁，等. 电极材料 $Li_4Ti_5O_{12}$的研究进展. 电池，2007，37 (1)：73-75.
[13] 李戬洪. 辐射制冷的实验研究. 太阳能学报，2000，21 (3)：243-247.
[14] 沈辉，舒碧芬. 国内外太阳电池材料的研究与发展. 阳光能源，2005，(10)：42.
[15] 雷永泉，万群，石永康. 新能源材料. 天津：天津大学出版社，2000.
[16] 李建保，李敬峰. 新能源材料及其应用技术. 北京：清华大学出版社，2005.
[17] 衣宝廉. 燃料电池现状与未来. Chinese Journal of Power Sources，1998，22 (5)：216-230.
[18] 张翔. 论中国电动汽车产业的发展. 汽车工业研究，2006 (2)：2-12.
[19] 袁国辉，等. 电化学电容器. 北京：化学工业出版社，2006.
[20] 田志宏，赵海雷，李月. 非对称型电化学超级电容器的研究进展. 电池，2006，36 (6)：469-471.
[21] 朱继平，罗派峰，徐晨曦. 新能源材料技术. 北京：化学工业出版社，2015.
[22] John M Miller. Ultracapacitor Applications. London：The Institution of Engineering and Technology，2011.
[23] 吴宇平. 锂离子电池应用与实践. 北京：化学工业出版社，2004.
[24] 郑洪河，等. 锂离子电池电解质. 北京：化学工业出版社，2008.
[25] 卢华权，吴锋，苏岳峰，等. 物理化学学报，2010，26 (1)：51-56.
[26] 张熊，孙观众，马衍伟. 高比能超级电容器的研究进展. 中国科学：化学，2014，44 (7)：1081-1096.
[27] 靳瑞敏. 太阳电池薄膜技术. 北京：化学工业出版社，2013.
[28] 吴其胜，戴振华，张霞. 新能源材料. 上海：华东理工大学出版社，2012.
[29] 王林山，李瑛. 燃料电池. 北京：冶金工业出版社，2000.
[30] 隋智通. 燃料电池及其应用. 北京：冶金工业出版社，2004.